地质分析卓越工程师教育培养计划系列教材

地 质 分 析

邱海鸥 帅 琴 汤志勇 等编

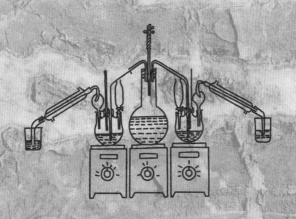

化学工业出版社

·北京·

本书介绍了地质分析的分类和技术要求；逐章介绍了地质分析的信息处理及质量保证、标准物质和标准方法、岩石矿物分析中的污染与损失、试样的采集及制备、地质试样的分解；重点讨论了分离和富集方法；并以硅酸盐岩石为例，系统介绍了岩石主、次量组分及多元素同时测定的分析方法。

　　本书可作为应用化学专业学生的教科书，也可作为地质、冶金、石油、选矿、化工、环境及材料等工作部门分析测试人员的参考书及技术培训教材。

图书在版编目（CIP）数据

　　地质分析/邱海鸥，帅琴，汤志勇等编. —北京：化学工业出版社，2014.8
　　地质分析卓越工程师教育培养计划系列教材
　　ISBN 978-7-122-20932-0

　　Ⅰ.①地…　Ⅱ.①邱…②帅…③汤…　Ⅲ.①地质学-教材　Ⅳ.①P5

　　中国版本图书馆 CIP 数据核字（2014）第 127776 号

责任编辑：杜进祥　　　　　　　　　　　　文字编辑：向　东
责任校对：吴　静　　　　　　　　　　　　装帧设计：孙远博

出版发行：化学工业出版社（北京市东城区青年湖南街 13 号　邮政编码 100011）
印　　装：大厂聚鑫印刷有限责任公司
787mm×1092mm　1/16　印张 15¼　字数 383 千字　2014 年 10 月北京第 1 版第 1 次印刷

购书咨询：010-64518888（传真：010-64519686）　　售后服务：010-64518899
网　　址：http://www.cip.com.cn
凡购买本书，如有缺损质量问题，本社销售中心负责调换。

定　　价：**36.00 元**

FOREWORD 前言

地质分析工作是地质科学研究和地质调查工作的重要技术手段之一。其产生的数据是地质科学研究、矿产资源及地质环境评价的重要基础，是发展地质勘查事业和地质科学研究的重要技术支撑。现代地球科学研究领域的不断拓宽对地质分析工作的需求日益增强，迫切要求地质分析技术不断地创新和发展，以适应现代地球科学研究日益增长的需求。在此背景下，根据国家教育部"卓越工程师教育培养计划"的相关规定和要求，为培养地质分析领域创新型、复合型优秀技术人才，自2011年起，中国地质大学（武汉）应用化学专业依托自身优势，制定了"地质分析卓越工程师教育培养计划"，并于当年开始试点工作。2013年，"地质分析卓越工程师教育培养计划"获得教育部批复，自2014年起正式实施。本书即为"地质分析卓越工程师教育培养计划"系列教材之一。

地质分析领域的发展紧密围绕现代地球科学发展需求，地质分析测试技术从传统的无机分析向有机分析、形态分析，从宏观的整体分析向微观的微区原位分析，从单纯元素分析向同位素分析，从单元素化学分析向以大型分析仪器为主的多元素同时分析，从实验室内分析向野外现场分析拓展，等等。所以说地质分析包括的内容十分广泛，而岩石矿物分析仍为地质分析中的主要内容之一。本书主要涉及岩石矿物分析的内容，地质分析的其他内容将在以后陆续出版。

岩石矿物分析是中国地质大学（武汉）应用化学专业的主要专业课程之一，也是"地质分析卓越工程师班"的重要专业课程。作为以地学为特色的中国地质大学（武汉）应用化学专业，在岩石矿物分析教材编写上具有传统的优势。1980年7月，根据原地质部教育司于1978年制定的地质院校《岩石矿物分析教程》大纲编写的《岩石矿物分析教程》作为高等学校试用教材由地质出版社出版发行。该教材由原武汉地质学院、长春地质学院和成都地质学院合编。1982年3月，根据教材的使用情况及学科的发展需要，地质矿产部岩矿分析教材编审委员会决定对教材进行重编，并制订出重编教材的编写大纲。1986年5月，《岩石矿物分析》由地质出版社作为高等学校教材正式出版发行。新教材仍由原武汉地质学院、长春地质学院和成都地质学院共同编写，武汉地质学院张毅任主编。1993年8月，由赵中一教授与何应律教授主编的《岩石矿物分析导论》由中国地质大学出版社出版，该书综合了已有岩石矿物分析书籍的特点，并打破了原有的编写格局，以适应专业拓宽和学时缩短的教学要求。本书即在《岩石矿物分析导论》的基础上，根据"地质分析卓越工程师教育培养计划"的教学要求及地质分析技术的最新发展，修改并增加了部分内容编写而成。

本书共分八章，由邱海鸥、帅琴、汤志勇等编写。本书的出版得益于《岩石矿物分析》教学小组全体人员长期从事教学与实践的结果；得益于赵中一教授的精心指导和提出的宝贵意见；得益于中国地质大学（武汉）"地质分析卓越工程师教育培养计划"专项经费的资助。同时，中国地质大学（武汉）教务处和材料与化学学院领导在本书的编写过程中给予了大力支持。在此一并表示深深的谢意。

由于编者水平所限，书中难免存在一些不足与欠妥之处，恳请读者进行指正和谅解。

编　者
2014年5月

CONTENTS 目 录

第1章 绪 论

地质分析是为了获得地质样品组成、结构及形态等信息，并用数字、量和一定置信度下的不确定度把测量结果表达出来。传统的地质样品分析主要是岩石矿物分析。现代地质样品分析已经包括了岩石矿物分析、水分析、油气分析以及环境地质调查样品分析、产品商品分析，甚至过程控制分析和原地、原位及微区分析等，覆盖了分析化学的大部分领域。因此地质分析是分析化学的重要应用领域。

1.1 地质分析的分类

由于地质分析测试方法众多，分析对象广泛，分析内容复杂，因而难以统一进行分类。从不同的角度出发，地质分析也有不同的分类方法，既可以根据样品的类型、分析的目的与要求等进行分类，也可以根据分析对象的物理形态、地学研究的主题等进行分类。

1.1.1 根据分析样品的种类分类

地质分析样品种类繁多，可以根据样品的类型进行分类。

① 地质科学研究样品分析、地质调查（区域地质调查、区域地球化学调查、海洋地质调查、生态地质环境调查、覆盖区多目标地球化学调查等）、样品分析、矿产普查、勘探样品分析、区域水文地质调查样品分析、质量控制样品分析及社会委托样品分析等。

② 岩石矿物分析、水系沉积物及土壤分析、水体分析、生态环境分析及油气分析等。

1.1.2 根据分析的目的与要求分类

根据地质分析的目的与要求，可以进行分类。

① 定量分析、定性分析及半定量分析。

② 成分分析、结构分析、形貌分析、有机物分析、物相分析及元素形态及价态分析等。

③ 简项分析、组合分析、全分析、同位素分析及物相分析等。

1.1.3 根据分析物的含量分类

根据样品中分析物的浓度范围可以分为常量（主量）分析、微量（次量）分析、痕量及超痕量分析等。

1.1.4 根据分析样品的物理形态分类

根据地质样品的物理形态，可以分为固体样品（岩石矿物、土壤及植物等）分析、液体样品（地下水、地表水、海水、原油等）分析及气体样品（天然气、煤层气等）分析等。

1.1.5 根据地学研究的主题分类

根据地质科学研究的主题可以分为单矿物分析、流体包裹体分析、微区原位分析、同位素比值分析及遥控分析等。

1.2　地质分析的过程和技术要求

1.2.1　地质分析的过程

　　地质分析的过程遵循定量分析的一般程序，即可分为样品制备、试样分解、测定和数据处理等步骤。对于某些固体进样的分析方法来说，可略去试样分解的步骤；对于某些组分复杂的岩矿试样，为消除共存组分的干扰，在测定前还需要增加分离和富集的步骤。地质分析流程如图 1-1 所示。

　　由于电子计算科学的发展，数学、物理等学科不断向分析化学渗透，当今的分析操作向自动化发展。如图 1-2 所示。

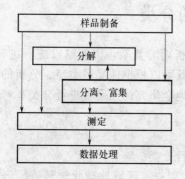

图 1-1　地质分析流程示意图

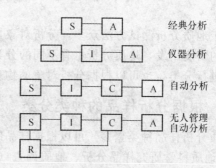

图 1-2　分析化学操作技术的发展
S—试样；A—分析工作者；C—计算机；
R—无人管理系统；I—仪器

1.2.2　地质分析的技术要求

　　一般例行的地质分析技术应能满足下列要求：
　　① 能够分别或同时测定较多元素，且具有较高灵敏度；
　　② 精密度和准确度应满足地学研究及相关领域分析要求；
　　③ 方法线性范围宽；
　　④ 能够进行固体、液体和气体样品的直接分析；
　　⑤ 基体效应与化学干扰小；
　　⑥ 有利于半自动、自动甚至智能化操作；
　　⑦ 便于批量样品生产应用；
　　⑧ 方法成本低、操作简单、绿色环保。

1.3　地质分析中的仪器分析技术

　　随着现代地球科学研究领域的不断拓宽，迫切要求地质实验测试技术不断地创新和发展，以适应现代地球科学研究日益增长的需求。我国地质实验测试技术的发展紧跟国际地质实验测试技术发展的大趋势，大型分析仪器已成为地质分析的主要分析测试设备，对我国地质科学研究的发展起到了极大的推动作用。

　　由于地质样品种类繁多，成分和结构复杂，含量高低不一，要求分析的项目多种多样，所以其分析方法随着分析仪器的进步和分析对象的拓宽也在逐步变化。虽然在地质样品主量元素分析中经典化学分析方法还有一定的应用，但仪器分析技术在地质样品分析中处于主流地位已成为不争的事实，在地质样品国家标准分析方法中仪器分析测试技术正逐年增加。目前，在地质分析领域采用的仪器分析技术众多，几乎涉及各类现代分析仪器。但对于常规地质分析来说，在无机元素的定性和定量分析方面，所涉及的仪器分析技术主要为原子光谱分析法、分光光度法、X 射线荧光光谱法、电感耦合等离子体原子发射光谱法以及电感耦合等离子体质谱法等；在元素形态分析及有机物分析方面主要采用色谱法及联用技术；而对于同位素的测定则主要采用气体同位素质谱仪、二次离子探针质谱仪以及激光烧蚀-高分辨电感耦合等离子体质谱仪等。表 1-1 中列出了地质分析中所采用的主要仪器分析技术。

表 1-1　地质分析中所采用的主要仪器分析技术

仪器类型	分析仪器	应用
光谱类	原子发射光谱仪	多元素定性、半定量分析；痕量贵金属元素定量分析等
	电感耦合等离子体原子发射光谱仪	地质试样中主、次、痕量元素分析
	原子吸收光谱仪	地质试样中微量元素分析
	氢化物发生-原子荧光光谱仪	砷、汞、镉等痕量重金属元素分析
	分子荧光光谱仪	无机元素分析；有机物分析
	紫外可见分光光度计	无机元素分析；无机阴离子分析；有机物分析
	激光拉曼光谱仪	岩石矿物学研究；流体包裹体研究；宝玉石鉴定
	红外光谱仪	矿物、宝玉石鉴定
射线类	X 射线荧光光谱仪	岩石、矿物、土壤中元素定性、半定量分析及主、次量元素定量分析
	中子活化分析仪	无机元素的定性及定量分析
	X 射线衍射仪	物相分析
	电子探针显微分析仪	微区分析
	γ能谱仪	放射性核素分析
质谱类	热电离质谱仪	同位素分析
	二次电离质谱仪	同位素分析
	电感耦合等离子体质谱仪	元素定性、半定量及定量分析；同位素比值分析；微区原位分析
	加速器质谱仪	同位素分析
	有机质谱仪	有机物定性及定量分析
色谱类	气相色谱仪	有机物定性及定量分析
	高效液相色谱仪	有机物分析
	离子色谱仪	无机阴离子分析；无机阳离子分析；有机物分析

续表

仪器类型	分析仪器	应用
电化学类	极谱仪	痕量钨、钼及贵金属元素定量分析
	离子选择性电极	卤素元素分析；无机阴离子分析
	电位滴定仪	无机元素分析
联用类	气相色谱-质谱联用仪	有机物定性及定量分析
	高效液相色谱-质谱联用仪	有机物定性及定量分析
	气相色谱-原子荧光光谱联用仪	元素形态分析
	高效液相色谱-电感耦合等离子体质谱联用仪	元素形态分析
其他	扫描电子显微镜	表面形态分析
	透射电子显微镜	矿物晶体形态、结构及成分分析

1.4　地质分析的发展趋势

随着现代地球科学发展的要求，地质分析将从传统的无机分析向有机分析、形态分析，从宏观的整体分析向微观的微区原位分析，从单纯元素分析向同位素分析，从单元素化学分析向以大型分析仪器为主的多元素同时分析，从实验室内分析向野外现场分析拓展，适应现代分析测试仪器发展的绿色样品制备技术和方法、海量分析数据的自动化处理也成为当今地质分析研究的热点。质量控制、地质实验测试方法标准和相关技术规范的研究和制（修）订，标准物质的研制，功能强大、自动化高的专业化地质分析仪器及其辅助装置的研发也越来越引起地质分析工作者的重视，成为当今全球地质分析的发展新趋势，对分析工作提出了新的课题：

① 更高的灵敏度、更低的检出限的分析方法；
② 方法的选择性好、基体干扰少；
③ 方法具有高准确度、高精密度；
④ 自动化程度高；
⑤ 更高的分析速度、更完善的多元素（分析物）同时检测能力；
⑥ 更完善可信的形态（物理形态、化学形态）分析、价态分析；
⑦ 更小的样品量，微损或无损分析；
⑧ 原位分析、实时分析；
⑨ 更大的应用范围，如遥感分析、极端或特殊环境中的分析；
⑩ 高分辨率成像；
⑪ 新型分析仪器；
⑫ 新的检测方法；
⑬ 新的检测原理；
⑭ 分析方法的标准化。

21 世纪以来，中国的地质工作进入了一个新的黄金年代，这必将为地质实验测试工作创造更广阔的发展前景。

思考题

1. 如何划分地质分析的类型？
2. 地质分析的步骤有哪些？
3. 地质分析技术应该满足哪些要求？
4. 地质分析经常用到哪些仪器分析技术？

参考文献

［1］赵中一，何应律. 岩石矿物分析. 武汉：中国地质大学出版社，1995.

［2］《岩石矿物分析》编委会. 岩石矿物分析：第一分册. 第 4 版. 北京：地质出版社，2011.

［3］George-Emil Baiulescu. CRC Critical Reviews in Analytical Chemistry，1987，17（4）：317-356.

［4］Emo PlIngor，Robert Kellner. Anal Chem，1988，60（10）：623A.

［5］J P Willis. Z Anal Chem，1986，324：855-864.

［6］汤志勇，邱海鸥，郑洪涛. 岩石矿物分析. 分析试验室，2012，31（12）：108-124.

第2章 地质分析的信息处理及质量保证

进行地质分析的目的是为了获取与样品结构、含量、形态等相关的信息，因此分析工作者不但要严格按照规定的分析方法进行测定，而且要掌握分析结果数据的正确处理。

2.1 误差及分类

2.1.1 测量误差

2.1.1.1 定义

测量误差（error of measurement）是："某量值的误差为该量值的给出值（包括单次测量值及多次测量统计值、实验值、标准值、示值、技术近似值等要研究的量值和给出的非真值）与该量的客观真值之差。"

用 x_1 表示该量的给出值，Δ 代表测量误差，μ 代表被测量的真值 [见式（2-1）]：

$$\Delta = x_1 - \mu \tag{2-1}$$

Δ 与 μ 的量纲一致，表示 x_1 与客观真值 μ 的偏离（符合）程度。

2.1.1.2 常用的测量误差概念

测量误差式（2-1）给出的误差又称绝对误差。绝对误差不能完全说明测量的准确度，因为不同方法测量一个较大的被测量和测量一个较小的被测量可能产生大小相近的测量误差。例如，某天平称量的绝对误差是 0.001g，如果被称量的量分别是 1g 和 0.1g，则这个 0.001g 的绝对误差对 1g 和 0.1g 的含义是大不相同的。前者的相对误差是 0.1%，后者的相对误差是 1%，两者相差 10 倍。

（1）相对误差 定义为绝对误差与真值的比值，用 RE 表示相对误差 [见式（2-2）]：

$$RE = \frac{绝对误差}{真值} \times 100\% \tag{2-2}$$

（2）极差 定义为 n 个等精度测量中测量数据中最大值和最小值的差，用 R_n 表示极差 [见式（2-3）]：

$$R_n = x_{\max} - x_{\min} \tag{2-3}$$

（3）或然误差 对已知真值进行 n 次同等条件的测量，得测量值 x_1，x_2，…，x_n 及绝对误差 δ_1，δ_2，…，δ_n。当 $n \to \infty$，把 δ_i 从小到大排列，排在中间的那个绝对误差（如果 n 为偶数，以中间两个平均值）称作或然误差，通常用 P 表示。

（4）平均误差 定义为在 n 次测量中各测量值的绝对误差（用 δ 表示）的绝对值之和被 n 除的商 [见式（2-4）]：

$$\delta = \frac{1}{n} \sum_{i=1}^{n} |x_i - \mu| \tag{2-4}$$

另外，还有按不同分类法命名的各种误差。

2.1.2 真值

2.1.2.1 真值的定义

真值（true value）是："与给定的特定量定义一致的值"。这个量可以是物理量，如温度、质量、电阻值；也可以是化学量，如某成分的含量；也可以是空间几何量，如长度等。

被测量物某量的真值具有空间和时间的含义，它是在一定的时间、一定的空间内不变的被测量的真正大小，而时间、空间和物质都处在永恒的运动中，所以理论上真值是不能准确测定的。可以通过完善测量技术并辅以合理的误差分析，使多次测量的统计值逼近真值，或者将测量统计值与真值的差减弱到一定的限度内，这是测量技术和误差分析技术发展的目的，也是测量技术和误差分析技术发展的内在动力。

2.1.2.2 真值的种类

并不是所有有意义的真值都不可知。在一些特定的情况下，某种有意义的真值也是可以知道的。例如：理论真值、约定真值（包括计量学约定真值）、标准器相对真值等。

（1）理论真值 是指从理论上推导出的值，如平面三角形内角和为 180°，同一量值自身之差为零，同一量自身之比为 1，以及理论设计值、理论公式表达值等。

（2）约定真值 是指"通过约定赋予特定目的的、具有适当不确定度的值"。计量学约定真值是计量学权威部门确定的计量基准的量，如法定计量单位中长度单位米的定义、质量单位千克的定义、时间单位秒的定义、电流强度单位安培的定义、热力学温度单位开尔文的定义、发光强度单位坎德拉的定义、物质的量的单位摩尔的定义等。实际上，约定真值也是通过多次测量确定的。

（3）标准器相对真值 是指"当高一级标准器的误差比低一级标准器或普通测量仪器误差的比值小于 1/5 时，可以认为前者是后者的相对真值"。在化学测量时，标准物质的赋值实际上即是约定真值，它本身也是一种特殊的标准器。标准器真值简称为标值，用 m 表示。

化学分析中也常把标准方法的分析结果作为被考察方法分析结果的对照，将有经验分析人员的分析结果作为被考察人员分析结果的对照，这时候可以将作为对照的分析结果作为约定真值，为与一般的约定真值区别，记为 x_0。

2.1.2.3 真值的几种估计值

测量误差是测量值与被测量值的比对差。一般情况下，被测量的真值是不知道的，所以，误差也是难以测定的。但是，真值是可以估计的。用平行多次测量的算术平均值、几何平均值、中位值以及用其他方法都可以估计真值。

（1）算术平均值 是 n 次平行测量值的代数和与测量次数 n 的商。数学家高斯用最小二乘法证明了：在没有系统误差的前提下的多次平行测量的算术平均值（简称平均值）是对真值的最佳估计值，也是最常用的真值的估计值 ［见式（2-5）］。

$$\bar{x} = \frac{1}{n}\sum_{i=1}^{n} x_i \tag{2-5}$$

当测量不存在系统误差、且 $n \to \infty$ 时，x 趋于真值。

（2）几何平均值 是将 n 个测量值的乘积开 n 次方。几何平均值加强了大的测量值的作用 ［见式（2-6）］。

$$\bar{x}_g = \sqrt[n]{n_1 n_2 \cdots n_n} \quad \text{或} \quad \lg \bar{x}_g = \frac{1}{n}\sum_{i=1}^{n} \lg x_i \tag{2-6}$$

（3）中位值 是将测量数据从小到大排列，居于中间的值（如果测量次数是偶数，则取中间两位的平均值）。

（4）其他方法的估计值 如两点法估计值、三点法估计值、极平均值（皮特曼 Pittmen 估计值）等。

2.1.3 测量偏差

2.1.3.1 定义

测量偏差（deviation of measurement）是" 测量值与测量平均值的差 "。用 d_i 代表测量偏差〔见式（2-7）〕。

$$d_i = x_i - \bar{x} \tag{2-7}$$

测量偏差表征测量值与平均值的偏离。偏差与误差的定义是不同的，它们比对的基准不同。在实际工作中，当排除了系统误差，测量次数大于等于 20 次时，也可以将平均值作为估计真值，将偏差作为估计误差来处理。

2.1.3.2 测量偏差的种类

测量偏差有绝对偏差、相对偏差、平均偏差、标准偏差等。

（1）绝对偏差 $d_i = x_i - \bar{x}$

（2）相对偏差 相对偏差 $= \dfrac{\text{绝对值差}}{\text{平均值}} \times 100\%$

相对偏差在表述测量方法的精密度方面比绝对误差有优势。

相对偏差还有一个重要的用途，就是可以用它方便地计算测量过程中的子误差对总误差的影响，从而选择合理的测量方法。例如，用分析天平称 0.1g 试样，可准确至 0.0001g，相对误差 0.1%；而用粗天平称 100g 试样，虽然只可以准确到 0.1g，相对误差也是 0.1%。两种称量都以 0.1% 的子误差传递给总误差，所以，并不能认为分析天平在任何情况下都比粗天平适用。

（3）平均偏差 是相同条件下对某量进行多次测量，单次测量值与测量平均值差的绝对值除以测量的次数。当测量次数趋于无限大时，平均值趋于 μ，这时平均偏差用 δ 表示〔见式（2-8）〕：

$$\delta = \frac{1}{n} \sum_{n=i}^{n \to \infty} |x_i - \mu| \tag{2-8}$$

当 n 为有限次时，用 $\bar{d}$ 代替 δ〔见式（2-9）〕：

$$\bar{d} = \frac{1}{n} \sum_{n=i}^{n} |x_i - \bar{x}| \tag{2-9}$$

（4）标准偏差 用平均偏差表示测量的精密度虽然简单，但占少数的大的偏差得不到反映，所以在数理统计中引进了一个标准偏差 σ〔见式（2-10）〕：

$$\sigma = \sqrt{\frac{\sum_{i}^{n} (x_i - \mu)^2}{n}} \tag{2-10}$$

σ 永为正值。它的引入增大了偏差的作用，较好地反映了测定数据的精密度。因为测量进行了无数次，所以 σ 又被称为总体标准偏差。由于真值难以测定，统计学中又引进了实验标准偏差 s，作为有限次测量中 σ 的估计〔见式（2-11）〕：

$$s = \sqrt{\frac{\sum_{i}^{n} (x_i - \bar{x})^2}{n-1}} \tag{2-11}$$

式中，$n-1$ 为自由度，它是 n 个数据中可供比对的数据。这就是贝塞尔（Beseel）公式。

如果 n 个数据包含 g 个组合，则自由度为 $n-g$。

如果 $n \to \infty$ 则 $\bar{x} \to \mu$，$n-1 \to n$。贝塞尔公式与总体标准偏差 σ 的定义就一致了。

（5）方差　即标准偏差的平方。

（6）相对标准偏差　表示单次测量标准偏差对测定平均值的比值，有时又称为变异系数（CV）。

相对标准偏差 RSD 表示［见式（2-12）］：

$$RSD = \frac{s}{\bar{x}} \times 100\%$$ (2-12)

2.1.4　准确度和精密度

2.1.4.1　定义

准确度表达的是"测量值与真值的符合程度"。精密度表达的是"测量值与测量平均值的符合程度"。与准确度相关联的统计量是系统误差；与精密度相关联的统计量是总体标准偏差 σ 和它的估计值标准偏差 s。σ 表示测量值对真值的分散程度；s 表示测量值对平均值的分散程度。

测量的最终要求是得到准确的测量结果。要做到准确，首先需要精密。精密的测量不一定准确，这是由于可能存在系统误差。精密度好是准确度高的必要条件，但不是充分条件。如果把所有影响测量结果的因素控制在允许的范围内，就可使测量做得精密；如果又同时控制了产生系统误差的原因，或校正了系统误差，就可以得到既精密又准确的测量结果。准确度、精密度是测量中最重要的概念。

2.1.4.2　提高化学测量结果准确度的方法

（1）选择合适的分析方法

① 根据试样中待测组分含量选择适宜的分析方法。

② 充分考虑试样中共存组分对测定的干扰，采用适当的掩蔽或分离方法。

③ 对于痕量组分，如果分析方法的灵敏度不能满足分析的要求，可先定量富集后再进行测定。

④ 根据产品质量要求指标，选择精密度能满足要求的分析方法。

（2）控制过程误差对测量结果误差的影响　例如分析天平的称量误差为 0.0002g，为了使测量时的相对误差在 0.1% 以下，试样质量必须在 0.2g 以上。

滴定管读数常有 ± 0.025mL 的误差，在一次滴定中，读数两次可能造成 0.05mL 的误差。为使测量时的相对误差小于 0.25%，消耗滴定剂的体积最好控制在 20mL 以上。

微量组分的光度法测定中，因一般允许较大的相对误差，所以对于其他测量步骤的准确度要求不必像容量分析和重量分析那样高。如光度法测铁，设方法的相对误差为 2%，则在称取 0.5g 试样时，试样的称量误差小于 0.5g × 2% = 0.01g 就可以了，不必称准至 ± 0.0001g。

（3）合理增加测量次数，提高平均值的准确度　在没有系统误差的前提下，平行测定次数越多，平均值越接近真值。因此，增加测定次数，可以提高平均值精密度。在 n 超过 5 以后，接近程度趋缓。在化学测量中，对于同一试样，通常要求平行测定 2～4 次。如果对测量的平均值有具体的上下限要求，则应该通过计算选择合理的测量次数。

（4）减小或消除系统误差　由于系统误差是由一种或多种固定的原因造成的，因而找出这一原因，就可以消除系统误差的来源。通常根据具体情况，采用下列几种方法。

① 对照试验　可以用标准物质的推荐结果进行对照，也可以与其他成熟方法进行对照，或者由不同的分析人员、不同实验室进行对照，以判断分析结果是否存在系统误差。

② 空白试验　在不加待测组分的情况下，按照待测组分分析同样的分析步骤和条件进行的试验，称为空白试验。由实验室的用水、试剂和器皿等带进杂质所造成的系统误差，可用空白试验来扣除。

③ 校准仪器　消除因仪器不准确而引起的系统误差，如校准砝码、移液管和滴定管等。

④ 分析结果的校正　例如用重量法测定岩石中的硅，因沉淀不完全或者沉淀洗涤时的复溶会引起硅的分析结果偏低，可用光度法测定滤液中的可溶性硅，然后将结果加到重量法的结果中。

2.2　不确定度及评定方法

2.2.1　不确定度的定义、分类与来源

2.2.1.1　定义

不确定度是"表征合理地赋予被测量之值分散性，与测量结果相联系的参数"。

① 此参数可以是诸如标准偏差或其倍数，或说明置信水准的置信区间的半宽度。

② 不确定度由多个分量组成。其中的一些分量可以用测量结果的统计分布估算，并用实验标准偏差表征。另一些分量可以用基于经验或其他信息的假定概率分布估算，也可用标准偏差表征。

③ 测量结果应理解为被测量之值的最佳估计，而所有的不确定度分量均贡献给了分散性，包括那些由系统效应引起的分量（如与修正值和与参考测量标准有关的分量）。

④ 不确定度恒为正值。不确定度当由方差得出时，取其正平方根。

不确定度一词指可疑程度。广义而言，测量的不确定度意为对测量结果的可疑程度。不带形容词的不确定度用于一般概念。当需要明确某一测量结果的不确定度时，要适当采用形容词，例如合成的不确定度或扩展的不确定度，但不要用随机不确定度和系统不确定度这两术语，必要时可以用随机效应导致的不确定度和系统效应导致的不确定度来说明。

2.2.1.2　分类

不确定度分为标准不确定度、合成标准不确定度、扩展不确定度三类。标准不确定度又分为 A 类标准不确定度和 B 类标准不确定度两类。

（1）标准不确定度　是用标准偏差表示的测量不确定度。

① A 类标准不确定度　是通过对观测列进行统计分析，对标准不确定度进行估算。

② B 类标准不确定度　是通过对观测列进行非统计分析，对标准不确定度进行估算。也就是说它是根据其他有关信息来估算标准不确定度。

（2）合成标准不确定度　是当测量结果由其他量的值求得时，按其他各量的方差和/或协方差算得的标准不确定度。

（3）扩展不确定度　是确定测量结果区间的量，合理赋予被测量之值分布的大部分可望含于此区间，扩展不确定度有时也可称展伸不确定度或范围不确定度。

2.2.1.3　产生不确定度的原因

产生不确定度的原因有：对被测量对象的定义不完整；实现被测量对象的方法不理想；对测量过程受环境影响的认识不充分或对测量环境的控制不完善；读数存在人为偏差；测量

仪器的计量性能（如灵敏度、鉴别力阈、分辨力死区及稳定度等）的局限性；测量标准或标准物质本身的标准值也有不确定度；测量方法和测量程序的某些近似和假设；在相同条件下测量和重复观测中出现变化。

上述不确定度的来源可能彼此独立，也可能彼此相关。只要能发现，在评定不确定度时都应予以考虑。

2.2.2 不确定度的评定

2.2.2.1 评定前的准备工作

（1）了解被测量的技术规定 应了解需要测量什么，包括被测量和被测量所依赖的输入量（如被测数量、常数、校准标准值等）的关系。只要可能，还应该包括对已知系统影响量的修正。

（2）识别不确定度的来源

① 取样 当内部或外部取样是规定程序的组成部分时，不同样品间的随机变化以及取样程序存在潜在偏差等，可能会产生取样误差，影响最终结果的不确定度。

② 样品的存储条件 分析样品在分析前的存储时间和条件可能影响分析结果。

③ 仪器的影响 仪器的影响包括仪器的准确度限制、仪器参数变化、环境条件变化、刻度进位等。

④ 试剂纯度 由于试剂纯度的误差，会引起分析结果的误差。

⑤ 化学反应的定量关系 分析过程可能会偏离所预期的化学反应定量关系，或化学反应不完全，或有副反应。这些也会对分析结果带来不确定性。

⑥ 测量条件 除一般的测量条件外，温度超出校准温度会对玻璃仪器的精度产生影响，温度对液体的影响也应加以考虑。湿度对样品吸水性或样品组成有影响时，也会影响分析结果不确定度。

⑦ 样品的影响 复杂的基体可能影响被测成分的回收率或仪器的响应值。不同的基体可能影响不一样，因而给结果带来不确定度。

⑧ 热、电、光、磁、细菌的影响 它们对样品中被分析物的稳定性会产生影响。

⑨ 加标准物的影响 所加的标准物与样品中的被分析物不同时，样品被测组分的回收率与加标样品的回收率不同，会引进新的不确定度。

⑩ 计算影响 选用的校准模型与实际不符合，会引入较大的不确定度。

⑪ 修正能导致最终结果的不确定度 有时修正值也会引入较大的不确定度。

⑫ 空白修正 空白修正值和其适宜性都会有不确定度，在痕量分析中尤为重要。

⑬ 操作人员的影响 不同操作人员的自身习惯可能为分析结果带来不确定度，在痕量分析中尤为重要。

⑭ 其他随机影响 在所有的测量中都有随机影响带来的不确定度。

（3）不确定度分量的量化 估计所识别的每一个潜在的不确定度来源及与其相关的不确定度分量的大小。评估各独立来源的不确定度的单个分量，保证所有的不确定度来源都得到了充分的考虑。这是不确定度评估工作中最为重要的步骤。这些分量必须以标准偏差的形式表示。

对于可以用统计方法取得的不确定度分量（如随机影响因素），可以直接计算其标准偏差来表示不确定度的 A 类分量。对于不能以统计方法计算的不确定度分量（不确定度的 B 类分量），用如下通用的方法来得到不确定度分量：输入量的实验变化；根据现有数据，如测量和校准证书；通过理论原则建立的模型；根据经验和假设模型的信息作出的判断。

2.2.2.2 A类不确定度评定

在重复性或重现性条件下得出 n 个观测结果 x_i，随机变量 x 的期望值的最佳评估值是 n 个独立观测结果的算术平均值 $\bar{x}$。观测值的实验偏差 $s(x)$ 为 [见式 (2-13)]：

$$s(x) = \sqrt{\frac{1}{n-1}\sum_{i=1}^{n}(x_i - \bar{x})^2} \tag{2-13}$$

$$u_A = s(x)$$

$$s_{\bar{x}} = \frac{s(x)}{\sqrt{n}}$$

$$u_{A\bar{x}} = s_{\bar{x}}$$

式中，u_A 为测量结果的标准不确定度；$s_{\bar{x}}$ 为算术平均值 $\bar{x}$ 的实验标准偏差；n 为测量次数。

以上评定出的 A 类标准不确定度，实际上就是以标准偏差表示的不确定度，它隐含的包含因子是 1，置信概率是 86.27%。地质样品分析包含了从区域化探到普查，到圈定高级储量，到产品认定和仲裁，以及标志性矿物的定量描述、标准物质的定值等。它们对分析结果的不确定度有着不同的要求。有一些要求很低的置信概率，有一些则要求有很高的置信概率，且对置信区间的要求也很严格。

2.2.2.3 B类不确定度评定

B 类不确定度一般不需要对被测量在统计控制状态下（重复性或再现性条件下）进行重复观测，而是按照现有信息加以评定。B 类不确定度评定的通用计算公式为式 (2-14)：

$$u_B = \frac{a}{k} \tag{2-14}$$

式中，a 为被测量可能值的区间半宽度；k 为包含因子。

其中 a 的信息来源有：以前的测量数据；经验和一般知识；技术说明书；标准证书；检定证书；测量报告及其他材料；手册参考资料。

① 如果从有关技术资料给出的结果和数据推出的不确定度估计值 $u(x_i)$ 是标准偏差的 k 倍，并指出包含因子 k 的大小，则标准不确定度见式 (2-15)

$$u_B(x_i) = \frac{u(x_i)}{k} \tag{2-15}$$

② 如果不确定度估计值是在给出一个置信概率下的置信区间 [表示在概率 P (%) 下的 $\pm a$] 时，一般按照正态分布考虑，评定其标准不确定度 $u_B(x_i) = u(x_i)/k_P$，其中置信概率 P 与包含因子 k_P 的关系见表 2-1。

表 2-1 正态分布下置信概率 P 与包含因子 k_P 之间的关系

P/%	50	68.27	90	95	95.45	99	99.73
k_P	0.67	1	1.64	1.96	2	2.58	3

③ 如果只给出 $\pm a$ 的上下限而没有置信水平，并且假定每个值都以相同的可能性落在上下限之间的任何处，即矩形分布或均匀分布，则标准不确定度见式 (2-16)：

$$u_B(x_i) = \frac{a}{\sqrt{3}} \tag{2-16}$$

④ 如果只给出 $\pm a$ 的上下限而没有置信水平，但已知测量的可能值出现在 $+a$ 至 $-a$ 中心附近的可能性大于接近区间边界时，一般假定为三角分布，则标准不确定度见式（2-17）：

$$u_B(x_i) = \frac{a}{\sqrt{6}} \tag{2-17}$$

⑤ 在一些方法的文件中，按规定的测量条件，当明确指出同一实验室两次测量结果之差的重复性限 r 和两个实验室测量结果平均值之差的再现性限 R 时，则测量结果的标准不确定度见式（2-18）和式（2-19）：

$$u_B(x_i) = \frac{r}{2.83} \tag{2-18}$$

$$u_B(x_i) = \frac{R}{2.83} \tag{2-19}$$

在以上定量标准分析的基础上，确定各不确定度分量对总不确定度的定量贡献，这些贡献无论与单独不确定度来源有关，还是与几个不确定度来源的联合效应有关，都应该转化标准偏差，并按合成规则合成，给出合成标准不确定度。

当被测量只有一个影响因素时，则有式（2-20）：

$$u_C(x_i) = \sqrt{u_A^2 + u_B^2} \tag{2-20}$$

当被测量的量 y 是若干个直接测量 x_1，x_2，…，x_n 的函数时，即 $y = f(x_1, x_2, \dots, x_n)$，且 x_1，x_2，…，x_n 彼此独立，则有式（2-21）：

$$u_C^2(y) = \sum_{i=1}^{n} (\frac{\mathrm{d}f}{\mathrm{d}x_i})^2 u_C^2(x_i) \tag{2-21}$$

式中，$u_C(y)$ 为 y 的标准不确定度；$u_C(x_i)$ 为 x_i 的标准不确定度。

2.2.2.4　扩展不确定度的评定

将 $u_C(y)$ 乘以给出概率 P 的包含因子 k，即得到扩展不确定度 u［见式（2-22）］：

$$u = ku_C \tag{2-22}$$

k 值与自由度 v 和置信概率 P 有关；k 由 t 分布临界值给出，$k = t_P(v)$；k 与 y 的分布有关，当 y 接近正态分布时，一般 P 的取值为 95% 或 99%。对于大多数测量值 $P = 95\%$，$k = 2$；或 $P = 99\%$，$k = 3$。

2.3　测量结果及表达

2.3.1　有关测量结果的规定

国际标准化组织与我国的技术监督部门对测量结果的表达给予了明确的规定。

定义：测量结果是由测量所得到的赋予被测量的值。同时又规定：①在给出测量结果时，应说明它是示值还是未修正的测量结果，还应说明它是否是几个值的平均值。②测量结果的完整表达式中应包括测量的不确定度，必要时还应说明有关影响量的取值范围。③测量结果是被测量的估值（即非真值）。④在很多情况下，测量结果是在重复测量下确定的。⑤在测量结果的完整表达式中，当多次测量时还应给出自由度。

测量结果与测量方法密切相关，发出测量报告时，也必须报出测量方法的特征说明。

2.3.2　与测量结果相关的几个概念

（1）自由度　在方差计算中，自由度为和的项数减去对和的限制数。如在方差计算时，残差为零是一个约束条件，限制数为 1，所以自由度为 $n-1$。

（2）置信概率　是与置信区间（或称包含区间）有关的概率值，经常用百分数表示，也称置信水平、置信系数、置信水准。

（3）测量结果的分类

① 未修正的测量结果　未修正系统误差。

② 已修正的测量结果　已经修正系统误差。

（4）示值　测量仪器的示值是测量仪器所给出的量值。由显示器读出的值可称为直接示值，把它乘以仪器常数即为示值。这个量值可以是被测量、测量信号或计算测量结果的其他值。对于实物量具，示值就是它所标出的值。

2.3.3　与测量方法相关的几个概念

（1）重复条件下的测量结果　重复性，是在相同的测量条件下，对同一被测量进行连续多次测量。重复性条件包括：相同的测量程序（方法）；相同的测量者；在相同条件下使用相同的测量仪器；在相同的地点测量；在短时间内重复测量。

（2）再现性条件下的测量结果　再现性，是在改变了测量条件下，对同一被测量进行多组的再现性测量。可改变的再现性条件包括：测量原理；测量方法；测量值；测量仪器；参考的测量标准；测量地点；测量时间。

2.3.4　测量结果的一般表达形式

"$(X \pm \mu)$ 单位"，另加必需的说明。

X 为赋予被测量的值；μ 为测量的不确定度。μ 应注明置信概率（范围）以及统计的自由度。也可用下式表达：

$$(X \pm ts\sqrt{n})\ 单位，另加必需的说明。$$

式中，t 为包含因子，一般取 2～3；s 为实验标准偏差。

2.4　岩矿分析的质量标准

岩矿分析的质量标准是以分析数据的质量参数为对象所制定的标准，如分析数据的误差、偏差、双差、标准偏差等的允许值，作为判断分析结果是否能满足既定需要或合格与不合格的依据。

2.4.1　重复分析误差允许限计算公式的建立

《地质矿产实验室测试质量管理规范》（DZ/T 0130.1—2006）规定岩石矿物试样化学成分重复分析相对偏差允许限的数学模型为：

$$Y_c = C \times (14.37 \overline{X}^{-0.1263} - 7.659)$$

式中，Y_c 为重复分析试样中某组分的相对偏差允许限，%；X 为重复分析试样中某组分平均质量分数，%；C 为某矿种某组分重复分析相对偏差允许限系数（此数学模型不包括贵金属矿物）。

依据岩石矿物试样化学成分相对偏差允许限的数学模型作为重复分析结果精密度的允许限（Y_c）。重复分析结果的相对偏差小于等于允许限（Y_c）时为合格；大于允许限（Y_c）时为不合格。

注意以下 5 个方面。

① 当 Y_c 的计算值大于 30％时，一律按 30％执行。

② 矿石分析中主要成矿元素低于边界品位以下一般不计偏差。

③ 痕量有色金属、稀有、稀散元素相对偏差允许限的系数为 1。当元素含量低于 $5×10^{-6}$ 时，按 $5×10^{-6}$ 允许限执行。

④ 光谱半定量重复分析相对偏差允许限小于或等于 30％。

⑤ 物相分析除铁外，其余矿种的各项重复分析的相对偏差允许限放宽 50％执行。当该元素物相分析总量（X）分别为大于 3％、0.2％～3％和小于 0.2％时，其分量总和与单独分析的总量之间的相对偏差允许限（Y_c）分别不能超过 10％、20％和 30％。即：当 $X > 3$％时，$Y_c < 10$％；当 0.2％$< X < 3$％时，$Y_c < 20$％；当 $X < 0.2$％时，$Y_c < 30$％。

2.4.2 重复分析误差允许值数学模型

国际上，在 20 世纪 80 年代广泛采用 Horwity 公式 [见式（2-23）] 作为对实验室间精密度的要求：

$$\sigma_H = 0.02C^{0.8495} \tag{2-23}$$

式中，σ_H 表示重现性标准偏差；C 表示浓度（量纲为 1 的质量比）。

由于采用 σ_H 进行计算存在着一些问题，通过研究，现在在岩石矿样化学成分分析中，采用式（2-24）的数学模型计算分析误差的允许限：

$$Y = C(14.367X^{-0.1268} - 7.659) \tag{2-24}$$

对于贵金属、水等个别矿种和元素或组分，需对系数作适当调整。如贵金属试样重复分析相对偏差允许限数学模型为式（2-25）：

$$Y_G = 14.43CX_G^{-0.3012} \tag{2-25}$$

水分析重复分析相对偏差允许限数学模型为式（2-26）：

$$Y_s = 11.0CX_s^{-0.28} \tag{2-26}$$

表 2-2 为根据非线性方程组的迭代方法进行计算，得到误差范围内的参数估计值，确定分析误差的允许限。

表 2-2 高含量段和低含量段的分析误差允许限

高含量段			低含量段		
含量/％	相对双差/％	绝对双差	含量/％	相对双差/％	绝对误差
30	2.60	0.78	0.10	19	0.019
40	2.00	0.80	0.05	23	0.020
50	1.68	0.84	0.02	38	0.006
60	1.43	0.86	0.01	40	0.004
70	1.26	0.88	0.005	50	0.003
80	1.13	0.90	0.002	55	0.001
90	1.01	0.91	0.001	60	0.0006
98	0.77	0.75	0.0005	66	0.0005

2.5 分析过程中质量控制和质量评估

实验室的质量监控不仅仅是强调对于最终测试结果的检查判断和控制。测量质量涉及测试工作的全过程，测试工作的每一个环节都对测试质量产生影响，因此必须对测试过程中影响测试质量的因素进行严密控制，从接受委托、接受样品、测试过程，到发出正式测试报告的全过程中，必须采取一系列全面、科学、合理的，具有约束力的技术措施和管理办法的过程。通过监控测试全过程，预见可能出现的问题，及时发现并纠正已经出现的问题，准确识别不合格或不满意结果，针对性地采取纠正措施或预防措施，力图避免发生测试工作不符合质量要求的情况。实验室测试工作的质量评估是进行各项质量参数统计、收集用户对测试结果的反馈信息和满意程度，以及对实验室测试工作质量进行总体评价的过程。

2.5.1 质量控制的目的

① 考察测试工作的全过程是否处于受控状态，质量保证体系是否有效覆盖，运行是否有效。发出的测试报告是否正确，是否满足有关法规、规范、规程及用户要求；

② 了解测试工作中发生的各种与质量相关的变化及其发展趋势，及时发现异常情况，分析原因并采取必要的措施加以控制；

③ 评估测试人员的工作效果和技术水平，促使其不断提高测试工作技术水平；

④ 确保报出的样品分析数据有良好的准确度与精密度，将分析数据的误差和偏差控制在容忍允许限之内，使准确度和精密度符合规定的质量要求，达到可被用户接受和利用的程度。

2.5.2 质量控制的常用方法

质量控制常用方法包括：选择适应于检测对象的测试方法、用有证标准物质进行监控、使用相同或不同方法进行重复检测、对留存样品进行再检测、绘制质量控制图表、参加实验室间的比对或能力验证、检查一个样品不同结果的相关性等。

2.5.2.1 测试方法选择

测试方法是测试工作的技术依据，也是测试工作的作业指导书，是确保测试质量的重要因素之一。不同的测试方法适用于不同类型的样品，其测试结果的质量水平也是不同的。因此选用的方法的适用范围以及各种重要技术参数（检出限、准确度、精密度、测量范围、干扰允许量等）应符合相应技术标准和规范，同时应兼顾准确、快速和低成本，并能够满足用户要求。

选择测试方法时应注意以下方面。

① 优先选择国家标准方法、行业标准方法或地方标准方法。标准方法是经国家有关行政部门批准，并经长期实践检验的可靠测试方法，在测试方法中具有权威性。法定检测、评定性检测和仲裁检测等需要出具具有证明作用的数据和结果的检测，均应选择国家标准方法、行业标准方法、地方标准方法。当需要采用国际标准方法时，应首先对国际标准方法进行认真研究，将其与相关标准进行比较，在实验室的能力能够满足该国际标准方法时，方可直接采用；当需要采用该国际标准方法出具具有证明作用的结果和数据时，则应考虑所用标准方法应在实验室认可或资质认定的技术能力范围内。

委托性检测或具有试验性质的测试项目，在征得委托方同意的前提下，也可以使用非标准方法。采用非标准方法、实验室自定的方法、超出预定范围使用的标准方法、扩充和修改过的标准方法应经过确认，以证实该方法适用于预期用途和目的。确认包括以下几点：

a. 从理论到实践对方法的理解；

b. 使用参考标准或标准物质进行校准；

c. 与不同方法所得结果进行比较，特别是与相应国家标准、行业标准、地方标准分析方法所得结果进行比较；

d. 实验室间比对；

e. 对影响结果的因素做系统性评审；

f. 进行测试结果不准确度评定。

② 保证选用标准方法为当前有效版本。随着技术进步，标准方法也不断更新版本。因此在标准方法选择中必须确保该标准方法为有效版本。实验室应通过可靠、有效的渠道，对在用的标准方法进行不间断地跟踪，定期进行清理或查新。

③ 选择测试方法时，应了解和掌握测试方法的原理、条件和特性。要对测试方法进行适应性检验，包括空白值测定，测试方法检出限的估算，校准曲线的绘制及检验，方法的误差预测，精密度、准确度范围及干扰因素消除等。

2.5.2.2 标准物质监控

地质标准物质是由天然样品制成，可用作对地质样品测定中使用的分析方法或测量系统进行测试方法评估、质量控制、质量评价、实验室间比对，以及作为仲裁依据之一。标准物质在测试过程中，用于质量控制时，可以判断测试过程是否受控，保证测试结果的可靠性和可比性。标准物质作为计量器具，也可以用于校准各种测试仪器。对于某些测试方法（如 X 射线荧光光谱法、发射光谱法等），标准物质可以作为赋值标准用于标准曲线的绘制。因此，标准物质主要是控制测量的准确度。

使用标准物质作为测试监控手段时应注意以下几点：

① 严格按照标准物质证书的说明或规定进行使用，包括所要求的最小取样量、标准物质的有效期等。

② 尽量选择基体组成和待测样品相似的标准物质，其目的是尽量消除由于待测样品基体效应差异所产生的系统误差。

③ 尽量选择浓度水平和待测样品相似的标准物质，也可以选择浓度水平分别接近测试方法适用范围的上下限的两种标准物质。

④ 选择的标准物质的物理形态和表面状态，应与被测物一致。物理形态包括固态、液态、气态，对于其他方法（如 X 射线荧光光谱法），还应注意其表面状态。

⑤ 注意选择的标准物质特性量值及准确度水平，既要满足监控的需要，也应符合经济合理的原则。在实际测试的质量监控中，常选择不确定度不大于实际测量误差 1/3 的标准物质。选择标准物质时，需明确和区分其不确定度的计算方式。同一种标准物质特性量值的不确定度，既可能采用大量例行测试数据的统计得到，也可能采用定值数据平均值的置信区间来表达，而前者往往比后者大得多（通常差别 $7 \sim 8$ 倍）。

使用标准物质监控，往往是以标准物质实际测量的准确度来衡量。准确度可以用以下参数定量表示。

① 误差　单次测量结果和标准物质的标准值（推荐值）之间的相互吻合程度，可以用绝对误差或相对误差表示［见式（2-27）和式（2-28）］。绝对误差表示简明直观，相对误

差表示更适合于不同量值水平间的比较。

$$E = C_i - C_s \tag{2-27}$$

式中，E 为第 i 次测量结果的绝对误差；C_i 为标准物质的第 i 次测定值；C_s 为标准物质的标准值（推荐值）。

$$RE = \frac{C_i - C_s}{C_s} \tag{2-28}$$

式中，RE 为第 i 次测量结果的相对误差；C_i 为标准物质的第 i 次测量值；C_s 为标准物质的标准值（推荐值）。

② 对数误差 以对数形式表示的单次测量结果和标准物质的标准值（推荐值）之间的相互吻合程度。对数误差更适合于跨度很大的量值水平间的比较［见式（2-29）］。

$$\Delta \lg C = \lg C_i - \lg C_s \tag{2-29}$$

式中，$\Delta \lg C$ 为第 i 次测量结果的对数误差；C_i 为标准物质的第 i 次测定值；C_s 为标准物质的标准值（推荐值）。

③ 平均误差 当标准物质测量次数具有统计意义时，各种形式表示的误差的平均值。平均误差可以协助判断测量结果是否可能存在系统误差。

$$\bar{E} = \frac{\sum_{i=1}^{n} E_i}{n} \tag{2-30}$$

式中，$\bar{E}$ 为平均绝对误差；E_i 为第 i 次测量结果的绝对误差；n 为测量次数。

平均相对误差 $$\overline{RE} = \frac{\sum_{i=1}^{n} RE_i}{n} \tag{2-31}$$

平均对数误差 $$\overline{\Delta \lg C} = \frac{\sum_{i=1}^{n} \Delta \lg C_i}{n} \tag{2-32}$$

④ 误差的相对标准差 当标准物质测量次数具有统计学意义时，各种形式表示的误差的相对标准差。误差的相对标准差可以协助判断测量结果的离散程度。

绝对误差的相对标准差 $$RSD(E) = \frac{\sqrt{\dfrac{\sum_{i=1}^{n}(E_i - \bar{E})^2}{n-1}}}{\bar{E}} \times 100\% \tag{2-33}$$

式中，E_i 为第 i 次测量结果的绝对误差；$\bar{E}$ 为平均绝对误差；n 为测量次数。

相对误差的相对标准差 $$RSD(RE) = \frac{\sqrt{\dfrac{\sum_{i=1}^{n}[RE(i) - \overline{RE}]^2}{n-1}}}{\overline{RE}} \times 100\% \tag{2-34}$$

式中，$RE(i)$ 为第 i 次测量结果的相对误差；$\overline{RE}$ 为平均相对误差；n 为测量次数。

对数误差的相对标准差 $$RSD(\lg C) = \frac{\sqrt{\dfrac{\sum_{i=1}^{n}(\Delta \lg C_i - \overline{\Delta \lg C})^2}{n-1}}}{\overline{\Delta \lg C}} \times 100\% \tag{2-35}$$

标准物质监控中，质量管理者可以利用标准物质的以上参数对测试结果进行质量评定。

2.5.2.3 重复性和再现性检验

（1）重复性检验 在一批分析样品中，随机地或等距离地抽取部分或全部样品，另编密码样品，由同一分析人员对基本分析样品同时平行测定。根据同一样品测量结果之间的吻合程度，判断测试结果的重复性是否满足质量要求。

（2）再现性检验 在一批分析样品中，随机地或等距离地抽取部分或全部样品，另编密码样品，由不同分析人员（或同一人不同时间，或不同测试方法）进行测定，也可以送不同实验室进行测定（通常称为外部检查）。根据同一样品测量结果之间的吻合程度，判断测试结果的再现性是否满足质量要求。

重复性检验和再现性检验用于监控测量的精密度。重复性检验的质量监控程度低于再现性检验质量监控程度。需要指出的是，重复性检验和再现性检验只能用来衡量同一批样品的测试是否等精度，是否存在系统误差，不能作为评价测试结果与真值的符合程度的依据。换言之，精密度好是准确度高的必要条件，但是不是准确度高的必然条件。

重复性检验和再现性检验都是检验测试结果的精密度。虽然标准物质控制也可以进行精密度检验，但是由于在一般例行测试中，标准物质加入的数量较少，数据的统计意义较差，所以精密度检验主要是依靠重复性检验和再现性检验来实现的。

精密度是在一定条件下，对样品进行多次测试，单次测试结果之间的彼此吻合程度。精密度不考虑所获数据与真值之间的误差，只表示数据之间的离散程度。精密度的好坏取决于随机误差的大小。精密度可以用绝对误差表示，也可以用相对误差表示。

精密度可以用以下几种参数定量描述。

① 极差 $R = |C_{max} - C_{min}|$ (2-36)

式中，C_{max} 为一组数据的最大测定值；C_{min} 为一组数据的最小测定值。

② 方差 $\gamma = \dfrac{\sum\limits_{i=1}^{n}(C_i - \bar{C})^2}{n-1}$ (2-37)

式中，C_i 为样品的第 i 次测定值；$\bar{C}$ 为样品的 n 次测定值的平均值；n 为测量次数。

③ 标准偏差 $s = \sqrt{\dfrac{\sum\limits_{i=1}^{n}(C_i - \bar{C})^2}{n-1}}$ (2-38)

④ 相对标准偏差 $RSD = \dfrac{s}{\bar{C}} \times 100\%$ (2-39)

⑤ 对数标准差 $\lambda = \sqrt{\dfrac{\sum\limits_{i=1}^{n}(\lg C_i - \overline{\lg C})^2}{n-1}}$ (2-40)

由于精密度计算的基础数据既可以来自于重复性条件下的测试结果，也可以来自于再现性条件下的测试结果，所以在使用上述参数表征精密度时，应该表明是重复性精密度还是再现性精密度。一般而言，再现性精密度得到的上述参数大于重复性精密度的相应参数。

在岩石矿物分析中，重复分析往往产生成对的数据，也就是同一样品仅仅有两次测试结果。由于测试数据偏少，不具有统计意义，所以往往引入精密度的另一个参数，即双差。双差是成对数据之间的彼此吻合程度。双差既可以用绝对差表示，也可以用相对差表示。

$$绝对双差 = C_1 - C_2 \tag{2-41}$$

$$相对双差 = \frac{C_1 - C_2}{\frac{1}{2}(C_1 + C_2)} \times 100\% \tag{2-42}$$

式中，C_1 为第一次测量结果；C_2 为第二次测量结果。

2.5.2.4 校准曲线

（1）校准曲线的精密度　与样品测试结果存在精密度问题一样，由于校准曲线是由不同数量的标准点经回归法计算得到，而每个标准点也存在精密度问题，这就造成校准曲线本身也存在精密度问题。采用不同数量的标准点，不同时间测试标准点，都会使校准曲线发生变化。

校准曲线的不确定度是由标准点的波动性引起的。标准曲线的波动性应当通过标准点的最佳估计值加以控制，不能一劳永逸地反复使用一条标准曲线。实验点对最佳校准曲线的分散性估计如下。

$Y = a + bX$，设由 N 个点构成校准曲线。令 $\bar{X} = \dfrac{\sum\limits_{i=1}^{n} X_i}{N}$，$\bar{Y} = \dfrac{\sum\limits_{i=1}^{n} Y_i}{N}$ 则 b 的估计值 $\hat{b}$ 为：

$\hat{b} = \dfrac{\sum\limits_{i=1}^{n}(X_i - \bar{X})(Y_i - \bar{Y})}{\sum\limits_{i=1}^{n}(X_i - \bar{X})^2}$；$\hat{a} = Y - \hat{b}X$（$\hat{a}$ 为 a 为估计值）；则

$$d_i = Y_i - (\hat{a} + \hat{b}X_i) \tag{2-43}$$

实验点对最佳曲线的分散性可用最小二乘法拟合标准偏差 s_f 来衡量：

$$s_f = \sqrt{\frac{\sum\limits_{i=1}^{n} d_i^2}{N-2}} \tag{2-44}$$

若 Y_0 是单次测定值，则有式（2-45）：

$$[Y_0 - (\hat{a} - \hat{b}X_0)]^2 = t^2 s_f^2 + \left[\frac{N+1}{N} + \frac{(X_0 - X)^2}{\sum(X_0 - X)^2}\right] \tag{2-45}$$

式中，t 是相对自由度（$N-2$）和给定置信概率的"正态分布"t 分布置信系数。方程式右边除 X_0 外，均为已知值；若用 X_0 估计值 $X_0 = Y_0 - \dfrac{\hat{a}}{\hat{b}}$ 代替 X，并用 K 表示右边的已知值，则〔见式（2-46）〕：

$$Y_0 - \hat{a} - \hat{b}X_0 = \pm K \tag{2-46}$$

对式（2-46）求解，X_0 可得如下两个解：

$$X_0 = \frac{1}{\hat{b}}[Y_0 - \hat{a} - K] = A ; \quad X_0 = \frac{1}{\hat{b}}[Y_0 - \hat{a} + K] = B$$

所以通过校准曲线，由测定值 Y_0 求得的 X_0 在给定的置信概率下其不确定度为 $\pm\dfrac{B-A}{2}$，其置信区间为：$A < X_0 < B$；若 Y_0 是 n 次测定的平均值，则有式（2-47）：

$$[Y_0 - (\hat{a} + \hat{b}X_0)]^2 = t^2 s_f^2 \left[\frac{1}{n} + \frac{1}{N} + \frac{(X_0 - X)^2}{\sum(X_0 - X)^2}\right] \tag{2-47}$$

比较式（2-45）和式（2-47）可知，当未知样品的测定次数 n 大时，测定 X_0 的精密度可以提高。提高校准曲线的精密度，就是减小（$B-A$）值。

$$B-A = \frac{2K}{\hat{b}} = 2t\left[\frac{1}{n}+\frac{1}{N}+\frac{(X_0-X)^2}{\sum(X_0-X)^2}\right]\frac{s_f}{\hat{b}} \tag{2-48}$$

虽然校准曲线存在不确定性，但是使用不同校准曲线得到的样品测试结果的精密度，在正常情况下不受影响。校准曲线的不确定度仅仅影响结果的精密度。

提高校准曲线精密度可以采取以下方法。

① 增加校准曲线的标准点数 N。当 N 增加时，t、$1/n$、s_f 均会减小，因而（$B-A$）会显著减小。

② 增加标准点的测量次数。以每个标准点的平均值作为该标准点的测量值，绘制校准曲线。

③ 增加校准曲线的斜率 $\hat{b}$。

（2）校准曲线的使用　应定期或不定期对校准曲线进行检查。对于物理、化学性质稳定的物质绘制校准曲线（例如光谱、质谱分析用校准曲线），标准样品配制后可反复使用，但应进行检查。除标准配制人员根据曲线的使用情况用同类型标准物质进行不定期检查外，测试人员在每次测定过程中，也要用同类型标准物质对校准曲线进行检查。对于物理、化学性质不稳定的校准曲线（例如光度分析用校准曲线），则应该标准样品随用随配，并在每次测定过程中，用同类型标准物质对其进行检查。当标准物质的测试值与标准值之差大于测试方法所规定的 0.7 倍时，应重新绘制标准曲线。

2.5.2.5　空白试验

空白试验又称为空白测定，它是指在不加入试样，使用和试样相同量的相同试剂，按照相同的测试步骤进行的测试试验。空白试验的作用主要用于对试剂、环境、器皿、过程等进行监控。

在样品制备成试液或试样的过程中，有些要经过物理混匀、压制；有些要经过化学处理，它们均需要加入试剂、水并在容器之间转移。这些过程中，所用的试剂、水、容器以及所处的环境等，均有可能污染或引入极少量的待测元素或引入对待测元素有干扰的杂质，而使样品的测量值变化。为了测得样品的实际含量，必须设法将这一部分由于污染和干扰引入的测量值扣除。比较常用的、简便、易行的方法是，在样品分析的同时进行空白试验，从样品表观测量值中扣除空白试验的测量值，以计算样品中待测元素的浓度或含量。

对于空白测量值产生的原因应该进行分析，并尽可能地采取对应的控制措施。

① 环境　主要是由空气中的污染气体和沉降微粒引起的。普通实验室中每立方米空气中含有数百微克的微粒，这些微粒含有多种元素因而可引起多种痕量元素的沾污。来自环境的沾污不但显著，而且变动性大，应采取局部或整个实验室的防尘与空气净化措施。

② 试剂　试剂对样品的沾污随试剂用量而变化。样品处理过程中用量最多的试剂是水和酸，采用高纯水、高纯酸和减少试剂用量或采用优质试剂是降低试剂空白的主要措施。

③ 器皿　储存、处理样品所用的一切器皿，如烧杯、容量瓶、过滤漏斗、试剂瓶等，由于其材质不够纯或者未洗涤干净均可能沾污样品。在痕量分析中应选用高纯惰性材料制成的器皿，并运用合适的清洗技术。聚四氟乙烯、透明的合成石英和高压聚乙烯是比较合适的器皿材料。由于实验室中，不少器皿并不是一次性器皿，因此对于含量水平悬殊的样品应该分别使用不同的器皿，避免器皿的沾污。例如，测试地球化学样品中的痕量金和测试金精矿

样品中的金，即使使用同类型的器皿，也不应混用。

④ 操作者　分析者、样品制备人员以及其他接触样品的相关人员用手触摸样品可以引起多种元素的沾污；操作者的化妆品、首饰项链等常常不知不觉地带来许多元素的沾污；操作者使用的内服和外用药物也常常沾污样品；操作者若不注意个人卫生也会引起样品的沾污。操作者不仅要具有正确熟练的操作技巧，而且要知道自身对样品可能带来什么沾污，以采取消除沾污的必要措施。

在痕量或超痕量分析中，当样品中待测项目与空白值处于同一数量级时，空白值的大小及其波动性对样品测试结果的准确度影响极大，直接关系到测试结果的可信程度。以药品试剂引入杂质为主所造成的空白值，当严格定量加入试剂时，空白值大小与波动无直接关系；以环境、器皿等污染为主所造成的空白值，由于污染本身的随机性，空白值的大小与波动相关。

在痕量与超痕量分析中，扣除空白往往是比较困难的，也是不可靠的。更加可靠与行之有效的方法是把空白降至可以忽略不计的程度（一般空白值为方法检出限的 1/3～1/2 时可忽略不计）。同时空白试验还起着监测分析过程的作用。若空白对试样而言，不能忽略不计，同时又明显地超过正常值或波动较大，则表明本次分析测定过程有严重的沾污，样品的测试结果不可靠。

在分析空白主要来自试剂的沾污时，空白值比较稳定；若有必要，可以扣除空白值。为了获取可靠的空白值，应进行多次重复测定，算出空白值及其置信限；$B \pm t_{0.95}(s_B / \sqrt{n_2})$。若样品的测量结果为 $A \pm t_{0.95}(s_A \sqrt{n_1})$，扣除空白后的结果为：

$$(A-B) \pm (t_{0.95} \frac{s_A}{\sqrt{n_1}} + t_{0.95} \frac{s_B}{\sqrt{n_2}}) \tag{2-49}$$

在空白值的扣除中，有时以样品测量的信号值减去空白试验测量的信号值，然后计算样品中待测元素的含量或浓度。例如，以 $I_样$ 表示样品测试得到的总信号，以 $I_空$ 表示空白试验得到的总信号，以 $I_元$ 表示样品中待测元素产生的净信号，则：

$$I_样 = I_元 + I_空$$
$$I_元 = I_样 - I_空$$

需要指出的是，仅当校准曲线为直线时，采用此种方法扣除空白和计算结果才是可行的。如果校准曲线发生弯曲，则不能采用此种方法。较好的方法是，先将样品测量值和空白试验测量值分别换算成浓度或含量后，再相减，得到样品中待测元素的含量或浓度。

在水样分析中，由于试样体积较大，空白试验中除了要考虑常见的污染、杂质引入而引起的空白值外，还应考虑空白试验中加入的与样品等体积纯水的污染或引入物的测量值，因为它不应包括在空白试验的测量值中。如果按照常规扣减空白的办法计算，则会引起结果偏低的现象。在一般情况下，对常量分析这一现象并不会引起明显的误差，而对痕量或超痕量分析，则问题会变得比较严重。因此，对纯水必须进行检查，只有确证待测元素极少、对测定无影响时才可以采用。

2.5.2.6　加标回收

在某些试样分析时，由于没有适当的标准物质可供选用，常用加标回收方法监控测试结果的准确度。随机抽取一定比例的试样，定量加入标准溶液，与未加标准溶液的试样同时测定，计算回收率，以衡量测试的准确度。加入标准的量，应尽量和试样中待测组分的量匹配（一般选择加入标准应控制在检出限附近一份和 10 倍检出限一份）。需要指出的是，加标回收方法主要是监控由于试样中基体的影响，造成的校准曲线斜率的不正常改变，而不能监控测试结果由于各种原因产生的固定常数型系统误差。

2.5.2.7 不同分析方法对照

此手段实际仍然是再现性检验。由于采用的是不同原理的方法进行对照，测试干扰不同，所以其监控程度较高。

2.5.2.8 疑点抽查

根据实验室样品的性质、相关成分、共生组合等因素，对已完成的测试结果进行综合分析，对可疑数据进行复验，做出肯定或否定的结论。例如，硅酸盐全分析中各组分的总和，水分析样品中阴阳离子平衡、pH 值和 CO_3^{2-}、HCO_3^-、游离 CO_2 的关系，同一地点、同一类型样品中的某待测组分出现的明显高值点异常或低值点异常等。

2.5.2.9 应用监控图控制质量

实验室承担大批量同类型、同要求样品的长期检测任务时，按照不同测试项目绘制准确度质量控制图，以便监控测试质量发展趋势，及时发现与处理测试过程中出现的问题，保证测试结果的准确度。

准确度质量控制图绘制的方法：以标准物质的测试结果为纵坐标，以测试结果序号为横坐标，分项目绘制准确度质量控制图。按标准物质的推荐值绘制中心线，在中心线上下，以 2 倍的测量过程的再现性标准偏差（s_R）绘制上下控制限。

如果各次测定结果随机地分布在上下控制限内，则表明在此段时间内测试过程处于受控状态，并可用 $2s_R$ 表示测量结果的不确定度。如果数次测量结果虽然分布在上下控制限内，但连续显示出有上升或者下降的趋势，应注意加强过程控制，检查测量条件可能的变化，并及时加以解决。如果数次测试结果的纵坐标完全相同，应注意防止操作者的主观原因对测试结果的影响。

2.5.2.10 测试结果的判定

一般情况下，当所测定样品的两个有效测定值之差不大于相关规定质量要求的允许差时，以其算术平均值作为最终分析结果；否则，应按数据验收测定值程序进行（图 2-1）。

2.5.3 质量评估

2.5.3.1 质量评估的目的

质量评估的目的是让委托方或者主管部门相信测试结果准确可靠，能满足预期要求；或者证明实验室具有进行某一领域测试工作的能力，有提供准确、有效测量结果的组织与技术保证。质量评估是从宏观和总体上，对于某一个项目或某一段时间内的测试质量进行的评价。质量评价是以分析条件受控、分析人员严格按规程操作、仪器设备处于正常状态下为前提的。

2.5.3.2 质量评估的方法

质量评估包括实验室内部的质量评估和用户的质量评估。

实验室内部的质量评估中，充分利用各项过程控制和质量监控所获得的信息，从众多的信息中提取最有用的综合质量信息，经过统计检验、综合分析，对得到的测试结果的可靠性、合理性进行质量评价。包括对测试方法质量水平、测试仪器设备的质量水平、测试人员的技术水平以及相关人员的工作质量水平进行质量评价，及时发现问题，采取措施，予以纠正，确保分析结果准确、良好；不至于影响测试结果的使用效果，同时持续改进实验室自身的工作。实验室也通过内部质量评估，向委托方证明测试质量达到预期的要求。

用户评估是委托方对实验室所提交的测试结果的可被利用性以及是否达到合同或协议规

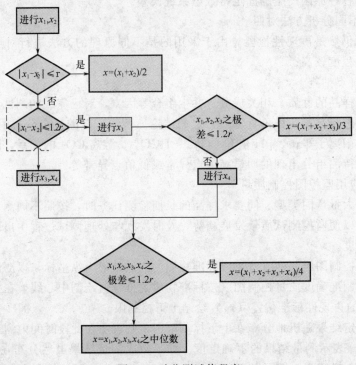

图 2-1　验收测试值程序

x_i—分析值；r—允许值

定的要求进行评估。用户评估的方式包括以下方式：

① 通过实验室报出的各项质量参数和图表进行评估；

② 通过外检分析数据进行评估；

③ 通过插入密码样的检查分析进行评估；

④ 通过最终抽取部分样品编成密码样进行检查分析而进行评估；

⑤ 通过异常检查和疑点抽查，进行评估；

⑥ 通过专门设计的方式（如重复采样、重复制样）进行评估；

⑦ 用户还可以根据测试数据利用后的效果进行质量评估，如地区可比性、历史可比性、流程中的平衡计算，分子式计算比较等。

2.5.3.3　质量评估的依据

对实验室测试结果的质量评估和特定领域测试的能力的评估，首先应明确评估标准。评估标准包括相关的技术质量标准、实验室和委托方双方的约定。评估标准的确定应该符合实际需要，客观、经济合理、技术可行。

2.5.3.4　质量评估的技术方法

（1）合格率统计　测试结果的误差、偏差或双差，或其他质量参数达到或优于允许限者称为合格，并以合格数与被检查样品数的比值，按照项目分别计算合格率，以百分数表示[见式（2-50）]。

$$合格率 = \frac{合格项数}{总项数} \times 100\% \tag{2-50}$$

按合格率的高低评估测试质量是最广泛使用的质量评估方式，其优点是简便、直观、易行。最常使用的合格率是统计样品双份分析之差的质量。

由于质量参数来自于抽样检查，而抽样检查方式本身带有风险性，所以这种统计虽然宏观上客观地代表了总体的质量水平，但是也同样具有风险性。由于合格率参数主要是表征分析的精密度参数，因此只有在标准物质和加标回收符合相应规定要求后，统计合格率才有实际意义。同时合格率参数是来自抽样检查，是以少量样品合格数来判断母体的质量，因此合格率参数只能是原始一次抽样检查合格率。

（2）综合性质量评估　综合性质量评估也可称为合理性评估，它可以弥补质量监控的不足。

对样品的测试质量应进行综合性、合理性的评估。在评估时，应利用各项质量信息和有关的专业知识，较全面地考虑各影响因素及其相互关系。综合性质量评估的内容较多，对综合性质量评估可以从下列诸方面进行。

① 样品的性质和待测元素的含量是否在测试方法标准、规程或规范的适用范围之内。

② 标准物质的品种、组成、含量、干扰元素等与样品是否相近，从而确定由标准物质测试误差推断样品准确度和精密度的可靠性或有效性。

③ 待测元素在样品中的价态、状态和形态与得到测试结果之间的合理性。

④ 样品多次测定值的变动性与样品的均匀性，取样量是否满足其对于试样的代表性。

⑤ 半定量分析与定量分析结果的一致性。

⑥ 干扰元素是否在分析方法允许范围内，校正系数的可靠性，背景扣除的正确性。

⑦ 校准曲线斜率、截距、弯曲程度的历史可比性。

⑧ 控制溶液或标准物质的准确应用。

⑨ 在痕量或超痕量分析中，空白试验值的大小和变动，对极低含量结果可靠性的影响。

⑩ 在水分析中，阴阳离子平衡、pH 值与 CO_2、CO_3^{2-}、HCO_3^- 的一致性，硬度与 Ca^{2+} 和 Mg^{2+} 的一致性，介质、放置时间及空白试验扣除是否合理。

⑪ 在硅酸盐分析中，各项总和、FeO 测定中的干扰、H_2O^+（化合水）的扣除、未测定项目（如 Cl^- 等）对总和的影响等。

⑫ 在物相分析中各相之和的合理性。

⑬ 在黏土矿物分析中，有机碳换算为有机质（乘以 1.724），有机质的氢对 H_2O^+ 的影响、吸附水对 H_2O^+ 和总和的影响。

⑭ 硫化矿物或矿石已被破碎的样品中的硫含量不能代表块状样品中硫的含量，因为在破碎过程中硫有或多或少的损失。黄铁矿样品变质现象极为明显，其他硫化物样品变质现象不容忽视，特别在含量高时的保存温度、湿度、时间等均应注意，含量较低时则不显著。

⑮ 化探样品分析中元素含量分布地区的可比性、分布的正态性。

⑯ 纯度高的样品的测定值与理论值。

⑰ 选冶试验中的平衡计算和物质组分研究金属量平衡计算中，各步骤和总和之间的合理性。

⑱ 在易吸水性样品的分析中，吸附水对干基计算的影响。

⑲ 稀土元素测定值与模式图的近似性。

⑳ 某些定点监测样品或对比样品的历史可比性和地区可比性。

㉑ 异常点或可疑点的重复性或再现性，以及是否可以接受。

㉒ 其他应该综合考虑的问题。

（3）质量参数定量评估

① 分析质量参数分数评估　它表示的是测试结果值达到或优于允许限或监控限的程度，即分析测试值与允许值之比，比值越小越好。

计算式为式（2-51）：

$$K_\Delta = \frac{\Delta_{测}}{\Delta_{允}} \qquad (2-51)$$

式中，K_Δ 为质量参数分数；$\Delta_{测}$ 为测定值；$\Delta_{允}$ 为允许值或监控限。$\Delta_{允}$ 可以是误差、相对误差、对数误差、标准偏差、相对标准偏差，不确定度等的允许值或监控限。

等级的划分：

当质量参数分数 $K_\Delta = 1$，说明误差、偏差测定值等于允许值，即 $\Delta_{测} = \Delta_{允}$，质量刚好达到要求，评定为合格。

当偏差质量参数分数 $K_\Delta < 1$，说明误差、偏差测定值小于允许值，质量优于规定要求。$K_\Delta < 0.33$ 者定为 A 级，质量优秀；K_Δ 在 0.34～0.67 之间评定为 B 级，质量良好；K_Δ 为 0.68～1.0，定为 C 级，质量合格。当 $K_\Delta > 1$，则分析结果质量不合格。

② 数据质量评估（Z 分法）　实验室在 j 次实验中对第 k 个样品测量结果的 Z 分计算如式（2-52）：

$$Z_{jk} = (X_{jk} - \hat{X}_k) / \sigma \qquad (2-52)$$

式中，X_{jk} 为在第 j 次实验中对第 k 个样品的测定值；$\hat{X}_k$ 为第 k 个样品中被测成分真值的估计值，一般通过使用标准物质、标准方法或者合作实验获得真值的最佳估计值；σ 可用实际测量的标准偏差或者给定的目标值代替。

若 $\hat{X}$ 和 σ 的估计值服从标准正态分布，$|Z| < 1$ 时，表明测量数据的质量很好；$|Z| > 3$ 时，表明测量数据的质量很差。可根据 Z 分数的绝对值将测定数据划分为三个等级；$|Z| \leqslant 2$ 满意；$2 < |Z| < 3$ 可疑；$|Z| \geqslant 3$ 不可取。

Z 是有正负符号的，能反映测量结果的偏差方向，可用式（2-53）计算出实验室在 m 次实验中对第 k 个样品测定数据的 Z 分之和，以 RSZ 表示：

$$[RSZ(ik)] = \sum_{j=1}^{m} \frac{Z_{ijk}}{\sqrt{m}} \qquad (2-53)$$

RSZ 更能灵敏地指示实验室（或分析方法）是否存在固定方向的系统误差。若 Z 的正负号是随机的，那么 RSZ 的绝对值大于 3 的概率极小，因而还可根据 RSZ 的绝对值划分质量等级；$|RSZ| < 2$ 满意；$2 < |RSZ| < 3$ 可疑；$|RSZ| > 3$ 不可取。

根据 Z 分数还可以进一步给出实验室的准确度指数（AI）。实验室在 m 次实验中测定 n 个样品的准确度指数计算见式（2-54）：

$$准确度指数(AI) = \left(\frac{1}{mn} \sum_{j=1}^{m} \sum_{k=1}^{n} Z_{jk}^2 \right)^{\frac{1}{2}} \qquad (2-54)$$

用算得的准确度指数，对照如下规则确定实验室测量结果（或能力）的等级：

准确度指数（AI）值	质量等级
0～0.500	优
0.501～1.000	良
1.001～1.500	中
1.501～2.000	及格
$\geqslant 2.001$	不及格

效能指数（PI）　实验室在第 j 次实验中测量 n 个样品的效能指数（PI）见式（2-55）：

$$效能指数[PI(j)] = \frac{1}{n}\sum_{k=1}^{n}(y_{jk} - 1.00)^2 \times 10000 \tag{2-55}$$

式中，$y_{jk} = \dfrac{X_{jk}}{\overline{\overline{X_k}}}$，称为标准化结果；$\overline{\overline{X_k}}$ 为各实验室在 m 次实验中测得的第 k 个样品的总平均值。

效能指数实际上是标准化结果相对 1 的变动性，为了避免小数乘以了 10000，它指明实验室进行第 j 次实验的效能。

为了给出实验室测量能力的名次或等级，还可用式（2-56）计算每个实验室在某次实验中的平均效能指数（RPI）：

$$平均效能指数(RPI) = \sum_{j=1}^{m}\sum_{k=1}^{n}(y_{jk} - 1.00)^2 \frac{10000}{mn} \tag{2-56}$$

按 RPI 数值由小到大的顺序排列出实验室测量能力的名次。

2.6　实验室认证及认可

认证是指与产品、过程、体系或人员有关的第三方证明；认可是正式表明合格判定机构具备实施特定合格评定工作的能力的第三方证明。目前我国各类实验室主要实行的是计量认证、审查认可（验收）和实验室认可三种合格评定模式，其中计量认证、审查认可（验收）属于资质认定的两种形式。资质认定和实验室认可的比较如表 2-3 所示。

表 2-3　资质认定和实验室认可的比较

项目	资质认定	实验室认可
定义	国家认监委和各省、自治区、直辖市人民政府质量技术监督部门对实验室的基本条件和能力是否符合法律法规以及相关技术规范或者标准而实施的评价和承认活动。（这里的实验室是指向社会出具具有证明作用的数据和结果的实验室）	权威机构对检测/校准实验室有能力进行指定类型的检测/校准做出一种正式承认的程序
依据	《中华人民共和国计量法》、《中华人民共和国质量法》、《中华人民共和国标准化法》、《实验室资质认可评审准则》	《检测和校准实验室能力认可准则》（ISO/IEC 17025：2005）
性质	属政府行为，具有强制性	自愿性
组织实施部门	国家认证认可监督管理委员会	中国合格评定国家认可委员会（CNAS）

由于实验室是为供需双方提供检测服务的技术组织，所出具的检测检验结果是贸易双方的重要依据，又是产生贸易和法律纠纷的焦点。所以对提供检测数据的实验室加强质量控制，对实验室资质开展认证认可活动，降低可能出现的实验室质量责任风险，实现实验室检测数据的国际多边和双边的互认，具有重要而深远的意义。

我国第三方检测实验室中化学实验室数量最多，承担的检验检测任务形形色色、类型复杂。化学实验室要做好认证认可，必须根据准则要求，以检测及管理人员、仪器设备、样品、方法（标准）、环境这些要素构成一个体系，在这个体系上建立方针目标、过程要素、结构资源、体系文件、运行监控、内部审核、管理评审、持续改进和检验报告等控制环节；围绕提升三个能力，即"承担相应的法律责任的能力、有效进行质量管理的能力、开展检测技术服务的能力"来开展工作；通过关键技术环节的质量控制，达到提升管理和服务水平，提高技术能力，获得资质认证认可的目的。

思考题

1. 准确度和精密度有何区别和联系？
2. 什么是不确定度，产生不确定度的原因是什么？
3. 质量控制的常用技术和方法有哪些？
4. 什么是重复性和再现性，重复性和再现性的差别是什么？

参考文献

[1] 测量不确定度评定与表示 . JJF 1059—1999. 北京：中国计量出版社，1999.
[2] 储亮侪 . 化学分析的质量保证 . 西安：陕西科学技术出版社，1993.
[3] 化学分析测量不确定度评定 . JJF 1135—2005. 北京：中国计量出版社，2005.
[4] 倪晓丽 . 化学分析测量不确定度评定指南 . 北京：中国计量出版社，2008.
[5] 肖明耀 . 误差理论与应用 . 北京：中国计量出版社，1985.
[6] 地质矿产实验室测试质量管理规范 . DZ/T 0130—2006. 北京：中国标准出版社，2006.
[7] 铝硅系耐火材料化学分析方法 . GB/T 6900—2006. 北京：中国标准出版社，2006.

第3章 标准物质和标准方法

3.1 标准物质

岩石矿物等地质样品的分析数据，反映了自然界客观事物存在的形态及其衍生、变化情况，提供了化学元素迁移、富集的规律和开发利用矿产资源的依据。对分析数据最基本的要求是准确。准确的数据是指同一样品，在不同时间、不同地点、不同实验室，由不同技术人员采用不同分析方法多次测量所得结果，有良好的重复性，没有系统误差，在一定误差限度内相符合。

为取得准确一致的分析数据，标准物质起着传递量值的重要作用。标准物质是由高度准确、可直接联系至基本测量单位的分析方法定值的。标准取值与权威方法、基准方法间有着不可分割的重要关联。由此可知，为取得准确的测量结果，分析工作与标准物质存在密切的依赖关系。在实验室质量保证计划中，使用标准物质证明实验室的分析工作的溯源性，已经越来越被重视。

3.1.1 有关术语

（1）标准物质（reference material，RM）　已经确定了某一种或多种特性量值的材料或物质，用以校准设备、评价测量方法或给材料赋值。特性量可以是物理性质、生物特性、工程参数或化学成分的含量。特性量值一经确定，该物质就具有了类似计量学中的标准量具（如米尺、砝码）的特性。标准物质可以是固体、液体或气体。固体标准物质的物理形态随使用目的的不同而不同。地质标准物质多数为经过正确的技术途径确定了化学成分含量的岩石、矿石、矿物等地质样品，一般研磨成粉末状。标准物质必须具备均匀性和稳定性，其标准值应建立溯源性并附有给定置信水平的不确定度。

（2）一级标准物质

a. 指采用权威方法确定特性量值，并具有最高准确性的标准物质。

b. 我国的一级标准物质定义为：该物质样品均匀性良好、稳定性至少在 2 年以上，并有足够使用 6～10 年的量，使用在理论上和实践上经检验证明准确可靠方法定值，附有证书，经过国家计量部门审批认为合格并列入国家标准物质目录，通常称为有证标准物质（CRM）。

（3）二级标准　常由行业实验室为直接用于大量工作的需要而制备。定值工作采用基准法，与国家一级标准物质比对，准确度的要求低于一级标准物质。

（4）标准物质认定证书（reference material certification）　陈述标准物质一种或多种特性量值及其不确定度，证明已执行保证其有效性和溯源性必要程序的有证标准物质的文件（是研制单位向用户提供的质量保证和使用说明），必须随同标准物质一起提供给用户。证书应该提供如下基本信息：标准物质名称、定值日期、用途、制备方法、定值方法、标准值、总不确定度、均匀性及稳定性说明、最小取样量、使用中注意事项、储存要求等。

（5）最小取样量（minimum sample intake）　在规定的分析测量条件下，保证标准物质均匀的最少的样品量。通常情况下，将均匀性检验中所使用的样品量规定为该标准物质使用时的最小取样量。

（6）权威方法（definitive method）　指当前最准确的分析方法。权威方法具有可靠的理论基础，一般都是经过详尽研究，实验证明适合实际应用，消除了系统误差，随机误差的水平可忽略不计，测量结果直接联系至基本测量单位或其导出单位的绝对法，如重量法、容量法、电量法和同位素稀释质谱法等。

（7）基准方法（reference method）　经过实验验证，并与权威方法或一级标准物质比对过准确度的方法，方法应无系统误差。在 ISO 指南 30 和 34 的中译文本中，此术语译作标准方法；而在化学分析工作中"标准方法"是"standard method"的中文译名，不具传递值的内涵。标准方法的准确度不一，其中少数可能达到基准方法水平，但大多数的准确度只要求满足制定方法部门的专业要求。为了避免混淆，这里采取现在的基准方法的译名。

3.1.2　标准物质的作用

化学分析中经常使用的基准物质，例如铜丝、银丝、铁丝、铝片、ZnO、Na_2CO_3、$Na_2B_4O_7 \cdot 10H_2O$、$K_2Cr_2O_7$、EDTA 等，都是化学标准。这些化学基准物质都是取自化学试剂，必须有固定的化学式，在空气中稳定、容易提纯，所含杂质总量不超过 0.02%。由于化学基准物质通常很容易取得，所以通常没有必要发展也不存在国家或者国际的和物理标准具有同等意义的标准化合物。

仪器分析的迅猛发展，使化学分析从严重依赖物理标准转换为严重依赖化学标准。大多数仪器分析是比较分析，即待测样品产生的信号必须与标准产生的同样信号相比较才可得出测量结果；基体效应影响严重的方法，还需要矿物学类同的标准，才能得到可靠的数据。这种对标准的依赖性，直接促进了标准物质研制的发展。

标准物质的特性量值一经确定，它便取得了如米尺、砝码等度量衡器具一样的特性，它最根本的作用就是在准确一致的测量系统中传递准确度和建立溯源性。由于它实际是样品，所以具有"样品"的属性，可以以"样品"的形式参与质量监控、检验测量结果、人员培训以及诸如实验室认可、实验室熟练度检测、仲裁分析等工作。如果各实验室正确使用标准物质，可使它们的分析结果获得计量溯源性，使可靠性大大提高。

3.1.3　标准物质的分类

（1）国家计量局颁布的标准物质分类　见表 3-1。

表 3-1　国家计量局颁布的标准物质分类

序号	标准物质分类名称	分类号[①②]
1	钢铁成分分析	GBW01101～GBW01999
2	有色金属及金属中气体成分分析	GBW02101～GBW02999
3	建材成分分析	GBW03101～GBW03999
4	核材料成分分析与放射性测量	GBW04101～GBW04999
5	高分子材料特性测量	GBW05101～GBW05999
6	化工产品成分分析	GBW06101～GBW06999
7	地质矿产成分分析	GBW07101～GBW07999
8	环境化学分析	GBW08101～GBW08999

序号	标准物质分类名称	分类号①②
9	临床化学分析与药品成分分析	GBW09101～GBW09999
10	食品成分分析	GBW10101～GBW10999
11	煤炭、石油成分分析和物理特性测量	GBW11101～GBW11999
12	工程技术特性测量	GBW12101～GBW12999
13	物理特性与物理化学特性测量	GBW13101～GBW13999

① GBW 代表国家级标准物质中"国标物"三字的汉语拼音的第一个字母。

② 二级标准物质代号为 GBW（E），括弧中 E 代表"二"字的汉语拼音的第一个字母。

标准物质覆盖面极广，它可因标准物质本身的材质不同而分类，也可因使用目的不同而分类。我国计量行政部门管理的标准物质，根据不同学科和专业分为 13 类，在国家标准物质目录中按规定类别分别予以编号。如表 3-1 所列。其中，地质矿产有关标准物质分类编号为 GBW07101～GBW07999。表内的 GBW13 系列中有用于校准 pH 计的标准物质（纯物质粉末或溶液）、校准分光光度计波长准确度的氧化钬标准物质（溶液）、校准吸光度的标准物质（溶液）、用于检定分光光度的滤光片（实物）等。

（2）我国地质标准物质的分类　根据使用目的和不同材质，地质标准物质分为以下几类。

① 岩石类。为保证地球科学有关研究工作要求的各种类型岩石标准物质。定值成分包括主、次成分，以及可提供多种地质信息的痕量元素。

② 矿石类。为保证矿产资源的准确评价之用。定值成分为各种金属矿石的主成分、有综合利用价值的成分、有害元素以及可提供矿产资源研究的一些痕量元素等。此类标准物质中还包括贵金属标准物质和非金属矿石标准物质。

③ 矿物类。定值成分包括纯矿物中主、次、痕量元素。此标准物质可用于成分分析的质量监控和分析方法验证，用于研究矿床成因、成矿作用、找矿标志元素等。

④ 保证有意义的地球化学调查工作中使用的各种地质样品，如土壤、水系沉积物、某些植物茎叶等，定值项目与岩石类同。

⑤ 配合环境地质工作需要的一些有机样品标准物质。

⑥ 保证特殊技术需要的标准物质，如电子探针定量分析用标准物质、稳定同位素、地质年龄测量用标准物质等。

3.1.4　地质标准物质的使用

标准物质的使用应以高效、节俭为原则。一个标准物质（尤其是一级标准物质）的研制工作，需要很长时间，投入极大的人力和资金。除少数例外，它们的使用都是破坏性的，不经意的使用是一种极大的浪费。例如，若实验的目的只是验证分析方法精密度，就应该不使用标准物质，而以纯化合物、纯元素溶液代替。

使用标准物质时，在首先选择了合适的类型、成分、含量水平之后，应该通晓该标准物质证书上所示的有关使用信息，诸如有效期、储存条件、均匀性检验所用测量方法及所达精密度、最小取样量等，并应严格遵循其使用原则，以防止使用不当导致不正确的结果。多数地质标准物质定值成分很多，各成分的含量互不相同，不确定度也互不相同，必须结合使用目的审慎地选择使用。

3.1.4.1 标准物质的用途

（1）校准仪器和控制分析工作质量　根据分析方法基本原理和分析步骤的不同，可区别为化学法和仪器分析法。

① 化学法主要包括重量法和容量法，凭借称量沉淀的质量和测定滴定溶液的体积，计算测量结果。在这类方法中使用标准物质，常以作为未知样品参与待测样品同样的全部实验程序，所得结果与标准值相比较，从偏差大小判断分析方法的准确度和技术人员的操作水平等。

② 仪器分析法可大致分为两类

a. 基体效应小或可以简单地施以修正的分析方法。例如原子吸收光谱法的碱金属和碱土金属元素基体影响可以借加入 La 修正。这类方法使用标准曲线，将待测样品的同样信号在此曲线上内插，测得结果。校准曲线由一组校准物逐级稀释配制，此时由基准物配制即可，必要时可采用一种绝对法使用的基准物的纯度进行标定。

b. 基体效应较严重的分析方法。例如 X 射线荧光光谱法中，样品中主要元素的质量吸收，对痕量元素的 X 射线有影响，常使痕量元素的校正曲线不呈线性。同样，直流电弧激发的效果对发射是样品基质的函数。在一定程度上，当等离子体发射光谱测量时，等离子体中的激发也受影响，特别当样品或标准物质中有易电离元素存在，原子与离子之比在两者中是不同的。对于此类分析方法，最好用标准物质作校准以补偿测量程序中可能的效应。所选用的标准物质需要有与样品紧密匹配的基体，合宜的不确定度，最好有几个含量范围呈梯度的类同标准物质，用以建立校准曲线，不推荐使用单一标准物质作校准，因为可能产生相当大的校准误差。使用多少个标准物质建立校准曲线为宜，应根据待测样品的含量范围、要求的准确度等，通过实验确定。

在检验仪器性能如响应曲线、灵敏度、检出限等时，要使用与仪器测量范围相当的标准物质作验证标准，以确定仪器是否合格。要采用与样品基体相近、有适当梯度含量的标准物质，用其标准值校准曲线，为实际样品测量建立定量关系。

（2）评估分析方法　在评价既有分析方法时，应用标准物质为样品，可以客观、简便、有效地对该程序的重复性、再现性和准确程度做出评价。

在发展新的分析方法时，常常选用多个基体成分不同的标准物质进行重复分析，从平均值的正确度和测量数据的重复性和再现性进行分析方法的评估。新分析方法大多是仪器分析方法，绝大多数仪器分析方法是比较法，即样品经过溶解、分离富集等过程，把待测成分转变为可测量形式，使用仪器测量相应信号。仪器产生的信号，必须与标准物质产生的同样信号相比较才可获得测量结果。通过使用标准物质，仪器分析方法的可靠性和数据的准确程度可以得到有效的评估，可能发生的情况有：

① 新分析方法的测量标准偏差和标准物质定值的标准偏差相当，则如测量数据相符在 $2s$（95％置信水平）或 $3s$（99％置信水平）以内，大概可以证明新的分析方法是正确的。

② 如果新分析方法的精密度较低，则需将上述标准适当放宽。如果选用的标准物质的分析结果是由国家计量实验室以权威方法定值，由于其具有最高的总不确定度水平，新发展的仪器分析方法的数据不可能做到与此类标准物质的标准偏差相当，遇此情况也需根据实验信息来估计更为适当的参数，将标准适当放宽。

③ 在相反情况，如果新分析方法的精密度比标准物质定值的精密度高，有可能检测出该标准物质的不均匀性。在这种情况，应选用具有更小不确定度的有证标准物质。

从多个标准物质数据的正确度可评估：

　　① 被分析元素在样品分解过程中的回收率。如果被分析元素的回收率为100％，就可以证明样品分解过程中元素无损失，制样过程不存在偏倚。

　　② 基体对于最后测量的影响。如果在测量步骤中通过标准加入法发现低回收率或高回收率，则有必要根据实验测得的回收率，校正基体引起的抑制或增强作用。

　　③ 需要校正的光谱重叠干扰。

　　④ 新分析方法中的干扰元素。例如需要研究岩石内某个组分（主成分、次成分或痕量成分）的一个新分析方法，可以选择不同类型的岩石标准物质，按所研究的元素含量的升序或降序排列。将测得的分析结果对标准物质的标准值作图并绘制直线，从偏离直线的点可以发现存在干扰的标准物质。查看那个标准物质的成分数据，从其中某共存元素的含量显然超过其他标准物质，可以发现干扰来源。确定干扰元素以后，应进行必要的实验，予以证实或者否定。

　　（3）用于研制下一层次的标准物质或管理样品　制作内部管理样品时最重要的是，基本符合使用目的，样品的均匀性好。分析数据的正确度方面暂时存在的缺陷，可以随实验室的工作和数据积累而改善。管理样品可以用于日常使用的密码"盲样"；可以用于与被测样品进行交叉测量，用内插法求得被测样品的特性量值；可以用于培训新的分析人员；可以用于分析人员操作熟练度检验。

　　3.1.4.2　正确使用标准物质

　　地质标准物质的根本作用在于地质样品分析测量中传递量值，以实现测量的准确一致。只有正确使用标准物质，才能达到目的。

3.2　标准方法

　　标准已经深入到社会经济生活的各个层面，为法律法规提供技术支持，成为市场准入、维护契约合同、贸易仲裁、产品检验与合格评定的基本依据。发达国家已经建立了逐步完善的适应市场经济发展要求的国家标准体系。纵观这些标准体系的显著特点，是具有自愿性体系和多层次的技术法规体系。

　　标准物质和标准方法是岩石矿物分析工作确保分析质量、实施标准化管理和监督的重要措施之一。

3.2.1　标准方法的特点

　　标准方法应是一个标准化的方法，方法具有稳健性，即测量结果对测量过程中的微小变动不会产生意外的大变动。若测量过程真有较大的变化，应有适当的预防措施或发出警告，在制定一个标准测量方法中，应该尽量地消除或减少偏倚。也可以用一些相似的测试程序来对已经建立的测量方法和最新标准化的测量方法的准确度和精密度进行测试。在后一种情况下，所得到的结果宜看作是初始估计值，因为准确度和精密度随着实验室经验的积累而改变。建立测量方法的文件应该是明确的和完整的。所有涉及该程序的环境、试剂和设备、设备的初始检查以及测试样本的准备的重要操作都应该包括在测量方法中，撰写方法尽可能地参考其他的对操作人员有用的书面说明。说明中应精确表明测试结果和计算方法以及应该报告的有效数字的位数。

　　标准方法是经过科学实验证明为准确的测量方法。其准确度和精密度能满足评价其他方法准确度和给一级标准物质赋值的要求。标准方法常用来研究和评价现场测量方法，为工作级标准物质定值。

标准方法在技术上并不一定是最先进的，而是在一般条件下简易可行、具有一定可靠性、经济实用的成熟方法。标准方法经过充分试验，获得广泛认可，不需要额外工作即可获得有关精密度、准确度和干扰等整体信息。发展一个标准方法需要经过较长的过程，要花费大量的人力、物力，在进行充分试验的基础上推广使用，最后才能成为标准方法。现代化的仪器分析较化学分析更复杂，研究仪器分析的标准方法需要更大的投资和更长的时间，要多个实验室共同合作才能完成。

3.2.2 标准方法的级别

依据我国《中华人民共和国标准化法》规定，我国标准分为四级，即国家标准、行业标准、地方标准、企业标准。按标准的性质划分为强制性标准和推荐性标准。

需要在全国范围内统一的技术要求，应当制定国家标准。国家标准由国务院标准化行政主管部门批准制定；没有国家标准而又需要在全国某个行业范围内统一的技术要求，应由国务院有关行政主管部门制定相应行业标准；需要在省、自治区、直辖市范围内统一的技术要求，应由省、自治区、直辖市标准化行政主管部门制定相应地方标准；企业标准由企业自己制定。

行业标准和地方标准在相应的国家标准发布实施后，自行废止。行业标准和地方标准若与有关法律、法规或国家标准相抵触，则须限期修改或停止执行。

强制性标准具有法律属性，在一定范围内通过法律、行政法规规定强制执行的标准是强制性标准。简而言之，强制性标准是必须执行的标准。标准的全部技术内容需要强制时，为全文强制。

强制性标准是指保障人身安全、保护人体健康、保护环境卫生、保证动植物安全的标准。如药品、食品卫生、兽药、农药和劳动卫生标准；直接关系生产、建设和储运的质量、劳动、安全、卫生等标准；环境保护的污染物排放标准和环境质量方面的标准等。强制性标准还包括国家需要统一技术政策所涉及的标准，如标志性图形符号、电信传输方式、电视广播制式等。法律法规明确规定的标准，如法定计量单位、测绘标准等。

推荐性标准不具有强制性，属推荐执行标准，任何单位均有权决定是否应用，违反这类标准，一般不构成经济或法律方面的责任。行政法规要求强制执行的推荐性标准，自动变更为强制性标准。依《中华人民共和国标准化法》规定，某些推荐性标准中，有关安全、卫生、环境保护等方面的内容，这些内容也有强制性。当标准的部分技术内容需要强制时，称为条文强制。

国家标准、行业标准和地方标准都有强制性标准和推荐性标准。一般情况下，岩矿分析方法标准属于推荐性标准。

质量技术监督局标发〔1999〕193号文规定了"中华人民共和国国家标准和行业标准代号"。中华人民共和国强制性国家标准代号为 GB，中华人民共和国推荐性国家标准代号为 GB/T。强制性地质矿产行业标准代号为 DZ，推荐性地质矿产行业标准代号为 DZ/T。强制性地方标准代号为 DB××/，推荐性地方标准代号 DB××/T，其中××为地方代码，是省、自治区、直辖市行政区划代码前两位数字，如北京市强制性地方标准：DB11/标准顺序号—年代号（北京市代码 110000）。企业标准代号形式为 Q/×××，Q 为企业标准代号，×××为企业代码。

3.2.3 标准方法的应用

① 用于标准物质定值分析。标准方法是经过准确度试验，方法精密度和正确度都有数据证明准确的方法，所以它们是标准物质定值分析的基本方法。有的标准方法达到基准方法的水平，二级标准物质定值常采用基准方法；有的标准方法是绝对法，如重量法、容量法、电量法等可以作为权威方法。权威方法分析的数据是国家一级标准物质定值的依据。

② 分析结果产生纠纷，需要仲裁分析时，标准方法是仲裁分析的首选方法。

③ 国家标准方法尤其是采用国际通用的国家标准方法是进出口贸易商检的主要分析方法，用国家标准方法分析的结果才得到承认。

④ 实验室用标准方法分析的数据其质量得到认可。

⑤ 用标准方法与新分析方法分析相同样品，比较方法的准确度，可以评估新方法的质量。

⑥ 利用标准方法的精密度试验数据，用标准方法也可以监控日常分析的质量。

思考题

1. 什么是标准物质？标准物质的特点、性质和主要应用是什么？
2. 如何检验标准物质的均一性和稳定性？
3. 什么是标准方法？标准方法的性质、作用和主要应用有哪些？

参考文献

[1] 标准物质常用术语和定义 JJF 1005—2005．北京：中国计量出版社，2005．

[2] 地球化学标准参考样研究组．地球化学标准参考样的研制与分析方法 GSD 1-8．北京：地质出版社，1986．

[3] 地球化学标准参考样研究组．地球化学标准参考样的研制与分析方法 GSR1-6，GSS1-8，GSD9-12．北京：地质出版社，1987．

[4] 韩永志．标准物质手册．北京：中国计量出版社，1998．

[5] 胡理华，储亮侪．加拿大铁建造岩国际标准样品分析．岩石矿物及测试，1985，4（2）：178-184．

[6] 金秉慧，孙鲁仁．电子探针矿物定量分析用标准参考样品．岩矿测试，1983，2（3）：206-209．

[7] 金秉慧．地质标准物质十年回顾．岩矿测试，2003，22（3）：188-200．

[8] 全浩，韩永志．标准物质及其应用技术．第2版．北京：中国标准出版社，2003．

[9] 王毅民，高玉淑，韩慧明，王晓红．实用地质分析标准物质手册．北京：地质出版社，2003．

[10] 杨小林．分析检验的质量保证与计量认证．北京：化学工业出版社，2007．

第4章 岩石矿物分析中的污染与损失

地质试样除了进行常量元素的分析外，还要进行大量的痕量元素的分析。例如，对地矿部地球化学岩石标样 GSR1-6，除了测定基体元素 SiO_2、TiO_2、Al_2O_3、Fe_2O_3、FeO、MnO、MgO、CaO、Na_2O 等含量（%）外，还测定了痕量元素（$\mu g \cdot g^{-1}$）Ag、As、Au($ng \cdot g^{-1}$)、B、Ba、Be、Bi、Br、Cd、Ce、Cl、Co、Cr、Cs、Cu、Dy、Er、Eu、F、Ga、Ge、Hf、Hg($ng \cdot g^{-1}$) Ho、I、In、La、Li、Lu、Mn、Mo、Nd、Ni、P、Pb、Pr、Rb、Sb、Sc、Se、Sm、Sn、Sr、Ta、Tb、Te、Th，Ti、Tl、Tm、U、V、W、Y、Yb、Zn、Zr 等含量。

在分析过程中，尤其是痕量元素的分析过程中试样的污染和损失是应十分重视的问题，因为它直接关系着测定结果的准确性。

4.1　岩石矿物分析中的污染

在试样的分析过程中，容易引入一些其他物质，这些物质可能影响被测组分的测定而形成污染。污染源很多，大体可分四类，如图 4-1 所示。

4.1.1　环境污染

为了控制环境对分析试样的污染，首先应对污染的来源、程度和性质作出明确的判断，这样才有可能采取相应的防范措施。

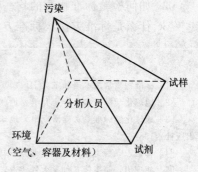

图 4-1　污染源

4.1.1.1　来自大气的污染

大气主要由氮、氧、氩和二氧化碳组成。此外，还含有一些微量组分，主要是其他惰性气体和氢。除了这些较为固定的组分外，大气中还含有经常变化的各类固态和液态微粒及气溶胶等外来组分，如地质构造元素、硫化物、氮化合物、碳化合物、卤化物、金属蒸气和有机金属化合物等，这些外来组分称为大气污染物。按其起源，大气污染物可分为自然起源和人为起源两大类。

自然起源产生的污染物——火山喷放的气体、火山尘；石油天然气自然排放出的烃类；汞矿床的汞蒸气；硫化物矿床所释放出的 SO_2；从海面吹来的氯化物；煤矿火灾所释放出的 CO_2、CO、SO_2、烃类；由森林和草原火灾所引起植物分泌的芳香物和其他挥发性物质。

人为起源产生的污染物——燃烧固体和液体燃料时所释放出的 CO_2、SO_2、烃类、汞蒸气；黑色、有色以及稀有金属矿石的冶炼过程中所释放出的 SO_2、汞蒸气和各种金属粉尘；化学工业和原子能工业排放出的各种有害气体和放射性物质。

在大气中的无机污染物包括 K、Na、Ca、Mg、Al、Fe 的盐类颗粒，大气中还含有有机污染物如多环芳烃，有些组分的浓度出乎意料的高，有时与待测组分的含量非常接近，甚至可能超过待测组分。这些污染物环流在大气中，通过各种渠道进入分析实验室。因此，实验室内空气的组分随着时间、空间的变化而变化。城市、乡村、山区与平原，以及喧闹的白天与幽静的夜晚，大气组分都会有所不同。大风促使污染物加速传播，雨雪又会使空气得到一定程度的净化。

痕量元素分析中要防止大气的污染必须对空气进行净化。分析实验室的设计、建设和使用上，应始终紧紧围绕着两个主要问题进行：一是控制和消除污染源，这是首要的和根本的；二是一旦发现污染，能够迅速而有效地从工作区内排放和消除污染。

为了提高整个实验室空气的洁净度，可采用空气净化系统，将进入实验室的空气进行净化，净化流程如图4-2所示。

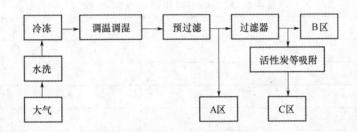

图 4-2　空气净化系统

根据分析工作对空气质量的不同要求，将净化后的空气分别通入A区、B区和C区。A区为一般实验室区域，B区和C区是关键性工作区，区内空气是经过过滤器过滤后的无尘空气。B区用于无机痕量分析，C区用于有机痕量分析。

空气净化系统能有效地净化空气，但成本高，一般实验室很难具备这种条件。另一种局部防尘设备——手套箱则较多地被实验室采用。常见的手套箱是用透明有机玻璃制成的密封箱，它装有一双或几双软质手套。操作人员在箱外通过手套在箱内操纵仪器或进行各种操作。显然操作有些不便，但可以有效地避免空气中污染物对分析的干扰。此外，还可以控制箱内的气氛。例如用钢瓶或空气压缩机，使气体经过一系列洗涤净化装置输入手套箱内，使箱内操作在特殊的气氛中进行。

4.1.1.2　来自容器材料的污染

分析全过程中，任何步骤都离不开容器。在痕量分析中待测元素的含量极低（一般为 $\mu g \cdot g^{-1}$、$ng \cdot g^{-1}$，甚至更低的数量级），因此容器材料引起的外来污染便成为一个十分突出的问题。下面对常用的分析容器材料的成分、性能、可能引入的污染和容器正确的清洗方法分别进行介绍。

（1）容器材料的成分及性能

① 硬质玻璃　分析实验室常用的玻璃器皿由硬质玻璃制成，硬质玻璃分为硼硅玻璃和铝硅玻璃。硼硅玻璃以派热克斯（Pyrex）为代表，其主要化学成分是：SiO_2 为81.0%，B_2O_3 为13.0%，R_2O_3（三氧化二物）为2.2%。铝硅玻璃以耶那（Jena）为代表，其主要化学成分是：SiO_2 为74.5%，B_2O_3 为4.6%，R_2O_3（主要含 Al_2O_3）为8.5%。此外，还有高纯熔融石英维可尔（Vycor）玻璃和耐碱玻璃，Vycor 玻璃含 SiO_2 为96.3%，B_2O_3 为2.9%，R_2O_3 为0.4%。耐碱玻璃含 SiO_2 为71%，B_2O_3 小于0.2%，R_2O_3 为16%，还含有12%的 Na_2O 和 K_2O，由于含有碱金属的氧化物，所以称为耐碱玻璃。在本书中若没有另加说明，"玻璃"就是指硼硅玻璃。

表 4-1　几种玻璃的耐化学作用能力

溶液	温度/℃	时间/h	单位面积损失量/mg·cm^{-2}		
			硼硅玻璃	Vycor 玻璃	耐碱玻璃
H_2O	80	48	0.002	<0.001	0.002
$0.6mol \cdot L^{-1}HCl$	100	24	0.005	0.0005	0.01
$0.01mol \cdot L^{-1}Na_2CO_3$	100	6	0.12	0.07	0.01
$1.25mol \cdot L^{-1}NaOH$	100	6	1.4	0.9	0.04

表 4-2　从 Jena G20 中浸出的 Al 和 Fe

溶液	加热时间/h	浸出金属/μg	
		Al	Fe
H_2O	1	0	0
HCl $0.3mol \cdot L^{-1}$	0.5	0.3	0
HCl $0.3mol \cdot L^{-1}$	1	0.6	0
HCl $0.9mol \cdot L^{-1}$	1	0.9	0
NaOH $0.3mol \cdot L^{-1}$	1	81	7
$NH_3 \cdot H_2O$ $0.3mol \cdot L^{-1}$	0.5	7	0.3
$NH_3 \cdot H_2O$ $0.3mol \cdot L^{-1}$	1	13	0.6
$NH_3 \cdot H_2O$ $0.9mol \cdot L^{-1}$	1	16	1.3

注：表中数据是 30mL 溶液在沸水浴上加热后冷却 1h 测得。

　　玻璃器皿在普通分析中获得广泛应用的原因有两点，一是有较好的化学稳定性和热稳定性，二是价格低廉。但玻璃器皿不适用于痕量分析。一方面，玻璃中的化学组分易被浸出，成为严重的污染（见表 4-1、表 4-2），另一方面，因玻璃容器表面吸附造成的损失也不可低估。

　　玻璃器皿可被氢氟酸、强碱溶液和热浓磷酸等化学试剂强烈腐蚀，但有耐稀酸、稀碱的能力，对浓酸溶液和中等浓度的碱液，耐侵蚀性则差一些。在测定痕量元素如 Si、B、Na 和 K 时，通常不采用硼硅玻璃器皿。但溶液与这种器皿短暂的接触，例如用吸液管来分取溶液是可以的。

　　② 石英玻璃　石英玻璃一般由天然的或人工合成的石英砂在高温下熔制而成。前者所含单一杂质小于 10^{-3}％。后者的纯度更高，仅含 10^{-5}％的 Fe、Al、Ca，10^{-6}％的 Na、B、Mn，10^{-7}％的 P 和 10^{-8}％的 Cu、Pb。由于石英中杂质的含量不同又分为：纯石英、透明石英、高纯石英、高纯合成石英，这些统称石英玻璃，通常简称为石英。

　　石英有比玻璃更优越的性能，是痕量分析的优良容器材料。这些性能主要是：对无机酸（氢氟酸和热浓磷酸除外）有相当好的化学稳定性；热稳定性良好，允许长时间于 $1000 \sim 1100$℃温度下工作，但若受热温度超过 1200℃，则开始晶化，冷却时产生裂缝；热膨胀系数很小，可承受骤热或骤冷，便于加工和使用。

　　③ 刚玉　在金属氧化物制品中，刚玉（氧化铝）坩埚在高温灼烧试样中有一定实用价值。在灼烧温度不太高的情况下，其耐碱熔的能力较强，但易被酸式硫酸盐腐蚀。刚玉的纯度不高，性脆，很少用于痕量分析。

④ 铂 用于分析的金属器皿中，铂无疑是最重要的了。金属铂的最大特点是耐化学腐蚀，不与任何单一无机酸（包括氢氟酸）作用。将铂坩埚与浓 HCl、浓 H_2SO_4、HF（40%）和浓 H_3PO_4（85%）分别加热至冒烟，铂的损失量分别为 $30\sim80\mu g$、$8\sim11\mu g$、$7\sim10\mu g$ 和 $8\sim9\mu g$。用碱金属的碳酸盐、硼酸盐、氟化物和酸式硫酸盐在铂坩埚中高温熔融，铂也表现出十分良好的化学稳定性，仅有毫克的铂损失。

⑤ 聚乙烯 塑料器皿中以聚乙烯和聚四氟乙烯器皿最为重要。高压聚乙烯材料实际上仅含极微量金属杂质，广泛用作痕量分析中溶液的储存器。

聚乙烯对酸、碱、盐的水溶液均很稳定，但氧化性介质（如高氯酸、硝酸、王水）对它有破坏作用。在氧化剂和光长时间作用下，聚乙烯会变硬、变脆，并在表面出现裂缝。

聚乙烯材料的一个重大缺陷是耐热温度过低，超过 60℃ 时开始软化，故一般应在 <60℃（有的报道为 <80℃）的温度下工作。聚乙烯在 120~200℃ 温度下容易变形，可利用这一性质进行加工成型。当使用聚乙烯瓶储存某些有机溶剂（如乙醚、丙酮），聚乙烯将发生膨胀，并溶于该溶剂中。

用聚乙烯制作的试剂瓶因孔隙度大，NH_3、H_2S、H_2O 等蒸气质点可以从容器壁逸出，长期储存时将产生明显的损失。

⑥ 聚丙烯 聚丙烯材料的耐热温度高于聚乙烯材料，可以在低于 110℃ 温度下使用。但聚丙烯在合成过程中需用三乙基铅、三氯化铁等物质作催化剂，难免引入无机杂质，故聚丙烯较少用作痕量分析中的容器材料。但它普遍用作实验室水槽、水管和台面铺垫材料。

⑦ 聚四氟乙烯 聚四氟乙烯又称特氟纶或氟塑料-4（简称 PTFE），有塑料王之称。当今所有容器材料中，聚四氟乙烯的抗化学腐蚀能力最强，它既不与任何无机酸或碱作用，也不与任何单一的有机溶剂起化学反应。聚四氟乙烯的热稳定性也优越于其他塑料，可以在低于 250℃ 温度下使用。但加热温度不得超过 330℃（软化温度），否则，因分解会产生剧毒气体。用作容器的聚四氟乙烯材料的纯度都很高，一般仅含 10^{-5}% 的 Al、Ca、Cu、Fe、Mg、Si 和 10^{-3}% 的 Na。以上优越性能使聚四氟乙烯容器在痕量分析中获得最为广泛的应用。以聚四氟乙烯取代铂制作蒸馏器用于氢氟酸的提纯，所含金属杂质可降低至 1/2~1/10；以聚四氟乙烯材料作容器的高压分解技术广泛用于生物、环境试样及其他难熔物质的分解，分析结果十分理想；聚四氟乙烯瓶用作试样或试剂长期储存的容器比聚乙烯瓶更为合适。

聚四氟乙烯材料的主要缺点是热导性差，使试样分解的周期明显加长。此外，高的热膨胀系数使其在反复使用中易产生裂缝，密封性能也比较差。

表 4-3 比较了几种常用容器材料的化学成分，从中可看出，硼硅玻璃材料中杂质含量最高，不适合用作痕量分析器皿。普通石英、高纯石英、聚四氟乙烯材料可供选用。表 4-4 对用于无机痕量分析的容器材料性能进行了比较。

应该指出的是，一种完美无缺的"万能"材料实际上是不存在的，应根据分析要求和实际可能进行合理的选择。在符合要求的前提下，还应考虑尽量避免使用稀缺和昂贵的材料。

（2）容器的清洗方法 容器表面的吸附物若未彻底清洗往往构成对另一个试样的污染。一个未洗净的容器留下的空白值可能相当于一个清洁容器空白值的数倍。可见，如何有效地清洗容器对痕量分析来说是极为重要的。

痕量分析对容器清洗的要求是：

① 完全清除吸附在容器表面的残留物；

② 不从外部引入新的污染物；

③ 有效地抑制容器表面化学组分的浸出。

表 4-3 常用容器材料的化学成分

杂质元素	含量/$\mu g \cdot g^{-1}$				
	玻璃碳	聚四氟乙烯	纯石英	高纯石英	硼硅玻璃
B	0.1	—	0.10	0.01	主体
Na	0.35	2.5	1.0	0.01	主体
Mg	0.10	—	0.10	0.10	600
Al	6.00	—	10~15	0.10	主体
Si	80~90	—	主体	主体	主体
Ca	70~80	—	0.8~3.0	0.10	1000
Ti	12.0	—	0.80	0.10	3
V	4.0	—	—	—	2
Cr	0.08	0.03	0.005	0.003	3
Mn	0.1	—	0.01	0.01	6
Fe	2.0	0.01	0.8	0.2	200
Co	0.002	0.002	0.001	0.001	0.1
Ni	5.0	—	—	—	2
Cu	0.2	0.01	0.07	0.01	1
Zn	0.3	0.01	0.05	0.1	2~4
As	0.05	—	0.08	1×10^{-4}	0.5~22
Cd	0.01	—	0.01	—	1.0
Sn	25~50	—	—	—	4
Sb	0.01	4×10^{-4}	0.002	0.001	7~9
Hg	约 0.001	10	1×10^{-3}	1×10^{-3}	—
Pb	0.4	—	—	—	30~50

表 4-4 用于无机痕量分析的容器材料性能比较

材料名称	最高工作温度/℃	对下列试剂抗化学腐蚀能力极差	渗透性
硼硅玻璃	600	氢氟酸、浓磷酸、氢氧化钠溶液	无
Vycor 玻璃	900	氢氟酸、浓磷酸、氢氧化钠溶液	无
石英	1100	氢氟酸、浓磷酸、氢氧化钠溶液	无
铂	1500	王水	无
玻璃碳	600	无	尤
聚乙烯	80（高压工艺）	有机溶剂、浓硝酸、浓硫酸	可透性
聚丙烯	130	有机溶剂、浓硝酸、浓磷酸、氢氧化钠	可透性
聚四氟乙烯	250	无	可透性

为了达到上述要求，痕量分析有一套不同于传统方法的独特容器洗涤方法。表 4-5 综合了不同材料容器沾污物的清洗方法。

表 4-5 不同材料容器沾污物的清洗方法

编号	清洗试剂	清洗的污染物	容器材料
1	HCl（6mol·L^{-1}）	吸附的金属杂质	玻璃、石英、塑料
2	HCl（6mol·L^{-1}）＋（0.05mol·L^{-1}）H$_2$O$_2$	有机物	玻璃、石英、塑料
3	热洗涤剂	油脂	玻璃、石英、塑料
4	2.5mol·L^{-1} NaOH＋0.65mol·L^{-1} H$_2$O$_2$	油脂	金属、玻璃、石英
5	重铬酸洗液	油脂	玻璃、石英
6	甲酸-H$_2$O$_2$-H$_2$O（6＋1＋3）	污染物	金属、石英、特氟隆
7	HF（2.8～5.6mol·L^{-1}）	硅薄膜	金属、塑料
8	HNO$_3$（2.2～4.5mol·L^{-1}）浸泡	吸附的金属杂质	玻璃、石英、塑料
9	HCl（6mol·L^{-1}）＋H$_2$O$_2$（1mol·L^{-1}）（1＋1）加热煮沸	吸附的金属杂质	玻璃、石英、塑料
10	HNO$_3$（8mol·L^{-1}）或 HCl（6mol·L^{-1}）浸泡	吸附的金属杂质	玻璃、石英、塑料
11	HNO$_3$-HCl（3＋1）煮沸	吸附的金属杂质	聚四氟乙烯
12	先用 2.5mol·L^{-1}NaOH-0.65mol·L^{-1} H$_2$O$_2$ 混合液漂洗，再用 HCl（6mol·L^{-1}）或 HNO$_3$（8mol·L^{-1}）煮沸	吸附的金属杂质和油脂	聚四氟乙烯
13	非离子表面活性剂 OP-7 或 OP-10	污染物	聚乙烯、有机玻璃、聚四氟乙烯
14	5 g（NH$_4$）$_2$CO$_3$＋5 g EDTA＋1g OP-7 溶于 1L 水中 170℃漂洗	污染物	聚乙烯、有机玻璃、聚四氟乙烯

4.1.2 由于试剂和水造成的污染

在分析中要得到正确的分析结果，还必须充分考虑所用试剂和水中的杂质对测定的影响。

4.1.2.1 来自水的污染

在分析中，因为水的用量比试剂用量要大得多，所以对于水的纯度必须特别注意。分析用水应该预先纯化，纯化的目的是将水中杂质减少到不影响被测元素测定的水平。常用的纯化方法有蒸馏法、离子交换法及膜分离法等。

（1）蒸馏法 蒸馏能从水中除去水溶性有机质和能电离的无机杂质以及胶质固体。蒸馏水的质量随水源构成、蒸馏器本身的材料以及蒸馏次数而不同。通常金属蒸馏器所得蒸馏水质量次于硼硅玻璃和透明石英蒸馏器所得蒸馏水（见表4-6）。

表 4-6 蒸馏水的电阻率

蒸馏方式	电阻率/MΩ·cm
金属蒸馏器中一次蒸馏	0.1～0.5
硼硅玻璃蒸馏器中一次蒸馏	0.5
硼硅玻璃蒸馏器中三次蒸馏	1.0
透明石英蒸馏器中三次蒸馏	2.0

蒸馏水中存在的金属杂质往往是制取过程中产生的，或者由蒸馏器材料浸提而来的，可通过重蒸馏法将其减少至可忽略的程度，如表 4-7 所示。

表 4-7　用不同方法蒸馏的水中金属含量

蒸馏方法	金属含量/$\mu g \cdot L^{-1}$				
	Cu	Zn	Mn	Fe	Mo
用镀锡的 Cu 釜或 Cu 釜蒸馏	10	2	1	2	2
用 Pyrex 瓶一次蒸馏	1	0.12	0.2	0.2	0.002
用 Pyrex 瓶二次蒸馏	0.5	0.04	0.1	0.1	0.001
用 Pyrex 瓶三次蒸馏	0.4	0.04	0.1	0.1	0.001

用透明石英蒸馏器多次蒸馏，能获得高纯水，这种水的有机杂质比较少。在蒸馏器中加入高锰酸钾可以除去有机污染物。但这种水不宜用于痕量无机分析。

（2）离子交换法　蒸馏水或自来水通过离子交换树脂柱，水中重金属含量能减少至极低的水平，如表 4-8～表 4-10 所示。

表 4-8　通过阳离子交换树脂柱后蒸馏水中金属杂质含量

纯化方式	金属杂质含量/$\mu g \cdot L^{-1}$		
	Cu	Pb	Zn
实验室蒸馏水	200	55	20
离子交换水，一次通过	3.5	1.5	<10
离子交换水，五次通过	0.0	1.0	<10
重蒸馏水（全 Pyrex 蒸馏器）	1.6	2.5	<10

注：使用的阳离子交换树脂为 Amberlite IR 100。

表 4-9　通过混合离子交换树脂后蒸馏水中金属含量

元素	Mg	Ca	Ba	Pb	Zn	Cr	Fe	Ni
含量/$\mu g \cdot L^{-1}$	2	0.2	0.006	0.02	0.06	0.02	0.02	0.002

表 4-10　蒸馏水和离子交换纯化水中痕量杂质比较

纯化方式	含量/$\mu g \cdot L^{-1}$			
	Ca	Al	Mg	Si
在透明石英蒸馏器中蒸馏	0.07	0.5	0.05	5
蒸馏水经单床离子交换柱（聚乙烯柱）	0.03	0.1	0.01	1

使用强酸型阳离子和强碱型阴离子树脂混合床，二氧化碳和偏硅酸根能被除去。但水中原来存在的非电解质和胶体物质则通常不能除掉。树脂常常引进少量溶解了的、呈胶体的或两者兼有的有机物质。各种树脂所能引入溶液的水溶性杂质数量是不同的。所以离子交换净化水并不都是合适的实验用水，如在配制 Hg、Ag 和 Au 溶液时不应使用它。在输送蒸馏水或去离子水时，它们可能被管道和开关材料污染，这也是一个值得考虑的问题。使用的容器

材料以聚四氟乙烯为好。

（3）膜分离法　膜分离法是目前水纯化最先进、最有效、低耗能、纯度高的纯化方法，膜分离法纯化的水，电阻率可达到 $18.2\ M\Omega \cdot cm$，常用于 HPLC、IC、LC-MS 和 ICP-MS 等超痕量分析。

4.1.2.2　来自试剂的污染

分析工作要求严格控制酸、碱、溶剂、缓冲剂、支持电解质、熔剂、氧化剂和还原剂、螯合剂、显色剂等化学试剂的纯度。化学试剂厂应提供产品的质量指标，指出产品中痕量杂质的最大值。使用杂质含量不明确的试剂时，必须对其纯度和所含杂质进行测定。

美国化学学会分析试剂委员会出版的《Reagent Chemicals》一书，对一般试剂规格提出了要求。例如 $Fe(NO_3)_3 \cdot 9H_2O$ 的技术要求如下：

$Fe(NO_3)_3 \cdot 9H_2O$ 含量不得小于 98.0%，大于 101.0%；在水中不溶物不能超过 0.005%，氯（Cl）不能超过 $5\ \mu g \cdot g^{-1}$；硫酸盐（SO_4^{2-}）不能超过 0.01%；用氢氧化铵不能沉淀的物质不能超过 0.1%。

（1）主要试剂的纯度　由于试剂的污染必须引起足够重视，下面对一些主要试剂的纯度作扼要介绍。

① 无机酸和氨　"超纯"或"电子级"化学试剂中的杂质含量比相应的分析试剂中的含量要低，如表 4-11 所示。

表 4-11　分析试剂级和超纯级酸中痕量杂质的含量

杂质	杂质量/$\mu g \cdot L^{-1}$					
	HCl		HNO$_3$		H$_2$SO$_4$	
	A$_{最大}$	B	A$_{最大}$	B	A$_{最大}$	B
Al	—	8	400	5	10	8
As	10	<1	10	1	500	<1
Ca	—	20	—	7	—	10
Cd	10					
Co	—	<1		<1		<1
Cr		2				
Cu	500, 50	2	100	3, 10	500	3
Fe	100	7	200	5	200	10, 3
Hg	—	<10	—	<10	<10	<10
Mg		4		1.5		5
Mn		1		<1	1.5	1
Ni	500	<1	100	<1	500	1, 7
Pb	50	<1		2		5
Zn	100	<1		<1		<1

注：A 为分析试剂，B 为超纯试剂。

当用玻璃瓶长期储存氨水时，玻璃将会被氨水所腐蚀，玻璃中的硅、铝、钙和其他元素将会污染氨水，这些元素可能以悬浮体或胶体状态存在。

② 固体无机试剂　氢氧化物、碳酸钠是分析中常用的熔剂，它们的纯度对分析质量有

很大的影响，表 4-12 列举了这些试剂中的金属杂质含量。

很多分析试剂中往往含有杂质铅。在分析纯的 KCl、NaCl、NH_4NO_3 和 KNO_3 中，Pb 的含量是 $0.1 \sim 0.3 \mu g \cdot g^{-1}$，还有可能比这个数值大。

③ 有机试剂　有机螯合剂可能含有 $\mu g \cdot g^{-1}$ 级的金属杂质。这些金属杂质可能来自于所用的溶剂和合成时的原料，也可能来自于仪器，可能以配合物形式存在。下面列出几种有机试剂的某些金属杂质含量（$\mu g \cdot g^{-1}$）。

双硫腙：Zn 1.2，Fe<7，Cu 0.4。

铜铁试剂：Zn 7，Fe<0.6，Cu 0.16。

8-羟基喹啉；Zn<0.1，Fe 1；Zn<0.4，Fe 5.7；Zn<0.04，Fe<0.1。

④ 有机溶剂　有机溶剂如 $CHCl_3$ 和 CCl_4 的金属含量是很低的，蒸馏将使其进一步降低。如两次蒸馏后的 $CHCl_3$ 含 Zn $0.002\mu g \cdot g^{-1}$，含 Fe $0.002\mu g \cdot g^{-1}$，含 Cu $3 \times 10^{-4} \mu g \cdot g^{-1}$；两次蒸馏后的 CCl_4 含 Zn $0.01 \mu g \cdot g^{-1}$，含 Fe $0.01 \mu g \cdot g^{-1}$，含 Cu $1 \times 10^{-4} \mu g \cdot g^{-1}$。

表 4-12　氢氧化物和碳酸钠中的痕量金属含量

杂质	含量/$\mu g \cdot g^{-1}$			
	NaOH（分析纯试剂）	KOH（分析纯试剂）	Na_2CO_3（分析纯试剂）	Na_2CO_3（超纯试剂）
Ag	—	0.07	<0.001	<0.0001
Al	10	—	—	—
Ca	5	—	17	—
Cd	0.05	—	—	—
Co	—	—	<0.01	0.002，0.15
Cr	<0.01	—	0.01	−0.001，0.02
Cu	0.5	—	0.1，0.02	—
Fe	10	2.7	—	1.4，0.05
Mn	0.1	—	—	0.1
Ni	1	—	—	—
Pb	0.1	—	<0.02	—
Sb	—	0.002	—	0.005
V	—	—	—	0.1
Zn	0.1	1.25	<0.2	0.07

（2）试剂的纯化方法　在实验室制备高纯试剂，多数情况下用经典的纯化方法，如结晶法、分步蒸馏法和液-液萃取法就足够了，还可以采用色谱法、电解法、灼烧法、薄膜过滤法和升华法。

当市售的试剂不符合使用要求时，分析人员必须自己制备所需纯度的试剂。高纯试剂的制备应在清洁的环境里用适当的设备小心地进行。可供选择的实验室方法列在表 4-13 中。

① 蒸馏　该法广泛地用于水、无机酸、氨水和有机溶剂的纯化。常规蒸馏或沸腾蒸馏是快速的，但是由于气泡破裂时在蒸气流中形成液体雾状颗粒，以及未精馏液体蠕升的影响，使得精馏物的纯度受到限制。为了克服这些困难，可采用由透明石英、聚四氟乙烯和聚丙烯所制成的亚沸蒸馏装置（图 4-3）。红外辐照器可不用煮沸液体而使表面蒸发。例如蒸发

表 4-13　制备高纯试剂的实验方法

试剂	方法
水	蒸馏、离子交换
盐酸	蒸馏、等温蒸馏、氯化氢溶解于水、离子交换
氢氟酸	蒸馏、等温蒸馏、氟化氢溶解于水
氢溴酸	溴化氢溶解于水、离子交换
硝酸	蒸馏
高氯酸	蒸馏
硫酸	蒸馏
磷酸	五氧化二磷（由升华法纯化过的）溶解于水
氨水	蒸馏、等温蒸馏、氨溶解于水
钠和钾的氢氧化物溶液	将钠或钾的氯化物（用萃取法纯化过的）用 OH^- 型阴离子交换树脂转化、
碱金属和碱土金属盐	过滤、重结晶、共沉淀、电解、离子交换、液-液萃取、区域熔融酸加碱
有机溶剂	蒸馏、反萃取

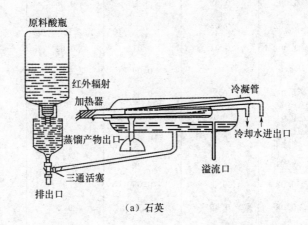

（a）石英

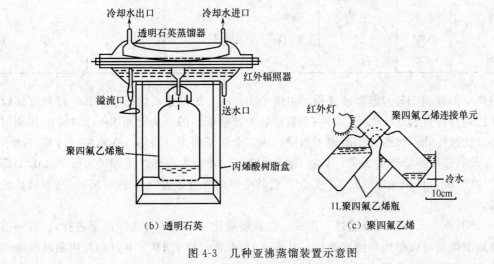

（b）透明石英　　　　（c）聚四氟乙烯

图 4-3　几种亚沸蒸馏装置示意图

速度（mL·h^{-1}）：水为 4000，盐酸为 2000，而其他的无机酸为 300～600。表 4-14 列出用亚沸蒸馏法制备的高纯水和一些无机酸中杂质的情况。水中有机杂质可采用碱性高锰酸钾溶液氧化蒸馏法或催化热蒸馏法加以排除。

表 4-14 用亚沸蒸馏法纯化过的水和无机酸中的杂质

杂质元素	杂质含量/ng·g^{-1}					
	水	盐酸 w（HCl）＝31％	硝酸 w（HNO$_3$）＝70％	高氯酸 w（HClO$_4$）＝70％	硫酸 w（H$_2$SO$_4$）＝96％	氢氟酸 w（HF）＝48％
Pb	0.008	0.07	0.02	0.2	0.6	0.05
Tl	0.01	0.01	—	0.1	0.1	0.1
Ba	0.01	0.04	0.1	0.1	0.3	0.1
Te	0.004	0.01	0.1	0.05	0.1	0.05
Sn	0.02	0.05	0.1	0.3	0.2	0.05
In		0.01	0.1			
Cd	0.005	0.02	0.1	0.05	0.3	0.03
Ag	0.002	0.03	0.1	0.1	0.3	0.05
Sr	0.002	0.01	0.01	0.1	0.3	0.1
Se	—	—	0.09	—	—	—
Zn	0.04	0.2	0.04	0.1	0.6	0.2
Cu	0.01	0.1	0.1	0.1	0.2	0.2
Ni	0.02	0.2	0.05	0.5	0.2	0.3
Fe	0.05	3	0.3	2	7	0.6
Cr	0.02	0.3	0.05	9	0.2	5
Ca	0.08	0.06	0.2	0.2	2	5
K	0.09	0.5	0.2	0.6	4	1
Mg	0.09	0.6	0.1	0.2	2	2
Na	0.06	1	1	2	9	2
总和	0.5	6.2	2.3	16	27	17

　　一种简单的提纯 HF 的蒸馏装置是，由两个 1000mL 聚四氟乙烯瓶子，和一段刻有螺纹的聚四氟乙烯部件直角连接而成。第一个瓶子装上待蒸馏的酸，从上面用一个 300W 热辐射灯泡加热，使液体既不沸腾也不凝聚于瓶壁。第二个瓶子即为冷凝器，在水浴中冷却（冰水浴更好）。此收集瓶不要旋得太紧，以避免压力增高。若用水冷却，蒸馏 600～700mL HCl 或 HF 和约 350mL HNO$_3$，需要 3d 或 4d。就其中铅的含量来看（见表 4-15），蒸馏后酸的纯度很高。

　　除 H$_2$PO$_4$ 外，无机酸可以通过一次或二次蒸馏纯化（HClO$_4$，在减压下进行）。若用透明石英玻璃蒸馏器可以得到高纯度的酸。从表 4-16 来看，对于 HCl 和 HNO$_3$ 用硼硅玻璃蒸馏器纯化也能得到好的结果。

表 4-15 蒸馏后 HCl、HF、HNO₃ 酸中 Pb 的含量　　　　　　　单位：ng·g⁻¹

纯化方式	HF (48%)	HCl (6.2mol·L⁻¹)	HNO₃ (70%)
双特氟纶瓶蒸馏器	0.002	0.0015	0.023
在铂器中蒸馏	0.2~1	—	—
HF 气吸收于水中	0.2~1	—	—

表 4-16 用硼硅玻璃蒸馏器蒸馏酸类结果

酸	痕量元素含量/μg·L⁻¹						
	Zn	Fe	Sb	Co	Cr	Ag	Au
HCl（原始的）	22	约1	0.2	约0.1	1	<0.1	82
HCl（重蒸馏的）	约1	约1	0.004	约0.1	6	<0.02	—
HNO₃（原始的）	13	约2	约0.03	0.02	72	0.2	1
HNO₃（重蒸馏的）	约2	约1	约0.04	0.03	13	0.3	—

② 等温或等压蒸馏　这种技术对于制备少量高纯挥发性酸和氨水是有效的。将纯的试剂和高纯水分别单独放入密闭容器，如干燥器（试剂在容器的下室，水在上室），在室温的等温条件下其蒸气扩散到水里。采用这个办法，取 500mL 浓盐酸（$\rho=1.18g·cm^{-3}$）和 50mL 水，在 3d 之后就得到高纯的 $10mol·L^{-1}$盐酸。取 500mL 氨水（$\rho=0.880g·cm^{-3}$）和 50mL 水在两三天后就得到高纯的 $9.5mol·L^{-1}$氨水。

③ 气体在水中的溶解　钢瓶气体是通过过滤和洗气进行提纯，然后被吸收到高纯水中，浓硫酸和氟化钠悬浮液可分别用来净化氯化氢和氟化氢。高纯氨水很容易用钢瓶氨经过适当洗涤和过滤后，吸入纯水中而制得。纯水是盛于塑料容器（经冰冷却）中的。没有现成的钢瓶氨时，可用等温蒸馏法纯化氨水。

④ 离子交换　该技术已广泛应用于纯化水。虽然离子几乎完全被除掉（例如，重金属离子含量小于 $0.5\ \mu g·g^{-1}$），但是非离子型的物质包括胶体、颗粒和有机化合物是除不掉的。另外还存在着离子交换树脂中可溶性组分氮的有机化合物等有机污染问题。盐酸中的重金属杂质可以通过一个 Cl^- 型阴离子交换树脂柱加以排除。离子交换法也可用来把盐类转化为相应的酸或碱。例如，用 H^+ 型阳离子交换树脂将溴化钠或溴化钾转化为氢溴酸，用 OH^- 型阴离子交换树脂将氯化钠或氯化钾转化为氢氧化钠或氢氧化钾。与此类似，可以采用该技术进行盐类之间的转换。例如，由钠盐转化为相应的钾盐，由硫酸盐转化为相应的氯化物。

⑤ 过滤　固体试剂中铁和铜等杂质常常以颗粒物质形式存在，将碳酸钠和硝酸钙的溶液通过薄膜滤纸进行简单过滤，可使其中 $\mu g·g^{-1}$ 级的铁降低两个数量级。

⑥ 共沉淀　碱金属和碱土金属盐的水溶液中重金属杂质可利用氢氧化镧和硫化铟进行共沉淀而加以排除。痕量铅可用硫酸钡进行共沉淀。

⑦ 重结晶　除了一些可溶性杂质形成混合晶体而被浓缩外，该技术对纯化固体试剂是很有效的。

⑧ 电化学沉积　碱金属和碱土金属盐的水溶液中重金属杂质可用汞阴极电解法加以排除。2-巯基苯并噻唑中 $ng·g^{-1}$级的银，可在丙酮溶液中将银沉积到汞滴上，从而使银的浓度降低一个数量级以上。

⑨ 液-液萃取　碱金属和碱土金属盐的中性溶液中的重金属杂质可用 8-羟基喹啉的氯仿溶液或双硫腙的四氯化碳溶液进行萃取。$10mol \cdot L^{-1}$氢氧化钠中的铁和其他重金属杂质可用沉淀法和苯基-2-吡啶基酮肟萃取法加以排除。还可用酸、碱和盐溶液进行反萃取的方法纯化有机溶剂。

4.1.3　来自试样制备中的污染

试样在采集、加工和储存过程中，可被采样工具、加工设备和容器材料污染。这也是分析工作中必须慎重处理的问题。

4.1.3.1　采样工具材料的选择

因采样工具材料的不纯或不洁净引起的污染往往难以完全避免。例如，用不锈钢刀具采样，试样中会引入铬和钛等杂质。应当指出，采样带来的污染值往往难以预料，而且不能用所谓扣除空白的办法来消除。此外，因采样容器表面吸附引起的损失同样不可忽视，这是导致分析误差的另一个原因。

综上所述，试样采集时应尽量使用非金属的惰性材料作为采样工具，表面应洁净，以防引入外来的污染物质。

4.1.3.2　试样粉碎时材料的选择

表 4-17　研磨材料中的杂质组分

研磨材料	痕量元素/g					
	Cu	Ca	Al	Mg	Fe	Ni
单晶硅板	6.3×10^{-8}	7×10^{-7}	1.1×10^{-6}	9.5×10^{-7}	6.3×10^{-7}	1.1×10^{-7}
玛瑙	1.3×10^{-7}	1.6×10^{-6}	2.2×10^{-6}	1.6×10^{-6}	7×10^{-7}	1.4×10^{-7}
压电石英	7.4×10^{-8}	3×10^{-6}	4.4×10^{-6}	约 10^{-5}	约 10^{-5}	8.3×10^{-7}
白蓝宝石	3×10^{-7}	4.7×10^{-6}	$>10^{-5}$	约 10^{-5}	$>10^{-5}$	1×10^{-6}

选择研磨材料应遵循的一般规则是：

① 硬度大　一般来说，研磨材料的硬度应超过分析物质的硬度。

② 纯度高　用高纯物质作研磨材料，引入的杂质含量较少。用单晶硅作研磨材料用于高纯试样的粉碎就是一例，其污染程度比其他研磨材料要小（见表 4-17）。

③ 引入物不应干扰待测元素的测定　污染也有相对性。例如，用钼制研钵研磨硅试样时，尽管引入试样中的钼（Mo）量相当可观，但若不引入待测组分，而且 Mo 又不干扰测定，采用钼研钵是完全可以的。

4.1.3.3　试样储存时容器材料的选择

用作储存试样（指液体试样）用的容器材料的选择十分重要，因为试样与容器长时间保持接触，这种情况下溶液中痕量元素的浓度难以保持不发生变化。可能存在以下三种方式改变着溶液中痕量元素的浓度：

① 因容器表面对痕量元素的吸附，使其在溶液中的浓度降低。

② 因容器材料中的化学组分被浸出，使痕量元素在溶液中的浓度增加。

③ 前一种溶液吸着在容器壁上的组分被解析而进入后一种溶液，造成对后者的污染。

从所报道的大量文献资料来看，容器材料对储存试样中待测元素的影响几乎是变幻莫测的，甚至出现相互矛盾的结果。这可能与容器材料的来源、表面处理、储存条件以及其他的实验参数不同有关。尽管如此，塑料制品和石英是人们公认的最佳储存试样的容器材料。

4.1.4 由于分析人员造成的污染

从事痕量分析的工作人员应当是训练有素的，不仅要有较好的基础理论知识和熟练的操作技能，而且要养成细心、耐心、整洁和严格遵守实验室规章制度的良好习惯。要充分意识到污染不仅来自周围的环境，也来自分析工作者本人。研究表明，一个人在静止时散发出的微粒（皮肤、头发等）和小水珠，每分钟可超过 250×10^4 个，粒径大小为 $0.3 \sim 1 \mu m$。人的手上含有皮屑、表皮、污垢、汗和表皮油脂等。从人体干燥皮肤的分析结果可以清楚地了解到赤手摸弄设备对分析结果的影响。人发中含有几十种痕量金属元素，有些元素的含量高得惊人。表 4-18 列出了人发和皮肤中痕量元素的部分测试结果。

因此，分析人员在工作时必须戴手套、工作帽，穿工作服和工作鞋，预防手、头发和衣服上的微粒带进实验室，在空气中传播造成污染。

表 4-18　人发和皮肤中痕量元素的含量

杂质来源	含量/$\mu g \cdot g^{-1}$													
	Ag	Al	As	Au	Ba	Br	Cu	Fe	Hg	Mn	Ni	Pb	Sb	Sr	Zn
人发	0.25	5.03	0.14	0.043	1.41	16.4	16	29	1.75	0.27	3.0	12.2	0.15	8	177
皮肤	0.035	—	0.072	0.0022	—		0.75	—						—

4.2 岩石矿物分析中的损失

痕量分析所测定的量常常是 $\mu g \cdot g^{-1}$ 级或 $ng \cdot g^{-1}$ 级甚至更低。如果由于吸附、挥发、共沉淀、共萃取或其他原因而损失极少量的待测组分，哪怕只有 μg、ng 或更低的量，有时也会导致很大的相对误差。因此，要研究损失的原因，在操作中尽量减少损失。

4.2.1 吸附作用

玻璃或石英容器的表面有一深度为 $0.1 \mu m$ 的活化层。它的存在使容器表面与溶液中的离子之间可能发生吸附、离子交换、还原、沉淀及渗透等物理化学过程。当容器与稀溶液（离子浓度 $<10^{-3} mol \cdot L^{-1}$）保持长时间接触时，可以观察到溶液中的痕量组分浓度逐渐降低的现象。

大量研究表明，在容器表面与稀溶液之间存在着吸附与解吸两个相反且可逆的过程。前者引起溶液中待测元素浓度的降低，后者导致对溶液中待测元素的污染。例如，pH>7.4 时，聚乙烯容器表面对海水中钇的吸附率达 50%，当加入适量的盐酸（每 200mL 海水加 0.5mL），被吸附的钇又可全部解吸，返回溶液中。

遗憾的是，由于吸附过程复杂，影响因素多样以及实验条件差异等原因，不同研究者所得的实验结果并非完全一致，有时甚至是相矛盾的。

影响吸附过程的主要因素有：容器材料、离子性质、溶液的 pH 值、共存离子浓度、容器的表面状态以及容器与溶液的接触时间等。

4.2.1.1 容器材料的影响

容器材料的表面性质对吸附过程的影响往往起着决定性的作用。一般而言，痕量组分的吸附损失按玻璃、石英、聚乙烯、聚丙烯、聚四氟乙烯的顺序依次降低。但也有不少例外，如 Ce^{3+}、Be^{2+}、La^{3+} 在玻璃表面上的吸附就低于聚乙烯；$Hg(II)$ 在聚乙烯容器壁上的吸附比在 Pyrex 玻璃上严重，除非用 HNO_3 将溶液酸化使 pH 等于 0.5。有人发现，海水中的 PO_4^{3-} 强烈地吸附在聚乙烯和聚氯乙烯容器的表面，但在 Pyrex 玻璃容器上的吸附程度则是轻微的。

4.2.1.2 离子的性质、价态及浓度的影响

容器表面对离子的吸附状况因离子的性质、价态及浓度不同而变化。

聚乙烯比玻璃容器更强烈地吸附 $Ce(IV)$、La^{3+}、Ba^{2+}、$U(IV)$ 和 Au^{3+}，但却较弱地吸附 Ag^+、Cs^+、$Zr(IV)$ 和 $Th(IV)$。对其他离子 [Sc^{3+}、Fe^{3+}、Zn^{2+}、Co^{2+}、Pb^{2+}、In^{3+}、Sr^{2+}、$Sb(V)$ 等] 的吸附也不尽相同。

低价铬 (Cr^{3+}) 储存时表现出很大的不稳定，在聚乙烯容器中储存 15d，损失可达 25%。而高价铬 (VI) 则完全不同，不管用玻璃还是聚乙烯容器储存，15d 仅损失 1%。

一般来说，金属离子损失的相对量（以百分数表示）随溶液中被吸附离子浓度的降低而增高。如图 4-4 所示，Cd^{2+} 的吸附损失程度与其在溶液中的原始浓度有关，浓度越小，损失率就越大。

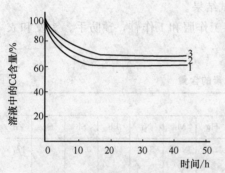

图 4-4　Cd 的吸附损失与溶液中 Cd 的原始浓度的关系曲线

1，2，3 分别表示溶液中 Cd^{2+} 的浓度为 $25ng \cdot g^{-1}$，$100ng \cdot g^{-1}$，$200ng \cdot g^{-1}$ 的 Cd^{2+} 的吸附量；pH=10；玻璃容器

4.2.1.3 溶液 pH 的影响

溶液的酸度在很大程度上影响容器表面对金属离子的吸附行为。一般来说，金属离子的吸附量随溶液的 pH 值增大而增加。也就是说，金属离子在酸性介质中的吸附量明显低于在中性或碱性介质中的吸附量。

大量结果表明，加入硝酸或盐酸将海水酸化，调 pH 至 1.5，为海水试样储存的最佳条件（见图 4-5）。

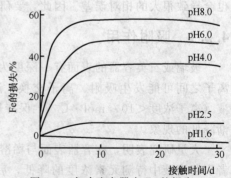

图 4-5　在玻璃容器中 Fe 的损失

$100ng \cdot g^{-1}$ 和 $200ng \cdot g^{-1}$ 时 Cd^{2+} 的吸附量；pH=10；玻璃容器

4.2.1.4 共存离子均影响

共存离子的存在有利于降低容器表面的吸附。如随着载体 Ca^{2+} 和 Ba^{2+} 浓度的增加，分别抑制了容器对 Cs^+ 和 La^{3+} 的吸附。又如在 NaCl 存在下，容器对 Al^{3+} 的吸附作用明显降低。

用加入配合剂的方法可以有效地防止吸附的发生。使共存离子形成配合物的方法虽然可以降低容器表面对离子的吸附，却增大了污染的可能性。

4.2.1.5 容器表面状态的影响

容器表面状态的影响常常不引起人们的注意。实际上，一个不洁净的或粗糙的容器表

面，在同等条件下对离子的吸附作用要高得多，玻璃容器表面去油脂后对金属离子的吸附量明显减少就是一例。未经处理的容器表面可引起严重的吸附损失。

降低容器表面的活性（玻璃容器硅烷化），也是减少吸附损失的措施之一。

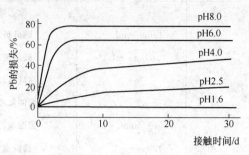

图 4-6　在 Pyrex 玻璃容器中 Pb 的损失

4.2.1.6　接触时间及温度的影响

容器表面与溶液的接触时间越长，稀溶液中痕量元素的吸附损失越大。如用 Pyrex 玻璃、聚乙烯和聚四氟乙烯容器储存天然水样时，痕量元素 Ag、Al、Cd、Co、Cr、Cu、Fe、Mn、Ni、Pb、Sr、V、Zn 等的吸附损失主要发生在前 5d 内，进一步增加储存天数，吸附损失没明显增长（见图 4-6）。

将试样于低温下储存，各种元素的吸附损失比室温下均有不同程度的降低。

综上所述，为减少溶液储存时的吸附损失，可采取下列措施：

① 将溶液酸化处理。每一升水样中加入 5mL 浓 HNO_3 为国家环境保护有关机构推荐的水样的储存方法。

② 必要时加入适当的试剂（如氧化剂）以增大金属离子在溶液中的化学稳定性（例如，加入 $0.8moL \cdot L^{-1} HNO_3$ 和 $0.1g \cdot L^{-1}$ 的 $K_2Cr_2O_7$ 是储存 $ng \cdot g^{-1}$ 级 Hg 的有效方法）。

③ 用试样溶液将储存容器表面进行预处理。

④ 低温下储存。

⑤ 合理地选择容器材料，破坏容器表面的吸着点。

金属离子在容器表面的吸附理论一直是一个重要课题。下面简要介绍当前学术界关于玻璃和石英容器吸附过程的一些看法。

a. 玻璃容器的表面吸附　玻璃容器表面具有弱离子交换剂的功能。在弱酸性或弱碱性介质中，玻璃容器表面上带电荷的硅酸根或硼硅酸根可以进行阴离子交换，但后者的交换容量比前者低近一个数量级。显然，溶液中氢离子浓度的增高对交换过程起着抑制作用，这正是溶液酸化可以降低吸附损失的原因所在。

玻璃是一种超冷液体，由于弯曲或断裂的键的存在使其表面具有高的吸附能，表现出对金属离子强烈的吸附性质。

玻璃容器表面对金属离子的吸附程度取决于金属离子的水解能力。在酸性介质中，无机离子以多种形式存在，容器表面对它的吸附随着溶液 pH 值的增加，生成带正电荷的金属水合离子 ［例如 $Cd(OH)^+$］浓度增大，导致吸附量的增加。$Fe(\text{III})$、$Cr(\text{III})$ 和 $Cd(\text{II})$ 的吸附行为证实了以上解释的正确性。

b. 塑料容器的表面吸附　聚合物材料具有憎水性，其吸附行为涉及在它的表面存在一个双电层，正是它使容器表面具有离子交换的功能。

另一种看法是，塑料在氧、热、光的作用下分解，生成了羧基或羰基，这些基团的存在使其表面具有吸附的能力。

根据以上影响吸附过程的因素，文献 ［1］列出痕量元素最小损失的储存条件（表4-19）。

表 4-19　痕量元素最小损失的储存条件

元素	浓度	容器材料	pH 或介质	稳定时间
	—	聚乙烯	$\leqslant 1.5$，海水	—
	$1.0\mu g \cdot mL^{-1}$	硼硅玻璃	$0.1mol \cdot L^{-1}NH_3 \cdot H_2O$	30d
	$0.05\mu g \cdot mL^{-1}$	硼硅玻璃		
Ag		高硅氧玻璃	$0.1mol \cdot L^{-1}NH_3 \cdot H_2O$	30d
		聚四氟乙烯		
	$2\times10^{-6}mol \cdot L^{-1}$	聚四氟乙烯	—	1d
Al	$1.0\mu g \cdot mL^{-1}$	硼硅玻璃	1.5	28d
Au	$1.0\mu g \cdot mL^{-1}$	硼硅玻璃	2.0	28d
Ba-La	—	硼硅玻璃	—	—
Bi	$1.0\mu g \cdot mL^{-1}$	硼硅玻璃	2.0	28d
Ca	$0.5\mu g \cdot mL^{-1}$	硼硅玻璃	1.5	28d
Cd	$0.2\mu g \cdot mL^{-1}$	硼硅玻璃	$\leqslant 2.0$	28d
Ce	—	硼硅玻璃	—	—
Co	—	聚乙烯	海水	60d
	$1.0\mu g \cdot mL^{-1}$	硼硅玻璃	1.5	28d
Cr	$0.05ng \cdot mL^{-1}$	硼硅玻璃	—	210d
		聚乙烯		
	$1.0\mu g \cdot mL^{-1}$	硼硅玻璃	1.5	28d
Cs	—	硼硅玻璃	—	
	—	聚乙烯	海水	30d
Cu	$1.0\mu g \cdot mL^{-1}$	硼硅玻璃	1.5	28d
Fe	—	聚乙烯	海水	55d
	$1.0\mu g \cdot mL^{-1}$	硼硅玻璃	1.5	28d
Hf	—	聚乙烯	$\leqslant 1.5$，海水	—
Hg	$10^{-3}\sim10^{-5}\mu g \cdot mL^{-1}$	聚乙烯	0，天然水	
	$0.1\mu g \cdot mL^{-1}$	所有容器材料	$HCl-HNO_3$、H_2SO_4	7d
I	—	硼硅玻璃	—	—
In	$1.0\mu g \cdot mL^{-1}$	硼硅玻璃	2.0	28d
	—	聚乙烯	$\leqslant 1.5$，海水	60d
Li	$0.2\mu g \cdot mL^{-1}$	硼硅玻璃	2.0	28d
Mg	$0.5\mu g \cdot mL^{-1}$	硼硅玻璃	1.5	28d
Mo	$1.0\mu g \cdot mL^{-1}$	硼硅玻璃	1.5	28d
Ni	$1.0\mu g \cdot mL^{-1}$	硼硅玻璃	1.5	28d
Pb	$1.0\mu g \cdot mL^{-1}$	硼硅玻璃	1.5	28d

元素	浓度	容器材料	pH 或介质	稳定时间
Pd	$1.0\mu g \cdot mL^{-1}$	硼硅玻璃	2.0	28d
Pt	$1.0\mu g \cdot mL^{-1}$	硼硅玻璃	2.0	28d
Rh	$1.0\mu g \cdot mL^{-1}$	硼硅玻璃	2.0	28d
Ru	$1.0\mu g \cdot mL^{-1}$	硼硅玻璃	2.0	28d
Sc	$1.0\mu g \cdot mL^{-1}$	硼硅玻璃	$2.5\sim 7$，HNO_3	15d
Sb	$1.0\mu g \cdot mL^{-1}$	聚乙烯	<1.5，海水	55d
		硼硅玻璃	2.0	28d
Sr	$1.0\mu g \cdot mL^{-1}$	硼硅玻璃	1.5	28d
Ti	$1.0\mu g \cdot mL^{-1}$	硼硅玻璃	1.5	28d
Te	$1.0\mu g \cdot mL^{-1}$	硼硅玻璃	2.0	28d
U	—	聚乙烯	海水	20d
V	$1.0\mu g \cdot mL^{-1}$	硼硅玻璃	1.5	28d
Zn	$0.5ng \cdot mL^{-1}$	硼硅玻璃	1.5	$30\sim 60d$

4.2.2　挥发作用

当分解样品（如破坏有机物时）或制备样品溶液时，尤其是在 100℃ 或更高温度时，金属很可能形成挥发性物质而造成不同程度的损失。金属从碱性溶液或熔体中损失的可能比从酸中的可能要小。在试样分解时，特别是在用浓硫酸加热蒸发至冒白烟时，由于温度较高，许多痕量元素可能形成挥发性物质而逸出。一般情况下，某些非金属元素如 As、Se、Te 等较易挥发损失；金属元素中，以汞及其化合物最易挥发损失；还有许多类金属元素和最高氧化态的金属元素氧化物或卤化物，在高温时挥发性增大，如 OsO_4、RuO_4、Re_2O_7、$GeCl_4$、$AsCl_3$、$SbCl_3$、$SbBr_3$、CrO_2Cl_2、$SeBr_4$、$SnCl_4$、$TiCl_4$ 等。此外，在强烈的还原性气氛中，As、Sb、Bi、Ge、Sn、Pb、Te 等元素也可能生成挥发性氢化物而逸出。虽然有些金属氯化物和氟化物具有较低的沸点，在有水存在的条件下不至于挥发，但在浓酸中，高温加热蒸发冒烟时，这些卤化物就有可能部分挥发损失。所以，在测定某种痕量元素之前，应对该元素的化学性质和物理性质（特别是它的热稳定性和挥发性）有充分了解，以避免在加热过程中挥发损失。

4.2.3　其他损失

即使金属离子的浓度在放置过程中不变，但由于水解作用和氧化还原作用，其存在形式也可能发生变化，导致其平衡浓度的降低而损失。

其他导致损失的原因，尚有共沉淀、共萃取、配位反应、形成沉淀以及操作过程中不应有的损失等。

此外，样品采集以后，不能长久储存。时间太久，有些痕量组分的被吸附量增大，有些挥发逸失，有些通过塑料容器具的微孔渗出，有些会发生化学变化，所有这些都应予以注意。

思考题

1. 岩石矿物分析中的污染来源有哪些？
2. 岩石矿物分析中用到的容器有哪些？这些容器该怎么样清洗？
3. 岩石矿物分析测定过程中，哪些因素会引起损失？

参考文献

[1] 易凤兰. 浅谈痕量分析质量影响因素及控制措施. 涟钢科技与管理, 2012 (4)：54-56.
[2] 万建春, 郭平, 占春瑞. 食品中痕量危害物分析过程污染的来源和控制. 化学分析计量, 2012, 21 (6)：91-94.
[3] 高鹏. 痕量分析中容器的选择与洗涤. 油气田环境保护, 2002, 12 (1)：41-43.
[4] 庞会从. 环境分析中沾污与损失的来源及相应对策. 河北工业科技, 2002, 19 (2)：29-32.
[5] 龙建林. 浅谈痕量分析的质量保证. 达县师范高等专科学校学报（自然科学版）, 2006, 16 (2)：16-18.

第5章 试样的采集及制备

试样的采集与制备是定量分析中的重要环节。它直接关系到分析结果的质量。

试样的种类繁多，有无机和有机工业试样、环境试样、食品试样、药物试样、生物试样、地质试样等。本章讨论地质试样的采集和制备。

5.1 试样的采集

地质样品来自于自然物质，它与工业产品有很大的不同，其特点是：
① 采集样品的数量大；
② 分析测试项目广而多；
③ 元素含量变化范围大；
④ 样品性质多种多样；
⑤ 样品基质成分多变。

为了对欲测成分进行定性和定量分析，必须从总体样品中抽取进行实际分析操作的样品（分析试样）。此样品的组成必须能够正确代表原来的总体样品的组成。由总体样品中抽取这种样品的操作叫取样，它包括试样的采集与制备两大步骤。

取样时首先必须明确取样和分析的目的。例如，必须明确到底是为了知道待测成分的平均含量，还是为了知道成分的存在状态；是为了检查质量，还是为了质量管理和取样解析。取样和分析的目的不同，取样的方法、允许误差、所需时间和费用也不同。但是，无论是哪种目的，取样都必须有充分的可信性，而且取样精度必须能满足取样目的的要求。假设从某一个总体样品中抽取分析样品，再制成待测试液进行分析，得到一组数据，此数据的精密度则可用标准偏差 σ 来表示。

$$\sigma = \sqrt{\sigma_S^2 + \sigma_P^2 + \sigma_A^2}$$

式中，σ_S 为取样的标准偏差；σ_P 为配制试液的标准偏差；σ_A 为定量分析时的标准偏差。

研究取样问题已经逐步成为分析化学的一个重要研究课题，其原因是现代分析技术的不断发展，取少量样品即可进行分析，取样误差常常成为分析误差的主要来源。由于地质试样的复杂性，取样时还必须考虑原样的粒度、密度、均匀程度、被测组分的含量和分析结果的允许误差等因素。因此取样问题应该认真对待。

地质试样的采集是根据地质工作的要求取得原始样品，根据测定的要求将原始样品制成测定试样，这个过程称为试样的制备，简称制样。采样和制样过程如图5-1所示。

5.1.1 取样理论

试样的采集和制备（缩分）都涉及取样理论问题，下面讨论几种取样理论和公式。

5.1.1.1 Demond-Haiferdall 公式

为了取得具有代表性的试样，取样量应为多少。Demond-Haiferdall 提出了以下取样公式：

$$Q = Kd^a \tag{5-1}$$

式中，Q 为样品的最低可靠质量，kg；d 为样品中最大颗粒的直径，mm。K 根据地质

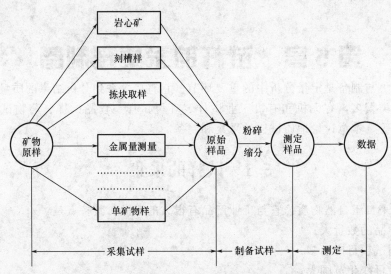

图 5-1 地质样品的采集和制备概要

样品的特性来确定，K、a 均为经验常数，随样品的均匀程度和易破碎程度而定，一般矿样的 K 值为 $0.02\sim0.5$，对特殊地质试样可达到 1 或 1 以上；a 的数值介于 $1.5\sim2.7$ 之间。

Richards-Ueuott 把 a 的数值规定为 2，省去由实验求 a 的麻烦，仅由实验求 K 就行了。K 值可以通过连续缩分法和不同 K 值缩分法来求得，这样就将式（5-1）简化为：

$$Q = Kd^2 \tag{5-2}$$

式中，d 的大小是按通过筛孔的大小来确定，K 值可参考表 5-1 来选择。式（5-2）是样品缩分的依据，样品每次缩分保留的质量不得小于 Kd^2。

表 5-1 主要岩石矿物的缩分系数 K 值

岩石矿物种类	K 值
铁、锰（接触交代、沉积、变质型）	$0.1\sim0.2$
铜、钼、钨	$0.1\sim0.5$
镍、钴（硫化物）	$0.2\sim0.5$
镍（硅酸盐）、铝土矿（均一的）	$0.1\sim0.3$
铝土矿（非均一的，如黄铁矿化铝土矿、钙质铝土角砾岩等）	$0.3\sim0.5$
铬	0.3
铅、锌、锡	0.2
锑、汞	$0.1\sim0.2$
菱镁矿、石灰石、白云岩	$0.05\sim0.1$
铌、钽、锆、锆、锂、铷、铯、钪及稀土元素	$0.1\sim0.5$
磷、硫、石英岩、高岭土、黏土、硅酸盐、萤石、滑石、蛇纹石、石墨、盐类矿	$0.1\sim0.2$
明矾石、长石、石膏、砷矿、硼矿	0.02
重晶石（萤石重晶石、硫化物重晶石、铁重晶石、黏土重晶石）	$0.2\sim0.5$

注：1. 脉金样品由于其特殊性不宜采用表 5-1 的 K 值。

2. 本表摘自：《地质矿产实验室测试质量管理规范》（DZ/T 0130.2—2006）。

【例 5-1】 某样的 K 值为 0.2，粉碎到全部样品通过 20 目筛（$d = 0.83mm$）后，样品应至少保持多少才不失去其代表性？

解 根据式（5-2）得出 $Q = Kd^2 = 0.2 \times 0.83^2 = 0.138$（kg），即这个样品最低允许缩分到 138g，不得小于 138g。如果需要再进行缩分必须再进一步破碎，使样品粒度更小。

$Q = Kd^2$ 是经验公式，其优点是简单易算，但正是由于太简单容纳的信息量太少，因而失去了普遍的指导意义。

式（5-2）是把 Q 当作 d 的函数，这个函数关系只有在子样中各种组分颗粒的粒径相等，或者子样中各种组分颗粒都是按相同的比例被破碎时才成立。实际上，这两点难以实现，有用矿物和脉石不存在一个共同的 K 值，若按同一 K 值来计算，必然会发生错误。为此，下面讨论几种较新的非均匀物质的取样理论。

5.1.1.2 Pierre Gy 取样公式

Pierre Gy 提出的取样公式为：

$$s^2 = Gu^3/w \tag{5-3}$$

式中，s 为标准偏差；w 为所需样品质量，g；u 为最大颗粒的粒径，cm；G 为 Gy 取样常数。

Gy 的取样常数 G 是一些因子的乘积

$$G = fgmb \tag{5-4}$$

式中，f 为形状因子；g 为颗粒大小的分布因子；m 为矿物的组成因子；b 为解理因子。

因此可将式（5-3）表示为：

$$s^2 = fgmbu^3/w \tag{5-5}$$

具体来说：f 是颗粒体积与刚好通过同样筛孔的颗粒的立方体的体积之比。f 值变化范围很大，从形状来看，一般板状或片状颗粒的 f 值为 0.1，而球形颗粒的 f 值则为 0.52，理想正方体颗粒的 f 值为 1。除金矿 f 值为 0.2 以外，其他矿石的 f 值为 0.5。

g 是指在粒度分级中通过筛孔以后的颗粒大小的范围。颗粒未分级前 g 值一般在 0.1～0.35 之间，平均值为 0.25；颗粒分级后 g 值即上升至约 0.8；若具有相同大小的颗粒则 g 值为 1。

m 可用式（5-6）来表达：

$$m = \frac{(1 - a/x)^2}{a/x} \times 矿物密度 + (1 - a/x) \times 脉石密度 \tag{5-6}$$

式中，a 为矿石粒级；x 为矿物含量。m 与矿石粒度有极为密切的关系，其变化范围为 0.3～3000，粒度越小，m 值越大。当有用矿物的密度较大时，上述关系更为明显。

b 与脉石中解理出矿物的比例有关。解理因子可建议为：

$$b = \left(\frac{待测成分颗粒的平均直径}{混合物中最大颗粒的直径} \right)^{1/2}$$

假若矿物在粉碎过程中完全解理，b 值就接近于 1。

Pierre Gy 用实验方法估计了这 4 个因子 f、g、m、b。G 是一种物质（矿石）的特征常数。即是，含有少量有用成分 X 的颗粒物质其取样量应依赖于：质点的形状；质点大小的分布；在二元混合物中矿物的组成因子；X 从脉石中解理出来的程度（注：脉石是矿石，如方解石、石英、重晶石、氟石等中的土质部分）。

若对颗粒物质进行重复测定和估计就可以确定 Gu^3 的乘积。从式（5-3）可以看出：当

取样标准偏差为 s 时，则可算出所需样品质量 w；反之亦然。

5.1.1.3 Ingamell 和 Switzer 取样理论

Ingamell 和 Switzer 是假定样品是二元混合物，在这样的条件下导出取样公式［见式（5-7）］

$$w = \frac{K_s}{R^2} \quad K_s = R^2 w \tag{5-7}$$

式中，w 为取样量，g；R 为相对取样标准偏差，%；K_s 是取样常数，g，表示在保证置信水平为 68%、取样的相对标准偏差达到 1% 时的样品质量。

K_s 可以用式（5-8）来求得：

$$K_s = \frac{(K-L)(H-L)u^3 d}{K^2} \times 10^4 \tag{5-8}$$

式中，K 为待测组分 X 总的含量，%；H 为待测组分 X 的高含量，%；L 为待测组分 X 的低含量，%；u 为颗粒的粒径即筛目大小，cm；d 为待调组分 X 的高含量的密度。

式（5-8）是在假定样品是二元混合物，其中各个颗粒的体积都等于 u^3（cm^3），并且已经充分混合过的条件下导出的。

K_s 也可以用实验方法求得。具体的方法是：取一系列重为 w（g）的样品，对其中 X 含量进行 N 次测定，按下式来算出 K_s。

$$K_s = R^2 w = \frac{\sum (x_i - \bar{x})^2}{(N-1)\bar{x}^2} \times 10^4 w = \frac{(100s)^2}{\bar{x}^2} w \tag{5-9}$$

式中，s 为标准偏差；$\bar{x}$ 是 N 次测定结果的平均值；x_i（$i = 1, 2, \cdots, N$）是第 i 次的测定结果。

【例 5-2】 取 Au 的标准参考物质 10 个，每一个质量均为 15.00g，其测定结果（$g \cdot t^{-1}$）为：16.17、16.48、16.48、16.17、15.86、16.17、16.17、16.17、16.17、16.48，根据以上实验结果求出 K_s。

解 由测定结果求出 $\bar{x} = 16.20 g \cdot t^{-1}$

$$根据 \ s = \sqrt{\frac{\sum (x_i - \bar{x})^2}{N-1}} \ 可以算出 \ s = 0.17$$

$$按式（5-9）K_s = \frac{(100s)^2}{\bar{x}^2} w = \frac{(100 \times 0.17)^2}{16.20^2} \times 15.00 = 16.52（g）$$

按计算 Au 的标准参考物质的 K_s 为 16.52g，其含意是在置信水平为 68%，要使取样的不可信程度不超过 1%，则取样至少取 16.52g。

5.1.1.4 Visman 取样理论

Visman 取样方程是表示：取样的方差是取样、缩分和分析的不可测误差方差的总和，即：

$$S = A/W + B/N + (SE)^2 \tag{5-10}$$

式中，W 为 N 次测定取样量的总和；S 为当取样重为 $w = W/N$ 时，N 次测定的平均误差；SE 为缩分和分析的不可测误差的乘积；A 为均匀常数；B 为缩分常数；A/W 为由块金效应（hugget effect）所引起的随机方差项；B/N 为由于大规模的缩分所引起的缩分方差项；$(SE)^2$ 为不可测的方差项。

Visman 取样常数 A 和 B 可由下式来计算：

$$A = \frac{w_1(s_1^2 - s_2^2)}{1 - 1/Q} \tag{5-11}$$

$$B = s_1^2 - \frac{A}{w_1} = s_2^2 - \frac{A}{w_2} \tag{5-12}$$

式中，s_1 和 s_2 是分析两组样品重分别为 w_1 和 w_2 的标准偏差；$Q = w_2/w_1$。

上述 4 个权威的取样理论可以分为两类：一是以最大颗粒的粒径为依据，直接引进经验因子；二是先假定样品都是颗粒大小均匀的二元混合物，使用两项分布原理推导公式，然后代入经验的颗粒数。这些理论还不够严密，不能从理论上解决取样（缩分）中的颗粒粒径不一致的问题，因此取样理论有待进一步研究。

5.1.2　影响取样量的因素

取样量的一般原则是，用最小的工作量和最经济的手段获得最能代表总体样品组分的分析试样。当然取样量越大，代表性越好。但取样量大，不符合经济省工的原则。取样量实际是指能够代表总体样品组分的最少的量，确切地说，称为最低可靠质量。影响最低可靠质量的因素很多，主要有以下几个方面。

① 试样中有用矿物的最大颗粒的直径，有用矿物的颗粒越大，分散度越不好，样品的最低可靠质量就越大。构成样品的矿物共生体或颗粒的物理性质（硬度、黏度及脆性等）都会影响矿样的最大颗粒直径。

② 矿样中有用矿物的颗粒数。假设矿样在缩分以前已经拌匀，则在缩分后，若有用矿物颗粒越多，其最低可靠质量就越小。

③ 有用矿物的密度。有用矿物的密度越大，则在缩分过程中，就越易集中在矿样的下部，造成有用矿物颗粒分布不均匀，因此，最低可靠质量就越大。

④ 有用组分的平均品位。在其他条件相同时，矿石中有用组分的平均品位越高，则它在矿物中的分布也就越均匀，从而所要采取的样品的最低可靠质量就越小。

⑤ 化学分析的允许误差。分析结果的允许误差越小，要求分析的精密度越高，取样量就越大。

⑥ 有用组分在矿石中的分布。有用组分在矿石中分布越均匀，采取有用矿物的概率越大，代表性越好，取样量可以减少。

地质试样是一种多组分的多元混合物，仔细研究、认真分析上述因素的影响，有助于正确地理解有关样品的最低可靠质量。

5.2　试样的加工方法

将原始样品加工成可供物理、化学方法直接测试的分析试样的过程称为分析试样的制备。本节主要是讨论固体试样的加工。

5.2.1　试样加工方法概要

5.2.1.1　试样加工方法流程

样品一般分粗碎、中碎、细碎几个阶段进行。每个阶段又包括以下几个程序：破碎、过筛、混匀、缩分，如图 5-2 所示。

现将各阶段的具体操作简述如下。

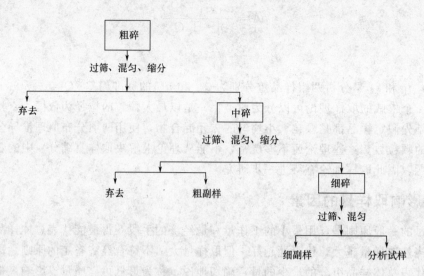

图 5-2　样品加工流程简图

（1）粗碎　粗碎阶段又分为以下几个阶段。

① 破碎　将矿样通过颚式破碎机破碎。

② 过筛　全部通过 4 目筛❶或 8 目筛，不允许抛弃，过不了筛的样品再粉碎。

③ 混匀　粗碎过筛的样品用分样器法、环锥法或掀角法混匀。

④ 缩分　混匀后的样品用分样器或四分法缩分。

如通过 4 目筛，最后留样不少于 5kg；如通过 8 目筛，最后留样不少于 1.2kg。

（2）中碎　中碎阶段又分为以下几个阶段。

① 破碎　用对锟机或圆盘粉碎机将留下不少于 5kg（或 1.2kg）的样品全部粉碎至 18～20 目筛细度。

② 过筛　中碎的样品全部通过 18～20 目筛（0.84～1.0mm），如不能全部过筛，再进行破碎，直至全部过筛。

③ 混匀　中碎过筛后的样品用掀角法混匀。

④ 缩分　混匀后的样品用四分法缩分并留取粗副样。

（3）细碎　细碎阶段又分为以下几个阶段。

表 5-2　矿样加工细度和烘干温度

矿石名称	粒度/目	温度/℃	矿石名称	粒度/目	温度/℃
硅酸盐	160	105	锰、铅	160	105
花岗岩	160	105	石灰石	160	105
闪长石	160	105	白云石	160	105
伟晶岩	160	105	汞	120	60
泥页岩	160	105	岩石、泥岩	160	105
碳酸岩	160	105	物相分析样	100	60

❶　在过筛时所用的筛，其孔径的大小用筛目来表示。筛目在国际上又称筛号，筛目与孔径的对照参见表 5-6。

续表

矿石名称	粒度/目	温度/℃	矿石名称	粒度/目	温度/℃
萤石	160	105	滑石	160	105
铅锌铜	120	80	钨、锡	200	105
铁、铍	200	105	锑	160	80
钼	160	80	单矿物	200	105
铀	200	105	石英砂	200	105
金红石	200	105	黏土	160	105
碳质页岩	160	105	铝土	160	105
钛铁矿	200	105	盐、芒硝	100	60
铬铁矿	200	105	铬镍矿	200	105
黄铁矿	100	60	高岭土	160	105
磷矿	120	105	毒砂	160	105
石膏	120	55	硼、镁	120	105
油页岩	80	80			

① 破碎 将留下的不少于 140g（如通过 18 目筛则应留下不少于 200g）的样品，用圆盘粉碎机或棒磨机全部碎至通过 100 目筛，分取一半作副样，另一半碎至所需细度。

② 过筛 全部通过所需筛网，不能通过的少量样品用玛瑙研钵研至全部过筛，不允许丢弃。

③ 混匀 将过筛后的样品全部倒在橡皮布上，用掀角法混匀，用作分析正样。

④ 取样 将混匀的细样平铺于分样布上，从不同部位取 10～15g 装瓶，为化学分析样，取 1～2g 装样品袋，如细度不到 200 网目，可用玛瑙研钵研细，为光谱分析样，其余留作细副样。

⑤ 烘样 瓶装的化学样，除规定不烘样者外，应在规定温度下干燥 2h，然后送交分析。一般矿石分析的矿样细度和烘干温度见表 5-2。

5.2.1.2 样品加工注意事项

① 加工前的试样如是潮湿的，则必须风干后再进行加工；

② 用适当的粉碎机械进行粉碎，将全部试样粉碎至规定的粒度；

③ 粉碎和缩分时，必须注意不能使试样飞散、变质和混入其他物质；

④ 在采用缩分方法时应满足规定的精度。

5.2.1.3 样品加工实例

现有原始样品 64kg，粒径为 40mm，加工程序如图 5-3 所示。

5.2.2 粉碎

粉碎，特别是细研磨，其目的在于通过粉碎使试样表面积增大，以便在下一步的试样分解中反应迅速和完全，同时也是为了使试样更加均匀。试样研磨得越细越容易分解，但研磨机械磨损对试样的污染也越严重。试样的均匀性不仅对化学分析值有很大影响，而且对仪器

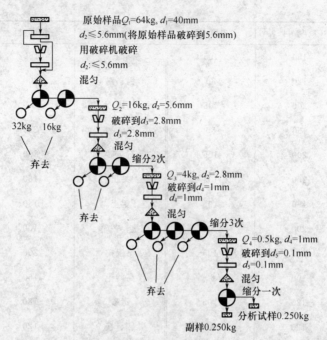

原始样品Q_1=64kg, d_1=40mm
d_2≤5.6mm(将原始样品破碎到5.6mm)
用破碎机破碎
d_2:≤5.6mm
混匀
Q_2=16kg, d_2=5.6mm
破碎到d_3=2.8mm
d_3=2.8mm
混匀
缩分2次
Q_3=4kg, d_2=2.8mm
破碎到d_4=1mm
d_4=1mm
混匀
缩分3次
Q_4=0.5kg, d_4=1mm
破碎到d_5=0.1mm
d_5=0.1mm
混匀
缩分一次
分析试样0.250kg
副样0.250kg
32kg   16kg
弃去
弃去
弃去

图 5-3　样品加工程序

分析特别是 X 射线荧光分析的精密度也有很大影响。如果粉碎操作不当，会引起试样组分发生变化，有时还会失去均匀性。

5.2.2.1　碎样器械

碎样过程的三个阶段，即粗碎、中碎和细碎，所用的器械如表 5-3 所示。分析实验室内简单的试样加工一般都使用乳钵和手锤手工操作。但是，X 射线荧光光谱等仪器分析所用的分析试样，其粒度分布及其重现性对分析结果有影响，最好选用适宜的细研磨装置根据预先确定的条件研磨分析试样。粉碎试样时常用的乳钵分为两类，一类是用来敲碎试样的钢制乳钵，另一类是用来研磨试样的玛瑙、烧结氧化铝乳钵。错误地使用乳钵不仅明显地加大乳钵的磨损，也会因此而加重试样的污染。

加工分析试样所用的粉碎器械应满足以下要求：①不使被粉碎试样的组成发生变化；②能使粉碎试样的粒度分布范围尽可能窄；③磨损少；④容易清扫干净；⑤结构简单，故障少；⑥能够处理少量试样。

表 5-3　碎样用器械

碎样阶段	碎样器械	碎样方式	最大进料颗粒/mm	粉碎后最大颗粒
粗碎	颚式破碎机	压缩	200	25mm
		压缩	150	20mm
		压缩	100	10mm
		压缩	70	10mm
中碎	颚式破碎机	压缩	30	3mm
	对辊研磨机	压缩＋扭曲	10	2mm

续表

碎样阶段	碎样器械	碎样方式	最大进料颗粒/mm	粉碎后最大颗粒
细碎	布朗研磨机	摩擦＋剪切	5	149μm
	道奇颚式研磨机	摩擦＋剪切	5	149μm
	制样研磨机	摩擦＋剪切	5	149μm
	双辊式研磨机	压缩＋剪切＋扭曲	5	149μm
	捣磨机	冲击	10	149μm
	乳钵	冲击＋摩擦	3	149μm

5.2.2.2 分析试样的量及其粒度

岩石矿物的常量分析，即使取双份试样平行分析一般有5g试样也就可以了，制备10g左右的研磨试样就足够了。可是，分析微量成分，做多元素分析或者采用X射线荧光分析时，至少要制备20～30g分析试样。虽说应该根据测定成分和分析方法将所用的试样粉碎至一定粒度，但普通的化学分析用的试样粒度一般有100～200目就足够了。从试样污染和变质的角度考虑，过细的研磨是有害无益的。

5.2.2.3 粉碎机械的磨损和试样的污染

在试样的整个制备过程中都会引起试样污染，粉碎研磨过程的污染尤为显著。通常总是希望粉碎器械的材料比被粉碎的试样更硬，但矿物岩石有些比粉碎器械的材料更硬，所以因研磨器材磨损造成的试样污染很显著。例如使用铁制研钵和研磨机，试样中会混入一定量的铁，使用玛瑙乳钵会混入硅酸盐，用碳化硼作研磨材料，引入的污染较少，这是因为碳化硼的硬度高、磨损少，即使试样中混入少量碳化硼，对一般的化学分析也没有影响。

5.2.2.4 粉碎引起的试样成分变化

在粉碎特别是在细研磨过程中，因发热、吸水、吸收二氧化碳，以及空气的氧化作用引起某些试样成分变化是常有的事。如试样结晶水和吸附水分的变化，氧化钙试样的一部分变成氢氧化钙或碳酸钙，氧化亚铁被氧化为三氧化二铁等就是具体的例子。

研磨试样一般都会引起其水分的变化，对水分减少的解释是因研磨局部发热所致，对水分增加的解释是研磨加大了试样的表面积从而增强了吸附能力。表5-4中列出了研磨过程中试样结晶水的变化情况。

表5-4 研磨引起结晶水变化

试样	研磨前结晶水含量/%	研磨2h后结晶水含量/%	结晶水的变化/%
碳酸镁	51.85	43.30	−8.55
磷酸钠	58.61	56.76	−1.85
钾明矾	45.47	44.98	−0.49
氯化钡	14.95	17.06	＋2.11

各种火成岩在不同研磨条件下试样水分和氧化亚铁含量的变化见表5-5。

从表5-5中的数据可知，细研磨会使火成岩试样的水分增加，但对于含有结晶水的试样，结晶水损失的量与吸收水分的量并不相等。处理有关岩石矿物试样，特别是细研磨黏土、石膏一类试样时，水分的变化也是极其复杂的。制备测定水分、灼烧减量的试样，以及处理含有结晶水的试样时，究竟粉碎至何等程度为宜是一个重要的问题。

表 5-5　研磨引起的水分和氧化亚铁含量的变化

试样名称	最大粒度/mm	研磨条件			水分含量（105℃）/%	FeO含量/%
		研磨量/g	研磨气氛	研磨时间/min		
玄武岩	0.08（<150目）	未研磨	—	—	0.24	7.08
		4	无水乙醇	30	0.34	7.11
		4	空气	30	0.83	6.9
花岗岩	0.11（<120目）	未研磨	—	—	0.03	2.00
		4	无水乙醇	120	0.32	2.03
		4	空气	120	0.67	1.86
闪长岩	0.08（<150目）	未研磨	—	—	0.07	3.59
		4	无水乙醇	120	0.32	3.47
		4	四氯化碳	120	0.48	3.31
		4	空气	120	0.54	3.34

在空气中研磨试样，其中的易氧化成分会被空气氧化。岩石及矿石试样研磨 2h，其中的氧化亚铁有 20%～30% 被氧化，最严重时达 40%。

5.2.3　缩分

为了获得 20～50g 供分析用的细粉试样，在粉碎研磨的前后乃至研磨过程中都需要缩分。颗粒较大的试样通常采用四分法，有时也可采用铁锹交互法缩分。试样量太大不便人工处理时，最好选用偏差最小的机械缩分器。例如，旋转圈锥分配器、斯奈德分配器、旋转试样分配器、跌流式取样器、带有漏斗的螺旋四分器、抽样缩分器和二分器。

在研磨过程中常常将合乎要求的细粒筛出，继续将大颗粒部分磨细，直至全部通过筛网为止。常用筛子的筛号及孔径对照见表 5-6。

为了避免筛子材料对试样的污染，最好选用塑料框尼龙筛网的筛子。

5.2.4　干燥

干燥大体上分为两种：一种是试样制备过程中的干燥，送来的试样太湿影响粉碎研磨，需要进行预备性干燥处理；另一种是为了彻底除去试样中的水分，对于已经研磨到所需粒度的试样进行干燥。预备性干燥一般是将试样摊开使其自然干燥，也可以放入烘箱内加热至90℃干燥。试样的干燥程度以不妨碍试样的研磨操作为准，并不要求完全干燥。研磨后的试样通常要求在烘箱内干燥，烘干温度一般恒定在 105～110℃ 之间。如果如热会使试样变质或分解，应放在干燥器内在室温下干燥。

表 5-6　常用筛子的筛号及孔径对照表

筛号	筛的孔径/mm	网丝直径/mm	筛号	筛的孔径/mm	网丝直径/mm
3	6.35	1.60～2.11	5	4.00	1.00～1.47
$3\frac{1}{2}$	5.66	1.28～1.90	6	3.38	0.87～1.32
4	4.76	1.14～1.68	7	2.83	0.80～1.2

续表

筛号	筛的孔径/mm	网丝直径/mm	筛号	筛的孔径/mm	网丝直径/mm
8	2.38	0.74～1.20	60	0.250	0.149～0.222
10	2.00	0.68～1.00	70	0.210	0.130～0.187
12	1.68	0.62～0.90	80	0.177	0.114～0.154
14	1.41	0.56～0.80	100	0.149	0.096～0.125
16	1.19	0.50～0.70	120	0.125	0.079～0.103
18	1.00	0.43～0.62	140	0.105	0.063～0.087
20	0.84	0.38～0.55	170	0.088	0.045～0.061
25	0.71	0.33～0.48	200	0.074	0.039～0.052
30	0.59	0.29～0.42	230	0.062	0.035～0.046
35	0.50	0.26～0.77	270	0.053	0.031～0.040
40	0.42	0.23～0.33	325	0.044	0.03～0.035
45	0.35	0.20～0.29	400	0.037	
50	0.297	0.170～0.253			

表 5-7　常用干燥剂性能比较

干燥剂	吸湿能力	吸湿容量	吸湿速率	空气中残留水分/mg·L^{-1}
五氧化二磷	1	2	1	2×10^{-5}
浓硫酸	2	1	2	0.003
氧化钙	4	3	3	0.14～0.25
硅胶	3	4	4	0.006

注：按 1～4 的顺序表示吸湿能力、容量、速率由大到小。

　　干燥处理必须注意的是绝对避免试样成分的分解和变质，哪怕是稍有分解或变质也不允许。干燥温度过高、时间过长，都会引起试样成分的分解或变质，如失去结晶水、试样成分被空气氧化以及试样吸收二氧化碳等。试样磨得越细这种变化越大。干燥石膏、黏土、石灰石等试样必须特别注意，放入干燥器干燥时，要选择合适的干燥剂，不仅要考虑到干燥剂的吸湿能力，还必须考虑到吸湿速率和干燥剂是否与试样反应等因素。表 5-7 中列出了常用干燥剂的性能比较。

　　研磨好的试样烘干后应装入适宜的瓶子内密封，或者放在干燥器内，防止吸收水分和二氧化碳。

5.3　特殊样品的加工

5.3.1　黄铁矿和测定亚铁样品的加工

　　细碎时，最好将通过 0.84mm 或 1.00mm 筛的试样直接用棒磨机细碎。如用圆盘机细碎时，不能将磨盘调得太紧，以免磨盘发热引起样品变化变质。如加工时间长，引起磨盘发烫时，必须将磨盘冷却后再继续加工。样品只需通过 0.149mm（100 目）筛，但测定亚铁的铬铁矿因难于溶解，需过 0.074mm（200 目）筛。亚铁样品不烘样。黄铁矿副样应装入玻璃瓶中保存。

5.3.2 玻璃及陶瓷原料所用的石英砂、石英岩、高岭土、黏土、瓷土等样品的加工

这类样品中铁的含量是确定矿石质量好坏的主要指标。在工业利用上，对铁的含量有严格的要求，制样过程中不能使用铁制工具，以免引进铁质。如果样品量少可直接用玛瑙罐行星式球磨机或玛瑙钵三头研磨机磨细；如样品量多，需用铜质或玛瑙制成的工具加工，或用翡翠磨盘细碎，或根据不同条件采用其他代用方法进行碎样。

5.3.3 金矿（包括贵金属矿）分析样品的加工

金及贵金属元素在矿石中常呈自然金属存在，分布不均匀，具有延展性大、密度大、硬度低和含量低的特点。要想加工出能够满足要求的粒径（小于 0.074mm），并对原样有代表性，又是均匀的分析样品，则难度较大，其中尤以金矿样品为典型代表。

金矿分析样品的加工应根据自然金在样品中粒度的分布情况而制定不同的加工流程。根据金矿样品中自然金的粒度及不同粒度所占比例不同，可划分为四种类型样品进行加工。

① 微细粒型　金的粒度全部小于 0.07mm，属易加工试样，可按一般岩矿样品加工。K 值［见式（5-2）］采用 0.2～0.4，分析取样量 10～20g。

② 中粒型　金的粒度小于 0.07mm 占 80% 以上，0.07～0.3mm 占 20% 以内，属可加工试样，不应使用对辊机，而用圆盘细碎机。第一次缩分时试样粒度应小于 0.84mm，缩分后的样品不得少于 500g，分析取样量 20～30g。

③ 粗粒型　金的粒度为 0.07～0.3mm 占 20% 左右，0.3～0.5mm 占 10% 左右，其余为小于 0.07mm，属难加工试样，一般不应使用对辊机，并应通过试验确定第一次缩分的粒度，缩分后的样品不得少于 500g 并全部用圆盘细碎机碎到小于 0.177mm，并反复一次，然后再进行棒磨。分析取样量不应少于 30g。

④ 巨粒型　金的粒度大于 0.3mm 占 30% 以上，而小于 0.07mm 占 70% 以内，属极难加工试样，应同③一样进行试验。缩分后的样品不得少于 500g 并全部用圆盘细碎机碎到小于 0.149mm，并反复 2～3 次，然后再进行棒磨。分析取样量不应少于 40g。

金的脉石是较软的矿物时，除按上述流程加工外，同时应定量加入基本不含金的石英岩或石英砂，以增加试样的自磨作用。零星个别样品，在没有进行试验以确定其金粒度分布情况下，一般可采用中粒型金矿的加工程序，第一次缩分时试样粒度应小于 0.84mm，缩分后的样品不得少于 500g，分析取样量为 30g。

自然金粒度的测定可用少量样品在试样颗粒直径 1mm 左右缩分，取一半样品进行人工重砂试验求得。

对含较粗金粒的样品，也可增加对辊机中碎，过筛拣出筛上金粒，交分析人员以热稀硝酸洗净后烘干称重，计算其含量。对较细的金粒也可在玛瑙研钵中同矿粉一起研磨，直至能全部过筛。所有过筛都应检查筛上有无金粒、金片，发现后应拣出进行上述处理。

加工后的样品是否均匀并具有代表性，可采用以下办法确定：即取一定数量的样品在第一次缩分时，将应弃的一份样品保留，在正样加工完成后，采用与分析样品相同程序进行加工，最后根据分析结果的精密度判断加工样品的均匀性和代表性。

5.3.4 岩盐、芒硝、石膏样品的加工

由于芒硝极易失水（芒硝的结晶水很不稳定，当温度达 32℃时，即开始失水），石膏中的结晶水也不稳定（在 70～80℃时，就开始部分失水，温度上升到 107～150℃时，即可变为含半个结晶水的烧石膏），岩盐样品中又常有芒硝和石膏等矿物，因此，对于芒硝、岩盐和含有芒硝、岩盐的石膏样品，各项分析结果均应以湿基原样为计算标准。

为了避免样品中水分的损失，样品最好能就地及时加工和分析。若送实验室分析，开瓶后，应立即粗碎，迅速装入干净的搪瓷盘中，称重，然后放入烘箱中，于 40～50℃烘 6～20h（样品很湿时还可以延长），烘干后称重，计算样品在此过程中失去的水的质量分数。即

$$w(H_2O) = \frac{原样重 - 烘干后样重}{原样重} \times 100\%$$

此后，继续按一般样品加工处理，但在碎样和缩分过程中，应尽可能将工作在短时间内连续进行，且样品制好后应尽快装瓶，以免吸收水分。

对不含芒硝、岩盐的石膏样品，加工粒度为 0.125 mm（120 目），55℃烘 2h；对含有芒硝、岩盐的石膏样品，加工至 0.125 mm 后不烘样，立即装入瓶内；对岩盐样品，加工粒度为 0.149 mm。

上述样品应留粗副样，装入玻璃瓶中，盖严蜡封保存。

5.3.5 云母、石棉样品的加工

石棉和云母在工业上的应用，主要取决其物理特性。化学分析的目的是确定其类型，故在取样时应选取纯净而有代表性的样品进行分析。

云母多为薄片或鳞片状，石棉则为柔软的纤维状，样品加工时，可先用剪刀剪碎，然后在玛瑙研钵中磨细，也可以先灼烧使云母变脆，然后粉碎、混匀，但不烘样。一般纯度不高的石棉、云母样品，可按一般样品进行加工，采用棒磨机细碎至粒度 0.125 mm 即可。

5.3.6 铬铁矿样品的加工

由于铬铁矿中铬铁比值是评价矿石质量的重要依据，因此在破碎铬铁矿时，应避免铁质混入，最好用高强度锰钢磨盘研至粒度 0.177～0.149mm（80～100 目），然后分取少量样品用玛瑙研钵研细至粒度 0.074 mm。

5.3.7 沸石样品的加工

沸石样品在中碎全部通过 0.84mm 筛目后（需留 800g 左右），分出一半作为副样，另一半再分成两份。一份过筛后作为测钾分析用样品，另一份加工后作为阳离子总交换量及化学分析用样品。

① 吸钾样品 因分析需用粒度为 0.84～0.42mm（20～40 目）的样品。将样品过 0.42 mm 筛，筛上样品一次不要放得太多，以免小于 0.42 mm 粒度的样品筛不下去。最后筛上粒度为 0.84～0.42mm 的样品量应少于过筛样品的 10%。取筛上样品作为一份正样，筛下样品弃去。不烘样。

② 阳离子总交换容量样品 将另一份样品细碎至全部通过 0.105mm（140 目）筛，作为另一份正样。

③ 化学分析样品　从测阳离子总交换容量的样品中取出一部分细碎通过 0.074mm 筛孔，不烘样，分析后校正水分。

因沸石吸水性很强，副样应装瓶蜡封或放在密封塑料袋中保存。

5.3.8　膨润土样品的加工

膨润土是以蒙脱石为主要矿物组分的黏土类矿物，有强烈的吸水性，能吸 8 倍体积的水，体积膨胀为 10～30 倍。故膨润土样品难干燥，不宜风干，需在烘箱内烘干。

样品在粗碎前，应在烘箱内于 105℃烘干，然后取出尽快地进行粗碎和中碎。通过 0.84mm 筛后，留副样，装入密封的塑料袋中保存。正样倒入干净的搪瓷盘中，再在烘箱中于 105℃烘干，然后进行细碎（用棒磨机将中碎后的样品细碎至通过 0.074 mm 筛，作为可交换阳离子和交换总量、脱色力、吸蓝量、胶质价态、膨胀容量、pH 值等测试项目用）。

过筛时一次不要装得太多，多分几次过筛，以防样品黏结。

因膨润土极易失去层间水，作 X 射线荧光分析、差热分析及红外光谱用的样品不要烘样，不然会影响分析结果的正确性，要在样品烘干前分取出来。

5.3.9　物相分析样品的加工

物相分析的分析方法主要基于选择适当溶剂和条件使某些矿物与另一些矿物分离，再进行分别测定。因此，样品的颗粒大小对溶解量关系很大，对样品的粒度要求较严，颗粒尽量均匀一致。在加工时不能一次磨细，磨盘也不能调得太紧，应逐步破碎、多次过筛，以免样品出现过细颗粒。一般物相分析样品过 0.149mm 筛，不烘样。如含硫化物高时，应用手工磨碎为宜，或使用棒磨机细碎。

金红石、硅灰石的物相分析样品可过 0.097mm（160 目）筛。

5.3.10　单矿物样品的加工

单矿物是从大量的样品中经过一系列分离富集后，最后在显微镜下挑选出来的纯净的单一矿物，样品很少（特别是稀有元素单矿物），所以在破碎时不能沾污、不能损失，必须在玛瑙研钵中压碎和磨细至 0.074mm，由分析人员自行烘样。

5.3.11　化探样品的加工

化探样品是通过在一定范围内系统采集的天然物质（如岩石、水系沉积物、疏松覆盖物、水、气体或生物机体），用来测定其中某些元素含量或其他地球化学特征，借以发现地球化学异常，进而解决找矿和其他地质问题。由于样品中含指示元素（例如铜、铅、锌、镍、钼、钴等）极微，因此，样品加工时，不能被铜等有色金属所沾污，在碎样过程中只能使用硅、铝质材料（如玛瑙）为主的工具。

① 水系沉积物样品的加工　野外采集后经过初步加工，送交实验室样品质量一般应为 60～100g，粒度应小于 0.250mm（60 目）。1∶20×10⁴ 或 1∶5×10⁴ 等不同比例尺的化探样品，要求分析的项目为多金属痕量元素，应严格防止样品污染，尤其是设备带来的污染。将应加工的已通过 0.250mm 筛的组合样品 60～100g 混匀后，放入烘箱内在＜60℃烘干，小心移入清洁干燥的玛瑙罐或玛瑙钵中，用行星式球磨机或三头研磨机粉碎至小于 0.074mm。不过筛，以防沾污，凭手摸无颗粒感觉为准。每件样品加工完毕后，都必须将用过的工具与设备彻底清扫干净，以防互相污染。

② 化探岩石样品的加工　将颚式破碎机（XPC-100×125）出料口调至2～3mm，样品缓缓倒入颚口，破碎过筛，筛余样再进行破碎、过筛，如此反复直至全部通过0.84mm尼龙丝筛后，混匀。缩分出60～70g样品直接用行星式球磨机粉碎至小于0.074mm供分析用，其余样品装入塑料瓶中，作为粗副样长期保存。

5.3.12　人工重砂样品的加工

人工重砂分析的目的在于研究和查明各种岩石中的矿物，探明各种扩散晕的各种有用矿物来源，查明元素在岩石中的赋存状态和富集规律，便于寻找原生矿床，并为地质矿体的对比提供必要的资料。碎样加工应尽量分级多次破碎，以保证单矿物晶体完好，加工粒度和加工流程由重砂鉴定人员提出。

5.3.13　组合样品的加工

每个勘探矿区采样分析进行到一定程度，需要一定数量的组合分析样，测定其基本分析项目中未能测定的有益元素和有害杂质。组合样是由几个或几十个单样组合而成，组合的方法是按采样长度百分数计算出每个单样应称取的质量。计算方法为：

单样质量＝（单样长度/组合长度）×组合样质量（组合样质量不得少于200g）

由于组合样粒度细且量多，在分样布上不易混匀。有的样品因存放过久有结块现象，应将磨盘调松，把样品放入机器中先细碎一次，然后选用比原样粉碎粒度粗一点的筛孔过筛，使样品松散，再进行充分混匀、缩分，粉碎至分析所需粒度。

思考题

1. 地质样品的加工程序有哪些？
2. 地质样品的加工时应注意什么？
3. 地质样品采集时，影响采样的因素有哪些？

参考文献

[1] Johnson W M，Maxwell J A. Rock and Mineral Analysis. 2nd ed. Wiley，1981.

[2] Lngamdls C O，Francis F Pitard. Applied Geochemical Analysis，Wiley，1986.

[3] Potts P J. A Handbook of Silicate Analysis，Chapman and Hall，1987.

[4]《岩石矿物分析》编写组. 岩石矿物分析：第一分册. 第4版. 北京：地质出版社，2011.

[5] 试样的采集方法、预处理方法及标准物质的制备方法. 中国环境监测，1992，8（6）：19-42.

第6章 地质试样的分解

6.1 概述

如何分解地质试样，是岩石矿物分析工作者进行分析时必须考虑的问题之一。

分解试样的主要任务，是将试样中待测组分全部转变为适于测定的形态。通常分解试样后，可使试样中的待测组分以可溶盐的形式进入溶液，也可以使其保留在沉淀之中，从而与某些其他组分分离，有时也可以使其以气体形式导出。

根据试样的结构、组成等特性，试样分解有水溶、酸溶、熔融、烧结、热分解、升华等方法。其中最常见的分解方法是将试样经过处理后，使待测组分转移到溶液中。溶液的主要优点是它具有良好的均匀性。因此，即使分取微升级的试液，它仍能代表原溶液的组成。大部分现代分析测试方法，例如火焰原子吸收光谱法、电感耦合等离子体光谱法、电感耦合等离子体质谱法、高效液相色谱法、流动注射分析等方法，测定时仍需将待测组分转移到溶液中。

6.1.1 分解试样的一般要求

在分析过程中，对试样的分解一般要求如下：

① 试样应完全分解。试样分解完全，是正确进行分析的先决条件。为此，要选择适当的分解方法，控制适当的温度和时间，并仔细观察试样是否分解完全。在处理后的溶液中，不应残留有原试样的细屑或粉末。必要时，可以将未分解的残渣用光谱或化学分析方法进行检查，确定残渣中是否含有待测组分。还可以通过试验，找出适当的溶剂（熔剂），确定试样分解完全所需的温度、时间等条件。

② 在分解试样的过程中，防止待测组分的损失。例如，在测定磷灰石中的五氧化二磷时，不能单独用 HCl 或 H_2SO_4 分解试样，而应当以 $HCl+HNO_3$ 或 $H_2SO_4+HNO_3$ 的混合酸，否则，部分磷将生成磷化氢（PH_3）挥发而损失，使结果偏低。又如，在用盐酸分解铁矿时，温度不宜太高，否则可使 $FeCl_3$ 部分挥发。

③ 在分解试样的过程中，不能引入含有待测组分的物质。例如，在测定含磷矿石中的磷时不能用硫、磷混合酸来分解试样；测定硅酸盐中钠的含量时，不能用 Na_2CO_3 作熔剂；等等。因为这些溶剂或熔剂本身就含有待测组分。

在分解试样时，还要防止加入溶剂（熔剂）中的杂质引入待测组分的影响。例如，在分析超纯物质中的杂质时，所用的溶剂必须事先提纯，因为市售的二级试剂中所含的不纯物，往往已大大地超过了超纯物质中待测组分的含量。

在分解试样时所用的容器如坩埚、烧杯等也可能引入待测组分。

④ 分解反应后的产物不应影响以后待测组分的测定。例如用碘量法测定铜时，若用 HNO_3 分解试样，则溶液中将会引入 HNO_3，它能氧化 I^- 而释放出 I_2，干扰铜的测定，必须将 HNO_3 赶尽。

⑤ 所采用的分解方法应迅速而有效，不应侵蚀容器，最好也不要使用特殊设备。

⑥ 即使是相当惰性的盐也要尽量少加。

6.1.2 试样分解过程中的误差来源

从理论上讲，固体试样在分解过程中误差的来源有以下几个方面。

6.1.2.1 待测元素及其有关组分分解不完全

最大的误差来源于试样的分解不完全。由于试样中各种物质与溶剂（熔剂）的作用不一样（这种作用也与选择的溶剂或熔剂种类有关），使得试样分解不完全。有些物质如立方氮化硼、碳化硅、黄晶等即使在高温高压下，也不能被酸完全分解。试样是否分解完全常与该试样中待测物质的晶体结构、表面积和孔隙大小有关。

6.1.2.2 待测组分因形成挥发性物质而损失

有些元素能以氢化物、氧化物以及卤化物形式挥发。尤其是在加热溶解或高温熔融时，试样中待测组分可能与溶剂或熔剂作用生成挥发性物质而损失。

6.1.2.3 难溶性化合物的形成

难溶性化合物的形成使固体颗粒的溶解复杂化了。不同的元素在形成难溶物时，其组成随含量不同和分解条件的改变而发生变化。具有表面活性的难溶性化合物的表面常能与溶剂和溶质发生进一步的反应，使待测组分在溶液与难溶物表面之间形成浓度梯度分布，造成试样溶液中待测物质的浓度的变化。

在用酸分解试样时，难溶物主要有 $BaSO_4$、$PbSO_4$、$AgCl$ 以及复杂的铝氟化合物、磷酸钛、磷酸锆和硅酸凝胶等。具有表面活性的硫酸钡不仅使钡的测定变得复杂化，而且影响铅的测定；用硝酸分解硫化矿时，由于氯化物的存在影响银的测定；用氢氟酸来分解硅酸盐时，由于形成复杂的铝氟化合物使测定困难；磷酸钛的形成是测定磷灰石中钍的负误差的主要来源；在分解硅酸盐时析出硅酸凝胶即使在强酸介质中也会吸附 Sn、Ti、Zr、Nb、Ta 的化合物。

6.1.2.4 复杂的可溶性化合物的形成

在分解试样时若使用了氢氟酸和磷酸，试液中残留的氟离子会掩蔽某些金属离子，对螯合滴定和分光光度法测定 Zr、Ti、Al 和其他元素产生干扰。磷酸盐和聚磷酸盐的干扰作用也与此类似。

6.1.2.5 与容器反应造成的污染

因与容器发生反应而产生的污染，在痕量分析中影响尤为严重。

最大的影响是在熔融过程中产生的。在使用熔融分解法时，特别是在使用过氧化钠时，其污染和损失十分严重，为此，在痕量分析中应限制使用过氧化钠这类熔剂。

制备痕量分析溶液常使用石英、玻璃碳和聚四氟乙烯器皿，通常也不使用熔融分解法，最好在封闭体系中用纯酸来溶解试样。

6.1.2.6 溶解过程中待测组分氧化态变化

分解试样时，变价元素因与溶液中其他组分相互作用或大气中游离氧的影响，引起氧化态的变化，如 $Fe(Ⅲ)/Fe(Ⅱ)$、$Mn(Ⅲ)/Mn(Ⅱ)$、$U(Ⅵ)/U(Ⅳ)$、$Ti(Ⅳ)/Ti(Ⅲ)$、$Ce(Ⅳ)/Ce(Ⅲ)$，而影响某些组分的测定。可以选择适当的分解条件来抑制或消除其影响。

6.1.2.7 空白值的影响

空白值是由试剂杂质、实验室空气的污染以及容器壁上浸取物所引起的。用高灵敏度的分析方法可以测定酸中杂质的含量。在封闭系统中用酸来分解试样，酸的用量较少，也避免了与空气接触，因此空白值显著降低。但有时使用封闭系统仍不能满足高纯物质的分析。用酸蒸气来分解试样,可获得最小的空白值。熔融分解法的空白值受熔剂纯度、分解温度、坩埚的材料等的影响,其值变化很大,分析工作者应特别注意。

6.1.3 分解试样时常用容器材料

关于容器材料曾在本书 4.1 节中讨论,以下就分解试样时,所用容器材料的有关问题进一步讨论。

分解试样的误差来源之一是实验室器皿。例如,在用浓酸溶解试样时,就会伴随玻璃组分的引入,用熔融法分解试样时,熔剂也会侵蚀坩埚,使空白值增大和波动。

分解试样时容器材料的选择取决于被测物质的组分及要分析的项目。对于例行分析使用耐腐蚀性的硼硅玻璃、瓷器和石英玻璃容器,常能满足分析要求;测定低浓度的碱金属和碱土金属要使用铂器皿、塑料、石英和玻璃碳器皿;在超痕量分析中只限于使用塑料、石英和玻璃碳器皿。

6.1.3.1 铂及其合金

用来作分析器皿的金属中,铂无疑是最重要的。事实上任何常用的酸,包括氢氟酸,都不与铂作用,只有在很高的温度下才会受到浓磷酸的侵蚀。有人曾在铂坩埚中将浓 HCl、40% HF、浓 H_2SO_4 和 85% H_3PO_4,加热至冒烟,结果表明铂的损失量分别为 $30\sim80\mu g$、$8\sim11\mu g$、$7\sim10\mu g$、$8\sim9\mu g$。相反,它却很容易溶于盐酸和硝酸(或含有氯化物的硝酸)的混合液,以及氯水和溴水中。对熔融的碱金属碳酸盐、硼酸盐、氟化物、硝酸盐和硫酸氢盐,均具有相当的耐腐蚀能力。采用这些熔剂熔融,应当考虑到铂的损失(十分之几毫克到几毫克)。

许多能与铂形成低熔点合金的金属,如 Hg、Pb、Au 等在铂器皿中加热会损坏铂器皿。许多非金属(S、Se、Te、P、As、B、C)同样如此,其中 C、S、P 在炭化有机化合物或用本生灯火焰加热时,极易损坏铂器皿。

在红热下氢可渗透铂,来自加热坩埚外壁火焰中的氢,就会在坩埚内发生还原反应。因此,加热时,最好使用电炉。

贵金属化合物只要加热,就会分解成单质的金属,因此也绝不能在铂坩埚中灼烧。用碱熔融时,二价铁盐生成的金属铁会与铂熔合在一块,而且很难除去。

铂在空气中灼烧时,有少量呈挥发性氧化物 PtO_2 的形式损失;在高于 1200℃ 的情况下长时间加热,损失量更明显。

纯铂很软,因而用未合金化的铂制成的器皿容易弯曲或变形。用千分之几到百分之几的铱或百分之几的金或铑与铂制成具有一定强度的合金,来制作实验室器皿较为合适。铂粉与千分之几的 ZrO_2、ThO_2 或 CrO_3 烧结制成的合金,强度可大大提高,不过这种合金在高于 1100℃ 下灼烧时,稳定性有降低的趋势,但其化学稳定性并不低于纯铂。近来使用铂与 5% 的金制成的坩埚,优点是不会被硼酸盐熔融液润湿。

含金 90% 的金-铂合金器皿,特别适于灰化生物样品,因为这种合金具有高度耐腐蚀能力。但由于其熔点低,约 1100℃,因而没有得到广泛的使用。

6.1.3.2 锆

用锆制成的器皿,它的耐热性强,在温度达 100℃ 时对浓硝酸、50% 硫酸和 60% 磷酸都是稳定的。甚至在高温和加压下,也几乎不受盐酸的腐蚀,这种金属对熔融的氢氧化钠和浓氢氧化钠溶液也是稳定的,然而它却会遭到硝酸盐和硫酸氢盐熔体的腐蚀,在氧化剂存在下用氢氟酸分解试样时,锆的器皿也有腐蚀作用。这种金属特别适用于过氧化物熔融。用含有玻璃碳的锆制器皿十分稳定，就是在 $500\sim600℃$ 用过氧化钠熔融时，坩埚也不会被侵蚀。更为普遍使用的一种合金为锆锡合金，其组成是 98% 的锆、1.5% 的锡及少量的铁、铬、镍。

6.1.3.3　镍

镍坩埚适用于用碱金属氢氧化物和过氧化钠熔融分解样品，也适用于强碱溶液分解样品。镍中一般含有钴和铁，用过氧化钠熔融分解样品时，镍形成黑色的具有活性的氧化镍附着在坩埚的表面，当用盐酸来处理熔融物时放出氯气。

6.1.3.4　银

银坩埚类似镍坩埚。单用氢氧化钠来熔融分解试样时，银的损失量较大。

6.1.3.5　铁、钼、钨

铁坩埚主要用于碱金属氢氧化物或过氧化钠熔融分解样品。特别是用于黄铁矿中硫的测定。钼、钨的器皿常用于无机分析中高温处理试样，因为它们的熔点很高，钼的熔点为 $2610℃$，钨的熔点为 $2996℃$。

6.1.3.6　玻璃碳

玻璃碳是结构致密、硬度大、光泽度好、低孔隙的物质，类似于玻璃。在空气中加热，其表面逐渐被氧化，在 $400℃$ 以上开始氧化分解，产生一氧化碳和二氧化碳。

玻璃碳是熔融分解法中颇具特色的器皿材料，若使用低熔点的熔剂用玻璃碳器皿可以取得好的效果，若温度过高时，就会造成玻璃碳的损失（表 6-1）。

表 6-1　熔融时玻璃碳坩埚的损失量

熔剂	温度/℃	损失量/%
KHF_2	500	0.01
$K_2S_2O_7$	500	0.02
NaOH	500	0.04
NaOH	600	0.23
NaOH	700	0.90
Na_2O_2	500	0.80
Na_2O_2-Na_2CO_3(3+1)	500	0.80
Na_2CO_3 或 K_2CO_3	700	4.40
$Na_2B_4O_7$	900	3.20
$Na_2B_4O_7$-Na_2CO_3(2+1)	900	3.90
Na_2CO_3	900	6.00
K_2CO_3	900	8.60

注：熔融 10min，熔剂为 2g。

含有重金属的重晶石中的硫和其他痕量元素分析，可选用玻璃碳器皿，以碱金属的碳酸盐或它与氢氧化钠和氧化剂的混合物为熔剂。这些熔剂对铂、镍、铁坩埚有强的腐蚀作用，使得空白值较高而干扰测定，使用玻璃碳坩埚将会消除其影响。

6.1.3.7　石墨

石墨作为坩埚材料最主要的用途是测定金属中的残留氧化物，因为这些氧化物在高温下与石墨反应会还原为一氧化碳和金属碳化物。当温度保持在 600℃ 以下，石墨坩埚可用于氧化性碱性熔体，甚至可在 1000～1200℃ 下用于硼砂熔融。石墨经受轻微腐蚀所产生的 CO 和 CO_2，对大多数分析都不会产生干扰。

石墨坩埚有几个优点：一是可以用感应加热法很迅速地加热；二是不会被某些熔融液（如硼酸锂）润湿，因此这些熔融液能定量倒出；三是不至于引入金属等杂质污染。所以石墨坩埚在岩矿分析中有广泛应用。

6.1.3.8　熔融石英

熔融石英制成的器皿，在分析化学中多用于特殊要求的情况下。

除氢氟酸、热磷酸和碱溶液外，熔融石英对其他化学试剂均有很强的耐腐蚀能力。用水或酸正常处理一般可浸出 0.5～1.0mg SiO_2。

熔融石英器皿可在温度高达 1100℃，甚至短时间内在高达 1300℃ 时使用，虽然这种材料在高温下会失去玻璃光泽。熔融石英的热膨胀系数小，由它制成的器皿，可经受急剧的加热和冷却。

熔融石英制作实验室器皿的主要优点在于化学稳定性好。此外，分析样品只被一种化合物（SiO_2）沾污，而玻璃和瓷器却会释出几种沾污样品的化合物。缺点是比玻璃脆，而且会释出大量的二氧化硅。

6.1.3.9　各种氧化物

许多金属陶瓷氧化物（例如 Al_2O_3、ZrO_2、BeO、MgO）可用来制作坩埚，但是只有氧化铝（例如刚玉）在分析化学上才真正具有实用价值。如果温度不是太高，它耐酸、耐碱性熔体的能力是很强的，但会迅速地被硫酸氢盐熔体所腐蚀。缺点是性脆，而且用这种材料制成的厚壁坩埚非常笨重。

6.1.3.10　玻璃和瓷

实验室用的玻璃器皿，一般是用硼硅酸盐制作的，由于玻璃暴露在水或蒸汽之中，结果就形成了一层二氧化硅凝胶表层，因而大大减慢了各种酸（不包括氢氟酸）对其进一步的腐蚀，因为被酸浸出的成分必须通过这个表层才能向外扩散。实验室玻璃器皿，在沸水里浸泡适当的时间后，损失的 Na_2O 不超过 0.1mg，SiO_2 不超过十分之几毫克。通常耐酸腐蚀性都比较好，仅氢氟酸和热磷酸才会产生明显的腐蚀。不过，玻璃器皿不应该与碱溶液长时间接触，因为大量的玻璃成分会溶解。已研制出各种特殊的耐碱玻璃，但是尚未得到广泛使用（例如，71% SiO_2、16% Al_2O_3 和 12% Na_2O 所组成的耐碱玻璃）。

玻璃的其他各种成分也会被浸出，但浸出量一般仅在微量分析时才显得突出。分析操作一般在实验室器皿中进行，试剂往往储存在耐腐蚀能力较弱的玻璃瓶里，这样可能会带入更多的沾污物到溶液中。

瓷的成分相当于 $NaKO : Al_2O_3 : SiO_2$ 为 1:8.7:22 这样的分子比值，即它的氧化铝含量比玻璃高得多。在绝大多数情况下使用，都要涂上一层釉，其一般组成为 73% SiO_2、9% Al_2O_3、11% CaO 和 6% 碱（$Na_2O + K_2O$）。分析空白值一般可归因于釉的成分，因为只有通过瓷过滤坩埚过滤的操作，才真正是使溶液与瓷本身接触。

瓷的耐化学腐蚀性要比实验室的玻璃器皿强，仅铝的损失量比较大，由于瓷是硅酸盐，当然更易被碱、氢氟酸或热磷酸溶液腐蚀。

瓷的主要优点是可在 1100℃ 高温下使用，如未上釉的话，则可在 1300℃ 的高温下使用。

6.1.3.11　塑料

现有的许多商用塑料中，聚乙烯和聚四氟乙烯在分析化学中最为重要。

实际上聚乙烯对各种酸（除了冰乙酸和浓硝酸）都是稳定的，但是有几种有机溶剂能腐蚀它。

高压聚乙烯实际上不含微量金属，但用齐格勒（Ziegler）法低压聚合生产的聚乙烯，含有微量的催化剂，如 TiO_2 和 Al_2O_3。

有人建议使用以下方法来洗涤聚乙烯容器：先用 EDTA 溶液（或 $2.5mol \cdot L^{-1} NaOH$ 加 $0.3 \sim 0.6 mol \cdot L^{-1} H_2O_2$），然后用 $6mol \cdot L^{-1} HCl$ 洗涤，或用 $6mol \cdot L^{-1} HCl$ 或 HNO_3 煮几小时，然后以水彻底冲洗。

除了氟和液体碱金属外，聚四氟乙烯几乎与所有的无机和有机试剂都不起反应。对气体的孔隙度比聚乙烯小得多，而且工作温度范围相当宽，在 300℃ 以上聚四氟乙烯才开始分解，因而可在 250℃ 下使用。这种材料的缺点是加工困难和热导率小，使用这种材料制成的烧杯，在进行加热蒸发时所花的时间，比在玻璃器皿中要长得多。

可用洗涤玻璃器皿一样的洗涤液来处理聚四氟乙烯制成的器皿。对有特殊要求的分析流程，使用前要先把器皿放在 3+1 的浓硝酸和浓盐酸的混合液里浸泡 2d，再在浓硝酸里浸泡 3d，最后用水煮 3d 多，每天换一次水，这样来进行清洗。聚四氟乙烯制作的管子中的有机杂质，可用 19+1 的 99% 甲酸和 30% 过氧化氢的混合液来清除。

6.2 溶解分解法——酸分解法

采用一种酸或多种酸分解试样的酸式分解方案有 40 余种（不包括用量上的差异），占各种分解方案的一半以上。

酸分解法具有如下的一些优点：

① 不致引入大量对分析进程有妨碍的物质；

② 各种酸的纯品均较易制得；

③ 经常用作溶剂的几种酸，均较易除掉；

④ 分解时使用的温度较低，对容器的侵蚀极微，较易避免沾污；

⑤ 便于大批生产，效率较高，也容易实现自动化。

以上这些优点对单矿物及痕量元素的分析特别重要。但酸分解法也存在一些缺点，如对有些试样分解不完全，在分析过程中，有些元素可能挥发或形成难溶盐等。

当试样不能溶解或溶解不完全时，才采用熔融的方法。

6.2.1 酸分解法的理论基础

酸分解矿物试样，近年来人们从理论上进行了一些探讨性的研究，但还不系统、深入。用理论推断的结果和实际的分解情况差距较大。例如，利用平衡常数判断酸的选择性溶解时，由于缺少天然矿物的溶度积常数造成用理论推导与实际情况相差很大。又如，从晶格能来看磁铁矿和赤铁矿、白钨矿和黑钨矿有极其相似的化学性质，但用酸来分解试样时，它们之间的溶解性差距很大。这说明理论推导的结果只能提供矿物试样分解的可能性。

从动力学的观点来看，影响溶解过程的因素有：溶剂浓度、反应温度和时间等。

这些因素和溶解速率的关系，可由固-液反应扩散理论的基本公式 [见式（6-1）] 来描述：

$$\mu = \frac{DS}{V\delta} \Delta C \tag{6-1}$$

式中，μ 为溶解速率；D 为扩散系数；S 为矿物的表面积；δ 为扩散层厚度，即矿物表面饱和溶液层的厚度；ΔC 扩散两方的浓度差；V 为溶液的体积（可以理解为溶液的稀度）。

各因素对溶解过程的影响分析如下。

6.2.1.1 矿粒的表面

由式（6-1）可得式（6-2）

$$\mu = k'S_e \tag{6-2}$$

式中，μ 为溶解速率；k' 为常数，表示给定物质的特性；S_e 为矿物的有效面积。

从式（6-2）可以看出，矿物的有效表面积越大，溶解速率越快。

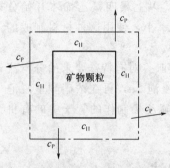

图 6-1 矿物溶解示意图

6.2.1.2 扩散层的厚度

由于矿粒表面上的化学反应进行很快，溶解开始的短时间内，矿粒表面即形成饱和溶液层。这一饱和溶液层由溶解物的分子或溶剂与溶解物反应后生成的分子组成，又称之为扩散层。如图 6-1 所示。

在溶解时，溶剂的分子必须穿过扩散层，才能到达矿物表面上进行反应。当反应的界面不变时（实际上是变化的，但在瞬间可认为是不变的），反应速率主要取决于溶解过程的扩散速率。扩散作用是一个自发过程，其最终结果是各部分浓度趋于一致。溶解速率取决于生成物（或溶质）在扩散层中的浓度 c_H 和其在整个溶液中的浓度 c_P 之差。

6.2.1.3 溶解过程的温度

当温度以算术级数增加时，反应速率以几何级数增加。这个规律完全适用于受矿粒表面上化学反应速率控制的多相反应。温度对固-液反应速率的影响如下：

① 当温度升高时，扩散系数变大，从而扩散速率加快，亦即温度升高，溶解速率加快。

② 温度升高促使矿物晶格中离子间的引力减弱，使溶解速率增加；温度升高也能促进分子活化，使活化分子在反应体系中的百分数增加，显然可以加快反应速率。

③ 温度升高还能使扩散层的厚度减小，促进了扩散。

因此为了加速矿粒的溶解，常使用高沸点的溶剂，如磷酸、硫酸和高氯酸，以提高溶解过程的温度。

6.2.1.4 搅拌条件

搅拌是为了减小扩散层厚度。扩散层厚度是矿物溶解的主要阻力，它与溶解速率成反比。因此，为了加速溶解，就要减少扩散层厚度。升高温度是减小扩散层厚度的一个办法，但是它使扩散层的变化较小。减小扩散层的有效办法是对溶解体系施加搅拌。扩散层的厚度只能减小不能消灭，搅拌速率越快，则扩散层的厚度越小。

6.2.2 溶解分解法常用的酸

6.2.2.1 盐酸和硝酸

（1）盐酸 分解矿物和矿石时经常使用盐酸。盐酸的主要优点是：大多数氯化物溶于水；在分解过程中它具有一定的还原性和很高的挥发性；氯离子对一些金属离子有配位作用，其中一些配合物可用于离子交换或萃取分离。

在 109.7℃时，煮沸的 $H_2O\text{-}HCl$ 体系，可得 $w(HCl)$ 为 20.4％的组成一定的恒沸点盐酸。可利用这一特点来配制盐酸标准溶液。高纯度的盐酸可在石英或聚四氟乙烯的容器中，用等温蒸馏法制得。

　　盐酸可以与多种金属离子如 Au(Ⅲ) 和 Hg(Ⅱ)，形成稳定的配合物。在高浓度的盐酸溶液中形成配合物的有 Fe(Ⅲ)、Ga(Ⅲ)、In(Ⅲ)、Sn(Ⅳ) 等。金属的氯化物一般溶于水，只有 AgCl 和 TlCl 的溶解度很小，$PbCl_2$ 微溶于水。氯离子还可以被强的氧化剂（如 MnO_2、$KMnO_4$ 等）氧化。

　　用盐酸分解试样，可以用玻璃、瓷、石英和塑料器皿。使用铂、金器皿时应注意在空气中和光照下或有氧化剂存在下，长时间与酸接触器皿会被显著侵蚀。有氯化钾存在时，甚至蒸发 10％HCl，铂器皿也会被侵蚀（铂的损失可达数毫克）。

　　用盐酸能分解的矿物有：碳酸盐、氧化物、氢氧化物、磷酸盐、硫酸盐和各种硫化物以及其他化合物。但是有些天然氧化物或经高温灼烧后所形成的氧化物则不溶于盐酸，例如：

　　① 天然氧化物　TiO_2、SnO_2、ZrO_2 等。

　　② 高温灼烧物　Al_2O_3、Fe_2O_3、Cr_2O_3、ZrO_2、TiO_2、SnO_2 等。

　　浓盐酸沸点为 108℃，溶解温度最好不超过 80℃，否则，由于盐酸蒸发太快，试样不能分解完全。用盐酸分解矿样时，As(Ⅲ)、Sb(Ⅲ)、Ge(Ⅳ) 和 Se(Ⅳ) 容易挥发，特别是在加热的条件下。Hg(Ⅱ)、Sn(Ⅳ) 和 Re(Ⅶ)，仅仅是在最后蒸发盐酸时易挥发损失。另外，在加热分解试样时，易形成挥发性酸如 HBr、HI、HNO_3、H_3BO_3 和 SO_2 的物质也会有损失。

　　盐酸在分解矿物时的作用如下。

　　第一，H^+ 的酸效应：

$$CaCO_3 + 2\ HCl === CaCl_2 + H_2O + CO_2\uparrow$$
$$FeO + 2\ HCl === FeCl_2 + H_2O$$

　　第二，盐酸中的氯原子有一定的还原作用：

$$MnO_2 + 4\ HCl === MnCl_4 + 2\ H_2O$$
$$\longrightarrow MnCl_2 + Cl_2\uparrow$$
$$PbO_2 + 4\ HCl === PbCl_2 + 2\ H_2O + Cl_2\uparrow$$

　　第三，对某些金属离子的配位作用（起加速分解作用）。

　　硫化矿多数不被盐酸分解，在分解硫化矿时常采用盐酸加硝酸或用具有很强氧化性的含有溴元素的盐酸。

　　盐酸-H_2O_2 可用于铀矿、磁铁矿的分解。用盐酸加氧化剂来分解试样，多采用过氧化氢，因为过氧化氢容易被破坏，不像其他氧化剂如硝酸那样难于去除。如果把可能的反应都考虑在内，有人认为盐酸加过氧化氢有如下反应：

$$2\ HCl + H_2O_2 === 2\ H_2O + Cl_2\uparrow$$

　　还有人认为可同时产生氯和氧或者氯酸：

$$2\ HCl + 3\ H_2O_2 === 4\ H_2O + Cl_2\uparrow + O_2\uparrow$$

或

$$HCl + 3\ H_2O_2 === 3\ H_2O + HClO_3$$

而

$$5\ HCl + HClO_3 === 3\ H_2O + 3\ Cl_2\uparrow$$
$$2\ HCl + 2\ HClO_3 === 2\ H_2O + 2\ ClO_2\uparrow + Cl_2\uparrow$$
$$2\ ClO_2 + H_2O_2 === 2\ HClO + 2\ O_2\uparrow$$
$$HClO + HCl === H_2O + Cl_2\uparrow$$
$$HClO + H_2O_2 === HCl + H_2O + O_2\uparrow$$

实现以上反应是有条件的，但如果以上任一反应实现，盐酸加过氧化氢应能溶解金、铂、钯。

用盐酸-H_2O_2 溶解金属钯，可省掉用王水溶解后，还须用低温去除硝酸这步程序。盐酸加过氧化氢用于蒸馏法测定砷时分解样品，可免去加入硫酸的程序。

盐酸-氯酸钾具有很强的氧化能力，且作用剧烈，须小心慎用。盐酸和其他氧化性物质或氧化性酸联用，可溶解铜、钴、镍、钼、铅、锌、镉、汞等矿物。

有一些指定用盐酸分解矿样的测定项目，如铁矿中"可溶铁"和石灰石、白云石中"酸不溶物"，是从地质快速评价角度提出来的；从分析化学的观点来看，不能认为是很严谨的。就以这两项测定而论，分析结果是否稳定，在很大程度上取决于盐酸的用量和浓度。例如石灰石、白云石中的"酸不溶物"的测定，由于对"酸不溶物"的解释和要求不一，所用盐酸浓度有 $0.12mol \cdot L^{-1}$，$1.2mol \cdot L^{-1}$，$6mol \cdot L^{-1}$ 及 $12mol \cdot L^{-1}$ 等好几种。

在高温（250～300℃）、在封闭的管中，盐酸可以溶解经高温灼烧后的 Al_2O_3、BeO、SnO_2 和一些硅酸盐。

（2）王水　1 份硝酸和 3 份盐酸的混合液称为王水。王水在室温时作用比较慢，加热时反应迅速。王水的反应较复杂，主要有以下反应：

$$HNO_3 + 3\ HCl = NOCl + Cl_2 \uparrow + 2\ H_2O$$

生成的氯化亚硝酰和新生的氯气具有较强的氧化性，可以分解贵金属 Au、Pd、Pt 和硫化矿物（包括 HgS），此时硫形成硫酸根。硫含量高时少部分呈单体硫析出，多数金属形成氯化物或氯配离子转入溶液。氯离子的配位作用，亦可加速矿石的溶解。

以王水溶解 HgS 为例：

或写为：

$$3\ HCl + HNO_3 = NOCl + Cl_2 + 2\ H_2O$$
$$HgS + Cl_2 = HgCl_2 + S \downarrow$$
$$HgCl_2 + 2\ Cl^- = [HgCl_4]^{2-}$$

硝酸把 S^{2-} 氧化成硫黄，Cl^- 与 Hg^{2+} 形成难电离的配离子 $[HgCl_4]^{2-}$，这样就大大降低了两者的浓度，使极难溶的 HgS 也可以完全溶解在王水中。

在分解硫化矿时，应先加盐酸作用一段时间，使硫化物大部分成硫化氢逸出以后，再加硝酸，过早地加硝酸易析出硫黄，硫黄在 100 多摄氏度时多呈圆珠形的油状液体，包住部分未分解的试样而使其不能充分与酸作用。另外，硝酸也易把硫氧化成硫酸根，若下一步分析不允许硫酸根存在时，更需要注意。

1 份盐酸和 3 份硝酸即为逆王水。与王水相比，逆王水仅氧化能力和配位作用的程度稍有差别。

王水和逆王水分解法，常用于矿石中砷、铜、铅、锌、镉、钴、镍、铟以及铊的分解。和硝酸分解矿物一样，若试样中含有有机碳，用王水（或逆王水）分解会产生碳的悬浮物和硝基化合物，影响最后光度测定和氧化还原反应的进行，但可借硫酸或高氯酸除去。

王水可以分解贵金属的地质试样如表 6-2 所示。

表 6-2　王水对贵金属地质试样的分解

测试元素；试样	分解手续
Au；铜矿石	10g 样品,在 480~600℃ 焙烧 2h,加 80mL 15mol·L^{-1} HCl 在 90℃ 溶解 2h,加 20mL HNO$_3$ 蒸发至干
Au；地质试样	10g 样品,在 600℃ 焙烧 2h,用 30mL 或 20mL 王水浸提,用 ^{195}Au 来检验
Au；地质试样	10g 样品,在 600℃ 焙烧,用 10mL HCl 和 5mL HNO$_3$ 溶解试样,加热至冒 NO$_2$,盐类用 1mol·L^{-1} HCl 溶解
Au、Ag；地质试样	10g 样品,在 20mL HF 蒸发至湿盐状,加 15mL 王水蒸发至 5mL
Au；花岗岩	50g 样品,在 600℃ 焙烧 2h,用 100mL 王水溶解,真空抽滤,用 ^{195}Au 来检验
Au；地质试样	30g 样品,溶解于 20mL 王水,蒸发至干,用 40mL 王水浸提,离心分离残渣;不溶的残渣再用 40mL 王水浸提
Au；锑化物、硫化物、精砂	2g 样品,在 550℃ 焙烧,溶解在逆王水中,蒸发至 10mL
Au、Ag；硫化矿和精砂、岩石	1g 样品(≤0.45mg Ag),溶解在 10mL 王水中,加 Br$_2$ 数滴,蒸发至 5mL
Au 和 Pb 岩石	25g 样品于 10g NH$_4$NO$_3$,逐渐升温,在 650℃ 焙烧 30min,在 60mL HCl 和 20mL HNO$_3$ 中溶解,加热至沸,蒸发至湿盐状
Au、Pt、Pb、Rh；矿石、精矿	25g 样品,在 600℃ 焙烧 1h,用 100mL 王水浸提 4~12h,用 50mL HCl 蒸发 5 次,残渣以 1mol·L^{-1} HCl 溶解

在许多场合,可以用盐酸加高氯酸,盐酸加氯酸钾,盐酸加二氧化锰,盐酸加溴,盐酸加过氧化氢,硝酸加氯酸钾,硝酸加溴等代替王水。用盐酸加高氯酸分解矿样时应注意下列元素的挥发性:Bi、B、Mo、Te、Tl、Sb、As、Cr、Ge、Os、Sn、Re、Ru 等。在个别情况下必须加入硫酸以增加硝酸的分解能力,例如分解辰砂以容量法测汞。

硝酸和氧化剂的混合物几乎只用于硫化物的分析。因为硝酸氧化硫化物的作用在冷时进行得比较慢,而在加热时可能形成元素硫,所以加入氧化还原电位较高的试剂作氧化剂,属于此类试剂的首先是氯酸钾(钠)。

硝酸-氯酸钾分解矿样,是利用它们具有很强的氧化能力的特点。它可以使硫全部氧化成硫酸根,有机物可被充分氧化,锰此时呈水合二氧化锰析出,并且对钴和镍几乎不吸附。硝酸-氯酸钾分解矿样,要求容器基本干燥,将氯酸钾和矿样混匀后加入硝酸,这样可以得到较好的效果。

(3) 硝酸　含 65%~69% HNO$_3$ 称为浓硝酸,含量高于 69% 的称为"发烟硝酸"。浓硝酸很不稳定,在光和热的情况下易分解而放出 O$_2$、H$_2$O 和 NO$_2$,致使溶液有色。硝酸与水能以任意比例混合,当稀硝酸溶液蒸馏时,其沸点随水的损失而上升,最后得到恒沸点溶液(HNO$_3$ 69.2%,沸点 121.8℃)。100% 硝酸沸点为 84℃。

硝酸除与盐酸一样具有很强的酸效应外,还具有很强的氧化性。随硝酸浓度和反应温度等条件不同,分解反应历程亦不同。

例如,硝酸与铜作用:

$$Cu + 4HNO_3(浓) \Longrightarrow Cu(NO_3)_2 + 2NO_2 \uparrow + 2H_2O$$

$$3Cu + 8HNO_3(稀) \Longrightarrow 3Cu(NO_3)_2 + 2NO \uparrow + 4H_2O$$

又如,硝酸与锌作用:

$$4\ Zn + 10\ HNO_3(\text{稀}) = 4\ Zn(NO_3)_2 + N_2O\uparrow + 5\ H_2O$$

$$4\ Zn + 10\ HNO_3(\text{极稀}) = 4\ Zn(NO_3)_2 + NH_4NO_3 + 3H_2O$$

许多不溶于盐酸的矿物，很容易被硝酸溶解，如铜、铅、铋、镍、钴、锌、砷等矿物。特别是对它们的硫化矿，可以把其中的硫氧化为硫单质或硫酸盐。

在有过量的硝酸存在下发生下列反应：

$$CuS + 10\ HNO_3 = Cu(NO_3)_2 + 8\ NO_2\uparrow + 4H_2O + H_2SO_4$$

当硝酸不足时，则起下列反应：

$$3\ CuS + 8\ HNO_3 = 3\ Cu(NO_3)_2 + 2\ NO\uparrow + 4\ H_2O + 3\ S$$

生成的单体硫吸附于矿样表面，阻碍矿样的继续分解。因此，在分解矿样时，硝酸还常和溴水联合使用。加溴水的目的是消除 S 的影响，其反应如下：

$$3\ S + 6\ Br_2 + 2\ NO_3^- + 8\ H_2O = 3\ SO_4^{2-} + 12\ Br^- + 2\ NO\uparrow + 16\ H^+$$

硝酸是铅矿物的良好溶剂，因铅的硝酸盐比其他无机酸盐具有更大的溶解度。

锑、锡的硫化物在硝酸中生成不溶性酸，硫化汞不溶于硝酸而溶于王水。铌、钽、锆、铪、钍、钛在硝酸中不易溶，但如有氢氟酸存在时则能溶，特别是 ThO_2 溶解较快。但是如果氢氟酸浓度很大而硝酸浓度很小时，则稀土、钍生成沉淀，而铌、钽进入溶液，掌握适当可使两者定量分离。

硝酸分解含有机物的矿石，易产生含碳的悬浮物和带色的硝基化合物，前者在光度测定时能吸附有色化合物，可以事先予以滤去，而后者加深试液的颜色。

硝酸分解矿样，在蒸发过程中，钛、钒、铌、钽、钨、钼、锗、锡、锑等能大部分或全部沉淀，有的元素能生成难溶的碱式硝酸盐。硝酸根或分解后生成的亚硝酸根对氧化还原作用都很敏感，硝酸能破坏许多试剂，含碳矿物用硝酸溶解能生成带色的硝基化合物，因此，单独使用硝酸分解矿样的情况较少，多半利用其较强的氧化能力及容易加热分解的特点，与其他试剂配合使用。对未知组成或含有机质的试样，特别是试样中存在易氧化物质而下一步又将使用 $HClO_4$ 时，常将试样用硝酸处理。特别是在分解硫化矿时，是先用 HCl 分解试样，使一部分的硫化物与 HCl 作用，其中的 S^{2-} 以 H_2S 形式逸出，然后再加入硝酸，以分解不能为 HCl 所分解的硫化物。

用硝酸分解氧化矿，溶解速率较慢，故较少采用。但可以分解晶质铀矿（UO_2）和钍石（ThO_2）。在分解矿样时，若将硝酸蒸干，则钨、硅、锡、锑分别形成钨酸（H_2WO_4）、硅酸（$SiO_2 \cdot nH_2O$）、偏锡酸（H_2SnO_3）、偏锑酸（$HSbO_3$）留在不溶性残渣中，钼部分转入溶液。

6.2.2.2 氢溴酸和氢碘酸

氢溴酸是强酸，但酸性较盐酸弱，它在光照下分解较快，并因析出溴而带黄色。它对应的盐——溴化物的性质与氯化物颇相似，大多数溴化物易溶于水。溴配合物的类型和稳定性介于氯配合物和碘配合物之间。这些配合物可用于离子交换和萃取分离。此外，周期系 ⅣA~ⅥA 族的某些元素（锡、砷、锑、硒、锗）的电中性溴化物的挥发性被用于这些元素的蒸馏分离。

氢碘酸的稳定性远远低于盐酸和氢溴酸，它极易氧化，甚至能被空气中的氧氧化成 I_3^-，因此，氢碘酸的浓溶液在空气中变成褐色，光照可加速氢碘酸的氧化。

氢碘酸的盐类——碘化物性质与氯化物和溴化物相似，大多数的碘化物易溶于水。碘离子对重金属阳离子有显著的亲和力，能与大多数重金属阳离子（银、汞、铅和铋）形成非常稳定的配合物。碘配合物的稳定性与中心离子的半径值成正比。金属的碘配合物曾被用于离子交换和萃取分离。氢碘酸和氢溴酸也可作为溶剂用于试样分离。

6.2.2.3　氢氟酸

氢氟酸与其他氢卤酸不同，它的离解较弱。在 $1mol \cdot L^{-1}$ HF 溶液中 HF_2^- 和 F^- 的浓度分别为 10% 和 1%。在 $HF-H_2O$ 的体系中，当 HF 的含量为 38.3% 时，其恒沸点为 $112℃$。

氢氟酸是一种中强度的酸，是分解矿石的一种很好溶剂。因为它在分解矿石时，能与多种元素形成可溶性的配合物，与矿石中的 SiO_2 作用能生成易挥发的 SiF_4：

$$SiO_2 + 4 HF \longrightarrow SiF_4 \uparrow + 2 H_2O$$

但其缺点是易腐蚀玻璃器皿和对人体毒害较大。皮肤接触到氢氟酸，会引起剧烈疼痛。大量使用氢氟酸时，应戴胶皮手套。

皮肤接触到氢氟酸的救急措施有：用大量硼酸溶液（$50g \cdot L^{-1}$）冲洗；用冰镇酒精浸泡；用饱和硫酸镁溶液浸泡；用钙盐拌和甘油包扎。

用氢氟酸分解样品的另一个缺点是容易形成稳定的氟配合物。可以用高沸点的无机酸（如在硫酸、高氯酸）加热蒸发除去氢氟酸和破坏其配合物。

绝大部分的硅酸盐都能被氢氟酸分解，不能被分解的只有尖晶石、斧石、绿柱石、锆石、电气石、石榴石等少数几种硅酸盐矿物。即使是上述几种硅酸盐矿石的试样，亦可在聚四氟乙烯高压釜中，加热至近 $300℃$ 进行溶解。

用氢氟酸分解矿石后，溶液一般不清澈。以往认为是还有未溶的物质，现已查明，多系二次反应的生成物，即所谓"再生沉淀"，钙、铀、稀土、铝、镁、铁等元素均可能产生此类现象，但大都可溶于盐酸或高氯酸。

加氢氟酸加热分解试样，蒸发至干，硅即以四氟化硅形式逸出；用水润湿试样后再加入氢氟酸，即使加热溶解，硅几乎不挥发。氢氟酸处理硅酸后加入氯化钾，硅即以硅氟酸钾形式沉淀析出，被用于快速容量法测硅：

$$SiO_2 + 4 HF \longrightarrow SiF_4 + 2 H_2O \quad （在有水存在下）$$

$$SiF_4 + 3 H_2O \longrightarrow H_2SiO_3 + 4 HF$$

$$SiO_3^{2-} + 2 K^+ + 6 F^- + 6 H^+ \longrightarrow K_2SiF_6 \downarrow + 3 H_2O$$

据有人实验，在 $116℃$ 时，10% HF、54% H_2O 和 36% H_2SiF_6 可形成恒沸的三元体系。因此，用氢氟酸分解矿样时，如果控制加热条件，适当蒸发，二氧化硅可以不致损失或损失极微。安徽地质实验室用称重减量法绘制的 $HF-SiO_2$ 共存时的蒸发曲线（图 6-2）表明：将含有 66.3mg SiO_2 的浓氢氟酸约 12g，加热至体系损失量为 9.79g 时，二氧化硅无损失。

又如有人将 25mL 含二氧化硅 46mg 的氢氟酸（1+3）蒸发至 2mL 时，二氧化硅仅损失 0.2mg。

从以上实验数据可知：适当控制溶矿条件，用氢氟酸分解矿样以后，即可用硅氟酸钾容量法测定二氧化硅，同理也可以在加铝盐或硼盐配位过量氢氟酸后，采用比色法测定。

需要注意的是，如果继续蒸发，SiO_2 将随蒸发程度而损失。由图 6-2 可知，体系损失质量为 11.41g 时，二氧化硅损失为 3.7mg；体系损失质量为 11.88g 时，二氧化硅损失达 51.9mg；体系损失质量

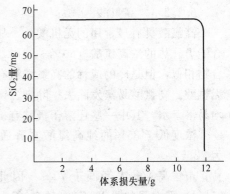

图 6-2　$HF-SiO_2$ 共存时的蒸发曲线

为 11.94g 时，二氧化硅损失 59.0mg；如果全部蒸干，则二氧化硅将全部损失。在矿样中 SiO_2 以 SiF_4 形式挥发的同时，大部分的锡、锑和全部的砷、硼均将以中性分子状态 SnF_4、SbF_3、AsF_3、BF_3 逸出。

用氢氟酸分解铌、钽、稀土等复合氧化矿，铌、钽、铀（Ⅳ）以氟配合物形式进入溶液，而稀土、钍、铀（Ⅳ）即形成白色氟化物沉淀析出。

矿石用氢氟酸分解后，铁（Ⅲ）、铝、钛、锆等即生成相应的配合物离子，而钙、镁等生成难溶于水的氟化物沉淀、用 $HF-H_2SO_4$ 分解试样后，加热至产生三氧化硫白烟，此时硅全部以 SiF_4 形式逸出，而氟离子以 HF 形式挥发，其他金属离子生成相应的硫酸盐。用 $HF-H_2SO_4$ 处理硅酸盐岩石的反应如下：

$$SiO_2 + 6\,HF \Longrightarrow H_2SiF_6 + 2\,H_2O$$
$$H_2SiF_6 \Longrightarrow SiF_4 + 2\,HF$$

加入 H_2SO_4 是为了避免金属氟化物的挥发和防止四氟化硅水解，其反应如下：

$$3\,SiF_4 + 3\,H_2O \Longrightarrow 2\,H_2SiF_6 + H_2SiO_3$$
$$Al_2O_3 + 6\,HF \Longrightarrow 2\,AlF_3 + 3\,H_2O$$

氟化铝具有挥发性，当有硫酸存在时，可避免氟化铝挥发，其反应如下：

$$2\,AlF_3 + 3\,H_2SO_4 \Longrightarrow Al_2(SO_4)_3 + 6\,HF$$

用 $HF-H_2SO_4$ 分解硅酸盐，优点还在于：在酸性溶液中，除稀土、钍及部分碱土金属的氟化物外，一般都是可溶性的，因此在分解稀土试样时，利用 HF 可使它与其他很多元素分离。

由于金属离子的高氯酸盐的水溶性比相应的硫酸盐的水溶性大得多，所以用 $HF-HClO_4$ 分解试样的方法更为实用，但高氯酸昂贵，用高氯酸溶解，蒸干后的残渣，可用于测定铁、铝、锰、钙、镁、钛、碱金属等元素。

在用氢氟酸分解试样时，通常都先把试样用水润湿，然后加 HF，再加热。含硅高的矿样，如石英砂等，反应时即使不加热也会放出大量的热。

由于氢氟酸强烈地侵蚀硅酸盐，所以一般不使用玻璃器皿或石英器皿，也不能用银、镍坩埚。氢氟酸处理通常在铂器皿中进行，近来有一些实验室在推广使用塑料坩埚，其优点是化学稳定性较好。聚四氟乙烯塑料坩埚和烧杯已较普遍地成为氢氟酸分解试样的容器。在 $-40 \sim +260℃$ 时，聚四氟乙烯与酸、碱不作用，可用于各种酸（包括王水、高氯酸）溶样及部分铵盐溶样，而且价廉耐用，操作时不带进容器本身的杂质。但是，聚四氟乙烯在高于 250℃ 即开始分解，当高于 415℃ 即剧烈分解。聚酰五胺塑料可耐更高的温度（200 ～ 400℃），可望在分析上获得应用。

6.2.2.4　高氯酸

高氯酸具有最常用的无机酸——盐酸、硝酸和硫酸的优良性质。它是强酸，具有弱的配合能力。热的浓高氯酸（60% ～ 72%）是强氧化剂和脱水剂，氧化能力与硫酸和铬酸酐的混合物相似，但是冷的或稀的高氯酸没有氧化作用。高氯酸的沸点高于除硫酸和磷酸外的其余无机酸。高氯酸易蒸除去。除钾、铷、铯的高氯酸盐溶解度较小外，其余金属的高氯酸盐均易溶于水，其中一些还溶于极性有机溶剂。

浓度低于 85% 的纯高氯酸在普通的保存条件下十分稳定，高氯酸与水的恒沸物浓度为 72.5%。

市售高氯酸浓度低于 72%。因此，蒸发高氯酸的水溶液不会达到爆炸的浓度（>85%）。但在强的脱水剂（如浓硫酸）同时存在时，可以形成无水高氯酸，应予注意。有机质存在下，不应在明火上蒸干高氯酸。

矿样中如有铬铁矿（$FeCr_2O_4$）存在时，加入高氯酸，将有氯气生成：

$$2\ FeCr_2O_4 + 8\ HClO_4 = 2\ Fe(ClO_4)_3 + 4\ CrO_3 + 4\ H_2O + Cl_2 \uparrow$$

有人认为有 MnO_2 存在时，亦能产生氯气：

$$2\ MnO_2 + 2\ HClO_4 = Mn_2O_3 + H_2O + 4\ O_2 + Cl_2 \uparrow$$

因此，在分解此类矿时，不宜使用铂器皿。最好先用盐酸溶解 MnO_2，再用硝酸溶解硫化物，最后用高氯酸分解铬铁矿。

多数氧化矿、硫化矿以及氟化物等均能被高氯酸分解。热的浓高氯酸分解硫化矿不析出硫，而且仅需数分钟。

在用高氯酸冒烟蒸发的过程中，钨、铌、钽、锑、锡、硅几乎可以完全沉淀，钼、钒、锰、铋可能部分沉淀。铂族元素大部分呈金属状态，如反复冒烟蒸发，锇、钌、铼可部分挥发。

高氯酸通常与其他酸混合使用。如 HNO_3-$HClO_4$ 混合使用，首先 HNO_3 氧化易被破坏的有机质，然后加入 $HClO_4$；H_3PO_4-$HClO_4$ 混合使用，能分解铬铁矿；H_2SO_4-$HClO_4$ 混合使用，比单用 $HClO_4$ 经济，且可缩短溶样时间，溶解能力增强，对硫化物是很好的溶剂；$HClO_4$-HCl 混合使用，铬以氯化铬酰（CrO_2Cl_2）形式逸出。

高氯酸分解试样的残渣，过滤后如需灰化，应该充分洗涤，以免加热时突然燃烧。含大量有机物的试样，宜先用浓硝酸处理，再加高氯酸溶解，以防爆炸。

高氯酸的浓烟易凝集，使用过高氯酸的通风柜、管道（最好用陶瓷作材料）应定期用水冲洗，以免凝集的高氯酸与有机物或尘埃作用引起燃烧或爆炸。

使用高氯酸时应戴上橡胶手套，容器用金属夹子夹取。倒酸时，使用不锈钢制成的支架，蒸发在通风柜中进行。

6.2.2.5　硫酸

含 98.3% H_2SO_4 的浓硫酸沸点最高。在加热的情况下，高浓度的硫酸损失 SO_3，低浓度的硫酸损失水。热的浓硫酸具有氧化作用，通常还原为亚硫酸，有时可能还原为硫或硫化氢。硫酸不仅能氧化金属，也能氧化某些非金属；如硫和碳。在硫酸中，三价的砷、锑保持原来的价态，二价锡可氧化到四价。硫酸根与一些四价或三价阳离子形成中等稳定的配合物，这些配合物可用于离子交换分离。

稀硫酸没有氧化性，在分析中常利用硫酸在低温分解试样，此时不发生氧化还原作用，可用于试样中亚铁和高铁的分别测定。

用浓硫酸在铂器皿中进行试样分解，特别是在加热的情况下，对铂的腐蚀颇大。在 250℃ 以下金对 96% 的硫酸耐蚀性较强。聚乙烯在低于 50℃ 时可经受浓硫酸侵蚀。聚四氟乙烯在 300℃ 以下稳定，聚三氟乙烯在 200℃ 以下稳定，如温度高于上述数值，这两种合成材料将软化。

为了使硫酸在更高的温度下和矿物进行反应，硫酸溶矿时，还可加入碱金属的硫酸盐，如硫酸钠，以提高沸点。利用硫酸的高沸点，分解矿样时可以蒸发除去某些生成物或增加反应速率。在高温下硫酸常用于分解锑矿物、独居石、萤石以及铀矿物等：

$$CaF_2 + H_2SO_4 = CaSO_4 + 2\ HF$$

$$Th_3(PO_4)_4 + 6\ H_2SO_4 = 3\ Th(SO_4)_2 + 4\ H_3PO_4$$

多数硫化物矿物可以用热浓硫酸分解。一般硫酸盐的溶解度比氯化物、硝酸盐小，特别是稀土元素、碱土金属和铅等的硫酸盐，溶解度更小，因而使测定某些组分困难。

用硫酸分解矿样，在冒烟过程中，脱水效率也很高，借此可做某些矿种中二氧化硅的测定。但此时锑、锗、锡可能与硅酸一起沉淀，铌、钽、钨将形成不溶酸，铅、钡形成难溶硫酸盐，锶、钙亦可部分沉淀。如在高温蒸发过久，特别是蒸干以后，铝、铬、铁、钴、镍亦能生成很不好溶的沉淀。

硫酸冒烟常被用于逐去硝酸根、氯离子、氟离子和破坏分解氧化还原性物质。

6.2.2.6　磷酸

在分析化学中常用的磷酸含量 $w(H_3PO_4)$ 为 85％，密度 1.71g/cm³。磷酸与其他无机酸不同，受热时逐步失水缩合，形成焦磷酸、三聚磷酸及多聚磷酸。各种形式的磷酸在溶液中的平衡取决于溶液中 P_2O_5 的浓度。加热到冒 P_2O_5 烟时，溶液中以焦磷酸 $H_4P_2O_7$ 为主（约 48％），还有相当数量的三聚磷酸 $H_5P_3O_{10}$（约 30％）和正磷酸 H_3PO_4（约 28％）存在，整个溶液的组成与焦磷酸（含 P_2O_5 79.76％）相近。

磷酸及其缩合产物是强配位剂。许多矿物（包括铬铁矿、刚玉和金红石等稳定的矿物）可被磷酸分解。磷酸的溶解能力，首先归之于其配位作用，酸效应和分解样品时的温度也有一定作用。在磷酸（或焦磷酸）的配合物中，某些元素的特殊价态〔如 Mn(Ⅲ)〕很稳定，而这种价态在通常条件下是不稳定的。尽管磷酸有很强的分解能力，但通常磷酸仅用于某些单项测定，而不用于系统分析。因为磷酸与许多金属甚至在酸性相当强的溶液中也会形成难溶化合物，给分析带来不便。

用磷酸分解试样时，应先用少量水将样品润湿，分解过程中要时时摇动，以免样品结块或黏结在容器底部。加热到 100℃时，85％～100％磷酸破坏以银、金和铂为材料的容器。

磷酸与过氧化氢的混合物是锰矿石的有效溶剂，若矿石中夹杂有大量硅酸盐时，加入氟化物是有利的。在碱金属焦磷酸盐存在的浓磷酸介质中，二价锰被空气中的氧氧化，形成稳定的三价锰的磷酸配合物。溶液稀释后，可用亚铁盐还原滴定测定锰。

磷酸和硫酸的混合物是常用的溶剂，可以分解许多氧化矿物（如富铁矿）以及某些对其他无机酸稳定的硅酸盐（如电气石、石榴石和闪石）等。在浓的（4+1）硫磷混酸中，冒硫酸烟时铝的硅酸盐矿物分解。根据需要，分解时可加入少量氢氟酸，而对含硫化物的样品，则应加少量硝酸、氯酸钾或高氯酸。表 6-3 列举了部分混合溶剂在矿石分解中的应用。

磷酸溶矿时，温度不宜太高、时间不宜太长，否则会析出难溶的焦磷酸盐或多磷酸盐，同时对玻璃器皿的腐蚀比较严重。分解试样后，冷却太久，用水稀释时，会析出胶状的磷酸盐凝胶。为了克服这些缺点，可将矿样研磨得细一些（一般要求 200～300 目），这样，分解试样的温度可以低一些、时间可以短一些。同时，在反应过程中不断摇动容器，不等到它完全冷却，就立即用水稀释。

表 6-3　部分混合溶剂在矿石分解中的应用

混合溶剂	能分解的矿物试样
H_3PO_4(浓)＋NH_4NO_3(加热) H_3PO_4(浓)＋$KMnO_4$（加热）	硫化矿（辉钼矿、辰砂、黄铜矿等），除上述硫化矿外，还用于含较大量的有机物的试样
70％H_3PO_4＋30％$HClO_4$	硫化矿；能避免析出 S；钨、钼形成无色配合物；钛铁矿、铬铁矿均能完全溶解
H_3PO_4＋$SnCl_2$	可使矿石中硫、砷分别成 H_2S 和 AsH_3 逸出，用于测定 S 和 As
H_3PO_4＋HF（或 NH_4F）	硅酸盐
H_3PO_4＋H_2SO_4	可减少溶矿过程中焦磷酸盐析出，提高沸点，提高分解能力。用于测定全铁

6.2.2.7 酸分解法的几个问题

(1) 在溶剂中加入助溶剂 在溶剂中加入助溶剂的方法，用于某些难分解的矿石，加入的助溶剂有不同的目的：提高沸点，加速溶解；氧化某些组分或有机物质；起还原作用或配合作用。例如，在分解铁矿时，为了还原铁而加入 $SnCl_2$。又如，煤样中测定氮时，用硫酸铜和硫酸钾、硫酸混合分解试样。经高温消化，使试样中氮变成氨：

$$煤（有机质）+H_2SO_4（浓）\xrightarrow[\triangle]{K_2SO_4+CuSO_4}CO_2\uparrow+H_2O+CO\uparrow+SO_2\uparrow+SO_3\uparrow$$
$$+Cl_2\uparrow+NH_4HSO_4+H_3PO_4+N_2（极少）\uparrow$$

硫酸钾的主要作用是提高硫酸的沸点，从而缩短煤样的消化时间。硫酸铜在反应过程中起催化作用：

$$2CuSO_4+C（有机质）\xrightarrow{H_2SO_4}Cu_2SO_4+SO_2\uparrow+CO_2\uparrow$$
$$Cu_2SO_4+2H_2SO_4=\!=\!=2CuSO_4+2H_2O+SO_2\uparrow$$

硒粉或高锰酸钾亦可加速下列反应。

$$煤（有机质）+H_2SO_4（浓）\xrightarrow[\triangle]{K_2SO_4+硒粉}NH_4HSO_4$$

又如，用钼蓝比色法测定砷，用 H_2SO_4 分解矿样时加入少量的 $KMnO_4$（氧化剂），如果在分解试样过程中，发现溶液由黑紫色慢慢变为无色或淡绿色时，必须补加少许高锰酸钾。分解试样温度不宜过高，时间不宜太长。

(2) 溶液中酸的转化 分解试样后，如需改变酸的介质，可用蒸发、冒烟、蒸干等方式处理。例如用硝酸蒸发可以除去盐酸，用盐酸反复蒸发也可以除去硝酸，也可以加入过氧化氢使盐酸分解产生氯气而除去盐酸。用硫酸、高氯酸等除去沸点较低的酸，一般采用加热至冒烟的方法。如除去盐酸、硝酸、氢氟酸等，但磷酸除外，因为继续加热会使磷酸分子脱水变成焦磷酸。蒸干的办法也常常使用，例如，只要用高于盐酸沸点的温度加热蒸干，就可以把盐酸除去而只剩下氯化物；若用硝酸反复蒸干以除盐酸，还可以把最后的溶液变成硝酸溶液。用 HCl 和 HF 蒸干时都要防止某些成分的挥发，加硫酸可以把氯化物和氟化物转变成硫酸盐以防止它们的损失。

(3) 酸分解法的挥发损失 酸分解法是最普通的分解法，在矿石分析中也常用。对于未知矿样，必须谨慎地选择适当的溶剂，一般是以水、稀酸、浓酸、混合酸顺序处理。处理无效时考虑用熔剂处理。用酸分解矿样时，除了要考虑试剂的纯度、是否会引入过多杂质等因素外，还要考虑到加热蒸发时可能会有挥发性的物质部分或全部损失掉。例如，用盐酸蒸干时，下列成分容易挥发：$AlCl_3$、$FeCl_3$、Hg_2Cl_2、$HgCl_2$、$SnCl_4$、$AsCl_3$、$SbCl_3$、$SeCl_4$、$GeCl_4$、$NbCl_5$、$TaCl_5$、$TeCl_2$、$TeCl$、$TiCl_4$、$MoCl_6$、$MoCl_6$、WCl_5、WCl_6、VCl_4。在用 HF-$HClO_4$ 处理时易损失的元素有：Si、B、Ge、As、Sb、Cr、Se、Os、Ru、Re。在用 HCl-$HClO_4$ 处理时易损失的元素有：Bi、B、Zn、Mo、Te、Tl、Sb、As、Cr、Ge、Os、Re、Ru、Sn。在用 HCl（HBr）-H_2SO_4 处理时易损失的元素有：Bi、B、Zn、Mo、Te、Tl、Ge、As、Sb、Se、Sn、Re。

用酸处理后仍不溶的物质，通常可能有 $PbSO_4$、$BaSO_4$、$SrSO_4$、$CaSO_4$、CaF_2、卤化银、Al_2O_3、Cr_2O_3、锡石（SnO_2）、铬铁矿（FeO，Cr_2O_3）及硅酸盐，以及某些稀有元素的化合物，如 ZrO_2、TiO_2、WO_3。也有以单质存在的元素如碳、硫等。这些难溶物质的分解，必须加入熔剂在高温下进行熔融。

6.2.3　用离子交换树脂分解试样

把离子交换树脂加到难溶盐的悬浊液中，能使难溶盐溶解。由于难溶盐本身总会有一部分溶解，固相及其饱和溶液之间存在平衡，这种平衡在一定温度下决定于难溶盐的溶解度。只要离子交换树脂能与平衡体系中的阳离子或阴离子进行交换，难溶盐的溶解平衡被破坏，难溶盐不断溶解，交换作用不断进行，难溶盐就会缓慢溶解。

这种分解反应一般进行很慢，升高温度、持续搅拌、使用细颗粒树脂以及加入一些酸或氧化钠溶液都能加速溶解。

对于 B^+A^- 型的固体物质完全溶解所需阳离子交换树脂的量可按式（6-3）来计算：

$$\overline{Q} \gg Q_{BA}\left[1 + \frac{(\alpha Q_{BA})^2}{L_{PBA} k_H^B V^2}\right] \tag{6-3}$$

式中，$\overline{Q}$ 为所需离子交换树脂的量；Q_{BA} 为 BA 的物质的量，mol；L_{PBA} 为物质 BA 的溶度积；k_H^B 为阴离子交换树脂的分配系数（B^{n+}/nH^+）；α 为 BA 饱和溶液的离解度；V 为溶液的体积，L。

为了减少离子交换树脂的用量，最好将阳离子交换树脂和阴离子交换树脂混合使用，这样，对于完全反应所需混合离子交换树脂的量为［见式（6-4）］：

$$\overline{Q} > Q_{BA}\left[1 + \frac{K_w}{L_{PBA} k_H^B k_{OH}^A} \frac{1}{2}\right] \tag{6-4}$$

式中，k_{OH}^A 为阴离子交换树脂的分配系数（A^{n-}/OH^-）；K_w 为水的离子积。

用离子交换树脂可分解微溶性氟化物、硫酸盐、磷酸盐。例如，称取干燥磷灰石试样 0.05g，与 5～10g H^+ 型阳离子交换树脂一同置于 35mL 热水中搅拌 12h，用塑料布氏漏斗过滤，用水冲洗离子交换树脂，所得溶液先中和，然后稀释至 200mL，分取一定体积测定磷和氟。

这种方法的优点是不被污染也不会引进大量的盐类。分解的同时还可以分离试样中的阳离子或阴离子。

6.2.4　铵盐分解法

铵盐分解法从 1953 年被提出以来，已得到广泛的应用，下面分四个方面介绍。

6.2.4.1　方法原理

铵盐熔矿是基于加热铵盐，分解析出相应的无水酸，在较高的温度下和矿样进行反应，生成相应的水溶性盐类，所以具有很强的分解能力。一些铵盐的热分解反应如下。

① 得到挥发性酸，如下式：

$$NH_4Cl \xrightarrow{\triangle} NH_3 \uparrow + HCl \uparrow$$

因为分解后得到的两种产物都是气体，冷却时又重新结合而生成盐。因此这种现象类似"升华"。

② 得到不挥发性酸，如下式：

$$(NH_4)_2SO_4 \xrightarrow{\triangle} 2NH_3 \uparrow + H_2SO_4$$

分解后所得到的氨逸出，而酸则残留在加热的容器中。

③ 得到易分解的酸，如下式：

$$(NH_4)_2CO_3 \xrightarrow{\triangle} 2NH_3 \uparrow + H_2O + CO_2 \uparrow$$

分解时有氨逸出，同时得到的 H_2O 和 CO_2 是 H_2CO_3 分解产物。

④ 得到具有氧化性的酸，如下式：

$$5 NH_4NO_3 = 4 N_2 \uparrow + 9 H_2O + 2 HNO_3$$

分解后没有逸出氨，只得到 N_2、H_2O 和 HNO_3。N_2 和 H_2O 两者可以理解为"最初"分解得到的 NH_3 和 HNO_3 发生氧化还原反应的结果：

$$5 NH_4NO_3 \stackrel{\triangle}{=\!=\!=} 5 NH_3 \uparrow + 5 HNO_3$$

$$5 NH_3 + 3 HNO_3 \stackrel{\triangle}{=\!=\!=} 4 N_2 \uparrow + 9 H_2O$$

合并反应式 $\qquad 5 NH_4NO_3 \stackrel{\triangle}{=\!=\!=} 4 N_2 \uparrow + 9 H_2O + 2 HNO_3$

这个反应中所生成的硝酸对硝酸铵的分解有催化作用，因此在处理大量 NH_4NO_3 时应避免这个反应的发生，否则很可能引起危害很大的爆炸。

无水酸与试样的作用，使试样中的一些元素转化成盐类沉淀、易挥发物或配合物。氯化铵分解时，大多数元素转化为单一氯化物或氯配阴离子，可使待测元素与许多易挥发的氯化物（砷、锗、锡、硒、碲、汞、铁）分离。碘化铵分解时，可将锡、汞、锑等呈碘化物挥发析出，与试样中大量不分解的组分分离。如 NH_4I 分解锡石时：

$$4NH_4I + SnO_2 \stackrel{\triangle}{=\!=\!=} SnI_4 \uparrow + 4NH_3 \uparrow + 2H_2O$$

用氟化铵分解时，无水氟化氢分解硅酸盐、绿柱石，使部分（约 40%）硅呈四氟化硅（SiF_4）挥发，这既便于硅酸盐类试样分解，又不致因硅量太高出现硅胶而影响下步测定。

6.2.4.2 铵盐对矿样的分解能力

铵盐熔解，因铵盐的种类、比例不同，对矿样的分解能力、反应速率均产生显著影响。铵盐熔矿的示例列于表 6-4。

表 6-4 铵盐能分解的矿石示例

铵盐	能分解的矿石
NH_4NO_3-NH_4Cl	硫化矿、氧化矿、碳酸矿、辰砂黄铁矿
NH_4NO_3	方铅矿、黄铜矿、闪锌矿、辉铋矿
NH_4NO_3-NH_4F	硅酸盐（如电气石等）
NH_4NO_3-NH_4Cl	极谱测定砷、铜、铅、锌、镉
$(NH_4)_2SO_4$（硼硅酸玻璃器皿）	黄铁矿、方铅矿
$(NH_4)_2SO_4$-NH_4NO_3（或 NH_4Cl）	铁、铜硫矿以及高锰矿物、铁的氧化矿和黄铁矿的焙烧物
NH_4Cl	测定矿石中银，此时 Hg、As、Sb、Bi、Pb、Zn、Fe 挥发和银分离
$NH_4Cl : NH_4NO_3 : (NH_4)_2SO_4 = 1 : 1 : 0.5$	熔解矿化矿测定 Cu、Pb、Zn、Cd 等
$NH_4Cl : NH_4NO_3 = 0.5 : 1$	铋矿
NH_4I	锡、锑、汞的矿物，此时它们呈蒸气逸出
NH_4F	硅酸盐和绿柱石

6.2.4.3 铵盐分解法的条件选择

（1）熔剂的配制 由于硝酸铵等铵盐极易潮解或结块，使用极不方便。为得到稳定的、不潮解的铵盐或铵盐混合物，可将铵盐按比例称好在瓷乳钵中混匀，在 60~100℃烘箱中烘 1~2h，冷却后研细备用。亦可在电炉上缓缓加热至完全熔融为止。混合物在 70~80℃开始熔融，到 150～160℃可完全熔融。混合物冷却固化后，即变成不吸湿且具有高度稳定性的物质。

　　制备铵盐，特别是制备氯化铵和硝酸铵混合物，应注意避免长时间加热，否则引起活性氯的损失，影响熔解效果。

　　（2）坩埚的选择　铵盐熔矿可以在瓷坩埚、普通玻璃器皿、硅硼玻璃器皿、聚四氟乙烯容器以及金属坩埚中进行。但铵盐氟化物熔矿，最好采用后两种。

　　（3）影响铵盐熔矿的因素　铵盐熔矿，熔解的效果与容器种类、底部面积大小有较大关系。面积过大矿样与铵盐混合物厚度过薄，作用时间短，可导致试样分解不完全。一般用 50mL 瓷坩埚，加 1.5g 熔剂为宜。如熔解高含量的铜、铅、锌等矿样，可适当增加熔剂至 2～3g，并在 100mL 瓷坩埚中进行。

　　（4）对试样粒度的要求　为了快速地和充分地使试样完全熔解，应注意试样的粒度和混合均匀程度。试样粒度≤200 目，并应和铵盐充分混合。

　　6.2.4.4　方法优点

　　铵盐熔矿具有分解能力强，分解温度不高，腐蚀性小，杂质引入少，分解速率快（仅 2～5min），操作简单，成本低廉，不需要特殊设备和酸雾少，而储存、运输都较普通无机酸方便的特点。尤其适用于野外分析。铵盐熔矿对于分取所需试液或准确稀释至一定体积的分析更为方便，可以定量加入浸取溶液，免去转移容量瓶的程序。

6.3　溶解分解法的新技术

　　溶解分解法分为敞开体系和封闭体系两种。上节讨论的酸溶分解法是敞开体系，封闭体系归在本节讨论。

6.3.1　封闭溶解法

　　封闭溶解法是在与外界隔绝的条件下分解试样。从使用的器皿和装置来看，有封闭的玻璃管和配有螺旋盖的小型增压器。增压器有衬铂器皿、衬石英器皿和衬聚四氟乙烯器皿等几种，如图 6-3～图 6-6 所示。

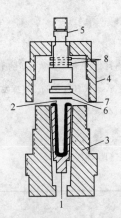

图 6-3　用于氢氟酸分解的衬铂坩埚和增压器

1—锥形镍铬合金坩埚；2—铂衬；3—耐热镍基合金外壳；
4—钢螺母；5—柱塞；6—铂片；7—铜衬垫；
8—垫圈石英容器盖

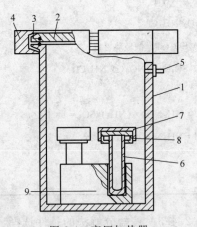

图 6-4　高压加热器

1—增压室；2—增压室盖；3—O 形环；4—环式挡板；
5—高压气体入口；6—石英容器；7—石英容器盖；
8—钢螺母；9—加热块

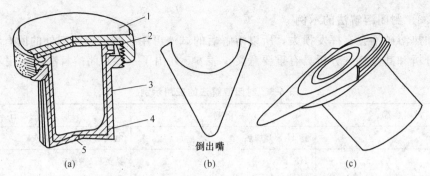

图 6-5　用于氢氟酸分解的聚四氟乙烯衬里钢增压器
1—可拧盖子；2—密封垫板；3—钢外壳；4—聚四氟乙烯内衬；5—气孔

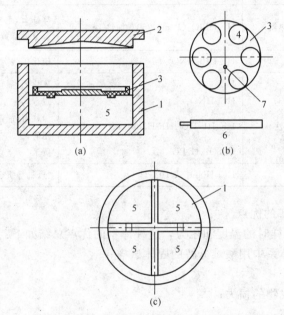

图 6-6　用于酸蒸气分解的铝壳衬聚四氟乙烯增压器
1—聚四氟乙烯容器；2—盖；3—样品托盘；4—样品盘；5—储存酸液处；6—放置孔细杆；7—用于移动样品托盘

封闭溶解法，能使在通常条件下用酸处理时分解不完全或几乎不分解的矿物得到分解，大大提高了酸的分解能力。

6.3.1.1　封闭溶解的实质

在封闭容器中，用酸加热分解，由于蒸气压增加，提高了酸的沸点，大大增加了酸的分解能力，使一些在通常条件下不能被酸分解的难溶矿物完全分解，扩大了酸分解法的应用范围，所以封闭溶解实质上是加压溶解。

6.3.1.2　封闭溶解法的条件

封闭溶矿的效果决定于温度，一般都在较高温度（200～400℃）下进行，根据矿样和使用溶剂不同所选用的温度也不同。例如，用 HF 分解硅酸盐矿物是在较低的温度（110℃）下进行的；又如，用盐酸在聚四氟乙烯的密闭容器中加热至 230℃分解氧化铝、氧化铈以及用盐酸-硝酸分解贵金属。

溶矿效果还决定于分解时间、密封容器的加压状况、酸的种类以及试料的粒度等。搅拌或振荡对封闭溶解的促进作用尚不肯定。

6.3.1.3　封闭溶解法的示例

封闭加热溶矿不会有挥发损失，所以溶解后的试液可用于测定除溶剂外的所有元素。这对单矿物分析和其他特殊分析具有重要意义。表 6-5 列出了一些封闭溶解法的应用示例。

表 6-5　封闭溶解法的应用示例

封闭容器	溶剂	能分解的矿石
封闭玻管	稀 H_2SO_4 加热	电气石、锂辉石、铬铁矿
聚四氟乙烯衬里密闭容器	HF H_2SO_4-HF HF-$HClO_4$	锆英石、黄铁矿 电气石、十字石、斧石 电气石、金绿宝石、钛铁矿、铬铁矿、铌钽铁矿、金红石、刚玉等
内衬聚四氟乙烯的铝密闭加热器	HF-$HClO_4$(1+1) 250℃ 加热 1h	绿柱石、十字石、蓝晶石、磁黄铁矿等，部分溶解黄玉锡石、刚玉等
燃烧弹	HF-HCl-HNO_3	硫化矿、脉石和其他矿物
聚四氟乙烯的密闭容器(闷罐法)	HCl HCl-HNO_3 HF、HF-HCl、HF-HNO_3、 H_2SO_4、H_3PO_4	氧化铝、氧化铈 贵金属 绿柱石，能部分溶解锆英石、金红石、磷钇矿 黄玉
硬质玻璃管	HCl-HNO_3 或 HCl-H_2O_2	铱、铀等贵金属

6.3.1.4　封闭溶矿的优点

封闭溶矿是增加溶样时的温度和压力，这种体系的优点总结如下：

① 能分解在敞开体系中用酸难分解的固体试样；

② 溶样时间缩短；

③ 可以避免易挥发物的损失；

④ 需要酸的用量小；

⑤ 可以减少实验室的污染；

⑥ 可以降低空白值，提高分析的准确度。

6.3.2　微波分解技术

目前大多数溶样操作十分烦琐、费时，有的方法（如高氯酸消化）还对操作人员有危险。20 世纪 80 年代初开始出现了封闭容器内溶解样品的技术，这使溶样技术有了改进，但操作过程中有爆炸的危险。近几年出现的微波分解技术使实验室中烦琐危险的样品处理方法得到了真正的改变，是分析化学中一种崭新的、快速可靠的样品分解技术。

微波是指电磁波谱中位于远红外线和无线电波之间的电磁辐射，是一种特殊的能源。传统的加热技术都是先加热物体表面，然后热能"由表及里"，即所谓外加热。微波加热是一种"内加热"，即待溶样品与溶剂（酸）的混合物吸收微波，能产生即时深层加热的效果。同时，微波产生的交变磁场使介质分子极化，极性分子随高频磁场（一般为 2450MHz）快速转向与交替定向排列，导致分子高速振荡。这种振荡受到分子热运动和相邻分子间相互作用的干扰和阻碍，产生类似摩擦的作用，使分子获得高的能量。因为这两种作用，样品表面层不断搅动破裂，不断产生新鲜表面与酸反应，促进样品迅速溶解。

用微波分解试样，无论是传热方式还是分解技术都有其独特的优点：

① 经典的加热技术是热源（或电源）产生的热能通过器壁来加热在酸溶液中的固体颗粒。有时，也可用红外线直接加热，热能辐射到环境和被容器吸收造成损失。同经典加热相比，微波加热能量损失小，加热效率相当高。用盐酸、硝酸、氢氟酸组成混合物的高分解效率，已经通过分解包括矿物、岩石、土壤、各种矿石（包括铝土矿、萤石）、沉积物等 56 个标准参考物质，用 ICP 发射光谱分析结果得到验证。用微波加热，基本上不辐射热，避免了环境高温，改善了工作环境。

② 微波穿透力强，加热均匀，对某些难溶样品的分解尤为有效。例如目前最有效的高压消解法分解锆英石，即使对不稳定的锆英石，在 200℃ 也需加热 2d；用微波加热分解仅需 20min 或 2h 便可分解完全。

③ 传统加热都需要相当长时间预热才能达到所需加热温度。微波加热在微波管启动 10～15s 后，样品即开始溶解。

④ 封闭容器微波溶样所用试剂量少，空白值显著降低，且避免了痕量元素的损失及样品的污染，提高了分析的准确度。

⑤ 微波溶样易实现自动化。国外已有人将分析天平、微波溶样体系与实验室遥控装置连在一起组成自动化微波系统，用于大批量地质样品的例行分析。

微波溶样所需设备主要是微波消解仪。实验室专用微波消解仪的设计比较完善，可通过计算机智能控制，使用功率和所需时间均可预编程序，且有多种功能，自动化程度高，耐腐蚀性能强，但价格昂贵。家庭用普通烹调微波炉因其价廉，略加改装后也可用于分析实验室，但其耐腐蚀性能差。反应罐即盛装样品与溶剂的器皿，它必须用能穿透微波的材料（如玻璃、陶瓷、塑料）制成，而且反应罐本身应不吸收微波能。最早使用的反应罐多为敞开式，现在多用封闭式。聚四氟乙烯能透过微波而本身又不吸收微波能，且强度高，耐腐蚀，是目前广泛应用的罐材料。

微波溶样已广泛应用于生物、地质、冶金、环境及其他样品溶液的制备。

6.3.3　超声波在酸分解法中的应用

6.3.3.1　超声波简介

声波是纵机械波。声波可以在固体、液体与气体中传播。传播声波的介质质点沿着波本身行进的方向振动着。事实上，纵机械波可以在很大的频率范围内发生，声波则被限定在可以使人的耳与脑引起听觉的频率范围之内。这个频率范围是 20～20000Hz，称为可闻频率范围。频率低于可闻频率范围的纵机械波，称为次声波，频率范围高于可闻频率范围的纵机械波称为超声波。

超声波发生器的种类很多，其主要类型有：

① 机械型的超声波发生器，直接用机械方法使物体振动而产生超声波。这类发生器构造简单、使用方便，但是频率一般不高。

② 电声型的超声波发生器，利用电磁能转换成机械能，是目前用得最广泛的形式。其构造主要可分成两个部分：一部分是能产生高频电流的发生器，一般用电子管振荡器制成；另一部分是换能器，其作用是把电磁振荡转换成机械振动而产生超声波。

6.3.3.2　超声波的特性和作用

超声波的特点是：频率很高、波长很短，所以方向性很好，能够定向传播。超声波的穿透本领也极强，特别是在固体中，它可以穿透几十米长的金属，这是目前用其他方法所不能做到的。超声波在介质中传播时的声速以及衰减情况与介质的许多物理性质有关。

由于超声波的频率高，所以振动迅速、声压很大，发射的功率更是异常巨大。因此在传播介质中，能把物质的力学结构破坏，具有快速和强烈的振荡作用和击碎作用，可以将物体打成极为细小的微粒。强烈的超声波在液体中传播时，在液体中某一点、某一时刻，由于压强增大（正压强），该点将受到来自各方的压力；到了另一时刻，由于压强减小（负压强），该点便将受到来自各方的拉力。对于液体来说，压强增加几百千帕，它完全可以经受得住，不会引起什么变化。但在压强减小时，情况就完全不相同了，如果压强减小到低于静压强100kPa 以上，此时，液体将被拉伸而破裂，这时可形成许多微观空穴。这些空穴是扩展或是破裂，取决于局部的压力。这种成穴作用产生小规模的振动波，溶剂分子受到集中的刺激和活化，溶解过程便加速了。

使用超声波技术一般可使溶解速率增加数倍乃至数十倍。这是由于超声波的空化作用和产生局部高温高压，能强化矿粒表面上的化学反应，也能极大限度地破坏扩散层。因此，使用超声波也是强化溶解过程的有力措施。

利用超声波，不改变流程，不更换溶剂，就能缩短分解试样的时间。应该注意的是超声波可能引起特殊的化学变化。

6.3.3.3 超声波在分解试样中的应用

由于超声波频率高，方向性好，穿透本领强，具有许多优点。其应用范围极广，以下是一些用超声波在试样分解中的应用实例。

（1）加速熔块的浸取 超声波可大大加速用酸和水浸取熔融物的过程，这是由于熔融物很快被破裂，而增大表面积，因此，更容易进入溶剂。这个操作已用于碳酸钠和氧化锌的混合熔剂分解陶瓷试样时熔块的浸取。也用于 ICP-OES 测定硼时用水来浸取熔融物。

（2）在分解法中的应用 试样通过超声波可以很好地形成悬浮物，因此，容易被酸所分解。例如，用聚合磷酸分解铁矿时所产生胶状黏性物的溶解。

用氢氟酸的混合溶剂来分解试样时，超声波可抑制界面所形成不溶的表面膜，这样就有利于试样的溶解。例如，用于测定岩石和矿物中的 K_2O 和 FeO，以及测定玻璃试样中的 CaO 和 MgO。超声波可以加速微溶氟化物、配合物和硼酸之间的作用。用 10mL 48％的 HF 和硼酸的饱和溶液 80mL 溶解 1g 飘尘，溶液振荡 4h，再用超声波处理 2h。相似的过程曾用于盐酸浸取煤灰。

使用超声波可加速天然物质的溶解，天然的氧化锑（Ⅲ）用 $1.5mol \cdot L^{-1}$ 的酒石酸溶解时，反应需要 14h，如果使用超声波，可以减少到 2h。

（3）消除容器表面的机械吸附 超声波可用来消除容器表面的机械吸附。例如，用于痕量组分分析的塑料容器可用超声波清洗。一般将容器放入超声波浴中进行处理。超声波也适用于玻璃纤维和玻璃器皿的清洗。

6.4 熔融分解法

如果试样不能用溶解方法分解，或者分解不完全时，就可以采用熔融的方法来分解试样。熔融法分解试样，是将试样和熔剂在坩埚中混匀后，在高温下进行熔融。利用熔融法分解试样，一般都是发生复分解反应，通常也都是可逆反应，因此须加入过量的熔剂，以利于反应的进行。

采用熔融分解，只要熔剂及处理方法选择适当，一般来说均可达到地质试样完全分解的目的，这是熔融分解的最大优点。由于熔融分解法的操作温度较高，有时可达 1000℃ 以上，且必须在适宜的容器中进行，这样，除由熔剂带进大量碱金属外还会带进一些容器材料（根据所用熔剂、容器材料及操作方法而定，有时是大量的），这就对某些元素的测定带来影响，甚至使某些测定不能进行。

采用酸性溶剂时，可能导致某些元素的挥发损失。熔融分解中，挥发损失现象比酸溶分解更为严重。例如，铊用碳酸钠熔融时，几乎可以损失殆尽。另外，熔融分解在操作或装置上有一些特殊要求，稍为不慎实验即告失败。因此，在选择分解试样的方法时，尽可能地采用溶解的方法，若部分为酸分解的试样，也尽量先用酸分解，剩下的残渣再用熔融法分解。例如，在分解碳酸盐时，一般都是用 HCl 分解试样，HCl 不能分解后的残渣，经过滤、灼烧、称重，以"酸不溶物"计量。若要精确地分析，则残渣再用 Na_2CO_3 等熔融分解。

从熔融法的反应来看，可分为酸-碱反应和氧化还原反应。使用的熔剂按其性质可以分为：
① 碱性熔剂，碳酸盐、硼酸盐、氢氧化物；酸性熔剂，焦硫酸盐、氟化物、硼的氧化物。
② 氧化性熔剂，碱性熔剂＋氧化剂、过氧化物；还原性熔剂，碱性熔剂＋还原剂。

一般钠盐应用较多，钾盐次之，其他碱金属盐更少。近年来在硅酸盐系统分析中，偏硼酸锂（$LiBO_2$）也逐渐采用，其他如钡盐、钙盐、镁盐等只在个别情况下使用。

选择熔剂的基本原则是：酸性试料用碱性熔剂；盐基性（碱性）试料用酸性熔剂，但也有例外。常用的熔剂的熔点列于表 6-6。

表 6-6 常用熔剂的熔点

熔剂	化学式	熔点/℃
碳酸锂	Li_2CO_3	720
碳酸钠	Na_2CO_3	851
碳酸钾	K_2CO_3	891
碳酸铯	Cs_2CO_3	610
碳酸钠钾	$NaKCO_3$	510
氢氧化钠	$NaOH$	314
氢氧化钾	KOH	360
过氧化钠	Na_2O_2	675
硫酸氢铵	NH_4HSO_4	147
硫酸氢钠	$NaHSO_4$	185
硫酸氢钾	$KHSO_4$	214
焦硫酸钠	$Na_2S_2O_7$	401
焦硫酸钾	$K_2S_2O_7$	414
氟化氢铵	NH_4HF_2	125
氟化氢钾	KHF_2	239
氟化钾	KF	856
硝酸钠	$NaNO_3$	306
硝酸钾	KNO_3	339

下面分别介绍熔融分解法使用的各种熔剂。

6.4.1 碱金属碳酸盐

碳酸钠是分析化学中普遍使用的熔剂。早在 18 世纪就有人用碳酸钠作熔剂来分解硅酸盐。

无水碳酸钠为白色粉末，熔点 851℃。市售结晶碳酸钠含 10 个结晶水，熔点 34℃，在 60℃左右全部熔化，会产生剧烈喷溅，只有无水碳酸钠才能作为熔剂。以下所指的碳酸钠即为无水碳酸钠熔剂。

6.4.1.1 碳酸钠熔剂分解矿石

一般硅酸盐岩石、黏土、高岭土、氧化物、碳酸盐、磷酸盐、氟化物、碳酸盐均可用碳酸钠熔融分解。但对于一水硬铝石、含刚玉的变质铝土矿、铬铁矿（超基性岩中常有）、锆英石、锡石、金红石（花岗岩中常有）等，用碳酸钠熔融均不能分解完全。有人用锆砖、莫来石（$Al_6Si_2O_{13}$）、高铝砖等试验，其中高铝砖中的 Al_2O_3 有 20％以上，锆砖中的 ZrO_2 甚至有 30％以上不能分解，如表 6-7 所示。

表 6-7 碳酸钠熔融分解含 Al_2O_3 试样的试验

分析物质	成分			
	SiO_2 含量/%	Al_2O_3 含量/%	ZrO_2 含量/%	未分解部分总量/%
锆砖含量	14.1	47	36.7	17.3
未分解部分	2.2	0.6	14.5	
莫来石含量	13.9	76.2	—	5.0
未分解部分	4.1	0.9	—	
高铝砖含量	0.12	93.3		21.4
未分解部分	0.10	21.3		

6.4.1.2 熔融的温度与时间

碳酸钠熔样时，一般温度为 950～1000℃，时间 30～40min。有人主张熔剂用量为所取酸性岩石样的 5～6 倍，对于盐基性岩，熔剂用量增加为试样的 10～15 倍，也有人主张对较难分解的样品，将温度提高到 1200℃，用量增加到 12～16 倍，时间延长到 1～2h，从以下讨论来看，此种做法似弊多利少。

碳酸钠加热后，温度高于 270℃时，即开始分解，在 310～315℃有 1％分解，在 400℃即析出 CO_2：

$$Na_2CO_3 \rightleftharpoons Na_2O + CO_2$$

生成的氧化钠（熔点 920℃），在高温时，强烈腐蚀容器。

6.4.1.3 坩埚的选择及其对坩埚的腐蚀

碳酸钠因其熔点较高，只能在铂坩埚或铂合金坩埚中进行，铂坩埚在高温加热时，随温度升高，本身损失逐渐加大，如表 6-8 和表 6-9 所示。

表 6-8 铂器皿加热时损失　　　　单位：$mg \cdot (100cm^2)^{-1} \cdot h^{-1}$

温度/℃	材料			
	铂	铂99％铱1％	铂97.5％铱2.5％	铂92％铑8％
<900	0	0	0	0
1000	0.08	0.31	0.57	0.07
1200	0.81	1.2	2.5	0.54

表 6-9　在马弗炉中加热铂器皿损失　　　单位：$mg \cdot (100cm^2)^{-1} \cdot h^{-1}$

温度/℃	材料	
	铂（纯）	铂 92% 铑 8%
1000	0.007	0.01
1100	0.05	0.04
1200	0.1	0.1

有人用 6g Na_2CO_3 在铂坩埚中熔融，铂坩埚损失 1mg；用 $KNaCO_3$ 在 720℃ 熔融 20min，铂坩埚损失 2.5mg，此数似嫌偏高，一般在马弗炉中熔融时，铂坩埚损失在 1mg 以下，但由于铂或多或少进入熔体，对之后测定某些元素，很可能带来干扰。

6.4.1.4　碳酸钠熔融硅酸盐示例

硅酸盐岩石用碳酸钠熔融，经历一个比较复杂的过程，既有复分解反应，也有氧化还原反应，但反应产物主要是酸性可溶的硅酸钠或铝酸钠。简单反应示意如下：

$$SiO_2 + Na_2CO_3 \Longrightarrow Na_2SiO_3 + CO_2$$
$$Al_2O_3 + Na_2CO_3 \Longrightarrow 2\,NaAlO_2 + CO_2$$

部分金属形成碳酸盐：

$$MeSiO_3 + Na_2CO_3 \Longrightarrow Na_2SiO_3 + MeCO_3$$
$$\rightarrow MeO + CO_2$$

以钾长石为例：

$$KAlSi_3O_8 + 3\,Na_2CO_3 \Longrightarrow 3\,Na_2SiO_3 + KAlO_2 + 3\,CO_2$$

通常在下一步用 HCl 或 $HClO_4$ 使硅酸分离。

$$Na_2SiO_3 + 2\,HCl \longrightarrow 2\,NaCl + H_2SiO_3$$
$$\rightarrow SiO_2 + H_2O$$

$$Na_2SiO_3 + HClO_4 \longrightarrow 2\,NaClO_4 + H_2SiO_3$$
$$\rightarrow SiO_2 + H_2O$$

但碱金属的氯化物或高氯酸盐过多、使分离不能完全时，一般碳酸钠与岩石样品的比例，应控制在 6∶1～10∶1。

高硅黏土、燧石（包括石英、蛋白石、玉髓等）、长石等类硅酸盐，熔融后可得透明的液体；高铝黏土可形成黏液；一般黏土、陶土，即使已完全分解也略带浑浊；重晶石经 Na_2CO_3 熔融后，以水提取过滤，可使钡以 $BaCO_3$ 形式沉淀而与硫酸根分离。

可用较小比例的碳酸钠与样品混合进行熔融或烧结，例如取 0.5g 样品与 1g Na_2CO_3 混合后，在 75mL 铂皿中，于 1200℃ 熔 15min 后，直接向皿中加 HCl 溶解熔块，可省去转移的手续。也可按比例在 500℃ 烧结 1h 来分解岩石样品。也可取 0.5g 试样与 0.6g Na_2CO_3 在 875℃ 烧结 2h，用于分解铝酸盐。

采用更小比例"半熔"方式，可以快速分解铁矿、锰矿等。试样 0.5g 混以 0.3～0.5g Na_2CO_3，在 750～1000℃ 熔数秒至 1min 左右，掌握适当，可获得一个一拌即落的小圆饼，然后用盐酸处理。此法可在瓷坩埚中进行，甚至可用以测定铁矿中二氧化硅或黏土中的总铁量，但操作必须熟练，烧结温度及时间要经过试验来确定，大体上在 750～800℃ 需 70s，800～850℃ 需 60s，850～900℃ 需 50s，900～1000℃ 需 30s 左右。经试验证明，以高温、短时间效果为好。如熔后仍呈粉状，说明温度或时间不够；如已熔化，则说明温度过高或时间过长。此法对高硅样品分解不够理想。用于白云石、石灰石效果最好。易熔性矿石测铁用此法不宜在铂坩埚中进行，可用瓷坩埚熔后，直接加 HCl，加少许 $SnCl_2$ 提取。

6.4.1.5 在熔融过程中，铁、铬、锰的氧化

在铂坩埚中的熔解过程，即是在氧化气氛中进行的，因而也是一个氧化过程。变价元素如 Fe、Cr、Mn 等多被氧化到高价。以锰矿为例：黑、软、硬锰矿中的 2、3、4 价锰，经熔融后，均可被氧化到 6 价而使熔块呈绿色。

$$Na_2CO_3 + MnO + O_2 \Longrightarrow Na_2MnO_4 + CO_2$$

$$2\,Na_2CO_3 + Mn_2O_3 + \frac{3}{2}O_2 \Longrightarrow 2\,Na_2MnO_4 + 2\,CO_2$$

$$2\,Na_2CO_3 + 2\,MnO_2 + O_2 \Longrightarrow 2\,Na_2MnO_4 + 2\,CO_2$$

Cr 也被氧化到 6 价而使熔块呈黄色。

$$4\,Na_2CO_3 + 2\,Cr_2O_3 + 3\,O_2 \Longrightarrow 4\,Na_2CrO_4 + 4\,CO_2$$

亚铁一般可以氧化到 3 价，但有人认为盐基性岩中的亚铁氧化不完全，甚至有人认为在分解云母、长石、黏土时，残留在坩埚壁上的铁可达 50%～70%。

为了提高氧化程度，可以在熔融时通入空气助熔，甚至可通入氧气，但均须采取一些特殊措施，不便于大批量样品日常分析。

6.4.1.6 用碱金属碳酸盐分解试样可用于卤素含量的测定

在测定卤素时常用碳酸盐来分解试样，这种方法可用于地质试样的分解，其熔融物用水来提取，其后选用离子选择性电极和高效液相色谱法来测定卤素，一些例子列于表 6-10。

6.4.1.7 在碳酸钠中加入氧化剂助熔

在 Na_2CO_3 中加入少量氧化剂助熔，亦可提高氧化能力，如加入 KNO_3、$KClO_3$、$KMnO_4$、Na_2O_2 等。在测定矿石中的总硫量时（$BaSO_4$ 重量法），用 Na_2CO_3 加少许氧化剂熔融分解样品，不仅可使硫化物、硫酸盐中的硫以及游离酸不致损失，而且分解较彻底。含砷矿物测定砷时不能用 Na_2CO_3 单独分解，必须加入 KNO_3 之类的氧化剂。

在 700～750℃用 $Na_2CO_3 + KNO_3$（12：1）可分解磷矿。以 3：2，1：2，1：4 等不同比例混合，可分解含硫化物、砷化物及其他还原物质的试样，但 KNO_3 的用量不宜过大，以免侵蚀铂坩埚及使易氧化物质如砷化物之类分解过快。冷后的熔块，不宜用 HCl 浸取，避免与残留硝酸反应生成王水严重侵蚀铂坩埚。如果仅为测定硫、砷以用镍坩埚为宜。用极少量的过氧化钠（0.1g）或氯酸钾代替 KNO_3，亦可获得相同效果。

表 6-10 用碳酸钠熔融分解试样后测定卤素示例

物质	熔剂	温度/时间	分离和测定法
硅酸盐岩石	Na_2CO_3 1.2g 取样 200mg	900℃/30min	$(NH_4)_2CO_3$ 沉淀分离,光度法测定 F、Cl
Sn-W 矿石、矿渣、硅酸盐岩石	$NaKCO_3$ 5g 取样 0.1～0.5g	750℃/20min	$(NH_4)_2CO_3$ 沉淀分离,光度法测定 F
CaF_2、K_2SiF_6、Na_3AlF_6	Na_2CO_3 过量 10～20 倍	750℃/20min	在 H_2SO_4 和 $HClO_4$ 介质中蒸馏,用 ISE 测定 F
岩石	$NaKCO_3$ 4g	950℃/30min	在 HCl＋柠檬酸＋EDTA 介质中,用 ISE 测定 F
矿物试样	K_2CO_3 1g	900℃/20min	水提取光度法测定 F

续表

物质	熔剂	温度/时间	分离和测定法
岩石、原料	NaKCO₃ 1g	1050℃/15min	从 H_2SO_4 介质蒸馏 F，用 ISE 测定
矿物试样	NaKCO₃ 3g 样品 50～250mg	900℃/25min	用 Fe^{3+} 水解，用 ISE 测定 F
煤	Na₂CO₃ 5g 样品 2g	475℃/2h 燃烧 1000℃/15min	水提取 ISE 测定
岩石	Na₂CO₃ 0.2g 样品 0.1g	1000℃/15min	水提取，HPLC 分离、测定 F、Cl
土壤	K₂CO₃ 0.6g 样品 0.5～1g	460℃/30min	水提取，催化光度法测定 I
岩石	Na₂CO₃ 4g 样品 0.5g	1000℃/30min	离子交换分离，ISE 法测定

注：ISE 为离子选择电极法；HPLC 为高效液相色谱法。

6.4.1.8　在碳酸钠中加入还原剂助熔

在碳酸钠中加入还原剂，使在熔融过程中造成还原气氛来分解样品，只在特殊情况下使用。例如分解含 As、Sb、Sn、Mo、Bi、V、W 的矿物原料所用的"硫碱熔融法"即以 Na_2CO_3、硫黄（4∶3）混合作为熔剂，熔矿温度先以低温逐渐升温至 300℃，保温 30min 后，再升至 450℃ 保温 30min，反应的第一步，硫不燃烧而与 Na_2CO_3 反应生成多硫化物：

$$2\,Na_2CO_3 + 11\,S = 2\,Na_2S_5 + 2\,CO_2\uparrow + SO_2\uparrow$$

第二步，温度升高，部分金属生成硫化物，如铅：

$$2\,PbO + Na_2S_5 = 2\,PbS + Na_2S + SO_2\uparrow + S$$

部分元素生成硫代硫酸盐，熔块以热水提取，如砷即以硫代砷酸钠形式进入溶液：

$$2\,As_2O_5 + 6\,Na_2S_5 = 4\,Na_3AsS_4 + 5\,SO_2\uparrow + 9\,S$$

Sb、Sn、Ge 等行为相似，从而过滤后可与不溶硫代物分离，此法宜在高型瓷坩埚中进行，但含钨较高的试样分解不完全。

6.4.1.9　在碳酸钠中加入其他熔剂

Na_2CO_3 与 ZnO 以 3∶2 比例混合后，在 750～800℃ 烧结，可分解铁矿石，以便测定其中的全硫量。该方法曾被列为标准方法，但样品中的重晶石有时分解不完全，使硫的结果偏低。此法优点是烧结后，以水提取过滤，可分离大批杂质。此法亦可用于测定钼、铼时分解试样，但温度要降到 650℃ 以下，时间可延长些。有人曾用此法在 900℃ 烧结 10min 分解含 SiO_2（69.26%）的硼硅玻璃质，用水提取，硼以 $NaBO_2$ 形式进入溶液，再以蒸馏法测定硼的含量。也可用 Na_2CO_3、ZnO、$MgCO_3$，按 7∶2∶1 配比在 800℃ 烧结 30min，分解岩石样品后测定其中的氟和氯。

6.4.1.10　熔块的浸取过程

单独使用 Na_2CO_3 作熔剂时，样品中的 S、As、Se、Te、Sb、Tl 等将部分或全部损失。熔块如加酸处理为酸性溶液后，样品中元素的行为，即与其相应的酸分解（酸溶）相似，所不同之处是溶液将存在大量钠离子和成酸阴离子，如以水处理熔块，则可生成碳酸盐（如 Ca、Sr、Mg）、碱式碳酸盐（如 Mg、Bi）、氢氧化物或水合氧化物（如 Fe、Mn、Ti 等）。碳酸钠本身水解后，使溶液呈强碱性。

$$Na_2CO_3 + H_2O = NaOH + NaHCO_3$$

此时溶液的 pH 约在 11.6 以上，两性元素大多进入溶液，大体上 Ca、Sr、Ba、Mg、Fe、Mn、Ti、Zr、Bi、Cu、Co、Ni 等可留在沉淀中，As、Sb、W、Mo、Al、Si、P、V、

Zn、Cr、Sn 等可全部或部分进入溶液，U、Th 生成配合物进入溶液，稀土元素碳酸盐的溶解度随原子序数递增而增加，可以生成碳酸盐 $[RE_2(CO_3)_3]$、碱式碳酸盐 $[RE(OH)CO_3]$ 和复盐 $[2La_2(CO_3)_3 \cdot 3Na_2CO_3 \cdot 2H_2O]$。实际上情况并不如此简单，有些元素在沉淀和溶液中的分布还取决于伴生元素的种类和含量。如样品中钙高磷低时，磷可留于沉淀之中，反之磷却大部分或全部进入溶液。当 pH 变化时情况更为复杂，例如，加入铵盐，使 pH 降到 9 左右，则铝、锌形成沉淀，而铜、镁进入溶液；Mn 可在两相分布而以沉淀为主。pH 降到 9 以下，Cr 将以碱式碳酸盐沉淀；铁含量高时，V、Tl、Sb、Co、As、P、Se、Te 此时又可与铁共沉淀，但有氧化剂存在时，V 又进入溶液，如果调整 pH 硅亦可产生凝聚。

6.4.1.11　碳酸钾为熔剂

K_2CO_3 熔点 891℃（888℃），极易潮解，纯品不易获得，单独用作熔剂时极少。有人认为用 K_2CO_3 熔剂，样中含 Si 甚高，并含能生成难溶碳酸盐的 Pb、Ca 等元素时，熔块用热水处理较使用 Na_2CO_3 为易。但也有人认为 K_2CO_3 熔块比 Na_2CO_3 熔块难溶于水，且钾盐较钠盐在沉淀中难于洗净。有人曾用 $3mol \cdot L^{-1}$ KCl 和 $3mol \cdot L^{-1}$ NaCl 在相同条件下，分别沉淀 Mg，前者吸留在沉淀中的镁量为后者的两倍。

在熔剂分解时，选择熔剂应考虑所用熔剂与样品中所含元素生成的盐类的溶解度，以及引入的离子对测定有无影响。例如 Nb、Ta 的钠盐微溶于水，不溶于浓度大的钠盐（如 $150g \cdot L^{-1}$ NaCl）溶液中，而钾盐则能溶于水，以钾盐作为熔剂用水提取时，Nb、Ta 进入溶液，如以 NaCl 溶液提取，则 Nb、Ta 成沉淀而与 W、Mo 分离：

$$K_8Ta_6O_{19} + 8NaCl \Longrightarrow Na_8Ta_6O_{19} + 8KCl$$

$$2K_8Nb_6O_{19} + 14NaCl + H_2O \Longrightarrow Na_{14}Nb_{12}O_{37} + 14KCl + 2KOH$$

6.4.1.12　碳酸钾-碳酸钠混合熔剂

K_2CO_3 与 Na_2CO_3 的混合物，熔点随混合比例而变化，当 K_2CO_3 的摩尔分数为 46% 时，熔点可降到 712℃，如图 6-7 所示。

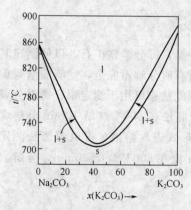

图 6-7　Na_2CO_3-K_2CO_3 体系的熔点图
l—液相；s—固相

"混合熔剂"，市场上有商品供应。但用于分解硅酸盐熔融分解，温度嫌低，并无明显优点，只在测定硅酸盐中的 F、Cl 时尚有采用。也有以 K_2CO_3 与 Na_2CO_3 按 4∶5 混合，再加 0.05g SiO_2 在 730～750℃ 分解铁矿测定其中的 F 或加入两倍样品量的 SiO_2，测定萤石中氟。

有人用 $KHCO_3$ 与 KCl 混合（1+1）以 50∶1 对样品的悬殊比例，在刚玉坩埚中分解硅酸盐，并测定其中的游离 SiO_2。

其他碱金属碳酸盐如 Li_2CO_3 在 710℃ 可完全分解，生成氧化锂严重侵蚀铂坩埚，与 Na_2CO_3 按 2∶1 混合，在 470～480℃ 即熔化，可用于测定硅酸盐及土壤中的钾，至于 Ca、Ba、Mg 的碳酸盐也只在与其剂配合时偶尔使用。

6.4.2　碱金属的氢氧化物

氢氧化钠、氢氧化钾，两者均是具有典型离子结构的化合物，熔化以后离解为 Na^+ 或 K^+ 及 OH^-，在高温挥发也不脱水，因而具有很强的分解能力，除生成的某些金属盐类溶解度不同外，两者性质大体相似，均为强碱性的熔剂，通称苛性碱。氢氧化钠使用较多。

6.4.2.1　坩埚的选择

苛性碱熔融只能在 Fe、Ni、Ag、Au 坩埚中进行，不能使用 Pt 坩埚。在铂坩埚中 NaOH 加热至 500℃，KOH 加热至 400℃时，开始腐蚀坩埚，在 600℃以上可使坩埚损失 100～200mg，Au 坩埚在低温较 Pt 坩埚耐蚀性好，但也可损失数十毫克，Fe 坩埚腐蚀最甚。Ni 坩埚较好，但带下的 Ni 使溶液带色，有氧化剂存在或熔融时间过长，可以生成高价氧化镍，在用 HCl 酸化时，分解析出氯气，妨碍某些元素的测定。刚玉坩埚虽耐碱，但带下铝不少，且样品中所含痕量元素易为坩埚材料吸留。Ag 坩埚似较优越，因其带下之银，便于以 AgCl 形式除去。

苛性碱吸水性很强，熔融时容易起泡喷溅或产生"爬埚"现象，熔融前先在低温熔化脱水，有时为了避免样品成团，可滴入数滴无水乙醇润湿样品，在低温烤干后再熔。

6.4.2.2　氢氧化钠与矿样的作用

苛性碱用于分解硅酸盐，分解程度与矿物结构有关，石英、云母、天青石、符山石以及层状结构的黏土类矿物如蒙脱石、伊利石、高岭石易分解。铝土矿、刚玉用 KOH 分解较好，蓝晶石、闪石、电气石、锂辉石不能彻底分解。金红石、锆英石、铬铁矿、锡石分解不完全，加入氧化剂后可以改善分解效果。

$$SnO_2 + 2\,NaOH \xrightarrow{\text{熔融}} Na_2SnO_3 + H_2O$$

在镍坩埚 NaOH 分解耐火材料，测铁（邻菲罗啉比色法）有偏低现象，如表 6-11 所示。

白钨矿及黑钨矿均可用苛性碱分解。黑钨矿与 NaOH 的反应如下：

$$(Fe,\,Mn)WO_4 + 2\,NaOH \xrightarrow{\text{熔融}} Na_2WO_4 + (Fe,Mn)(OH)_2\downarrow$$

辉钼矿及其他有色金属的硫化矿，要适当加入少量氧化剂如 KNO_3、Na_2O_2 之类助熔。如果为了分离铅、钡等能形成难溶碳酸盐的元素，可加入 Na_2CO_3。

表 6-11　用 NaOH 熔融分解试样的比较

样品名称		Fe含量/%		
		可信结果	酸分解结果	NaOH 熔融结果
硅砖	1	0.66	0.66	0.64
	2	0.79	0.80	0.71
	3	0.84	0.83	0.74
黏土	1	0.98	0.93	0.93
	2	2.05	2.09	1.90
耐火砖	1	2.17	2.07	1.92
	2	2.81	2.75	2.51
	3	3.30	3.25	3.20

NaOH 特别是与 Na_2CO_3 混熔的熔块，冷透后不易用水提取，应趁热加水浸泡，脱埚以后如需避免硅酸凝聚可根据所用碱量计算好所需酸量，将分取部分碱液倒入一定量酸之中，即所谓"逆酸化"。而在采用硅酸钾容量法时，可将定量的酸一次倒入碱液，均可使 SiO_2 不致析出。

若用 NaOH 分解样品测定 Nb、Ta，碱熔后以水浸取的同时，应加入过量 NaCl，可使

Nb、Ta 与 W、Sn、V、Si 分离，但 Ti、Zr、Hf 与 Nb、Ta 同时沉淀。

测定钨矿石中的稀土，用 NaOH 在 $750\sim800℃$ 分解样品后，熔块可用水及三乙醇胺（有时也加入 EDTA）浸取，沉淀过滤后，使稀土与 Fe、Mn、Al、Sn、W、Mo、Ca、V、Si 等分离，三乙醇胺应在浸取前加入，如尚需加入 EDTA，则应在稀土氧化物沉淀以后再加，用量亦应适当控制，以免稀土与 EDTA 配位。稀土沉淀中残留杂质，可用硝酸-高氯酸除去，然后在 HNO_3 溶液中再用草酸沉淀稀土，即可获得较纯净的稀土草酸盐。

6.4.2.3　氢氧化钠与单体金属混合熔剂

NaOH 与单体金属合用于还原熔融虽早有报道，由于操作复杂使用极少，例如用 NaOH 和金属钠分解锡石，就需要一套特别的铁皮罩装置。但锌粉加 NaOH 用于分解锡石经近年来不断改进，则已在生产中使用。取样 $0.2\sim0.3g$，置于预先垫有 1g 锌粉的高型瓷坩埚中，加入 3 倍量的 NaOH，并盖上 2g 锌粉，再用 $0.1\sim0.2g$ NaCl 覆盖在锌粉表面，在 $550\sim900℃$ 熔融 15min，取下加还原铁粉后进行酸化，反应过程可表示为：

$$ZnO + 2\,NaOH \longrightarrow Na_2ZnO_2 + H_2O$$

$$Zn + 2\,NaOH \longrightarrow Na_2ZnO_2 + H_2$$

$$2\,H_2 + O_2 \xrightarrow[\triangle]{爆鸣} 2\,H_2O$$

$$SnO_2 + 2\,Zn \xrightarrow{\triangle} Sn + 2\,ZnO$$

$$SnO_2 + 2\,Zn + 6\,NaOH \longrightarrow Na_2SnO_2 + 2\,Na_2ZnO_2 + 2\,H_2O + H_2$$

或表示为：

$$4\,H^+ + SnO_2 \longrightarrow Sn + 2\,H_2O$$

$$Sn + 2\,NaOH \longrightarrow Na_2SnO_2 + H^2$$

$$Zn + SnO_2 + 4\,NaOH \longrightarrow Na_2SnO_2 + Na_2ZnO_2 + 2\,H_2O$$

该方法曾以锡的氧化物、硫化矿和含锡的硫精矿、钼精矿、铋精矿以及锡精矿等样品与过氧化钠分解法做了对比检查，认为均能满足分析要求。但含硫样应预先在 $500\sim600℃$ 焙烧脱硫。

6.4.2.4　熔块的浸取与分离

NaOH 熔融矿样后，以水浸取，按 4g NaOH，用 100mL 水估算，pH 约为 14，两性元素 Al、Be、Ga、Ge、Pb、Sb、Sn、Zn 等均进入溶液：

$$Al_2O_3 + 2\,NaOH \longrightarrow 2\,NaAlO_2 + H_2O$$

$$BeO + 2\,NaOH \longrightarrow Na_2BeO_2 + H_2O$$

而 Fe、Bi、Co、稀土、Mn、Mg、Ni、Ti、Th、Zr 等生成沉淀：

$$Fe_2O_3 + 2\,NaOH \longrightarrow 2\,NaFeO_2 + H_2O$$

$$2\,NaFeO_2 + 4H_2O \longrightarrow 2\,Fe(OH)_3 \downarrow + 2\,NaOH$$

Cu、In 具微弱两性，部分进入溶液后仍可析出沉淀：

$$CuO + 2\,NaOH \longrightarrow Na_2CuO_2 + H_2O$$

$$Na_2CuO_2 + 2\,H_2O \longrightarrow Cu(OH)_2 + 2\,NaOH$$

F、Cl、Br 几乎全部进入溶液，90％以上的碘、95％的砷进入溶液。

Nb、Ta 用 NaCl 溶液浸取可生成沉淀，镁不溶于过量 NaOH，但溶于酸及铵盐：

$$Mg(OH)_2 + 2\,HCl \longrightarrow MgCl_2 + 2\,H_2O$$

$$Mg(OH)_2 + 2\,NH_4Cl \longrightarrow MgCl_2 + 2\,NH_4OH$$

Pt、Au 均进入溶液，由坩埚带下的 Ag，在 NaOH 溶液中生成棕色的无水氧化物沉淀。

$$2\,Ag^+ + 2\,OH^- =\!=\!= 2\,AgOH =\!=\!= Ag_2O + H_2O$$

Ti 与冷的 NaOH 溶液作用生成胶状 H_4TiO_4 沉淀，在强碱溶液中能微溶，在盐酸溶液中则生成 H_2TiO_3 沉淀，在稀酸中甚难溶解。在采用"强碱分离"时，Ti 随碱度增大而进入溶液的量亦增大，利用此法可分离 Al 与 Ti。但值得注意的是，碱度小时，铝有被吸附的可能。

6.4.2.5　氢氧化钾为熔剂

KOH 性质与 NaOH 相似，更易吸潮，使用没有钠盐普遍，但亦有其特点。例如用氟硅酸钾容量法测定硅酸盐中的 SiO_2，由于氟硅酸钠的溶解度比氟硅酸钾要大4倍多，在沉淀过程中，还要加入钾盐，因此使用 KOH 分解样品，既可避免带进钠盐又补充了沉淀所需的钾盐。又如配位滴定 Ca 时，用钙黄绿素作指示剂，灵敏度甚高，但钠盐的剩余荧光比钾盐大得多，影响终点观察，如在分解样品时即采用钾盐，对滴定十分有利。在硅酸盐系统分析中均有采用。

单宁沉淀重量法测定 Nb、Ta 用 KOH 分解样品后，用 EDTA 浸取，可使待测组分与大量伴生元素分离。

6.4.2.6　氢氧化锂为熔剂

氢氧化锂 $LiOH \cdot H_2O$，用于超基性岩石的分解熔剂用量一般为样品的 $3\sim4$ 倍，在金坩埚中熔融 30min，其熔融物用水来浸取。

6.4.3　过氧化钠

6.4.3.1　一般特性

纯过氧化钠初熔时几乎不分解，当温度升高至 200℃ 时，开始析出氧：

$$2\,Na_2O_2 =\!=\!= 2\,Na_2O + O_2\uparrow$$

与岩矿样品反应时，析出的氧较理论值还高一些，因而具有极强的氧化力，为最强的碱性氧化熔剂。

过氧化钠与炭、木屑、铝粉、硫黄等易被氧化的物质作用时可引起猛烈的爆炸。尽管过氧化钠有很强的氧化能力和分解能力（如氧化硫为硫酸根、砷为砷酸根、铬为铬酸根），但在全分析中很少采用，主要是试剂不纯。过氧化钠中一般含有硅、铝、钙、铜以及由包装用的铁皮所引入的锡。过氧化钠主要用于下述情况：待测元素需经氧化后形成在碱性介质中可溶盐类，并能与其他元素分离。例如测定硫、铍、锡、钨、钼、钒、铬和锗等。

它几乎可使所有矿石试样分解，并氧化所有元素至高价态，是分解锡石、铬铁矿、锆英石等难熔矿物常用的熔剂，例如在分解锡石的反应为：

$$2\,Na_2O_2 + 2\,SnO_2 =\!=\!= 2\,Na_2SnO_3 + O_2\uparrow$$

熔融物用水浸取，加入盐酸时，锡酸钠即成为氯化锡：

$$Na_2SnO_3 + 6\,HCl =\!=\!= SnCl_4 + 2\,NaCl + 3\,H_2O$$

在分解含钼矿石，用水浸取，钼成钼酸钠进入溶液中，与铁等干扰元素分离。

$$MoS_2 + 9\,Na_2O_2 + 6\,H_2O =\!=\!= Na_2MoO_4 + 2\,Na_2SO_4 + 12\,NaOH$$

$$MoO_3 + 2\,Na_2O_2 + H_2O =\!=\!= Na_2MoO_4 + 2\,NaOH + O_2\uparrow$$

铬铁矿用 Na_2O_2 分解的反应式如下：

$$2\,(FeO \cdot Cr_2O_3) + 7\,Na_2O_2 =\!=\!= 2\,NaFeO_2 + 4\,Na_2CrO_4 + 2\,Na_2O$$

用水浸取时，则：

$$Na_2O + H_2O \Longrightarrow 2\,NaOH$$

$$Na_2O_2\,（过量熔剂）+ 2\,H_2O \Longrightarrow 2\,NaOH + H_2O_2$$

$$NaFeO_2 + 2\,H_2O \Longrightarrow Fe(OH)_3 \downarrow + NaOH$$

过氧化钠对黑钨矿的熔融分解为：

$$MnWO_4 + Na_2O_2 \Longrightarrow MnO_2 + Na_2WO_4$$

$$2\,FeWO_4 + 3Na_2O_2 \Longrightarrow 2\,NaFeO_2 + 2\,Na_2WO_4 + O_2 \uparrow$$

在分解含量高的有机物、硫化物、砷化物的试样时，应先经灼烧然后进行熔融，不然作用过于剧烈，易引起飞溅，甚至突然燃烧。

6.4.3.2 坩埚的选择及腐蚀

过氧化钠对坩埚的腐蚀十分剧烈，各类坩埚的腐蚀程度见图 6-8 和图 6-9。其中锆坩埚耐腐蚀性较好。有人曾以 20~25g Na_2O_2 在锆坩埚中分解 5g 硅酸盐样品，据称坩埚可用 150 次。热解石墨坩埚腐蚀性也较强，使用时先用 4~5g KOH 与 0.5g 样品在 350~400℃熔 10min，取下冷后，加入 1~2g Na_2O_2，并加热熔至透明。几种不同材料坩埚一次熔样损失为：

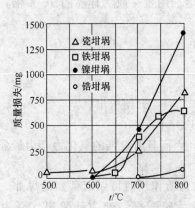

图 6-8 在 500~800℃用过氧化钠熔融
不同材料的坩埚腐蚀程度

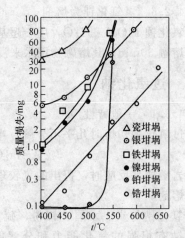

图 6-9 在 400~650℃用过氧化钠熔融
不同材料的坩埚腐蚀程度

热解石墨坩埚　　1~2mg　　　　　银坩埚　　70~100mg

镍坩埚　　　　　10~20mg　　　　刚玉坩埚　1000~3000mg

Fe、Ni、Ag、刚玉等坩埚材料均含有其他杂质，因此，有人提出在铂坩埚内先熔化一层 Na_2CO_3 作为保护层，冷后再用 Na_2O_2 熔样，也有直接用"碳酸钠坩埚"的（先在铂坩埚内熔化 10g Na_2CO_3，并将透明体倒入另一个光滑的铂坩埚中，再用一小的光滑铂坩埚压入熔体，立即用冷却水使熔体骤冷，用钳子夹出小铂坩埚，Na_2CO_3 坩埚此时黏附于上，立即在小铂坩埚内加换几次冷水，然后使 Na_2CO_3 坩埚脱出，放入干燥器内备用）。

6.4.3.3 Na_2O_2 与矿样的作用

试验表明，锆石与 Na_2O_2 在铂坩埚中（480±20）℃烧结 7min 后，可全溶于 HNO_3，对铂坩埚不侵蚀，对 Fe、Ni 坩埚侵蚀亦微（5mg 以下）。如用 20~25g Na_2O_2 在重 51g 的镍皿中分解 10g 锆石，7 次之后，坩埚材料损失仅 0.1g。实验还指出，许多矿物低于此温度即可分解，如石英、蔷薇辉石、硅镁镍矿在 263~284℃可 100% 分解，但锆石在 385℃只分解 65%，金红石在 286℃只分解 68%，铬铁矿在 294～297℃可分解 69%～98%。

也有人在铂坩埚中，控制温度在 500～550℃烧结分解铬铁矿后进行多元素分析。但要注意过氧化钠的熔点较准确的数字为 (495 ± 5)℃，因其吸水及吸收 CO_2 能力强，熔点误差可达 10℃以上。

用 Na_2O_2 与碳粉（15+1）在镍坩埚中用引燃的办法分解样品，即所谓"爆炸熔融"，早有人提出，据称可获得瞬时高温，对镍坩埚几乎无侵蚀，但操作复杂，分解亦不彻底，尚需二次熔融，未得推广。

6.4.3.4　熔块的浸取与分离

过氧化钠的熔融物极易用水浸出，并可使一些元素互相分离，铁、钛、锆、锰、镁、钴、镍、稀土等定量留于沉淀中；铬、砷、铅、硅、硫、锑、铜等定量转入溶液。如试样中含钙、镁时，部分铝、钨、磷、锡进入沉淀，铜仅部分沉淀。磷酸盐和钙、镁等碱土金属在碱性溶液中有较强结合能力，分解浸出磷灰岩类含钙试样，磷几乎定量沉淀。用过氧化钠熔融时，加入适量的磷酸钠（约 0.5g，视碱土金属多少和试样量而定），用水浸取可使钼、钨等定量转入溶液，这可用于钼、钨和其他元素的快速分离和测定。

用 Na_2O_2 熔融后，所有变价元素均被氧化到高价，熔块用水提取，各元素的行为与 $NaOH$ 熔融基本相似，但均被氧化到最高价态，同时溶液中还存在 H_2O_2，硫、砷被氧化为酸根：

$$2\,FeS_2 + 15\,Na_2O_2 + 14\,H_2O \Longrightarrow 2\,Fe(OH)_3 \downarrow + 4\,Na_2SO_4 + 22\,NaOH$$

$$2\,As_2O_3 + 6\,Na_2O_2 \longrightarrow 4\,Na_3AsO_4 + O_2 \uparrow$$

$$Na_3AsO_4 + 3\,H_2O \longrightarrow H_3AsO_4 + 3\,NaOH$$

锰在熔融时，如果时间短则发生下述反应：

$$MnWO_4 + Na_2O_2 \Longrightarrow MnO_2 + Na_2WO_4$$

时间长，则：

$$MnO_2 + Na_2O_2 \Longrightarrow Na_2MnO_4$$

时间过长，则：

$$2\,Na_2MnO_4 + Na_2O_2 \Longrightarrow 2\,NaMnO_4 + 2\,Na_2O$$

水解后：

$$4\,NaMnO_4 + 2\,Na_2O + 2\,H_2O \longrightarrow 4\,Na_2MnO_4 + 2\,H_2O + O_2 \uparrow$$

如残存有 H_2O_2 未消除，酸化后锰又还原：

$$Na_2MnO_4 + 4\,HCl + 2\,H_2O_2 \longrightarrow MnCl_2 + 2\,NaCl + O_2 \uparrow + 4\,H_2O$$

铬全部进入溶液，酸化后情况与锰相似。如残存的 H_2O_2 对以后的测定有妨碍，可用蒸干、煮沸、静置、加入催化剂铈或氧化剂如 $KMnO_4$ 等办法来消除。金属粉末如 Ag、Pt、Mn 及其氧化物如钴、铁、钼以及活性炭等均不能使 H_2O_2 分解，加热浓度为 90%的 H_2O_2，温度每升高 10℃分解速率可增加 2.2 倍，而在 140℃时分解最快，某些元素如 Cr^{3+} 在碱性介质中与 H_2O_2 生成过氧化物，酸化时又释出 H_2O_2，可使 $Cr(Ⅵ)$ 定量还原。

6.4.4　碱金属的酸式硫酸盐和焦硫酸盐

硫酸氢钠（钾）和焦硫酸钠（钾）作为酸性熔剂，主要用以分解氧化物。采用焦硫酸盐较为有利，因为用它熔融时较为平静，而用酸式硫酸盐熔融时，有水分析出，同时易于起泡，使之喷溅。将硫酸氢钾加热至完全失水而停止发泡时，即可制得焦硫酸钾：

$$2\,KHSO_4 \xrightarrow{\text{灼烧}} K_2S_2O_7 + H_2O$$

因为发泡的缘故，硫酸氢钾本身不适合作熔剂。制备焦硫酸钾的一个方便途径是加热过硫酸钾使其脱氧：

$$2 K_2S_2O_8 \xrightarrow{\triangle} 2 K_2S_2O_7 + O_2 \uparrow$$

两者的作用是一样的。焦硫酸钾或硫酸氢钾在高于 420℃（钠盐高于 370℃）时分解产生硫酸酐。

$$K_2S_2O_7 \xrightarrow{灼烧} K_2SO_4 + SO_3 \uparrow$$

$K_2S_2O_7$ 分解析出的硫酸酐是熔剂的主要有效因素，硫酸酐在析出阶段具有很强的反应能力。如果熔融时间过长，当绝大部分熔剂分解为中性硫酸盐（钠盐较钾盐易于分解）时，必须待熔块冷却后，加入 1~2 滴浓硫酸，再小心熔融。

产生的硫酸酐（SO_3）可与碱性或中性氧化物作用，生成可溶性的硫酸盐。因此，在矿石分析中常用来分解铌、钽酸盐、含锑矿和铁、钛、铝的氧化矿物。对于用过氧化钠也不容易完全分解的方钍石，用焦硫酸钾熔融则有特效。由于 $K_2S_2O_7$ 对铝、钛、锆、铌、钽、铁等的氧化物有强烈的分解作用，所以，在分析硅酸盐时，往往用来分解碱熔后的残渣或烧灼后的氧化物，对有关的矿物和氧化物的分解的反应如下：

$$TiO_2 + 2 K_2S_2O_7 \longrightarrow Ti(SO_4)_2 + 2 K_2SO_4$$
$$Ta_2O_5 + 5 K_2S_2O_7 \longrightarrow Ta_2(SO_4)_5 + 5 K_2SO_4$$
$$Nb_2O_5 + 5 K_2S_2O_7 \longrightarrow Nb_2(SO_4)_5 + 5 K_2SO_4$$

灼烧后的 Al_2O_3，不溶于酸，但可用 $K_2S_2O_7$ 熔融，用 H_2SO_4 浸取，生成可溶性的 $Al_2(SO_4)_3$：

$$Al_2O_3 + 3 K_2S_2O_7 \longrightarrow Al_2(SO_4)_3 + 3 K_2SO_4$$

也可以这样来理解这个反应：

第一步：　　　　$K_2S_2O_7 \longrightarrow K_2SO_4 + SO_3 \uparrow$

第二步：　　　　$3 SO_3 + Al_2O_3 \longrightarrow Al_2(SO_4)_3$

熔融可在瓷坩埚、石英坩埚、铂坩埚等耐酸耐热容器中进行。但焦硫酸钾对铂坩埚稍有腐蚀，每次损失达数毫克；采用瓷坩埚或石英坩埚转入熔融物中的硅酸盐极少，因此，瓷坩埚是焦硫酸钾（钠）熔融的最适宜容器。

为防止分解过剧引起飞溅，坩埚置入未升温或低于 300℃ 高温炉后宜慢慢升温至 600℃左右，根据矿样性质再继续熔融 0.5~1h，为了提高分析效果，将称得的试样撒入预先铺入坩埚的熔剂上，然后再覆盖一层熔剂，同时，熔融时坩埚最好加盖，以减少三氧化硫的损失和有利于实验室的清洁。熔融完毕后，如发现矿样未能完全分解，可待坩埚冷却后，加入浓硫酸 4~5 滴，加盖，继续进行熔融。

$K_2S_2O_7$ 在熔融时，随着温度的升高，$K_2S_2O_7$ 开始转化为液体，再将温度升高时，则成暗红色液体，在熔融时应徐徐加热，保持有效成分硫酸酐的作用。若过度加热，产生白烟，熔融物贴在坩埚壁上。熔融时间过长，SO_3 挥发使试样未完全分解产生固化。在这种情况下待熔融物冷却后，添加几滴 H_2SO_4 使之转化：

$$K_2SO_4 + H_2SO_4 \longrightarrow K_2S_2O_7 + H_2O$$

由于焦硫酸盐冷却后体积要缩小，所以很容易把熔块从坩埚中取出。

焦硫酸钾还可用焦硫酸钠来代替，但由于焦硫酸钠易失去三氧化硫，若需在高温时保持三氧化硫的作用，则最好采用钾盐，其用量通常是试样的 15 倍左右。应该避免长时间地熔融，不然将使钽、铌、锆、钛、铬等形成难溶性的硫酸盐。

6.4.5　氟化物

氟氢化钾（KHF_2）和氟氢化铵（NH_4HF_2）均属于酸性熔剂，对难熔矿物如锆石、绿柱石和铌钽酸盐的分解十分有效，在熔融时和 Be、Al、Fe、Ti、Zr、Nb、Ta、U 等形成稳定的氟配合物，但钙、钍和稀土元素形成不溶的氟化物，当用 5% HF 来提取熔融物可以达到分离可溶性和不溶性氟化物的目的。

用氟氢化钾熔融通常分两步进行。先在低温缓缓进行分解，这时熔剂热解放出氟化氢，后者强烈地破坏硅酸盐晶格。这步反应结束时，氟氢化钾全部转变成氟化钾，然后提高温度（700℃以上）继续熔融（最好在马弗炉中进行）。在这一步，氧化物被分解，转变为氟配合物及氟氧化物。通常高温熔融 15～20min 已足够，如果在这段时间内样品分解不完全，表明在开始阶段加热温度过高或升温太快，氟氢化钾过快地完全转变成氟化钾。此时可待熔块冷却后，加入数滴浓氢氟酸润湿熔块，干涸后再熔融。用氟氢化钾熔融分解，对于硅酸盐，通常较其他熔剂完成得快。

与使用氢氟酸分解样品一样，氟氢化钾熔融分解后氟离子难以完全除去，为了除去氟离子，通常用硫酸冒烟；或者先用硫酸冒烟（此时形成硫酸氢钾），然后再在马弗炉内熔融。直接用氟化物与焦硫酸混合物熔融，也可较为彻底地除去氟。

用氟氧化钾分解硅酸盐时，如果仅停留在分解的第一阶段，而不再在高温熔融时，硅不损失。这个方法曾被用来测定岩石和炉渣中的硅，通常是在铂或银坩埚中进行熔融的。熔块用无机酸（硝酸、氢氟酸、盐酸）提取（有时加入相应的钾盐），滤出析出的硅氟酸钾，用酸碱容量法完成测定。此法可以测定难分解的硅酸盐如绿柱石、红柱石中的硅。

实验证明用氟氢化钾熔融分解试样时，对铂坩埚有腐蚀，用 2g 氟氢化钾熔融一次可腐蚀铂约 $150\mu g$。

6.4.6　硼的化合物

硼的氧化物和一些碱金属、碱土金属的硼酸盐是非氧化性熔剂，无论是酸性的硼酐，或是碱性的碱金属四硼酸钠，在熔融分解时都是利用其在高温脱水后的无水化合物。这类熔剂既可以单独使用，也可以与其他物质混合使用。这些混合物是硼的化合物加入氧化剂或改变酸碱性的其他熔剂配制而成。

在铂坩埚中使用这些熔剂对铂的侵蚀不大，但其熔融物易附着在坩埚壁上。用玻璃碳的坩埚十分有利，其熔融物容易倒出，用石墨坩埚也可取得同样的效果。

硼酸盐的熔融物具有高的黏性，其黏度随酸性熔剂的增加而增加，也受熔融温度的影响。在高温下进行熔融会引起碱金属硼酸盐的热解，特别是锂盐。在高温时生成碱金属的氧化物还会腐蚀铂和铂的合金。在高温条件下，一些金属离子在熔融时还会还原成金属，特别是 Fe(Ⅲ)、Co(Ⅲ)、Pb(Ⅲ) 和 Sn(Ⅳ) 离子，它们与铂形成合金，干扰测定和腐蚀坩埚。硼化合物熔融时的温度列于表 6-12。

表 6-12　硼化合物熔剂的熔点

基本组成	质量分数/%	熔点/℃
B_2O_3	—	450
$NaBO_2$	—	966
$Na_2B_4O_7$	—	742.5

基本组成	质量分数/%	熔点/℃
$Na_2B_4O_7 + NaF$	80+20	839
$LiBO_2$	—	845
$Li_2B_4O_7$	—	930
$Li_2B_4O_7 + LiBO_2$	66.5+33.5	875
$Li_2B_4O_7 + LiF$	80+20	780
$Li_2BO_2 + Li_2B_4O_7$	80+20	830
$Ca(BO_2)_2$	—	1160

6.4.6.1 硼的氧化物

在这组硼化合物熔剂中硼的氧化物是最弱的熔剂，属非氧化性熔剂。

用硼酐熔融适用测定含氟量高的样品中的二氧化硅。测定萤石、萤石精矿以及水晶石中的硅时，可直接使用硼酸代替硼酐。熔剂中加入少量碳酸钠可以提高释出氧化铝的溶解度。熔融分解的温度达到1200℃时，氟化硼可以完全除去。

熔融过程中，硼酐部分呈白色蒸气挥发，在1500℃以上损失显著。用硼酐熔融分解含氟样品，氟以三氟化硼形式逸出，硅不损失。

在铂坩埚中用硼酸熔融时对铂的侵蚀不大。如硼对测定有干扰，可以硼甲基醚形式挥发除去。

6.4.6.2 碱金属的硼酸盐

这类熔剂分为偏硼酸盐和四硼酸盐。无水四硼酸钠既可以单独使用，也可以和碱金属的碳酸盐混合使用。该方法可以选择性地分解难熔矿物，是一种快速分解试样的好方法。

硼砂（$Na_2B_4O_7 \cdot 10H_2O$）分解矿物十分有效，通常使用前需重结晶并加热脱水（置于铂皿中，先在水浴上加热，然后在800～900℃处理），但熔融后的硼砂仍易吸湿。样品分解后，硼可以硼甲基醚的形式挥发除去。

对于含铝、铁、钴、铌、钽以及其他元素的氧化性样品，硼砂是最适宜而有效的熔剂。

6.4.6.3 偏硼酸锂

偏硼酸锂（$LiBO_2$）也是非氧化性的熔剂。用锂盐代替钠盐的最大优点是，可在制得的溶液进行钾和钠的测定，此点是其他熔剂所不及的。

用下述方法制备偏硼酸锂：将无水碳酸锂（73.89g）和硼酸（123.6g）充分混匀，置于银皿或铂皿中，慢慢加热到250～300℃，粉碎熔块，再加热到625℃，保持此温度0.5～1h，大批制备时可以延长加热时间。在反应物研得很细并充分混匀的情况下，约有95%的试剂参加反应。可以用重结晶法提纯，然后在625℃灼烧脱水。

可以直接使用碳酸锂与硼酸或硼酐的混合物作为熔剂。采用1:1的碳酸锂和硼酸的混合物作为熔剂，混合物比偏硼酸锂优越，可能是由于二氧化碳的逸出和熔剂稍带碱性使分解更为有效。

有人比较过2:1，1:1，1:2三种碳酸锂-硼酸混合物，认为按2:1的比例对于提取熔块较为有利。四硼酸锂（$Li_2B_4O_7$）也可用作熔剂，但分解能力不如偏硼酸锂。

通常在硅酸盐化学分析中，熔剂使用量为样品量的2.5～7倍。过多或过少的熔剂都使熔解变慢。必须充分将熔剂和样品混匀，因为熔融物很黏稠，局部富集的二氧化硅分散很慢。通常在 900℃ 熔融，时间不超过 15min。

偏硼酸锂熔融可在铂、金、石墨及碳化硼等器皿中进行。碳化硼坩埚适于测定微量元素，它可在氧化气氛中熔融而不致沾污。预先在 950℃ 灼烧 2h，坩埚保持干燥时，可以防止碎裂。使用石墨坩埚时，应预先在 900℃ 灼烧空坩埚 0.5h，小心保护形成的粉状表面，这样有利于取出熔块。将样品和熔剂混匀，用滤纸包好，在有石墨粉垫底的瓷坩埚中熔融，熔块可以用镊子取出。

偏硼酸锂的熔块的脱坩和溶解均较困难。除上述方法外，还可使用机械搅拌、超声波以促进熔块溶解，或者将熔体注入稀酸中。有人将熔体制成 80μm 厚的薄板，再用酸溶解，或者将熔块粉碎后再溶解。

提取熔块的难易与熔剂和样品的组成有关。有人认为，用偏硼酸锂熔融分解铁含量高的样品和空白试验，熔块均难以脱坩，而改用偏硼酸锂和四硼酸盐混合物（1∶2）则易取出。也有人认为高硅样品的熔块难以取出。

使用稀硝酸提取熔块时，酸的浓度需控制在一个比较严格的范围内，所用酸的物质的量必须稍多于熔剂中的锂的物质的量，但过多的酸对于比色法或原子吸收法测定硅都是不利的。稀盐酸、硫酸、氢氟酸也用于提取熔块。除无机酸外，还可用柠檬酸、乙酸、羟基乙酸、乳酸和酒石酸等有机酸，甚至用 EDTA。为了便于硅的凝聚，采用浓酸提取熔块。在此条件下，使用硝酸时熔块溶解慢，而且不完全。

提取过程中，硅的行为与熔融和提取条件有密切的关系。用偏硼酸锂溶融分解样品，尽管矿物完全分解，但硅酸盐结构还保持着，甚至当熔块溶于稀酸后，Si-O 晶体结构骨架的碎片还完整地保留着。熔融时间太短，尤其是当熔剂与样品比例较小的情况下，熔块非常不均匀，提取时硅酸极易析出。如用比色法测定硅时，用偏硼酸锂在 950℃ 熔融 15min 制备的硅标准溶液，只能保存 3d 左右。如用 10 倍量的硼酸锂在 1200℃ 熔融 1h，所制备的硅标准溶液可以稳定 3～4 个月；放置 11 个月后，经测定硅的浓度约高出 1%，这可解释为溶液蒸发所引起的。

为了避免提取偏硼酸锂熔块时析出硅酸，最好是等到熔块充分冷却后再用酸提取。相反，为了定量析出硅酸，待偏硼酸锂熔球冷至可用镊子钳动时，即迅速将其放入浓盐酸中。

偏硼酸锂广泛地用于岩石全分析，如用原子吸收法的分光光度法完成测定，个别组分的测定使用配位滴定。测定硅时，可用离子交换分离干扰元素。用锂和锶的硼酸盐混合物或直接用偏硼酸锶作熔剂，对于原子吸收法测定钙和镁是很方便的。偏硼酸锂熔融分解还应用于原子吸收法测定某些微量元素，如铜、钴、镍、钒、铬、锌、铷。测定钇铝石榴石中的钕时，也用这种熔融方法。

分解硫化矿物或者含硫高和含亚铁高的岩石时，样品应预先在 500℃ 灼烧。在石墨坩埚中熔融，银和铜被还原成金属，其熔珠可聚集其他金属（如锡和铅）。如遇此情况最好是在铂或金坩埚里进行熔融。

偏硼酸锂熔融也用于分解其他的矿物，氧化矿物和氧化铝、铬铁矿、钛铁矿等。对于铁矿或者含高铁的硅酸盐样品，熔融前可加入二氧化硅。在石墨坩埚里熔融铬铁矿很难反应，含铬铁矿的样品应在铂或者金坩埚中在氧化气氛里熔融。

偏硼酸锂熔块应用于 X 射线荧光光谱分析，根据样品的性质，熔剂与样品的比例可由 1∶1～10∶1，甚至更高。熔块有一定的机械强度且不具吸湿性，用 2∶1 的硼酸-碳酸锂作为熔剂，得到的玻璃体具有良好的均匀性和透明度。这种熔融法已在光谱分析中得到应用。采用化学光谱法，以钴作内标，在用阳离子交换剂提取熔块后，可以在干燥过的树脂中测定铝、铁、镁、钙、锰、钛、钡、钴、铬、铜、镍、锶和钒，而在另一部分熔块中分别以火焰光度法和原子吸收法测定钾、钠和硅。光谱分析和 X 射线荧光光谱分析中，可用四硼酸锂作熔剂，在作内标的金属氧化物（如氧化镧或氧化钒）存在下进行熔融。测定硅酸盐中的轻金属时采用此法进行分解，样品与 2～3 倍量的熔剂混合，在 950℃ 熔融 30min，熔剂冷却后研成粉末，与酚醛树脂混合压片。

用四硼酸锂在石墨坩埚中于 1200℃ 以上熔融分解砂子等样品，发现钴（内标元素）和铁损失。熔融时间在 10min 以上时，损失显著。损失原因是坩埚材料将钴、铁的氧化物还原成金属。必须在 1200℃ 熔融时，应使用铂坩埚。

用偏硼酸锂熔融分解试样的条件示例见表 6-13。

表 6-13　用偏硼酸锂熔融分解试样的条件示例

物质	熔剂与样品的比例	坩埚	温度/℃	时间/min	熔剂
岩石	5∶1	石墨	1000	60	$0.04\text{mol} \cdot \text{L}^{-1}\text{HNO}_3$
岩石	6∶1	石墨	1000	60	$0.18\text{mol} \cdot \text{L}^{-1}\text{HCl}$
岩石	5∶1	石墨	1000	30	$0.58\text{mol} \cdot \text{L}^{-1}\text{HNO}_3$
岩石	7∶1	石墨	900	15	—
岩石、黏土、石灰石	6∶1	铂	980	15	热 $2.4\text{mol} \cdot \text{L}^{-1}\text{HCl}$
硅酸盐	5∶1	石墨	1000	15	$0.4\text{mol} \cdot \text{L}^{-1}\text{HNO}_3$
硅酸盐	5∶1	铂	1000	15	$0.4\text{mol} \cdot \text{L}^{-1}\text{HNO}_3$
硅酸盐、煤灰	$4∶1 + \text{VO}_3^-$	铂	900	熔至清亮	$0.8\text{mol} \cdot \text{L}^{-1}\text{HNO}_3$
硅酸盐	4∶1	石墨	900	15	$5.4\text{mol} \cdot \text{L}^{-1}\text{HF}$
硅酸盐岩石	5∶1	金	950	30	$0.16\text{mol} \cdot \text{L}^{-1}\text{HBF}_4$
硅酸盐、碳酸盐、铝土矿	5∶1	铂	950	熔至清亮	$0.9\text{mol} \cdot \text{L}^{-1}\text{HCl}$
硅酸盐	5∶1	铂	950	(15+5)	$0.07\text{mol} \cdot \text{L}^{-1}\text{HNO}_3 + \text{EDTA} + \text{HF}$
飘尘	$10∶1 + \text{VO}_3^-$	铂	900	熔至清亮	$0.07\text{mol} \cdot \text{L}^{-1}\text{HNO}_3 + \text{EDTA}$
岩石、飘尘	7∶1	铂	950	10	
岩石、土壤	5∶1	铂	950	15	$1.6\text{mol} \cdot \text{L}^{-1}\text{HNO}_3$
炼钢残渣	6∶1	石墨	950	10	$1\text{mol} \cdot \text{L}^{-1}\text{HNO}_3$
岩石	2.5～5∶1	铂	1000	(3+3)	$1.5\text{mol} \cdot \text{L}^{-1}\text{HCl}$
陶瓷物质	6∶1	铂	1000	15	稀 HCl
岩石	5∶1	铂	950	15	稀 HNO_3
炉渣、水泥灰	—	石墨	—	—	稀 HCl

6.4.6.4　其他含硼的熔剂

这类熔剂有偏硼酸钠（$\text{NaBO}_2 \cdot \text{H}_2\text{O}$）、硼酸锂（$\text{Li}_2\text{B}_4\text{O}_7$）、偏硼酸钙 $[\text{Ca}(\text{BO}_2)_2]$、偏硼氟酸钠（$\text{Na}_2\text{B}_2\text{F}_2\text{O}_3$）等。

6.4.7　还原性熔剂

为了分解某些很稳定的矿物（如锡石），在分解用的熔剂中加入适当的还原剂进行熔融。

熔融过程中，待测组分被还原成金属。此种反应多数是使用碱性熔剂，在一定条件下生成的金属又重新为熔剂所熔融。通常，反应产物易溶于水和稀无机酸。

重金属（包括铅、铜、锑和铋）的氧化物用这种方法易于还原。方法常用于贵金属（银和金）及铂族金属的测定。向样品加入氧化铅和还原剂，被还原和熔融的铅熔解贵金属。在容器底部形成铅扣，用此法富集贵金属并与灰吹法相结合的方法，是中世纪已闻名的最古老的分析方法。由于称取的样品多，这就保证了样品的代表性，因此这种方法（铅试金法）至今还被采用。

处理样品分两个阶段。首先样品与混合熔剂混匀，置于耐火黏土坩埚中，在电炉中熔融，此时样品熔解，加入的一部分氧化铅被还原成金属铅。碳酸钠、硼砂、二氧化硅和一部分氧化铅与样品中的其他组分造渣，此时银、金和铂族元素的化合物被还原成金属。同时进入铅扣。反应结束后，熔铅聚集在坩埚底部。由炉中取出坩埚，趁热将坩埚内容物倒入预先准备好的铁模中，冷却后，取出铅扣。

6.4.7.1 分离与富集的原理

① 金、银及部分铂族金属在熔融的金属铅中有极大的溶解度，而在适当成分的熔渣中几乎不溶。

② 由于熔铅和熔渣的密度不同，熔铅以合金形式吸收全部金、银、铂、钯、铑，由于密度较大而下沉，锇、钌、铱不与铅生成合金，但由于密度大亦下沉，熔渣轻而上浮，于是含贵金属的铅合金与熔渣完全分离。

③ 由于铅易于氧化，可以用空气中的氧使之氧化成氧化铅，并用灰皿将其吸收而与贵金属分离。

④ 金、银及铂族元素在稀硝酸中溶解性不同，银能完全溶解，而金及铂族元素不溶。

6.4.7.2 主要熔剂及其作用

熔融用的混合熔剂的组成，取决于分析样品组成的特性。碳酸钠、硼砂、二氧化硅以及氧化铅作为熔剂配料的主要成分，有时还用小麦粉、木炭粉、硝酸钾、氧化钙、氟化钙、铁钉或食盐等与熔剂配合使用。

① 氧化铅（即密陀僧）是火试金主要的试剂之一，熔点为 $883℃$，其主要作用如下。

第一，氧化铅被还原剂还原生成金属铅，是贵金属的捕集剂：

$$2PbO+C \Longrightarrow CO_2 \uparrow +2Pb$$

第二，氧化铅是一种易熔的碱性熔剂，能与 SiO_2 及其他酸性氧化物反应生成易熔的化合物，易于造渣：

$$PbO+SiO_2 \Longrightarrow PbSiO_3$$

由此可见，PbO 对 SiO_2 的亲和力极强，若样品及混合料中 SiO_2 的量不足，则坩埚本身所含二氧化硅及其他酸性物将会被其夺取。时间久了坩埚就会被其腐蚀产生漏洞而损失。

第三，氧化铅极易放出氧气，与碳、硫、硫化物、铁等共热时将使它们氧化，本身还原成铅，有氧化作用和脱硫作用，可作为氧化剂和脱硫剂。例如：

$$3PbO+ZnS \Longrightarrow ZnO+SO_2 \uparrow +3Pb$$
（氧化作用及脱硫作用）

氧化铅不应含 Ag、Au、Bi。

② Na_2CO_3 是强有力的碱性熔剂，熔点为 $852℃$，其主要作用如下。

第一，碳酸钠能与矿样中的酸性氧化物如 SiO_2、B_2O_3、P_2O_5、As_2O_5、SO_2 等反应生成较易熔的化合物，例如：

$$SiO_2 + Na_2CO_3 =\!=\!= Na_2SiO_3 + CO_2 \uparrow$$

因而可使硅酸盐分解。

第二，Na_2CO_3 能与硫及碱金属硫化物作用生成硫酸盐，故有脱硫作用。如采用 $Na_2CO_3\text{-}K_2CO_3$ 混合使用，能使熔炼温度降低，其作用力更强。

③ 硼砂（$Na_2B_4O_7 \cdot 10H_2O$）是一种易熔性的酸性熔剂，在加热时先行熔化随后变成无水化合物，其主要作用如下。

降低熔炼温度，在低温熔融时可帮助矿石造渣，有降低熔渣熔点的作用；能与金属氧化物作用生成复盐，为金属氧化物的优良熔剂，例如：

$$CuO + Na_2B_4O_7 =\!=\!= Cu(BO_2)_2 \cdot 2NaBO_2$$

在熔炼即将结束时，能使熔融物的黏度减小，利于熔铅下沉。

④ 石英粉是一种强的酸性试剂，其主要作用如下。

第一，与矿样中的金属氧化物化合生成硅酸盐，组成熔渣的主要成分，例如：

$$CaO + SiO_2 =\!=\!= CaSiO_3$$

第二，保护坩埚，降低氧化铅对坩埚的侵蚀作用，但用量不宜过多，否则增加操作困难，且部分金属留在熔渣中难以分离出来。

可用玻璃粉（Na_2SiO_3）代替石英粉。

然后，将所得的铅扣放入预热的多孔灰皿中，加热，熔融的氧化铅绝大部分被灰皿吸收（只有很小一部分挥发除去），此时，在灰皿中可得到一颗金属合金。从皿中取出合金粒，供以后分析用。

6.4.8　坩埚的选择

由于熔融是在高温下进行的，因而熔剂具有极大的化学活泼性，所以选择坩埚就成为很重要的问题。选择坩埚，不仅要保证熔融时坩埚不会损坏，而且要保证分析的准确度。表6-14所列可供选择坩埚参考，"＋"号表示能用，"－"号表示不能用。

表 6-14 所列的选择方法也不是绝对的。众所周知，Na_2O_2 会严重地腐蚀瓷坩埚，一般不能使用，而应选用镍或铁坩埚熔融试样，但是如果腐蚀瓷坩埚而引入的硅，不影响或稍经处理后不影响欲测组分的测定，是可以用的。

表 6-14　常用熔剂和坩埚材料和选择

熔剂	熔剂加入量（试样重的倍数）	坩埚材料						
		Pt	Ag	Fe	Ni	瓷	石英	刚玉
Na_2CO_3	6~8 倍	＋	－	＋	＋	－	－	＋
$Na_2CO_3 + K_2CO_3$	6~8 倍	＋	－	＋	＋	－	－	＋
Na_2O_2	6~8 倍	－	＋	＋	＋	－	－	＋
NaOH	6~8 倍	＋	＋	＋	＋	－	－	－
$K_2S_2O_7$	8~12 倍	＋	－	－	－	＋	＋	－
$Na_2CO_3 + MgO$	10~14 倍	－	－	－	＋	＋	＋	＋

6.5　烧结分解法

熔融分解方法，虽然可以分解所有自然界中产出的岩石、矿物或矿石样品，可是由于熔融分解过程中使用了较高的温度，因而不可避免地要侵蚀分解所用的器皿，甚至有时熔融物与器皿之间也发生部分元素的交换作用，这些都给后续的分析造成了一定的困难。因此，分析工作者曾深入地研究过另外一种分解手段，这种手段与熔融法的不同之处是把熔剂用量限制到最低，严格地控制分解时的温度，反应最后得到的产物应是易溶于无机酸或水的疏松的烧结块，这就是许多实验室经常使用的烧结分解法。这种方法尽管克服了熔融分解法的某些不足之处，但是方法在应用上有很大的局限性。样品烧结分解能否达到预期的目的，取决于烧结的条件（熔剂及其用量，烧结温度及时间等）和样品的性质，同时也与待测元素的特性有密切关系。

从物理化学的观点来看，烧结属于固相反应。固态物质之间当温度低于其熔点或单个组分的离解温度时，没有气相或液相也能进行反应。例如某些金属在温度低于其共熔混合物的熔点时，彼此扩散形成固熔体。这种类型的反应的机理可粗略地解释为：在化学上能够相互作用的两种结晶物质，在其直接接触的地方形成单层的反应产物。随着温度的增高，在晶格里的粒子振动更剧烈。因此加热粉状混合物时，晶格中的离子或分子由于增加振幅，可能相互交换位置，这一瞬间就是所谓内部扩散的开始，反应也就开始。扩散把反应的产物从两相间移出，未反应的物质又接触发生反应，就这样边移出边接触边反应。

可以用分子或离子热运动来解释固态下物质的烧结和反应。因为，固体表面原子的能量高于晶体结构内部原子的能量，具有大表面的粒子处于非平衡状态，趋向于降低表面能，以便实现具有最低表面能的分布。在常温下，由于扩散速率很慢，这个过程不易觉察到，如果给振动中的原子或离子提供足够的热能以克服晶格能，粒子面接触区域的原子或离子便进行交换，最终达到正常的统计分配。虽然整个过程相当慢，但是，结构中微小的非均匀性（如位移或空穴）都会大大加快这个过程。除了体积内部的扩散，粒子的界面和表面上也同样有扩散，它们扩散速率的比值取决于温度。在较低或中等温度时，界面扩散占优势，它比体积内部扩散速率大几个数量级。体积内部扩散系数 D_v 与粒子界面扩散系数 D_b 之比与温度的关系见式（6-5）。

$$D_v/D_b = k(-\Delta U_v + \Delta U_b)/RT \tag{6-5}$$

式中，ΔU_v 与 ΔU_b 分别表示内部和界面的扩散活化能；R 是气体常数；T 为热力学温度，K；k 为常数。随着界面上粒子位置的改变，同时发生化学反应，从而使粒子扩散进入晶体体积内。反应通常形成新的晶体，即重结晶。晶格激发所需的最低温度称为内扩散温度，可用物质熔融的热力学温度的分数表示，对大多数化合物，可达到 $50\%\sim70\%$。内扩散把反应产物从接触区域移开，以便反应继续进行，这种扩散对固体混合物起到了搅拌作用。

由于固体反应混合物扩散很慢，所以固体之间的反应也进行得很慢，因而在实际条件下，反应通常不能进行到底。参加反应物质的反应能力取决于它们的制备方法和粒度、气相或液相的存在、机械因素、外加化合物等，而在个别情况下还依赖于粒子的极化。

固体物质的反应能力取决于某些气体的存在，虽然这些气体与固体物质之间不进行化学反应。气体可以渗入晶格中，溶解在物质里，这就增加或减弱了物质的反应能力。例如，由氧化钙和二氧化硅生成硅酸钙时，预先在三氧化硫气氛中灼烧石英可减少石英的活性。但相反在空气中或者在二氧化硫或氧气中灼烧石英，则可增加其活性，促使它与氧化钙的反应。其他能与反应物质形成固熔体或中间产物的杂质也有相似的作用。

在气相或液相里，固相反应快得多，这是由于加速了扩散作用或者是由于急剧增加了接触面积之故，此时的反应面积亦即固体微粒的总面积。通常反应的结果得到液体产物，这层产物是在固体物质表面，其厚度随时间增加，反应的方向和速率既取决于这层分子的性质和运动的速率，也取决于两相界面作用的速率，归根结底决定于原来分解物质的特性。

固体物质烧结时由于它们离解和熔化的结果出现气相或液相。在许多情况下由于一种反应物与存在的某些气体组分起反应，形成气体产物。例如还原性混合物组分中的碳和混合物固体组分只部分地起反应，主要是与以气体状态存在着的氧和二氧化碳起反应，此时变成一氧化碳，一氧化碳随后起还原剂的作用。

加入能够形成低共熔混合物的物质可以改变固体物质之间的反应速率。大多数情况下反应过程中释出的热量足以得到低共熔合金。在固相里进行的作用仅仅是反应的开始，它进行得很缓慢，当出现液相时反应才大大地加速。但是有时形成的液相不但不能起加速作用，反而起阻碍作用。例如当混合物的固体组分与气相反应时，固体微粒表面上的一层液体薄膜会阻碍气体进入到微粒里去。

如果固体物质之间反应所形成的只是固熔体，那么在作用过程中所有组分的活性保持一定。由此可见（某些特殊情况例外）这样的反应不可能达到平衡状态。在这样的体系里，假如原来的物质完全耗尽，可以认为反应是充分的。固相反应向降低体系自由能的方向进行。固体物质间的反应引起熵的变化不大，实际上可以忽略，因为这些反应与体系的热平衡降低有关，所以通常反应是放热的。

固体物质之间的反应有各种物理和化学作用同时发生，这就使揭示控制反应动力学的一般规律复杂化。因为实际上反应经常在固相和液相之间进行，有时也在固相和气相之间进行，形成气相和液相的速率与许多因素有关，因此，固相中的反应不容易总结出一种公式。迄今为止还没有足够的资料来解释许多现象以及某些因素对烧结作用和速率的影响。

6.5.1 用过氧化钠烧结

过氧化钠作为熔剂具有很强的分解能力，但由于它严重地侵蚀坩埚使其应用受到了很大的限制。若在低温下用过氧化钠烧结，有可能分解某些难分解的矿物。如在坩埚中进行烧结，只要样品中不含硫化物、温度不超过 $500℃$，坩埚受到的侵蚀是微不足道的。如果严格控制烧结温度在 $510℃±10℃$ 或 $520℃±10℃$，使用一次铂的损失约 $1mg$。现有的资料，对于温度的要求还不一致，但严格控制温度是十分重要的，指示温度的仪表一定要经过校正。另外，试剂质量也是一个比较重要的因素。

6.5.2 用碳酸钠烧结

用碳酸钠熔融分解样品引入的大量碱金属盐类，可能成为配位滴定法、火焰光度法测定某些元素和重量法测定硅酸时产生误差的来源。因此近年来许多分析工作者都提出减少熔剂用量，用烧结法分解样品，但是目前的实验材料，还很难对这种分解方法作出正确的评价。这是因为对这种方法进行评价，必须使用挑选出来的纯矿物。在已发表的文献中对于同类型矿石的分解效果有很大的出入，可能多半是由于待测样品的矿物组合变化所引起的。

样品完全分解取决于分析样品和所用试剂的粒度、烧结温度和时间，以及两种物质混合的程度。

6.5.3 用碱金属碳酸盐和二价金属氧化物的混合物烧结

经常用碱金属碳酸盐和二价金属氧化物（主要是镁、钙和锌的氧化物）的混合物烧结法分解硫化物、氧化物、硅酸盐以及固定可燃性有机岩类。所有混合物的组成主要由实验确定，并且根据反应的条件经常有所改变。

通常认为二价金属的氧化物与硅酸和一些挥发性的氧化物起反应形成难熔盐。此外，这种疏松的产物可使混合物保持在烧结状态。碱金属碳酸盐与一些挥发性氧化物（SO_2、SO_3、SeO_2）作用形成稳定的相应酸的盐类。

6.5.3.1 用碳酸钠-氧化镁烧结

可按不同的比例混合：

Na_2CO_3 和 MgO（1∶1）——分解耐火材料；

Na_2CO_3 和 MgO（4∶1）——分解岩石中的铬；

K_2CO_3 和 MgO（3∶1）——分解沥青、页岩中的砷。

碳酸钠和氧化镁（1∶2）的混合物国外称为艾斯卡试剂。最初用来缓缓地灰化煤以测定硫，后来被发展用以分解硫化物。烧结过程中，空气中的氧把硫化物中的硫氧化成硫酸盐，为了促使硫定量地氧化，可在烧结剂中增添一点氧化剂和氯酸盐、硝酸盐或高锰酸盐。

艾斯卡试剂能分解某些矿石及测定煤中的硫，即全硫的测定，其主要反应如下：

$$4\ FeS_2 + 11\ O_2 === 2\ Fe_2O_3 + 8\ SO_2$$
$$SO_2 + Na_2CO_3 === Na_2SO_3 + CO_2 \uparrow$$
$$Na_2SO_3 + [O] === Na_2SO_4$$
$$BaCl_2 + Na_2SO_4 === BaSO_4 \downarrow + 2\ NaCl$$

氧化镁在其中的变化为：

$$MgO + SO_2 === MgSO_3$$
$$MgSO_3 + [O] === MgSO_4$$

MgO、ZnO 的作用，因为它们具有熔点高的特点，可预防 Na_2CO_3 在灼烧时熔化；并使试剂保持着松散的状态；能使矿物氧化更快更完全；反应产生的气体亦容易逸出，还可使硅结合为硅酸锌，用水浸取时留在难溶的残渣中，滤液酸化后加入氯化钡即可进行硫的测定。但是，矿样中重晶石较高时有分解不完全之虑。游离硫存在，会有部分损失的可能。故有的采用碳酸钠-氧化锌-高锰酸钾混合熔剂和适当提高碳酸钠比例至 50% 左右，可以避免上述缺点。用氧化镁代替氧化锌其效果相同。加入高锰酸钾的目的是供给新生态氧：

$$2\ KMnO_4 \xrightarrow{\triangle} K_2MnO_4 + MnO_2 + O_2 \uparrow$$

上述分解方法，也可用于硼、硒、氯和氟的测定。

分解多在无盖的瓷坩埚或刚玉坩埚中进行，于 800～850℃ 的马弗炉中烧结 1.5～2.5h。如果加入高锰酸钾，为防止高锰酸钾分解过猛逸出氧气造成飞溅，应在 200～300℃ 保持 0.5h，然后升温 700～800℃ 烧结 1h。

6.5.3.2 用氧化钙和氧化钙-高锰酸钾烧结

矿样和氧化钙或氧化钙-高锰酸钾混合熔剂混匀后应在 100℃ 以下进炉，于 650～700℃ 烧结 2h，用水提取后，铼以过铼酸盐转入溶液，而钼、钨分别形成钼酸钙、钨酸钙和铁等一些金属氧化物一同留在难溶残渣中。烧结时间过长（>1 h）或温度高于 700℃，均能引起铼的损失。

氢氧化钙-硝酸钾亦被用来烧结分解含铼矿物。

6.5.3.3 用锌粉或锌粉-氯化铵烧结

锌粉烧结主要用来分解锡矿石：

$$SnO_2 + 2\ Zn === 2\ ZnO + Sn$$

反应析出的锡和锌形成合金。

锌粉-氯化铵亦主要用来分解锡矿石，可以同时使砷、锑等挥发除去，所以适用于较复杂的矿样中锡的测定。锌粉-氯化铵与矿样的反应是复杂的，可能按下式进行：

$$NH_4Cl \Longrightarrow HCl + NH_3 \uparrow$$
$$Zn + 2HCl \Longrightarrow ZnCl_2 + 2[H]$$
$$As_2O_3 + 12[H] \Longrightarrow 2AsH_3 \uparrow + 3H_2O$$
$$SnO_2 + 4[H] \Longrightarrow Sn + 2H_2O$$
$$Sn + Zn \Longrightarrow Sn(Zn)$$

6.5.3.4 用碳酸钠-硫黄烧结

碳酸钠和硫黄在300℃左右反应生成低熔点的硫化钠：

$$2Na_2CO_3 + 3S \Longrightarrow 2Na_2S + 2CO_2 + SO_2$$

主要用来分解砷、锑矿物。用水浸取，砷、锑、钼、锡以硫代酸盐形式转入溶液和绝大多数金属离子分离。例如对辉锑矿（Sb_2S_3）的分解反应：

$$2Sb_2S_3 + 6Na_2CO_3 + 9S \Longrightarrow 4Na_3SbS_3 + 6CO_2 + 3SO_2$$

与锡石的反应如下：

$$2SnO_2 + 2Na_2CO_3 + 9S \Longrightarrow 2Na_2SnS_3 + 3SO_2 \uparrow + 2CO_2 \uparrow$$

烧结的温度应逐渐升高，先于300℃左右作用，反应生成硫化钠后，再升温至400～450℃进行烧结。反应可在瓷坩埚、石英坩埚或刚玉坩埚中进行。

6.5.3.5 用碳酸钙和氯化铵烧结

为了测定碱金属，史密斯（Smith）提出了用碳酸钙和氯化铵的混合物烧结分解硅酸盐的方法，这是著名的史密斯法。方法基于在高温时，碳酸钙热解离形成氧化钙：

$$CaCO_3 \stackrel{\triangle}{=\!=\!=} CaO + CO_2 \uparrow$$

与硅石以及某些碱金属的硅酸盐和铝酸盐起作用，形成硅酸钙和铝酸钙：

$$CaO + SiO_2 \Longrightarrow CaSiO_3$$
$$Al_2O_3 + CaO \Longrightarrow Ca(AlO_2)_2$$

加入的$CaCO_3$与岩石中的其他酸性氧化物形成对应的硼酸、磷酸、硫酸以及其他酸的钙盐。在酸和加入的碱反应之前，反应混合物中的氯化铵发生热离解。在此阶段形成气体氯化氢，气体氯化氢与析出的碱起作用，对于碱性长石这个反应一般如下表示：

$$2KAl(Si_3O_8) + 6CaCO_3 + 2NH_4Cl \Longrightarrow 6CaSiO_3 + 6CO_2 + Al_2O_3 + 2NH_3 + 2KCl + H_2O$$

测定碱金属时史密斯法比湿式分解法方便，因为反应的混合物加热到100℃的过程中，氧化镁和二氧化硅牢固结合在一起，用水提取后留在不溶物里，这样就没有必要以碱式碳酸盐形式或以8-羟基喹啉盐形式再分离镁。而这一步是通常用湿式分解岩石测定碱金属时不可缺少的。分解可在一般坩埚中或史密斯坩埚中进行。为了避免碱金属氯化物因挥发而损失，将坩埚置于石棉板的圆孔中，坩埚1/4部分露在石棉板上使其不与火焰接触，将一盛有冷水的小铂皿放在坩埚盖上，使其保持冷却。

本法的分解能力较弱，因此样品与混合物的接触面应尽可能大，预先应该在玛瑙乳钵中将样品与混合物充分研磨混匀。使用的试剂不应含有碱金属，碳酸钙通常用碳酸铵沉淀钙离子来制备，氯化铵用两次升华来提纯。要求试样粒度≤200网目，称样宜小于0.5g，烧结温度控制于750～800℃为宜。温度过高，烧结物结块，不易浸出。碳酸钙用量为试样的8～10倍，而氯化铵用量应是碳酸钙质量的1/10～1/6。氯化铵用量过多，升温至500～600℃即可能喷溅或因生成过多的氯化钙而使烧结物坚硬，以致浸出困难，结果偏低。

本分解方法原用于重量法测定钾和钠（即所谓史密斯法），要求在指形坩埚内分解。由于熔剂在高温下不与坩埚材料作用，因而国内一些实验室用镍或瓷坩埚作为容器，实践证明是可行的。

　　史密斯烧结法不能用于测定锂、铷和铯时分解样品，因为这些金属不能全部变成可溶盐，在下一步分离时将引起损失。

6.6　目标物质的选择性提取

　　选择性提取也是岩石矿物分析中一个必不可少的分解方式。与试样完全分解不同的是，在某些分析中，选择性提取仅仅需要分解某种矿物或某个组分（或几个组分），而其他矿物和大多数的组分不被分解。

　　选择性提取在岩石矿物分析中的应用大致有以下几种。

6.6.1　物相分析

　　物相分析是一种研究物质聚集体中元素和化合物的组成，查明不同物相、不同状态的元素和化合物在聚集体中的种类、数量和分布情况的方法或手段。选择性溶解（或保留）分离是物相分析的基础。因此，凡是影响选择性溶解的各种因素均会影响物相分析的结果。

　　选择合适的溶剂使待测的相态选择性溶解（或保留）是十分重要的。绝对地使某一个相态溶解而其他各相不溶是很难做到的，少量的串相是难免的。因此，严格控制浸提条件是保证选择性溶解结果可靠的重要前提。这些因素包括溶剂的组成及其浓度、浸取的温度范围、固液比、搅拌方式、浸取时间、副反应的估计、防止措施，以及浸取的促进剂和抑制剂的使用等。此外，还要注意浸取试样的粒度应尽可能一致，要充分考虑矿物组合对浸取结果的影响。从这个意义上说，选择性溶解比试样全部分解需要考虑的问题更多、更复杂。

6.6.2　价态和形态分析

　　价态和形态分析是岩石矿物分析中的一个难点。元素价态分析的困难在于没有一种溶剂和分解方法能够保证地质试样中某一价态的元素定量分解而另一价态的同一元素不分解，也难以防止在分解过程中的氧化或还原，形态分析也是如此。因此，严格控制选择溶解的各种条件，对价态分析和形态分析是十分重要的。同时也应该清醒地认识到，价态和形态分析结果只有在相对合理而且严格控制溶样条件的前提下，才具有可比性。

6.6.3　选择性分解

　　在岩石矿物分析中，选择性提取方法的实际应用有：用加热的分解方法测定吸附水、化合水、灼烧减量以及硫和碳的测定；用磷酸溶解试样中的碳酸盐，用重量法或非水滴定法测定二氧化碳；用火试金法分离富集贵金属元素；用碘化铵灼烧，使锡以碘化锡形式从试样中挥发出来，以及用铁粉和氧化锌在还原条件下使辰砂中的汞定量蒸馏出来，已成为锡和汞的测定中最有效的选择分解方法。另外，原子荧光光谱法测定砷、锑、铋和汞，可用王水进行选择性分解。类似的选择性分解的实例还有很多。这种选择性分解与物相分析、价态形态分析有所不同、主要是指在特定的条件下可以使待测组分定量逸出或分解，其分解条件没有物相分析和价态形态分析严格，但试样分解后可以准确测定待测组分的含量。

6.7 其他分解法

6.7.1 燃烧法和热解法

在矿石分析中，燃烧法主要用于分解矿石中的碳和硫，最后用气体容量法或滴定法测定。

将样品放在 $1150\sim1200℃$ 的管式电炉中进行燃烧，使样品中各种形式的硫分解为二氧化硫而逸出，被水吸收后成为亚硫酸，以淀粉为指示剂，用碘标准溶液进行滴定。反应如下：

① 燃烧　$MS_2 \longrightarrow MS + S$　　（M 为二价金属）

$$S + O_2 \longrightarrow SO_2$$

$$2\,MS + 3\,O_2 \longrightarrow 2\,MO + 2\,SO_2$$

$$2\,MSO_4 \longrightarrow 2\,MO + 2\,SO_2 + O_2$$

② 吸收　$SO_2 + H_2O \longrightarrow H_2SO_3$

③ 滴定　$H_2SO_3 + I_2 + H_2O \longrightarrow H_2SO_4 + 2\,HI$

燃烧温度及助熔剂：为使分解完全和降低分解温度，常需加入石英粉、铜、氧化铜、锡和氧化铁作为助熔剂。

燃烧温度低于 $1000℃$ 时，分解速率较慢，因而一般都控制在 $1100\sim1200℃$，此时各种硫化物、铁、铜、铅、锌及其他不含碱土金属的硫酸盐均能分解，产生二氧化硫和三氧化硫，但由于硫酸钙和硫酸钡的分解温度分别为 $1200℃$ 和 $1500℃$，所以，试样中如含有此类硫酸盐矿物，则不能分解，但试样中如同时含有足够量的 SiO_2 或 Fe_2O_3，则它们可起助熔剂作用，使此类硫酸盐的分解温度降到 $1100℃$（硫酸钙）及 $1300℃$（硫酸钡），其主要反应如下：

$$CaSO_4 + SiO_2 \longrightarrow CaSiO_3 + SO_3$$

$$BaSO_4 + SiO_2 \longrightarrow BaSiO_3 + SO_3$$

$$3\,CaSO_4 + Fe_2O_3 \longrightarrow 3\,CaO + Fe_2(SO_4)_3$$

$$3\,BaSO_4 + Fe_2O_3 \longrightarrow 3\,BaO + Fe_2(SO_4)_3$$

此外，当有碳酸钙存在时，由于燃烧过程中生成硫酸钙（据推论，其他碱土金属盐，可能有和碳酸钙类似的作用），因此也应加以考虑。所以如试样含有碱土金属，而其中所含的二氧化硅及三氧化二铁又少时，则必须加入助熔剂和提高燃烧温度，使它分解完全。

热分解法的主要用于分解氟矿物测定氟。此法基于氟化物在高温下与过热蒸汽起水解反应生成氟化氢逸出，与其他元素分离。热解的温度与所用的助熔剂种类有关，如使用五氧化二钒时，为 $525℃$，使用三氧化钨时，为 $825℃$，使用八氧化三铀时，为 $1000℃$，使用石英粉则温度不能低于 $1200℃$。分解在管式炉中进行，一端通入水蒸气，而另一端导入吸收液，方法简易、快速。

6.7.2 升华法

这是测定汞的最常用的分解方法。将试样与铁粉混合在裴氏管中加热，汞即还原为单体，成蒸气冷凝于管壁上，即可和其他元素分离，有关的反应式如下：

$$HgS + Fe \longrightarrow FeS + Hg$$

$$Hg + 4\ HNO_3 =\!\!=\!\!= Hg(NO_3)_2 + 2\ NO_2 + 2\ H_2O$$

但有人认为铁粉还原升华汞不能完全蒸发和升华为黑色的产物,所以建议用氧化铜代替铁粉,亦有建议用氧化钙的,认为氧化钙不仅可将镉等干扰元素分离,而且可防止碳质样品析出游离碳:

$$HgS + O_2 (空气) =\!\!=\!\!= Hg + SO_2$$
$$4\ HgS + 4\ CaO =\!\!=\!\!= 4\ Hg + 3\ CaS + CaSO_4$$

碘化铵升华法曾用于分解含锡矿物和土壤沉积岩,使锡以碘化物状态冷凝于管壁。但此时汞、锑、砷和少量铅、锌等亦同时升华。大量低熔点物质如钾、钠等影响锡的定量升华。

上面仅就矿石分析的常用分解方法做了粗浅介绍,另外如超声波、高温氯化法亦已用于矿物的分解。物相分析中溶(熔)剂的选择性分解近年来也有了较大的发展。

熔融分解矿样操作应注意以下几个问题。

① 选用熔剂时,对熔剂的沸点(熔点)和性质需先有所了解。更应注意到混合剂的熔点是较单独使用纯粹熔剂为低。

② 在用熔剂分解矿样时,一般下铺一层熔剂,上面再盖一层,即将已称重的矿样置于铺有熔剂的坩埚中,加入熔剂后,充分搅匀,再覆盖一层。熔矿时间按矿种不同而增减。

③ 在用碱性熔剂进行熔融时,常使用混合熔剂,其作用可归纳为:降低熔点;加强氧化作用;降低反应进行的剧烈程度,防止爆炸和飞溅;使熔块疏松,浸出时易脱落。

④ 浸取碱性熔块时,切忌用浓酸,因反应产生大量的热,容易引起损失。

⑤ 试样的主要组成若具有多种氧化态,则熔融时,需加入氧化剂或还原剂。一般用氧化剂较多。经常使用的有 Na_2O_2、KNO_3 和 $KClO_3$ 等。

含有锰和铬的矿物岩石用 Na_2O_2(或 $NaOH$ 等)碱性熔剂分解,用水浸之后,分别成铬酸、锰酸(或高锰酸)存在于溶液中。

$$Cr_2O_3 + 3\ Na_2O_2 =\!\!=\!\!= 2\ Na_2CrO_4 + Na_2O$$
$$2\ MnO_2 + 2\ Na_2O_2 =\!\!=\!\!= 2\ Na_2MnO_4$$
$$3\ Na_2MnO_4 + 2\ H_2O =\!\!=\!\!= 2\ NaMnO_4 + MnO_2 + 4\ NaOH$$

为了除去锰的干扰,可在冷的碱性溶液中加入少量过氧化钠或在热的碱性溶液中加入酒精,使锰还原为二氧化锰。加入 Na_2O_2 的反应是:

$$Na_2O_2 + 2\ H_2O =\!\!=\!\!= 2\ NaOH + H_2O_2$$
$$2\ NaMnO_4 + 3\ H_2O_2 =\!\!=\!\!= 2\ MnO_2 \downarrow + 3\ O_2 \uparrow + 2\ NaOH + 2\ H_2O$$

加入酒精的反应是:

$$Na_2MnO_4 + C_2H_5OH =\!\!=\!\!= CH_3CHO + MnO_2 + 2NaOH$$
或　　$$4NaMnO_4 + 3C_2H_5OH =\!\!=\!\!= 3CH_3COONa + 4MnO_2 \downarrow + NaOH + 4H_2O$$

思考题

1. 试样分解时的损失来源有哪些?

2. 封闭熔矿的优点有哪些?

3. 什么是微波辅助消解,微波消解有哪些优点?

4. 熔融分解法选择熔剂的原则是什么?熔融分解法常用熔剂有哪些?

5. 什么是王水?王水怎么配制?王水有哪些特点?

6. 氢氟酸分解硅酸盐有哪些特点?

7. 在消解矿样时，皮肤接触到氢氟酸的急救措施有哪些？

8. 用 $HF-H_2SO_4$ 分解硅酸盐时的优点是什么？

参考文献

［1］《岩矿分解方法》编写组．岩矿分解方法．北京：科学出版社，1979．

［2］Zdenek Sulcek，Pavel Povondra. Methods of Decomposition in Inorganic Analysis. CRL Press Inc，1989.

［3］Rudolf Bock. A Handbook of decomposition Methods in Analytical Chemistry，International Textbook Company，1979.

［4］《岩石矿物分析》编写组．岩石矿物分析．第一分册．第 4 版．北京：地质出版社，2011．

［5］蔡金芳，张兆祥．微波溶样技术及应用．地质实验室，1990，6（6）：356-360．

［6］郑森芳．岩石矿物试样的分解．分析化学，1975，3（6）：481-485．

第7章 定量分离法

7.1 概述

现代科学技术的成就极大地丰富和发展了岩矿分析，人们同时也对岩矿分析提出了更高的要求。岩矿分析中要求测定的项目越来越多，要求测定的含量越来越低，工作的难度越来越大。理想的分析方法是直接从样品中测量待测的组分的含量。但现有的测定方法在选择性和灵敏度方面都是有局限性的，测定前的分离与预富集经常是不可缺少的。

当共存元素干扰待测组分时，必须采取分离步骤。例如，铁与稀土共存时，不能直接用发射光谱法测定稀土的含量，因为铁的谱线多，干扰稀土的谱线。需要预先将铁与稀土元素分离。当所选用方法的检出限达不到测定的要求时，必须将待测组分进行预富集。例如，1L 海水中只有 $1\sim2\mu g$ 铀，往往难以直接测定，若将 1L 海水中的铀定量萃取到 10mL 的有机相中，等于将铀的浓度提高了 100 倍，这就可以解决测定方法灵敏度不够的困难。预富集亦可认为是分离的一种，即从大量基体物质中将待测的少量物质集中到一较小体积中。综上所述可知，分析中的分离技术是为了达到两个目的：一是提高方法的选择性，二是提高方法的灵敏度。

近年来，分离技术领域的理论研究取得了很大的进展，分离方法和技术发展很快，目前已形成了一门新的科学——分离科学。岩矿分析中分离与富集占有十分重要的地位。岩矿分析常用的分离方法有：沉淀与共沉淀分离法、液-液萃取分离法、浮选分离法、挥发和蒸馏分离法、吸附分离法、巯基棉分离法、萃取色谱分离法、离子交换及其他色谱分离法等。

以上各类分离方法几乎都是利用混合物中不同组分在两相中的分配系数不同实现的。例如，沉淀分离是利用待测组分和干扰组分溶解度不同，将待测组分与干扰组分分别转入水相与固相的分离方法。液-液萃取则是利用待测组分与干扰组分在两个不相混溶的液相之间有不同的分配达到分离之目的。概言之，多数化学分离方法都是将待分离的两组分分别转入不同的两相中，随着两相的分离，待测组分与干扰组分得以分离。图 7-1 是根据物质在不同的相的分配而拟定的分离方法示意图。

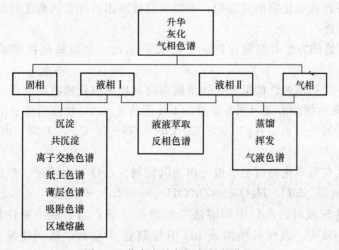

图 7-1 分离方法与两相间的分配

在分离过程中，或多或少要损失一些待测组分，这可由其回收率测出。

待测组分在分离中的回收率为：

$$回收率 = \frac{分离后待测物的量}{分离前待测物的量} \times 100\%$$

例如，$100\mu g$ 的铝，按分离方法的步骤处理后，测得 $96.5\mu g$ 铝，则铝的回收率为 $\frac{96.5}{100} \times 100\% = 96.5\%$。

回收率应该达到多少才算定量回收呢？要根据分析的允许误差和试样中该组分的含量而定。一般对于含量为 $1\% \sim 10\%$ 的组分，回收率 $\geqslant 99\%$ 可算定量回收；对于微量组分，回收率为 95% 或 90%，也可认为达到了定量回收的要求。

7.2 沉淀与共沉淀分离法

沉淀分离法是在溶液中加入一种沉淀剂，通过沉淀反应使待分离的离子以固相化合物形式析出。该化合物能否从溶液中析出取决于它的溶解度或溶度积。沉淀分离法是一种沿用已久的方法，适用于常量分析中大批试样的分析。在痕量分析中此方法的应用有一定的局限性，但选择适当的沉淀条件，也可用来沉淀基体组分，将痕量组分定量地保留在溶液中。

在沉淀分离中，采用溶解度小、分子量大的有机沉淀剂可以提高沉淀反应的选择性和回收率。

在沉淀形成时，往往发生共沉淀现象，在重量法和沉淀分离中，这是应当力求避免的。但共沉淀现象可以使一些本来不应析出沉淀的痕量组分夹杂于沉淀之中，这点又为分离与预富集痕量组分创造了条件。

7.2.1 沉淀分离法

7.2.1.1 无机沉淀剂分离法

一些离子的氢氧化物、硫酸盐、碳酸盐、草酸盐、磷酸盐和卤化物具有较小的溶解度，借此可以进行沉淀分离。

（1）氢氧化物沉淀分离法 利用氢氧化物进行沉淀分离，是岩石矿物分析中常用的分离方法之一。根据各种氢氧化物的溶度积，可以大致计算出各种金属离子开始析出沉淀和沉淀完全时溶液的 pH 值。

控制溶液 pH 值的方法有氢氧化钠法、氨水-铵盐法、金属氧化物和碳酸盐法以及有机碱法。

氢氧化钠（钾）可使两性的氢氧化物溶解而与其他氢氧化物沉淀分离。

氨水-铵盐组成的缓冲溶液可调节溶液的 pH 值为 $8 \sim 10$，使高价离子沉淀而与一、二价的金属离子分离；另一方面，Ag^+、Cu^{2+}、Co^{2+}、Ni^{2+}、Cd^{2+} 等离子因形成氨配离子而留在溶液中。

氧化锌悬浊液在氢氧化物沉淀中也可作为沉淀剂。ZnO 在水溶液中存在下列平衡：

$$ZnO + H_2O \Longrightarrow Zn(OH)_2 \Longrightarrow Zn^{2+} + 2OH^-$$

当溶液中酸性较强时，ZnO 中和溶液中的酸而溶解；当溶液中碱性较强时，OH^- 与 Zn^{2+} 结合成 $Zn(OH)_2$。因而可使溶液 pH 值控制在 6 左右，从而使某些高价离子定量沉淀。

其他难溶化合物如 $CaCO_3$、$BaCO_3$、HgO、MgO 等的悬浊液，也可以用来控制溶液的 pH 值，作为氢氧化物沉淀分离中的沉淀剂，它们可以控制的 pH 值在 6~8 范围内。

有机碱，如吡啶、苯肼、苯胺、六亚甲基四胺、尿素等，它们与其共轭酸组成的缓冲溶液，可以控制溶液的 pH 值。

(2) 硫化物沉淀分离法 硫化物沉淀的性质、各种金属离子硫化物沉淀的完全程度、相互分离的情况及沉淀反应的条件均在"分析化学"课程中讨论，本书不再重复。

(3) 其他难溶盐沉淀分离法 硫酸盐中仅 Ca^{2+}、Sr^{2+}、Ba^{2+}、Ra^{2+} 和 Pb^{2+} 的硫酸盐较难溶，利用这个性质，可使它们与其他离子分离。

能与氟化物作用形成难溶氟化物的金属离子有 Th^{4+}、Re^{3+}、U^{4+}、碱土金属离子；在有大量 K^+、Na^+ 时，能形成氟化物沉淀的有 Al^{3+}、Ti^{4+} 和 Zr^{4+}。在沉淀分离中有实际意义的有 ThF_4、ReF_3 和 K_3AlF_6 沉淀。

氯化物中除 Ag^+、Tl^+、Hg^{2+}、Pb^{2+} 外都可溶于水，利用这一性质，可使上述离子与其他金属离子分离。$PbCl_2$ 的溶解度较大，沉淀不完全。

7.2.1.2 有机沉淀剂分离法

在无机分析中，应用有机沉淀剂进行沉淀分离，具有很多优点。比如，沉淀完全、选择性高、吸附杂质少等。

有机沉淀剂可分为形成螯合物的沉淀剂和形成离子缔合物的沉淀剂。

(1) 形成螯合物的有机沉淀剂 这类有机沉淀剂是一种螯合剂。一般含有两种基团，一种是酸性基团，如—OH、—COOH、—SO₃H、—SH 等，这些基团中的 H^+ 可被金属离子置换；另一种是配位基团，如—NH₂、＞N—、＝NH、＝CO、＝CS 等，这些基团以配位键与金属离子结合。通过酸性基团与配位基团的共同作用，有机沉淀剂与金属离子生成电中性的微溶的螯合物。例如，8-羟基喹啉与 Al^{3+} 的沉淀反应：

形成的螯合物是电中性的，分子中有较大的疏水性基团，所以难溶于水。

这类有机沉淀剂很多，常见的还有：铜试剂、钢铁试剂、邻氨基苯甲酸、安息香肟、丁二肟、水杨醛肟等。

(2) 形成离子缔合物的有机沉淀剂 这类有机沉淀剂在溶液中电离形成大分子量的阳离子或阴离子，它们与带有相反电荷的离子结合，生成疏水性的离子缔合物。例如，氯化四苯砷可与某些配阴离子或含氧酸根形成离子缔合物：

$$2(C_6H_5)_4As^+ + [HgCl_4]^{2-} == [(C_6H_5)_4As]_2 \cdot HgCl_4 \downarrow$$

$$(C_6H_5)_4As^+ + MnO_4^- == (C_6H_5)_4As \cdot MnO_4 \downarrow$$

同理，某些体积庞大的有机阴离子也可以沉淀某些阳离子。例如，四苯硼化钠与钾离子反应：

$$B(C_6H_5)_4^- + K^+ == KB(C_6H_5)_4 \downarrow$$

四苯硼化钠也可与铷、铯和铵离子发生沉淀反应。

一种有机沉淀剂，能否与某一离子生成沉淀，取决于沉淀剂本身的结构，也与该离子的性质和反应的条件有关。

沉淀分离中常用的沉淀剂与分离应用示例见表 7-1。

表 7-1 沉淀分离中常用沉淀剂的分离应用示例①

沉淀剂	沉淀条件	沉淀离子① 不沉淀的离子
硫化氢	$c(HCl)=0.2\sim0.5moL \cdot L^{-1}$	Cu,Ag,Cd,Hg,Pb,Bi,As,Sb,Pd,RE,Ge,Sn,Mo,Se,Te,Au,Pt Al,Cr,Mn,Fe,Ni,Co,V,Ti,In,W,Zn
硫化钠	pH>9	Cu,Ag,Cd,Hg,Pb,Bi,Mn,Cr,Fe,Ni,Co,Zn Sn,Al,Ca,Sr,Ba,Mg
氨水	pH7~8 不含 F^-，BO^{2-}	Al,Cr,Fe,Co,Ni,Zn,In,Ga,U,Cu,Ag,Cd,Hg,Pb,Bi,Ti,Be,Th,Sc,Zr, Nb,Ta,Si③,Sb③,As③,V③,P③,W③,Mo③,Se③,Te③,Sn Ca,Sr,Ba,Mg
氨水-氯化铵	浓溶液沉淀 pH>12	Al③,Cr,Fe,Mn②,Hg,Pb,Bi,Ti,Zr,U,Si,Sb,As,Sn,Th,RE Ni,Co,Zn,Cu,Ag,Cd,V,W,Mo,Ca,Sr,Ba,Mg,Bc,Gc,G₂
氢氧化钠- 氯化钠	强碱性 浓溶液沉淀	Fe,Mn,Co,Ni,Ti,Zr,Th,RE,Cu,Ag,Cd,Hg,Bi,U,In,Mg AI,Cr,Zn,Pb,Sb,Sn,P,V,Ge,GA,W,Mo,Be
乙酸钠	pH 5.6	Cr,Hg,U,Os,Fe,Ti,Al,Zn,Bi,Zr,Th,Ga,In,Tl,Pd,Ce Ni,Co,Zn,Mn,Cu,Ca,Sr,Ba,Mg
脲	pH 1.8~2.9	Fe,Co,Ni,Cu,Ag,Cd,Al,Ga,Th
吡啶	pH 6.5	Fe,Al,Cr,Ti,Zr,V,Th,Ga,In Mn,Cu,Ni,Co,Zn,Cd,Ca,Sr,Ba,Mg
六亚甲基四 胺-铜试剂	浓溶液沉淀	Cu,Ag,Cd,Hg,Pb,Sb,Bi,Co,Zn,U,Fe,Ti,Zr,Cr,Al,Mn,In,Tl Zn,Mo,V,Ca,Sr,Ba,Mg,Ce
苯甲酸铵①	pH 3.8	Be④,Cu④,Pb④,Sn④,Ti④·U④,Fe,Cr,Al,Ce⁴⁺,Sn⁴⁺,Zr Ba,Cd,Ce³⁺,Co,Fe²⁺,Li,Mn,Mg,Hg²⁺,Ni,Sr,V⁴⁺,Zn
丁二肟	酒石酸铵溶液	Be,Fe,Ni,Pd,Pt²⁺ Al,As,Sb,Cd,Cr,Co,Cu,Fe,Pb,Mn,Mo,Sn,Zn
8-羟基喹啉⑤	(1)乙酸铵溶液	Sb⑥,Cr⑥,Au⑥,Ir⑥,La⑥,O⑥,Ru⑥,Sc⑥,Sn⑥,V⑥,RE⑥,Al,Bi,Cr Cu,Co,Ga,In,Fe,Hg,Mo,Ni,Nb,Pd,Ag,Ta,Th,Ti,W,U,Zn,Zr Sb⁵⁺,As,Ge,Ce,Pt,Se,Te
8-羟基喹啉⑥	(2)氨性溶液 pH 7.5	Al,Be,Bi,Cd,Ce,Cu,Ca,In,Fe,Mg,Mn,Hg,Nb,Pd,Sc,Ta Th,Ti,U,Zr,Zn,RE Sb③,Ba⑥,Ca⑥,Ag⑥,Sr⑥,Co⑥,Ag⑥,Ir⑥,Pb⑥,Mo⑥,Ni⑥,Os⑥ Ti⑥,Sn⑥,W⑥,V⑥,Cr,Au
铜铁试剂⑦	强酸性溶液 10%矿物胶	W,Fe,Ti,V,Zr,Bi,Mo,No,Ta,Sn,U⁴⁺,Pd K,Na,Ca,Sr,Ba,Al,As,Co,Cu,Mn,Ni,P,U(Ⅵ),Mg
辛可宁	酸性溶液 $c(H^+)=0.15\sim3.9mol \cdot L^{-1}$	Zr,Mo,Pt,W

续表

沉淀剂	沉淀条件	沉淀离子[①] / 不沉淀的离子
苦杏仁酸[⑧]	$c(H^+)=2.5\sim3.0mol\cdot L^{-1}$	$\underline{Zr}$ / Al,Ba,Bi,Ce,Cd,Cr,Cu,Fe,Mg,Mn,RE,Sr,V, Ta[⑨],Ti[⑨],W[⑥],Sb[⑥],Sn[⑥],Th
苯胂酸	$c(HCl)=1mol\cdot L^{-1}$	$\underline{Zr}$ / Al,Be,Bi,Cu,Fe,Mn,Ni,Zn,RE
单宁[⑩]	$c(HCl)=0.96mol\cdot L^{-1}$ 或 $1.8mol\cdot L^{-1}$ （加动物胶）	$\underline{Nb,Ta}$ / Al,Fe,Mn,Sb,Sn,Th,Ti,U
草酸	盐酸或硝酸 pH 1~2.5	$\underline{Th,RE}$[⑪] / Ag,Ba,Bi,Cd,Co,Cr,Cu,Fe,Al,Mn,Ni,Pb,Sr,U(Ⅵ),Zn,Ti[⑫],Zr[⑫]
草酸	pH 4.5	$\underline{Ca}$[⑪] / Mg 等

① 仅就与试剂相关的元素而言，并未将全部元素列入。

② 有氧化剂如 H_2O_2，溴水存在时，沉淀方完全。

③ 有铁时共沉淀。

④ 在 pH 2~2.8 的盐酸或硝酸介质中，用苯甲酸沉淀钍，可与稀土、铍、钡、锶、钙、锰、铜、铅、锌、镉、钴、镍、铀等分离。

⑤ 借助于草酸、盐酸羟胺和 EDTA，在 pH4~6 溶液中，用 8-羟基喹啉沉淀钨，可与铌、钽、铁、锆、锰、钛、钼、镍、铝、铜、锌和镉等分离。

⑥ 沉淀不完全或部分沉淀。

⑦ 在 $0.6\sim2mol\cdot L^{-1}$ 或 $1.8\sim5mol\cdot L^{-1}$ 盐酸中，铌、钽、锆、钛（Ⅳ）、锡（Ⅳ）、铈（Ⅲ）、钒（Ⅴ）、铁（Ⅲ）、钨（Ⅵ）、铀（Ⅵ）可用铜铁试剂沉淀，从而与铝、钴（Ⅱ）、镍（Ⅱ）、锌、锰（Ⅱ）、磷（Ⅴ）、铀（Ⅵ）、铬（Ⅲ）等分离。

⑧ 也可在盐酸溶液中进行，但沉淀后要消化 4h，并放置过夜。

⑨ 沉淀时发生水解沾污沉淀，可预先用 K_2CO_3-KOH 熔样分离，沉淀时再用酒石酸或柠檬酸隐蔽其残余量。

⑩ 单宁法不能分离大量钨、钼、锡，此种试样可在碱熔后用 $150g\cdot L^{-1}$ NaCl 溶液提取过滤与铌、钽分离。

⑪ 钙、钍、稀土均能被草酸同时沉淀。

⑫ 钛、锆在量大时可部分带下。

在沉淀分离中，为了减少其他元素的共沉淀和改善沉淀的物理性质，常采用均匀沉淀与浓溶液沉淀的方法。例如，利用尿素的水解，使草酸随溶液 pH 值的升高而缓慢地产生 $C_2O_4^{2-}$，从而使 Ca^{2+} 生成晶粒粗大的草酸钙沉淀。在小体积中，加入大量的氯化铵与氨水，使某些金属的水合氧化物沉淀。由于体积小、电解质浓度大有利于胶体的凝聚；盐类离解的大量离子可以夺走大量水分子，铵离子与杂质离子发生吸附竞争，因此沉淀中水分子和杂质大大减少，沉淀致密易于过滤洗涤。浓溶液沉淀法用于 Fe^{3+} 与 Cu^{2+} 的分离，成功地用于岩石分析中。

7.2.2　共沉淀分离法

在沉淀分离中，凡化合物未达到溶度积，而由于体系中其他难溶化合物在形成沉淀过程中引起该化合物同时沉淀的现象称为共沉淀。共沉淀是沉淀分离中普遍存在的现象，致使沉淀常常不纯净。但是，利用溶液中的某种沉淀析出时，可将共存于溶液中的某些痕量组分一起沉淀下来。这样，就解决了某些痕量组分因受溶解度限制而不能用沉淀法进行分离或富集的问题。例如，测定某水样中的铅。该水样 1L 约含 $1\mu g$ Pb^{2+}，用直接沉淀的方法较为困难。蒸发浓缩的方法虽能增大 Pb^{2+} 的浓度，但其他离子也同时浓缩。在 1L 水样中加入碳酸钠，水样中大量存在的 Ca^{2+} 生成 $CaCO_3$，由于 $CaCO_3$ 的表面吸附作用，可使存在于水溶液中微量的 Pb^{2+} 定量共沉淀下来，再将沉淀用 10mL 酸溶解，则 Pb^{2+} 浓度提高了 100 倍。这里的 $CaCO_3$ 称为载体，这种方法称为共沉淀分离法。

按共沉淀剂的性质，共沉淀方法可分为无机共沉淀和有机共沉淀两大类：

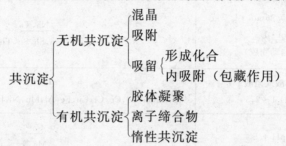

7.2.2.1 无机共沉淀

无机共沉淀中的吸附共沉淀与混晶共沉淀在岩矿分析中应用较广，下面讨论这两种类型。

（1）利用表面吸附进行共沉淀　由于吸附作用而产生共沉淀是最普遍的一种类型。产生吸附共沉淀的原因，是晶体表面的离子的电荷不完全平衡。晶体表面的离子和被吸附的离子之间具有成键作用，因此产生的吸附主要是化学吸附，沉淀表面吸附的离子是具有一定选择性的。根据 Paneth-Fajans-Hahn 吸附原则，沉淀表面优先吸附与晶格离子生成溶解度较小的化合物的离子。例如，在 AgI 表面上 Ac^- 比 NO_3^- 易被吸附，因为 AgAc 比 $AgNO_3$ 的溶解度小。此外，还有两个支配吸附作用的因素。一个是沉淀表面优先吸附与沉淀晶格离子能生成电离度较小的化合物的离子。例如，H_2S 的电离度较小，所以金属硫化物强烈吸附 H^+。另一个因素是沉淀表面容易吸附易变形的离子。例如，AgI 对溶液中 I^- 的吸附能力相当强，只有当溶液中 $[Ag^+] > 1000 [I^-]$ 时，才能等量地吸附 Ag^+ 与 I^- 这两种离子。

吸附作用主要在沉淀表面进行，所以沉淀的量一定时，沉淀的颗粒越小，它的总表面积越大，吸附量自然就越多。无定形沉淀较晶形沉淀吸附量大，细小的晶形沉淀较粗大的晶形沉淀吸附量大。对于一定的沉淀物，在一定的温度下，在单位质量的沉淀上被吸附的共沉淀的量与共沉淀物在溶液中的浓度有关，符合 Freundich 吸附等温式，即

$$\frac{x}{m} = Kc^{\frac{1}{n}}$$

式中，x 为被吸附的痕量组分的质量；m 为吸附剂（沉淀）的质量；c 为被吸附的痕量组分在溶液中的浓度；n、K 为常数，由沉淀与被吸附物的性质决定。

常用的吸附共沉淀剂（即载体）有以下几类。

① 氢氧化物　这类载体应用广泛。如 $Fe(OH)_3$、$Al(OH)_3$、$Zr(OH)_4$、$Mg(OH)_2$，$In(OH)_3$ 等非晶形沉淀。其中以 $Fe(OH)_3$ 应用最广，常用于水溶液中痕量组分的富集。水合二氧化锰常用作痕量铋的载体，也可用于 Sn、Sb、Tl、Au、Mo 等元素的分离与富集。

② 硫化物 如 PbS、SnS$_2$、CdS 等是常用的载体。混合硫化物也可用作载体。

单质的碲与硒常用作贵金属的载体。如用 SnCl$_2$ 还原碲盐生成单质碲，可富集银与金。

此外，很多难溶物质可作为共沉淀的载体。如银、铊（I）和汞（I）的卤化物可用来共沉淀痕量的金、银、汞和铜。微溶的硫酸盐可用作共沉淀痕量铅和其他元素的载体。铁、镧和钙的磷酸盐分别用于共沉淀铝、钙和镁以及铍。

（2）利用混晶进行共沉淀 各种晶形沉淀，都有一定的晶体结构。如果痕量组分的离子半径与构晶离子的半径相近、所形成的晶体结构相同，则痕量组分与晶形沉淀极易生成混晶。具有分析意义的混晶有：（Ba、Pb）SO$_4$，（Ba、Ra）SO$_4$，（Ba、Ra）CrO$_4$，Ba（SO$_4$、CrO$_4$），Ag（Cl、Br），MgNH$_4$（PO$_4$、AsO$_4$），（Cu、Zn）Hg（CNS）$_4$ 等。

当沉淀过程达到平衡非常缓慢时，对共沉淀有利。晶体形成的方式是在晶核上逐层沉积，每一层固体在它形成的一刹那间和周围的溶液保持平衡。由于在整个沉淀过程中溶液的组成连续不断变化，所以晶体的组成从中心到表面也是连续不断变化的。在这种不均匀的固体-溶液体系中，共沉淀离子在沉淀和溶液之间的总分布服从对数分布定律（即 Doerner-Hoskins 定律）[见式（7-1）]：

$$\lg \frac{[T_r]_o}{[T_r]_p} = \lambda \lg \frac{[c]_o}{[c]_p} \tag{7-1}$$

式中，$[T_r]_o$ 和 $[T_r]_p$ 分别为沉淀前、后共沉淀离子在溶液中的浓度；$[c]_o$ 和 $[c]_p$ 分别为沉淀前、后载体在溶液中的浓度；λ 是对数分配系数。

如果沉淀作用进行时，沉淀和溶液之间可假定已完全建立了平衡，共沉淀的离子均匀分布在载体的晶体中，它在溶液和主晶体之间的分配服从均匀分布定律（即 Chlopin 定律）[见式（7-2）]：

$$\left(\frac{[T_r]}{[c]}\right)_{晶体} = D \left(\frac{[T_r]}{[c]}\right)_{溶液} \tag{7-2}$$

式中，$[T_r]$ 为共沉淀离子的浓度；$[c]$ 为载体的浓度；D 为均匀分配系数。

要确定共沉淀是均匀分布还是非均匀分布，可应用实验方法对共沉淀离子在溶液和沉淀间的分配作为载体沉淀百分数的函数来进行研究。若 D 是常数，则是均匀分布体系；若 λ 是常数而 D 是变数，则是非均匀体系（即对数分布体系）。

混晶共沉淀分离法往往比吸附共沉淀法有较高的选择性。例如，用 CaC$_2$O$_4$ 作载体，可以使稀土元素发生共沉淀，用于矿石、钢铁中微量稀土的富集。又如，在酸性溶液中，用 LaF$_3$ 作载体使 Th^{4+} 发生共沉淀，可用于纯铀中微量钍的测定。

7.2.2.2 有机共沉淀

采用有机共沉淀剂分离和富集痕量组分，有两个显著的特点。一是有机的载体可以借灼烧而挥发除去，不至于污染沉淀而影响后续的测定；二是有机试剂一般以非极性或极性很小的分子形式存在，当它与金属离子反应生成难溶性的螯合物或其他难溶性化合物时，沉淀表面一般没有电场，因此它表面吸附能力比较弱，分离的选择性比较高。同时，有机试剂的分子量较大，能达到较高的灵敏度。

关于有机共沉淀的作用机理，大致可分为以下三种类型。

（1）利用胶体的凝集作用进行共沉淀 属于这种类型的有机共沉淀剂有动物胶、单宁、辛可宁等，它们常用于硅酸、钨酸、铌酸和钽酸等含氧酸的共沉淀。例如，在硝酸介质中，部分钨酸以带负电荷的质点存在于溶液中，不易凝聚。而辛可宁（C$_{19}$H$_{22}$N$_2$O）是一种生物碱，在酸性溶液中，是带正电荷的胶体溶液。因此，把辛可宁加入到钨酸胶体溶液中，一方面由于电性中和，使胶体凝聚；另一方面又以本身的大分子胶体凝聚，把钨酸定量地共沉淀下来。又如在 $2.4\sim3.0\,mol\cdot L^{-1}$ 盐酸介质中，用单宁水解法可使铌、钽共沉淀，而与其他杂质如钡、锰、铝、锶等分离。

（2）形成离子缔合物进行共沉淀　某些金属离子能与中性配位体或阴离子配位体形成稳定的配离子，这种配离子能与带有相反电荷的有机离子生成难溶的离子缔合物，进入具有相似结构的载体而被共沉淀下来。痕量 Zn^{2+} 的共沉淀就是这种类型的例子。Zn^{2+} 与 SCN^- 形成 $Zn(SCN)_4^{2-}$，进而与甲基紫形成缔合物：

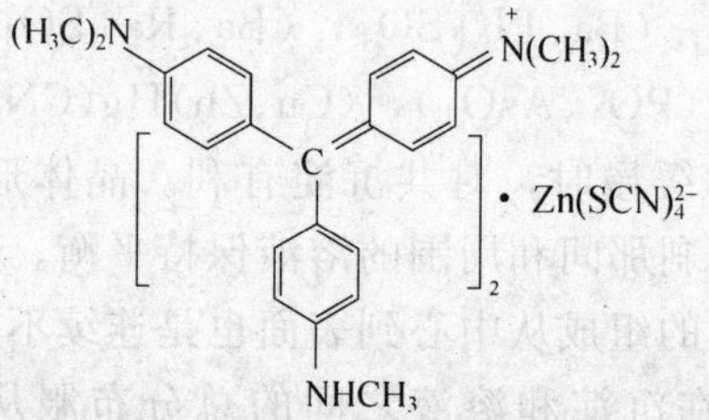

$$\left[(H_3C)_2N-C_6H_4-C(=C_6H_4=N(CH_3)_2)-C_6H_4-NHCH_3\right]_2\cdot Zn(SCN)_4^{2-}$$

此缔合物进入载体共同沉淀下来。载体是甲基紫与 SCN^- 的缔合物。

又如 Fe^{2+} 可与中性配位剂 1,10-邻二氮菲形成配阳离子，这种配阳离子可与某些有机酸的阴离子酸根形成缔合物，而有机酸与 1,10-邻二氮菲的沉淀可作此缔合物的载体。

（3）形成螯合物进行共沉淀　许多金属离子能与有机螯合剂形成螯合物，进而以螯合物形式进入载体而被共沉淀。这种螯合物可以是不溶于水的，也可以是水溶性的。若是后者，则需加入憎水性的有机物，使生成电中性的离子缔合物，然后随载体共沉淀析出。可溶性的金属离子的偶氮胂盐的共沉淀机理便是此类型。

金属离子的偶氮胂盐：

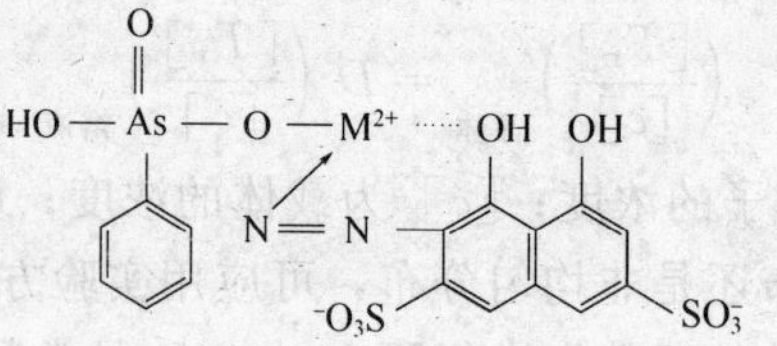

电中性的缔合物：

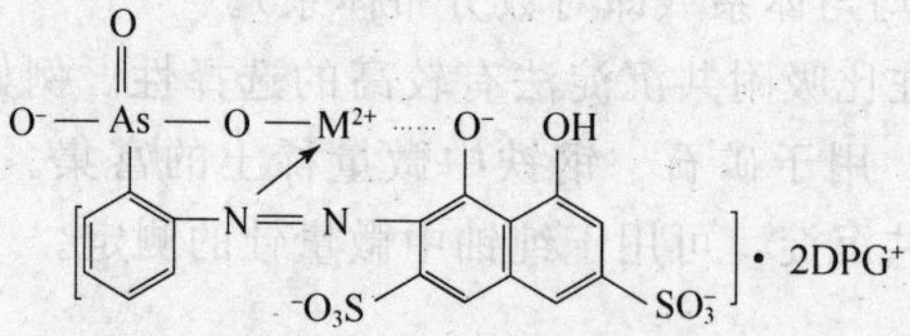

载体是：

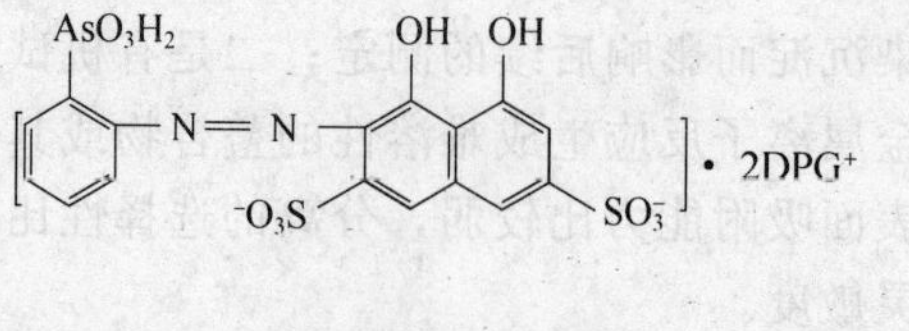

DPG 是二苯胍：

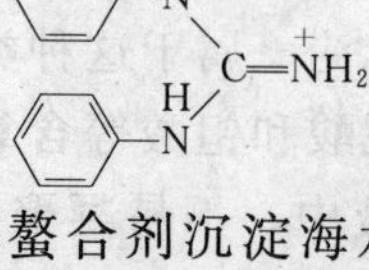

又如，用 8-羟基喹啉及铜试剂等螯合剂沉淀海水中微量 Ag^+、Co^{2+}、Cu^{2+}、Fe^{3+}、Mn^{2+}、Ni^{2+}、Zn^{2+} 等离子时，由于这些离子含量极微，实际上沉淀不能生成。如果加入酚

酞的乙醇溶液，由于酚酞在水溶液中析出，可以使上述金属离子形成的螯合物共沉淀下来。这里的酚酞本身并不与其他物质配合，所以称为惰性共沉淀剂。这种类型的共沉淀剂有 β-萘酚、酚酞。这类型的共沉淀与萃取过程相类似，因此又称为"固体萃取"共沉淀。

活性炭和光谱纯电极碳粉也可以包括在共沉淀剂的范畴，因为分析前蒸发分离痕量组分的溶液时常用它们作载体。

7.2.2.3 影响共沉淀的一些因素

(1) 溶液 pH 的影响　调节 pH 可达到选择性共沉淀的目的。无论对有机共沉淀还是无机共沉淀，pH 都有很大的影响。酸度可以改变共沉淀剂本身的存在状态与带电性，也可以改变被共沉淀物的存在状态，影响共沉淀分离的效果与选择性。

(2) 掩蔽剂的使用　掩蔽剂的存在可消除某些干扰离子的影响，从而提高选择性。如在 EDTA 存在时，用碘化银共沉淀痕量汞，可与其他杂质如锌、镉、铜等分离。

(3) 共存离子的存在　对交换吸附来说，共存离子有竞争作用，所以共存离子的影响不可忽略。如铵盐的存在往往会抑制某些离子的吸附，从而提高共沉淀的选择性。

(4) 试剂的选择性　所用试剂的选择性高亦可达到选择性共沉淀之目的。如丁二肟是镍和钯的选择性试剂，因此丁二肟镍能选择性共沉淀痕量钯，而与几毫克量的银、金、铂、铝、铁分离。

(5) 其他因素　进行沉淀时的温度、沉淀方式、加入试剂的顺序和速度、搅拌时间与放置时间等因素对共沉淀分离与富集的效率和选择性都会有影响。

表 7-2～表 7-4 分别列举了氢氧化物作载体共沉淀痕量元素、混晶共沉淀及有机共沉淀的部分实例。

表 7-2　氢氧化物载体共沉淀痕量元素

收集剂	沉淀剂	共沉淀的痕量组分	样品
Al	氨水	稀土元素	岩石,同 Ca 和 Mg 的分离
Al	氨水	Co、Cr、Zn、Ru	
Al_2O_3	超声波	Sb(V)	
Bi+C	KOH	Ag、Au、Cd、Co、Cr、Cu、Mn、Ni、Pb、Sn、Zn	镓、砷、砷化镓
Cd	NaOH	As、Bi、Cr、Cu、Ga、Ge、In、Mo、Sb、Sn、Te、Ti、V、W、Zn	镉
Cu	8-羟基喹啉	Al、Fe、Mg、Mn	钨
Fe	氨水	As、P	
Fe	氨水	Bi、Pb	高纯金属
Fe	氨水	Pb	水、牛奶等
Fe	氨水	Ge	磷灰岩
Fe	$(NH_4)_2CO_3$	稀土元素、Se	同 U、Zr、Th 分离
Fe	氨水	Po	
Fe+Mg	NaOH	Be、Bi、Cd、Co、Cu、Ni、Pb、Zn	天然水
Fe	铜铁试剂	Ti、V、Zr	矿泉水

续表

收集剂	沉淀剂	共沉淀的痕量组分	样品
Fe 或 Al	8-羟基喹啉	Ag、Be、Cd、Co、Cr、Cu、Ga、Mo、Ni、Pb、Sn、Ti、Tl、V	植物和生物物质、土壤溶液
Fe	NaOH	Ga(Ⅲ)、Ru、Co	
Fe	铜铁试剂＋单宁酸＋结晶紫	Mo	土壤溶液
Fe(Ⅱ)＋Fe(Ⅲ)	氨水	Al、Co、Sb、Ti、V、W、Zr	钢铁
La	氨水	Pu	水、牛奶等
La	氨水	Al、Au、Bi、Fe、Pb	银
La	氨水	As、Bi、Fe、Sb、Se、Sn、Te	铜
Mg	NaOH	Sn(Ⅱ)、Sn(Ⅳ)	天然水
Mg	含有 EDTA 的 NaOH	Bi、Fe	铅
水合 MnO_2		Bi、Sb、Sn、Pb	
水合 MnO_2		Sb、Sn	
水合 MnO_2		Tl^+	金属、合金
水合 MnO_2		Mo	海水
水合 MnO_2		^{103}Ru、^{106}Ru、^{54}Mn、^{60}Co	海水
水合 MnO_2		Bi	铜
水合 MnO_2		Sn	
水合 MnO_2		W	
水合 MnO_2		Bi、Pb	镍
Th	氨水	Mo	海水
多种收集剂	多种沉淀剂	Ag、Bi、Pb、Sb、Se、Sn	半导体

注：此表摘自 J Minczewski 著．无机痕量分析的分离和预富集方法．陈永兆等译．北京：地质出版社，1986。

表 7-3　利用混晶共沉淀分离或富集微量组分的实例

被共沉淀离子	载体	沉淀条件	备注
Ra^{2+}	$BaSO_4$	微酸性溶液	Pb^{2+}、Sr^{2+} 也能共沉淀，所得的沉淀，可用 EDTA 的碱性溶液溶解
Rb^+、Cs^+	$NaK_2Co(NO_2)_6$	酸性溶液	海水及制盐系统中 Rb^+、Cs^+ 的富集和测定。但 Rb^+、Cs^+ 和 K^+ 在一起，再分离比较困难
Be^{2+}	$BaSO_4$	微酸性溶液	用于标钢中的 Be 的测定
稀土元素	MgF_2	$pH=0.5\sim1$	测定矿石、钢铁中微量的稀土元素
稀土元素	CaC_2O_4	微酸性落液	测定矿石、钢铁中微量的稀土元素
Pb^{2+}	$SrSO_4$	微酸性落液	测定铜合金中的微量 Pb
Th^{4+}	LaF_3 或 CaF_2	酸性溶液	纯铀或纯铀化合物中微量 Th 的测定

表 7-4　有机试剂共沉淀痕量元素举例

收集剂	共沉淀元素	收集剂	共沉淀元素	
	形成配阴离子		**形成的内配合物与中性试剂一起共沉淀**	
甲基紫硫氰酸盐	Cu、Zn、Mo、U			
丁基若丹明硫氰酸盐	V、Mo、W		配合剂	元素
二苯胍硫氰酸盐	Nb、Bi、Re、Fe、Co	2,4-二硝基苯胺	双硫腙	Cu、Au、Ag、Zn
甲基紫碘化物	Cu、Cd、Hg、Pb、Sb、Bi			In、Sn、Pd、Co、Ni
二苯胍碘化物	Tl(Ⅲ)	酚酞	双硫腙	Ag、Cd、Co、Ni
甲基紫硫氰酸盐	In	酚酞	8-羟基喹啉	Ag、Cd、Co、Ni
	形成的化合物与沉淀剂一起共沉淀	2-萘酚	8-羟基喹啉	Ag、Cd、Co、Ni
二苦胺铵	K、Rb、Cs	联苯	8-羟基喹啉	Ag、Cd
四苯硼酸铵	K	萘	8-羟基喹啉	Ni
	形成的内配物与试剂-甲基紫或试剂-结晶紫一起共沉淀	对硝基甲苯	8-羟基喹啉	Ag、Cd、Ni
		酚酞(2-萘酚、百里酚、二苯胺)	8-羟基喹啉	Zr、Hf
偶氮胂Ⅰ	Sc、RE、Am W、Pu	酚酞	巯乙酰萘胺	Ag、Cd
芘偶氮	W、Pu	二苯胺	巯乙酰萘胺	Rh
铬黑 T	Cr	二苯胺	硫代苯甲酰胺	Pt、Pd、Rh、Ir
4-二甲基偶氮苯-4′-胂酸	Zr、Hf	2,4-二硝基苯胺	α-糠偶酰二肟	Ni
	形成的内配物与过量的配合剂沉淀物一起共沉淀		**形成胶态化合物**	
对二甲基氨基偶氮苯苯胂酸	Zr	甲基紫+单宁酸	Be、Ti、Sn、Zr、Hf、Nb、Ta	
茜素	Pu	单宁酸+明胶	Ca、Ba、Ra、Pb、U、Ge	
邻氨基苯甲酸	Zn	用 8-羟基喹啉、双硫腙或二甲基二硫代氨基甲酸盐处理过的活性炭	Cu、Pb	
2-巯基苯并咪唑酮	Ag、Au、Hg、Sn、Ta			
1-亚硝基-2-萘酚	Zn、Ce、Zr、U、Fe、Co、Ru、Pu	活性炭+氯化木质素	Ag、Au、Be、Bi、Co、Cr、Cu、	
8-羟基喹啉	Ce、Pr、Pu		Ga、Ge、In、La、Mo、Nb、Ni、Pb	
	Au、Ag、Hg、Zn、Tl、In、Hf			
巯基乙酰萘胺	Hf、Sn、Ta、W、Cr、Mn、Co、Os、Ru、Ir		Pb、Sb、Se、Sn、Ta、Te、V、W、Y、Yb、Zn	

续表

收集剂	共沉淀元素	收集剂	共沉淀元素
玫瑰酸钾	Ba、Ce、La、Pr、Ra、Sr、PuPPPuPu	光谱电极碳粉	Ag、Au、Bi、Ca、Co、In、Ni、Pd、Sb
铜铁试剂	Ti、V、Zr	光谱电极碳粉	Ag、Al、Be、Bi、Ca、Cd、Co、
对二甲氨基亚苄	Ag		Cr、Cu、Mg、Mn、Ni、Pd、Zn
罗丹宁		活性炭或锌试剂、	Cu（Cd 基体），Ag、Bi、Cd、Co
硫脲	Pt、Pd、Rh	双硫腙或硫化物	Cu、In、Ni、Pd、Zn（Mg 基体），Cu、Cd、Co、Ni、Pb（Al 基体）
		活性炭或乙基黄原酸钾	Ag、Bi、Cu、Co、Cd、In、Pd、Tl、Fe、Hg（Zn 基体）
		活性炭或乙基黄原酸钾	Bi、Cd、Co、Cu、Fe、In、Ni、PDPd、Tl、Zn（Mn 基体）
		活性炭或吡咯烷二硫代氨基甲酸盐	Ag、Bi（Co 和 Ni 基体）

注：此表摘自 J Minczewski 著．无机痕量分析的分离和预富集方法．陈永兆等译．北京：地质出版社，1986。

7.3 液-液萃取分离法

液-液萃取是利用物质在不相混溶的两个液相间的转移来实现分离的。分离过程中使不相混溶的两相密切接触，以使不同物质分别进入到两相之中，随着两液相的分离达到物质分离之目的。这种分离方法简便、快速，既可用来分离大量组分，又可用于痕量元素的分离与预富集，因此应用十分广泛。

7.3.1 基本原理

7.3.1.1 分配定律

液-液萃取是一个化合物从一液相转移到另一与其不相混溶的第二液相的过程。在实际分析应用中，一相通常是水，另一相是适宜的有机溶剂，本节讨论的仅仅涉及这种体系。

萃取发生在两相三元体系的过程。它服从 Gibbs 相律，在一定温度和压力下，这样的体系有一个自由度，这意味着在两相中溶质的浓度是相互关联的。大量实验证明，达到平衡后，若溶质在两相中存在的形式相同，则在一定温度下，该溶质在两相中的浓度的比值为一常数。物质在两相之间的这种规律称为 Nernst 分配定律。

$$K_D = [A]_{有} / [A]_{水} \tag{7-3}$$

式中，$[A]_{有}$ 及 $[A]_{水}$ 分别表示达到平衡时溶质 A 在有机相及水相中的浓度；K_D 称为分配系数。

分配定律可用热力学证明，设 A 溶于两相后，两相的化学势数据为：

$$\mu_{有} = \mu_{有}^{\ominus} + RT \ln a_{有} \tag{7-4}$$

$$\mu_{水} = \mu_{水}^{\ominus} + RT \ln a_{水} \tag{7-5}$$

式中，$\mu_{有}$ 与 $\mu_{水}$ 分别为两相溶有溶质 A 后溶液的化学势；$\mu_{有}^{\ominus}$ 与 $\mu_{水}^{\ominus}$ 分别为两相溶剂的标准化学势；R 为气体常数；T 为热力学温度；$a_{有}$ 与 $a_{水}$ 为两相中溶质 A 的活度。

当溶质 A 在两相中的分配达到平衡时，两相的化学势必相等，即

$$\mu_{有} = \mu_{水}$$

则

$$\mu_{有} + RT\ln a_{有} = \mu_{水}^{\ominus} + RT\ln a_{水} \tag{7-6}$$

$$\ln \frac{a_{有}}{a_{水}} = \frac{\mu_{水}^{\ominus} - \mu_{有}^{\ominus}}{RT}$$

所以

$$\frac{a_{有}}{a_{水}} = e^{\frac{\mu_{水}^{\ominus} - \mu_{有}^{\ominus}}{RT}} = K_D^T = \frac{[A]_{有}}{[A]_{水}} \times \frac{\gamma_{有}}{\gamma_{水}} = K_D \frac{\gamma_{有}}{\gamma_{水}} \tag{7-7}$$

式中，K_D^T 为热力学分配系数；$\gamma_{有}$ 与 $\gamma_{水}$ 分别为 A 在两相中的活度系数。由此可见，K_D 只是一个近似的常数，只有当 $\gamma_{有}/\gamma_{水}$ 为 1 时，K_D 才等于热力学常数 K_D^T。

因此，分配定律只有在低浓度下才正确，而且溶质在两相中存在的分子形式必须相同，在满足这些条件时，分配系数在一定温度下为一常数。

7.3.1.2 分配比

在实际的萃取工作中，被萃取的物质往往在一相或两相中发生离解、聚合以及和其他组分发生化学反应等，因此溶质在水相和有机相中常具有多种存在形式，此时就不能简单地用分配系数来说明整个萃取过程的平衡问题。另一方面，分析工作者主要关心的是存在于两相中的溶质的总量，因此有必要引入一个表示溶质 A 在两相中以各种形式存在的总浓度的比值，即分配比 D [见式（7-8）]。

$$D = \frac{溶质 A 在有机相中的总浓度}{溶质 A 在水相中的总浓度} = \frac{[A_1]_{有} + [A_2]_{有} + \cdots [A_i]_{有}}{[A_1]_{水} + [A_2]_{水} + \cdots [A_j]_{水}} \tag{7-8}$$

式中，$[A_1]_{有}$、$[A_2]_{有}$、$\cdots$、$[A_i]_{有}$ 与 $[A_1]_{水}$、$[A_2]_{水}$、$\cdots$、$[A_j]_{水}$ 分别为溶质 A 在有机相与水相中各种化学形式的浓度。只有在简单的体系中，溶质在两相中的存在形式相同时，分配比 D 才与分配系数 K_D 相等。在实际工作中，情况往往比较复杂，分配比 D 常常不等于 K_D。

例如苯甲酸在苯和水之间的分配，在水相中，苯甲酸（HBz）部分电离，而在苯中又通过羧基形成的氢键，部分地二聚化：

$$HBz \rightleftharpoons H^+ + Bz^- \qquad （水相）$$

$$2\,HBz \rightleftharpoons (HBz)_2 \qquad （苯相）$$

对于各种组分，HBz、Bz^- 与 $(HBz)_2$ 都有其 K_D 值，即 $K_{D(HBz)}$、$K_{D(Bz^-)}$ 与 $K_{D[(HBz)_2]}$，分配比 D [见式（7-9）] 则等于：

$$D = \frac{[HBz]_{有} + 2\,[(HBz)_2]_{有}}{[HBz]_{水} + [Bz^-]_{水}} \tag{7-9}$$

若以 K_a、K_p 分别表示 HBz 在水相的离解常数和在有机相中聚合平衡常数，则：

$$K_a = \frac{[H^+]_{水}[Bz^-]_{水}}{[HBz]_{水}}, \quad K_p = \frac{[(HBz)_2]_{有}}{[HBz]_{有}^2}$$

将 K_a 与 K_p 代入式（7-9），则得到苯甲酸在两相中的分配比 D 见式（7-10）。

$$D = \frac{K_{D(HBz)}\,(1 + 2K_p\,[HBz]_{有})}{1 + K_a/[H^+]_{有}} \tag{7-10}$$

式中，$K_{D(HBz)} = \dfrac{[HBz]_{有}}{[HBz]_{水}}$。

从式（7-10）中可知，苯甲酸的分配比与 $[H^+]_水$ 与 $[HBz]_有$ 有关，说明分配比是随萃取条件的变化而改变的。因而改变萃取条件，可使分配比按照人们所需的方向变化。

7.3.1.3 萃取率

萃取率是表示萃取程度的，萃取率 E 是被萃物萃取到有机相中的百分率。

$$E = \frac{欲萃物 A 在有机相中的总量}{欲萃物 A 在两相中的总量} \times 100\%$$

$$= \frac{[A]_有 V_有}{[A]_有 V_有 + [A]_水 V_水} \times 100\%$$

式中分子分母均除以 $[A]_水$ 和 $V_有$，则得式（7-11）

$$E = \frac{D}{D + \dfrac{V_水}{V_有}} \times 100\% \tag{7-11}$$

当 $V_水 = V_有$ 时

$$E = \frac{D}{D+1} \times 100\% \tag{7-12}$$

式中，$[A]_有$ 与 $[A]_水$ 分别代表萃取体系达到平衡时，欲萃物 A 在有机相与水相中的总浓度；$V_有$ 与 $V_水$ 分别代表有机相和水相的体积；$V_有/V_水$ 称为相比。从式（7-12）可知，D 越大，相比越大，欲萃物 A 进入有机相的比例越大，萃取越完全。相比为 1 时，E 完全取决于 D，E 与 D 的关系可用图 7-2 表示。

增加有机溶剂的用量，提高相比，可以提高萃取率，但欲萃物在有机相中的浓度会降低，而且要消耗过多的有机溶剂。所以在实际工作中常采取连续几次萃取的方法，来提高萃取率。

设 $V_水$ 水相中，溶质 A 的质量为 m。如用 $V_有$ 有机相进行一次萃取，以 m_1 表示第一次萃取后溶质 A 在水溶液中剩余的质量，则转入有机相的质量为 $(m_0 - m_1)$，其分配比 D 为

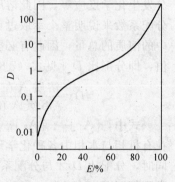

图 7-2 E 与 D 的关系曲线

$$D = \frac{[A]_有}{[A]_水} = \frac{\dfrac{m_0 - m_1}{V_有}}{\dfrac{m_1}{V_水}}$$

$$m_1 = m_0 \frac{V_水}{DV_有 + V_水} = m_0 \frac{1}{D\dfrac{V_有}{V_水} + 1}$$

如果再用 $V_有$ 新鲜的有机相，进行第二次萃取，并以 m_2 表示经第二次萃取后溶质在水相中剩余的质量，则

$$m_2 = m_1 \frac{V_水}{DV_有 + V_水} = m_0 \left(\frac{1}{D\dfrac{V_有}{V_水} + 1} \right)^2$$

如果每次用 $V_有$ 新鲜有机相继续萃取。经过 n 次萃取后，水相中剩余溶质的质量为 m_n，则

$$m_n = m_0 \left(\frac{1}{D\dfrac{V_有}{V_水} + 1} \right)^n \tag{7-13}$$

从式（7-13）可知，分配比 D 与相比 $V_有/V_水$ 都对 m_n 有影响。

【例 7-1】　有 10mL 含碘 1mg 的水溶液，用 9mL CCl_4 萃取：（1）全量一次萃取；（2）每次用 3mL CCl_4 萃取，共萃取 3 次，求水溶液中剩余的碘量，并比较萃取率。

$$\left(D=\frac{[I_2]_{CCl_4}}{[I_2]_水}=85\right)$$

解　（1）$m_1=1\times\dfrac{10}{85\times9+10}=0.013$（mg）

一次萃取的萃取率 $E_1=\dfrac{1-0.013}{1}\times100\%=98.7\%$

（2）$m_3=1\times\left(\dfrac{10}{85\times3+10}\right)^3=0.000054$（mg）

萃取 3 次，总萃取率 $E_3=\dfrac{1-0.000054}{1}\times100\%=99.99\%$

由此可见，相同量的有机溶剂，分几次萃取比一次萃取的效率高。但也必须注意，增加萃取次数会增加萃取操作的工作量和操作中引起的误差。

7.3.1.4　分离因子（S_f）

上面讨论的是一种物质在两相中的分配，而在分离中，总是有两种或两种以上物质同时存在，而有待于分离。为了定量描述两种元素彼此之间的分离效率，一般用分离因子 S_f 来表示。其定义为：

$$S_f=\frac{D_1}{D_2}$$

式中，D_1 与 D_2 分别表示两种溶质 M_1 与 M_2 的萃取分配比。

采用单级萃取时，若希望 M_1 的萃取率高于 99%，M_2 的萃取率低于 1%，对于相比为 1 的萃取体系，则要求分离因子大于 10^4。

7.3.2　萃取体系的类型

萃取体系的分类方法很多，国内外不少学者对萃取体系提出了各种不同的分类方法。徐光宪科学地总结了各种分类方法，根据萃取机理或萃取过程中生成的萃取配合物的性质，将萃取体系分为六大类，即：简单分子萃取、中性配合萃取、螯合萃取、离子缔合萃取、协同萃取及高温液-液萃取体系。

7.3.2.1　简单分子萃取体系

这类萃取体系的特点是，被萃取物在水相和有机相中都以中性分子的形式存在，溶剂与被萃物之间没有化学结合，也不需外加萃取剂。例如，碘分子（I_2）在水与 CCl_4 中的分配。某些萃取剂本身在水相与有机相中的分配也属于简单分子萃取。例如，噻吩甲酰三氟丙酮（HTTA）在螯合萃取中常作为萃取剂，它本身在水相与苯中的分配属于简单分子萃取。在此类萃取工程中，并非不允许有任何化学反应存在，如 HTTA 在水溶液中会发生电离：

但萃取过程却是中性分子 HTTA 在两相之间的物理分配，HTTA 与溶剂 C_6H_6 之间无化学反应。

又例如，OsO_4 在水与 CCl_4 之间的分配，也用于简单分子萃取类型，OsO_4 在有机相中能聚合为 $(OsO_4)_4$：

$$4\ OsO_{4(水)} \rightleftharpoons (OsO_4)_{4(有)}$$

OsO_4 在水相中存在两性的电离平衡：

$$OsO_4 + H_2O \rightleftharpoons H_2OsO_5 \begin{cases} H^+ + HOsO_5^- \\ HOsO_4^+ + OH^- \end{cases}$$

但决定它是简单分子萃取体系的关键是 CCl_4 从水相中萃取的是中性分子 OsO_4，并且 CCl_4 与 OsO_4 之间无化学结合。

简单分子萃取又可按照被萃物性质的不同分为：

① 单质萃取；

② 难电离无机化合物的萃取；

③ 有机化合物的萃取。

7.3.2.2　中性配合萃取体系

这类萃取体系的特点是：

① 被萃物是中性分子，如 $UO_2(NO_3)_2$，虽然在水相中它可能以 UO_2^{2+}、$UO_2(NO_3)^+$、$UO_2(NO_3)_2$、$UO_2(NO_3)_3^-$ 等多种形式存在，但被萃取的只是中性分子 $UO_2(NO_3)_2$。

② 萃取剂本身也是中性分子，如磷酸三丁酯（TBP）。

③ 萃取剂与被萃物结合，生成中性配合物，如 $UO_2(NO_3)_2 \cdot 2TBP$。

7.3.2.3　螯合萃取体系

这类萃取体系的特点是：

① 萃取剂是一弱酸 HA 或 H_nA，它在水相与有机相有一定的分配，一般在有机相的溶解度较大。

② 在水相中金属离子以阳离子 M^{n+} 形式存在。

③ 在水相中 M^{n+} 与 HA 或 H_nA 生成中性螯合物 MA_n 或 $M(HA)_n$。

④ 生成的中性螯合物难溶于水，可被有机溶剂萃取。

7.3.2.4　离子缔合萃取体系

这类体系的特点是：金属以配阴离子的形式与带正电荷的萃取剂形成离子缔合物进入有机相；或者金属离子以配位离子的形式与带负电荷的萃取剂形成离子缔合物进入有机相。

7.3.2.5　协同萃取体系

用两种或两种以上的萃取剂的混合物同时萃取某一金属离子或其他化合物时，如果被萃取物的分配比显著大于每一种萃取剂在相同条件下单独使用时的分配比之和，这就是所谓的协同萃取效应。与此相反，若混合萃取剂萃取时的分配比显著小于每一种萃取剂单独使用时分配比之和，则称为反协同作用。

例如，以 $0.02mol \cdot L^{-1}$ 的噻吩甲酰三氟丙酮为萃取剂，从 $0.01mol \cdot L^{-1}$ 的硝酸水溶液中将硝酸铀酰萃取到环己烷中，分配比为 0.063。在相同条件下以三丁基氧化膦为萃取剂萃取时，分配比为 38.5。若采用噻吩甲酰三氟丙酮与三丁基氧化膦作混合萃取剂，则分配比为 1000。这是因为混合萃取剂发挥了协同萃取作用。

协同萃取的机理比较复杂，在多数情况下，是由于混合萃取剂与金属离子形成了疏水性更强的加合配合物。就上例而言，可能是三丁基氧化膦取代了 $HTTA\text{-}UO_2^{2+}$ 螯合物中配位的水分子。增强了螯合物的疏水性，使萃取剂分配比大大提高。

协同效应在萃取中具有十分重要的意义，它是改变萃取能力的有效手段之一。主要的协同萃取体系见表 7-5。

表 7-5　主要的协同萃取体系

类别		实例		
两种不同类型萃取剂组成的协萃体系	螯合与中性萃取剂	$PuO_2^{2+}/H_2O-HNO_3/$ $Th^{4+}/H_2O-HNO_3/$	TTA TBP PMBP TBPO	环己烷 苯
	酸性磷与中性萃取剂	$UO_2^{2+}/H_2O-H_2SO_4/$	HDEHP TBP	煤油
	螯合与胺类萃取剂	$Th^{4+}/HCl-LiCl/$	TTA TOA	苯
	酸性磷与胺类萃取剂	$UO_2^{2+}/H_2O-H_2SO_4/$	HDEHP R_3N	煤油
	中性磷与胺类萃取剂	$Am^{3+}/H_2O-HNO_3/$	TOA TOPO	苯
两种相同类型萃取剂组成的协萃体系	螯合与螯合萃取剂	$RE^{3+}/H_2O-HNO_3/$	HAA TTA	苯
	中性磷与中性磷萃取剂	$RE^{3+}/H_2O-HNO_3/$	TOPO TBPO	煤油
三种不同类型萃取剂组成的协萃体系	酸性磷、中性磷与胺类萃取剂	$UO_2^{2+}/H_2O-H_2SO_4/$	HDEHP TBP R_3N	煤油

7.3.2.6　高温液-液萃取体系

高温液-液萃取体系包括熔融盐萃取、熔融金属萃取和高温有机溶剂萃取。

高温有机溶剂萃取，又称固态萃取法。它是利用一种分子量较大、常温下为固体的有机化合物，如萘（熔点 81℃）或联苯（熔点 70.5℃）等，在加热熔化成液态时，可以从水溶液中定量地萃取某些金属螯合物。当温度降低后，熔化的有机化合物又以固体的形态析出。干燥后溶于适当的有机溶剂中，再用合适的方法测定；或者压饼后用 X 射线荧光光谱法测定。这种方法特别适用于萃取疏水性的、热稳定的金属螯合物，在岩矿分析特别是贵金属分析中是一个值得推广和引人重视的研究课题。

7.3.3　几种常用的萃取体系与萃取剂

7.3.3.1　酸性配合和螯合萃取

（1）酸性配合和螯合的萃取平衡　酸性萃取剂在整个萃取过程中的基本反应可以简单地概括如下：

$$
\begin{array}{llll}
\text{有机相} & \text{HA} & & \text{MA}_n \\
\hline
\text{水相} & \Big\updownarrow K_{D(HA)} & & \Big\updownarrow K_{D(MA_n)} \\
& \text{HA} & & \text{MA}_n \\
& \Big\updownarrow K_a & & \\
& \text{H}^+ + \text{A}^- & n\text{A}^- + \text{M}^{n+} \xrightleftharpoons{K_f} & \text{MA}_n
\end{array}
$$

萃取过程中存在如下的平衡。

① 酸性萃取剂 HA 在两相间的分配

$$
\text{HA}_水 \rightleftharpoons \text{HA}_有
$$

$$
K_{D(HA)} = \frac{[\text{HA}]_有}{[\text{HA}]_水} \tag{7-14}
$$

式中，$K_{D(HA)}$ 为 HA 的分配系数。

② 酸性萃取剂 HA 在水相中的离解平衡

$$
\text{HA}_水 \rightleftharpoons \text{H}^+_水 + \text{A}^-_水
$$

$$
K_a = \frac{[\text{H}^+]_水 [\text{A}^-]_水}{[\text{HA}]_水} \tag{7-15}
$$

式中，K_a 为 HA 的离解常数。

③ 水相中金属离子 M^{n+} 与 A^- 的形成反应

$$
\text{M}^{n+}_水 + n\text{A}^-_水 \rightleftharpoons \text{MA}_{n\,水}
$$

$$
K_f = \frac{[\text{MA}_n]_水}{[\text{M}^{n+}]_水 [\text{A}^-]^n_水} \tag{7-16}
$$

式中，K_f 为配合物 MA_n 的稳定常数。

④ 生成的配合物 MA_n 在两相间的分配

$$
\text{MA}_{n\,水} \rightleftharpoons \text{MA}_{n\,有}
$$

$$
K_{D(MA_n)} = \frac{[\text{MA}_n]_有}{[\text{MA}_n]_水} \tag{7-17}
$$

式中，$K_{D(MA_n)}$ 为 MA_n 在两相间的分配系数。

假定：在有机相中 M^{n+} 仅以金属配合物 MA_n 形式存在；在水相中 M^{n+} 不发生其他配合、水解、聚合等反应；在反应的平衡常数方程式中，可用浓度代替活度。当萃取达到平衡后，整个萃取过程的分配比等于：

$$
D_M = \frac{\text{有机相中 M}^{n+} \text{的总浓度}}{\text{水相中 M}^{n+} \text{的总浓度}} = \frac{[\text{MA}_n]_有}{[\text{M}^{n+}]_水 + [\text{MA}_n]_水}
$$

如果 MA_n 在水相中的浓度 $[\text{M}^{n+}]_水$ 很小，可以忽略不计，则

$$
D_M = \frac{[\text{MA}_n]_有}{[\text{MA}_n]_水} \tag{7-18}
$$

整个萃取反应的总反应式如下：

$$
\text{M}^{n+}_水 + n\,\text{HA}_有 \rightleftharpoons \text{MA}_{n\,有} + n\text{H}^+_水
$$

当反应达到平衡时，设萃取平衡常数为 K_M，则

$$K_{\mathrm{M}} = \frac{[\mathrm{MA}_n]_{\text{有}} [\mathrm{H}^+]_{\text{水}}}{[\mathrm{M}^{n+}]_{\text{水}} [\mathrm{HA}]_{\text{有}}^n} \tag{7-19}$$

将式 (7-18) 代入式 (7-19)，得式 (7-20)：

$$K_{\mathrm{M}} = D_{\mathrm{M}} \frac{[\mathrm{H}^+]_{\text{水}}^n}{[\mathrm{HA}]_{\text{有}}^n} \tag{7-20}$$

将式 (7-14) ～式 (7-17) 代入式 (7-19)，整理后可得式 (7-21)：

$$K_{\mathrm{M}} = K_{\mathrm{D(MA}_n)} K_{\mathrm{f}} \left(\frac{K_{\mathrm{a}}}{K_{\mathrm{D(HA)}}} \right)^n \tag{7-21}$$

将式 (7-18) 代入式 (7-21)，整理后得式 (7-22)：

$$K_{\mathrm{M}} = K_{\mathrm{D(MA}_n)} K_{\mathrm{f}} \left(\frac{K_{\mathrm{a}}}{K_{\mathrm{D(HA)}}} \right)^n \times \frac{[\mathrm{HA}]_{\text{有}}^n}{[\mathrm{H}^+]_{\text{水}}^n} \tag{7-22}$$

式 (7-22) 是萃取金属离子 M^{n+} 过程中，各种重要因素对金属离子的分配比 D_{M} 的影响关系式。

对于同种被萃取的例子、同一溶剂和萃取剂，$K_{\mathrm{D(HA)}}$、K_{f}、K_{a} 与 $K_{\mathrm{D(MA}_n)}$ 都是常数，设 $K' = K_{\mathrm{D(MA}_n)} K_{\mathrm{f}} \left(\frac{K_{\mathrm{a}}}{K_{\mathrm{D(HA)}}} \right)^n$，$K'$ 为常数，式 (7-22) 可写成式 (7-23)：

$$D_{\mathrm{M}} = K' \frac{[\mathrm{HA}]_{\text{有}}^n}{[\mathrm{H}^+]_{\text{水}}^n} \tag{7-23}$$

如果平衡时萃取剂浓度一定，则 $[\mathrm{HA}]_{\text{有}}$ 为常数，式 (7-23) 可以写成式 (7-24)

$$D_{\mathrm{M}} = K'' [\mathrm{H}^+]_{\text{水}}^{-n} \tag{7-24}$$

式中，$K'' = K' [\mathrm{HA}]_{\text{有}}^n$。

(2) 萃取条件的选择　下面根据式 (7-22) ～式 (7-24) 讨论螯合物萃取过程中影响分配比 D_{M} 的主要条件。

① 酸性配位剂（或螯合剂）　螯合物的稳定常数 K_{f} 越大，则生成的螯合物越稳定，萃取率就越高。因此应选用能生成稳定常数较大的螯合物的螯合剂。

$K_{\mathrm{D(HA)}}$ 越小，$K_{\mathrm{D(MA}_n)}$ 越大，则 M^{n+} 的萃取平衡常数 K_{M} 就越大，在溶液中 pH 值维持不变时，也可以得到较大的分配比。因此所选择的萃取体系中，螯合剂的分配系数越小越好，螯合物的分配系数越大越好。

螯合剂通常为弱酸性物质，它的离解常数 K_{a} 越大，越易溶于水中，水相中 A^- 的浓度就越大，越有利于螯合物的生成，所形成的螯合物越易溶于有机相，则分配比越大。所以常选用离解常数较大的螯合剂。

M^{n+} 的萃取性能取决于螯合剂 HA 在有机相中的浓度 $[\mathrm{HA}]_{\text{有}}$。$[\mathrm{HA}]_{\text{有}}$ 越大，则分配比越大。因此在实际工作中，常采用提高螯合剂用量的办法来增大分配比以提高萃取率。

② 溶液酸度　由式 (7-24) 可以看出，如果用同一螯合剂和同一萃取溶剂萃取某种离子，而所用螯合剂浓度相同时，则分配比 D_{M} 只和酸度有关。H^+ 浓度越大，越有利于萃取。

已知：

$$D_{\mathrm{M}} = K'' [\mathrm{H}^+]_{\text{水}}^{-n}$$

$$V_{\text{水}} = V_{\text{有}}$$

萃取率

$$E = \frac{D}{1+D} \times 100 \%$$

于是

$$D = \frac{E}{1-E} = K'' [\mathrm{H}^+]_{\text{水}}^{-n}$$

故
$$\lg D = \lg E - \lg(1 - E) = \lg K'' + n\text{pH} \tag{7-25}$$

由式（7-25）可知，用同一螯合剂和萃取溶剂萃取某种离子时，萃取率只和 pH 值有关。萃取率和 pH 值之间的关系曲线如图 7-3 所示。由图 7-3 可见如果其他的萃取条件相同，只改变被萃取离子的种类，则由于 K_f、$K_{D(MA_n)}$ 的数值改变，K'' 的数值不同，于是所得到的 E 和 pH 的关系曲线形状与原来曲线的形状相似，但位置不同。

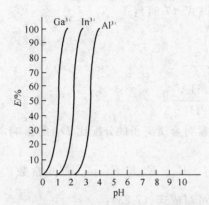

图 7-3　在三氯甲烷萃取镓、铟、铝的 8-羟基喹啉盐中，E 和 pH 的关系曲线

显然，两种离子在萃取中的 K_f、$K_{D(MA_n)}$ 相差越大，两条曲线距离越远，控制适当的 pH，可以使两种离子完全分离。由图 7-3 可见，如果溶液的 pH 控制在 2.5 附近，那么当 Ga^{3+}、In^{3+} 全部被萃取时，Al^{3+} 尚留在溶液中，Ga^{3+}、In^{3+} 和 Al^{3+} 就可以定量分离。当 K_f、$K_{D(MA_n)}$ 差别较小，仅依靠控制酸度不能完全分离时，可以采用掩蔽剂消除干扰或采用反萃取的方法除去干扰离子。

为了给多种金属离子的选择性萃取提供依据，常利用 $\text{pH}_{1/2}$ 的数据进行比较和选择。$\text{pH}_{1/2}$ 是 $D=1$ 时的 pH 值，此时如果相比为 1，则萃取率为 50%。当有机相中萃取剂的浓度一定时，$\text{pH}_{1/2}$ 是一定值，这点可由下式得到证实：

$$D = \frac{E}{1-E} = K' \frac{[HA]^n_{有}}{[H^+]^n_{水}}$$

$$\lg D = \lg \frac{E}{1-E} = \lg K' + n\lg[HA]_{有} + n\text{pH}$$

由于 $E=50\%$，所以 $\lg \dfrac{E}{1-E}=0$，只要 $[HA]_{有}$ 一定，此时 pH，即为 $\text{pH}_{1/2}$，这只与 K' 有关。而 K' 对于选定的萃取体系是一常数，与金属离子浓度无关，随 K_f、$K_{D(MA_n)}$ 的不同而不同。因此 $\text{pH}_{1/2}$ 与金属离子的属性有关，它是指定的萃取平衡的一个特征数值，它能指出被萃取离子在一定条件下的萃取曲线的大致位置，在萃取分离上有重要的意义。$\text{pH}_{1/2}$ 的值在《分析化学手册》中可以查到。当然，不能以过高的 pH 来达到提高分配比的目的，否则有可能引起金属离子的水解或引起其他的干扰，反而会降低萃取率，甚至使萃取分离无法进行。图 7-4 是 $CHCl_3$ 萃取双硫腙-Zn^{2+} 螯合物的萃取曲线。由图 7-4 可知，当 pH<6 时，萃取率较低；但 pH 大于 10，因生成 ZnO_2^{2-}，萃取率也很低，最适宜萃取的 pH 范围是 6.5～10.0。

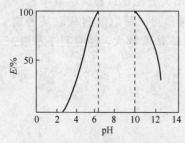

图 7-4　$CHCl_3$ 萃取双硫腙-Zn^{2+} 螯合物萃取率与 pH 的关系曲线

③ 萃取溶剂　许多与水互不相溶的有机溶剂，都可以用作萃取溶剂。大致分为以下几类。

醚类：常用的是乙醚和异丙醚。乙醚沸点低，容易挥发，而且微溶于水。异丙醚与水的互溶性较小，常被采用。

酯类：常用的有乙酸乙酯、乙酸戊酯、磷酸三丁酯等。

酮类：常用的有丙酮、甲基异丁酮、乙酰丙酮等。

醇类：高级醇常用来萃取其他溶剂所不能萃取的物质，但是高级醇略溶于水。常用有丁醇、异戊醇、戊醇等。

惰性溶剂：常用的有三氯甲烷、四氯化碳、苯、甲苯、环己烷等。它们与水很容易分开。

萃取溶剂的结构和性质的不同，对萃取能力影响较大，因此，在实际分析工作中如何选择合适的溶剂，是一个极为重要的问题。选择萃取溶剂时一般要考虑以下几个问题：

a. 选择的溶剂必须具有较高的选择性。即所选择的溶剂对欲萃取的离子分配系数应尽量的大，而对要分离的其他干扰离子的分配系数应尽量的小。

b. 选择溶剂时，要考虑到萃取分离后，溶剂应易于回收精制，同时要考虑是否能顺利地从溶剂层中分离出溶质进行测定，或在溶剂层中直接进行测定。如果溶质不挥发且在加热时也不分解，则可采用蒸馏或蒸发的办法除去溶剂。因此选择溶剂时要考虑溶剂的沸点。沸点太低，在操作中容易挥发；沸点太高，蒸馏温度也必须高，可能导致试样分解造成操作困难。

c. 两种溶剂的密度相差不大时，容易形成乳浊液，这对萃取分层不利，选择溶剂时应加以注意。

d. 为了使水相和有机相迅速分层，应选择界面张力较大的溶剂。

e. 应当尽可能选择与水完全不互溶的有机溶剂。

f. 溶剂本身很稳定，还要尽可能选择无毒、不易燃烧的有机溶剂。

有时为了提高萃取率，也常采用混合溶剂。如，醇与醚混合溶剂，一般可用来萃取硫氰酸盐溶液中的钴和铁等。有时为了改变萃取剂的组成，常加入有机稀释剂。如用季铵盐从盐酸溶液中萃取锌时，可用三氯乙烯作稀释剂。

④ 干扰离子的消除

a. 控制酸度　控制适当的酸度，可以选择性地萃取一种离子，或连续萃取几种离子，使其与干扰离子分离。例如在含有 Hg^{2+}、Bi^{3+}、Pb^{2+}、Cd^{2+} 的溶液中，用二苯硫腙-CCl_4 萃取 Hg^{2+}，若控制溶液的 pH＝1，这时 Hg^{2+} 可被定量地萃取，而 Bi^{2+}、Pb^{2+}、Cd^{2+} 不被萃取；若要萃取 Pb^{2+}，可先将溶液的 pH 调至 4～5，将 Bi^{3+}、Hg^{2+} 先除去，再将 pH 调至 9～10，将 Pb^{2+} 萃取出来（见图 7-5）。

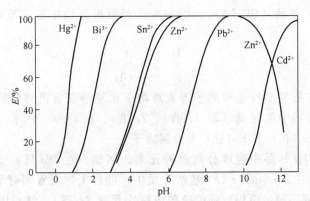

图 7-5　二苯硫腙-CCl_4 萃取几种金属离子的萃取酸度曲线

b. 使用掩蔽剂　当控制溶液酸度不能消除干扰时，可利用掩蔽的方法。例如用二苯硫腙-CCl_4 萃取 Ag^+，若控制 pH 为 2，加入 EDTA，则除 Hg^{2+}、Au^{3+} 外，许多金属离子都不被萃取。

（3）几种重要的螯合萃取剂

① 8-羟基喹啉　这是一种常用的有机试剂，在沉淀分离中它是重要的有机沉淀剂，在液-液萃取中它是常用的萃取剂。

8-羟基喹啉可以和 Al^{3+}、Bi^{3+}、Co^{2+} 等多种金属离子反应生成疏水性螯合物，这些螯合物难溶于水却易溶于有机溶剂，一般可用氯仿萃取。利用各种离子与 8-羟基喹啉生成的螯合物的分配系数各不相同，可以控制不同条件，达到分离的目的。

② 噻吩甲酰三氟丙酮（TTA） TTA 是应用较为广泛的萃取剂之一，它对 50 多种元素的萃取性能已被系统地研究过。

TTA 通常有两种互变异构体，即酮式和烯醇式。当作为萃取剂时，烯醇式离子极易与金属离子形成易萃取的六元环螯合物。

TTA 分子中因为有三氟甲基存在，使其烯醇式具有较强酸性，因此与其他 β-二酮类试剂相比，它可在酸性更强的介质中萃取金属离子，以避免金属离子的水解干扰，提高了萃取的选择性。

③ 1-苯基-3-甲基-4-苯甲酰基吡唑啉酮-5（PMBP） PMBP 也是 β-二酮类萃取剂，它对于镧系、锕系和碱土金属是一种优良的萃取剂。

④ 乙酰丙酮（AA） AA 也是 β-二酮类萃取剂，它可与 Al^{3+}、Be^{2+}、Cr^{3+}、Co^{2+}、Cu^{2+}、Ca^{2+}、In^{3+}、Fe^{3+}、Mn^{2+} 等形成螯合物，可用 $CHCl_3$、CCl_4、C_6H_6 和二甲苯萃取，也可以用 AA 直接进行萃取，这时 AA 既是萃取剂，又是萃取溶剂。

⑤ 二乙基胺二硫代甲酸钠（DDTC） 最初用此试剂作 Cu^{2+} 的沉淀剂，因此又被称为铜试剂。它可与 Cu^{2+}、Hg^{2+}、Ag^+、Cd^{2+}、Bi^{3+}、Co^{2+}、Fe^{3+} 等多种离子形成螯合物，被 CCl_4 或乙酸乙酯萃取。

⑥ 双硫腙 双硫腙的结构式为

$$S=C\begin{array}{l} NHNHC_6H_6 \\ N=N-C_6H_6 \end{array}$$

它在水溶液中形成的互变异构体与金属离子形成螯合物，用 CCl_4 作溶剂，可萃取 Ag^+、Au^{3+}、Bi^{3+}、Cd^{2+}、Hg^{2+}、Cu^{2+}、Co^{2+} 等离子。

⑦ N-苯甲酰-N-苯胲（BPHA） BPHA 是羟氨衍生物中最为重要的一种分析试剂。它的结构式为：

$$\begin{array}{l} C_6H_5-C=O \\ C_6H_5-N-OH \end{array}$$

在强酸介质中它能与多种金属离子形成难溶于水易溶于有机溶剂的配合物。BPHA 的氯仿溶液从强盐酸介质中能定量萃取 Ti(Ⅳ)、Zr(Ⅳ)、Hf(Ⅳ)、V(Ⅴ)、Nb(Ⅴ)、Ta(Ⅴ)、Mo(Ⅳ)、W(Ⅳ)、Sn(Ⅳ) 和 Sb(Ⅲ) 等金属离子。

BPHA 可用于岩矿样品中连续分离多种元素。例如，在 W(Ⅵ)、Zr(Ⅳ)、Ti(Ⅳ) 和 Nb(Ⅴ) 共存液中，在 $2\sim4\mathrm{mol\cdot L^{-1}}$ 盐酸介质中，能将上述元素同时萃取到 BPHA-苯中。然后用柠檬酸反萃 W(Ⅵ)，再用较强的硫酸溶液反萃取 Zr(Ⅳ)，继而用 $H_2O_2\text{-}H_2SO_4$ 反萃 Ti(Ⅳ)，而 Nb(Ⅴ) 仍留在有机相中。

⑧ N-亚硝基苯胲胺 此试剂最初用来沉淀铜和铁，故又称为铜铁试剂，结构式为：

$$\begin{array}{l} N-ONH_4 \\ N=O \end{array}$$

它可以和多种金属离子形成疏水性螯合物。例如用氯仿溶液可萃取 Al^{3+}、Sb^{3+}、Cu^{2+}、In^{3+}、Fe^{3+}、Mo(Ⅵ)、Co^{2+}、Nb(Ⅴ)、Ti(Ⅳ) 等离子，用乙醚可萃取 U(Ⅵ)，用乙酸乙酯可萃取 Ce(Ⅳ)、Nb(Ⅴ)、Sn^{2+} 等离子。

⑨ 1-亚硝基-2-萘酚　作为常用的螯合萃取剂，在一定酸度条件下，用 CCl_4 可萃取 Co^{2+}，用 $CHCl_3$ 可萃取 Cu^{2+}、Fe^{3+}、Th^{4+} 等离子，用异戊醇可萃取 UO_2^{2+} 等离子。

7.3.3.2　离子缔合萃取

这类萃取体系中，被萃物是疏水性的离子缔合物。离子缔合物若能结合相当数量的疏水基团，并且体积较大，那么它的疏水性较强。无论是金属的阳离子、金属的配阴离子或某些酸根离子，都能形成可被萃取的离子缔合物。

下面对几种重要的离子缔合萃取类型分别进行介绍。

（1）金属阳离子的离子缔合萃取　要使金属阳离子生成疏水性的离子缔合物，一般的方法是使水合金属阳离子与适当的有机配位体作用，生成没有配位水分子或很少配位水分子的配阳离子。然后与大体积的阴离子缔合。例如，Cu^+ 与 $2,2'$-双喹啉（Bq）生成 $Cu(Bq)_2^+$ 配阳离子，它与 ClO_4^- 等阴离子可生成疏水性的离子缔合物，被异戊醇萃取。

（2）金属配阴离子或无机酸根离子的离子缔合物萃取　许多金属离子具有形成配阴离子的能力，如 $GaCl_4^-$、$FeCl_4^-$、$TlBr_4^-$ 等，许多无机酸在水溶液中也以阴离子形式存在，如 WO_4^{2-}、VO_3^-、ReO_4^-、MnO_4^- 等，为了萃取这些阴离子，通常采用一种大分子量的有机阳离子，这类阳离子一般称鎓型基，如铵（RNH_3^+）、钾（R_4As^+）、锌（ROH_2^+、R_2OH^+、R_2COH^+）等，在一定条件下，这些阳离子与金属配阴离子或无机酸根离子形成可被萃取的离子缔合物。

例如，在 $0.1\sim1.0 mol \cdot L^{-1} HCl$ 溶液中，Tl^{3+} 与 Cl^- 生成 $TlCl_4^-$，当加入甲基紫作萃取剂时（甲基紫在酸性介质中以阳离子形式 RH^+ 存在），RH^+ 与 $TlCl_4^-$ 发生反应：

$$RH^+ + TlCl_4^- \Longrightarrow [RH^+ \cdot TlCl_4^-]$$

此离子缔合物可用苯或甲苯萃取。

对于金属配阴离子，形成鎓盐而被萃取的方法是直接采用含氧的活性溶剂，如乙醚、乙酸乙酯、甲基异丁酮、磷酸三丁酯等。因为这些溶剂含有能与 H^+ 或其他阳离子生成配位键的基团，因此，这些溶剂可直接参加萃取反应。

形成鎓盐的条件有：

① 有机溶剂必须是含氧的，这是形成鎓盐的必要条件；

② 必须在高酸度下才能生成鎓盐，在不含氧的强酸溶液中，含氧有机溶剂可形成鎓离子；

③ 金属离子首先必须生成不与水亲和的配阴离子，如 $FeCl_4^-$、$GaCl_4^-$ 等，然后它们再与鎓离子生成鎓盐。

生成的鎓盐根据相似物互溶原理，可以溶解于本身溶剂中，亦可溶解于与它互溶的其他有机溶剂中。

例如，在盐酸溶液中用乙醚萃取 Fe^{3+}。在 $6 mol \cdot L^{-1} HCl$ 溶液中，$Fe(H_2O)_6^{3+}$ 形成水合氯铁酸阴离子：

$$Fe(H_2O)_6^{3+} + 4 Cl^- \Longrightarrow Fe(H_2O)Cl_4^- + 4 H_2O$$

乙醚（以 R_2O）表示在此盐酸溶液中生成鎓离子：

$$R_2O + H_3O^+ \Longrightarrow R_2OH^+ + H_2O$$

$Fe(H_2O)_2Cl_4^-$ 转化为溶剂化合物：

$$Fe(H_2O)_2Cl_4^- + 2 R_2O \Longrightarrow Fe(R_2O)_2Cl_4^- + 2 H_2O$$

生成可被萃取的镁盐：

$$R_2OH^+ + Fe(R_2O)_2Cl_4^- \rightleftharpoons [R_2OH^+ Fe(R_2O)_2Cl_4^-]$$

有机溶剂分子中氧链的性质对镁盐的形成有较大的影响，形成镁盐的能力按以下次序增加：

$$R \!\!\diagdown\!\!\!\underset{R}{\overset{}{O}}\!\!\diagup < ROH < RCOOH < RCOOR < RCOR < RCHO$$

（醚类）　（醇类）　（酸类）　　（酯类）　（酮类）　（醛类）

（3）液体阴离子交换剂-高分子胺作为离子缔合萃取剂的萃取　各种高分子胺也是离子缔合萃取剂。高分子胺是指分子量较大的长碳链有机胺类化合物。由于分子中有大的疏水性烷基，所以疏水性强，通常将它们溶于适当的有机溶剂中，以便萃取。

胺类萃取剂是指氨分子中三个氢原子部分或全部被烷基取代，分别得到伯胺、仲胺、叔胺和季铵盐，其结构如下：

$$R-\underset{H}{\overset{H}{N}} \qquad R'\!\!-\!\!\underset{}{\overset{R}{N}}H \qquad R'\!\!-\!\!\underset{R''}{\overset{R}{N}} \qquad \left[\underset{R'''}{\overset{R''}{\underset{}{\overset{}{N}}}}\!\!\!R'\right]^+ \cdot A^-$$

（伯胺）　　（仲胺）　　（叔胺）　　（季铵盐）

此处 R、R′、R″、R‴代表不同的或相同的烷基，A^- 代表无机酸根，如 Cl^-、NO_3^-、SO_4^{2-} 等。

伯、仲、叔胺的分子中都具有孤对电子的氮原子，能和无机酸的 H^+ 形成稳定的配位键而生成相应的铵盐。这些铵盐和季铵盐中的阴离子与水溶液中的金属配阴离子发生交换，形成可被萃取物进入有机相。如正三丁胺在 HCl 溶液中，生成下列形式铵盐：

$$RHN_2 + HCl \rightleftharpoons RNH_3^+ \cdot Cl^-$$

如果溶液中有 Ag^+，它与高浓度的 Cl^- 生成 $AgCl_2^-$，然后 $AgCl_2^-$ 与上述的铵盐中的 Cl^- 发生交换：

$$AgCl_2^- + RNH^{3+} \cdot Cl^- \rightleftharpoons (RNH^{3+} \cdot AgCl_2^-) + Cl^-$$

（水相）　　（有机相）　　　　（有机相）　　　（水相）

上述的萃取过程与阴离子交换剂的交换反应相似，所以这类高分子胺萃取剂也称为"液体阴离子交换剂"。

（4）离子缔合物的萃取平衡　离子缔合物萃取平衡比较复杂，要导出一个具有一般性的分式说明分配比与萃取条件的关系是比较困难的。现以氯化四苯砷为萃取剂萃取高铼酸根为例，讨论分配比与其他因素的关系。

在整个萃取过程中，存在着下列平衡。

① $(C_6H_5)_4AsCl$ 的解离：

$$(C_6H_5)_4AsCl_{水} \rightleftharpoons (C_6H_5)_4As_{水}^+ + Cl_{水}^-$$

解离常数见式（7-26）

$$K_a = \frac{[(C_6H_5)_4As^+]_水 [Cl^-]_水}{[(C_6H_5)_4AsCl]_水} \tag{7-26}$$

式中，K_a 为 $(C_6H_5)_4AsCl$ 的解离常数。

② $(C_6H_5)_4As^+$ 与 ReO_4^- 的缔合反应：

$$(C_6H_5)_4As_水^+ + ReO_{4\ 水}^- \rightleftharpoons (C_6H_5)_4AsReO_{4水}$$

稳定常数见式（7-27）

$$K_f = \frac{[(C_6H_5)_4AsReO_4]_水}{[(C_6H_5)_4As^+]_水\ [ReO_4^-]_水} \tag{7-27}$$

式中，K_f 为 $(C_6H_5)_4AsReO_4$ 的稳定常数。离子缔合物在水中溶解度极低，几乎全部进入 $CHCl_3$ 中。

③ $(C_6H_5)_4AsCl$ 在两相中的分配：

$$(C_6H_5)_4AsCl_水 \rightleftharpoons (C_6H_5)_4AsCl_有$$

分配系数见式（7-28）

$$K_{D(ACl)} = \frac{[(C_6H_5)_4AsCl]_有}{[(C_6H_5)_4AsCl]_水} \tag{7-28}$$

式中，$K_{D(ACl)}$ 为 $(C_6H_5)_4AsCl$ 的分配系数。

④ $(C_6H_5)_4AsReO_4$ 在两相中的分配：

$$(C_6H_5)_4AsReO_4\,_水 \rightleftharpoons (C_6H_5)_4AsReO_4\,_有$$

分配系数见式（7-29）

$$K_{D(AB)} = \frac{[(C_6H_5)_4AsReO_4]_有}{[(C_6H_5)_4AsReO_4]_水} \tag{7-29}$$

式中，$K_{D(AB)}$ 为 $(C_6H_5)_4AsReO_4$ 的分配系数。

当萃取达到平衡后，整个萃取过程分配比等于

$$D = \frac{[(C_6H_5)_4AsReO_4]_有}{[ReO_4^-]_水 + [(C_6H_5)_4AsReO_4\,_水]_水}$$

由于 $(C_6H_5)_4AsReO_4$ 在水相中溶解很少，其浓度比水相中的 $[ReO_4^-]$ 小得多，可以忽略不计，于是：

$$D \approx \frac{[(C_6H_5)_4AsReO_4]_有}{[ReO_4^-]_水}$$

将式（7-27）、式（7-29）代入上式，得到

$$D = \frac{[(C_6H_5)_4AsReO_4]_有}{[ReO_4^-]_水} = K_{D(AB)}K_f\,[(C_6H_5)_4As^+]_水 \tag{7-30}$$

由式（7-26）、式（7-28），得到

$$[(C_6H_5)_4As^+]_水 = \frac{K_a\,[(C_6H_5)_4AsCl]_有}{A_{D(ACl)}[Cl^-]_水}$$

将上式代入式（7-30），得到

$$D = \frac{K_f K_{D(AB)} K_a}{K_{D(ACl)}} \times \frac{[(C_6H_5)_4AsCl]_有}{[Cl^-]_水} \tag{7-31}$$

上式表明分配比 D 不仅与被萃取离子、萃取剂及萃取溶剂的性质有关，还与萃取剂在有机相的浓度与水相中 Cl^- 的浓度有关。当萃取剂的浓度增加而 $[Cl^-]_水$ 降低时，分配比 D 增加，D 不受 pH 改变的影响，因为铼酸是强酸。

这类离子缔合萃取体系，一般用于分离和分析比较大的单电荷阴离子，如 ReO_4^-、MnO_4^-、TcO_4^-、ClO_4^-、IO_4^- 等。

7.3.3.3 中性配合萃取

以磷酸三丁酯（TBP）为代表的中性配合萃取剂是研究最多、应用最广的一类萃取剂。

（1）中性磷氧萃取剂的类型及萃取性能　中性磷氧萃取剂的通式是：

$$\begin{array}{c} \text{G} \\ | \\ \text{G—P=O} \\ | \\ \text{G} \end{array}$$

其中基团 G 代表烷基 R、烷氧基 RO 或芳香基，—P=O 键是萃取功能基团，它和金属盐类形成的萃合物是通过氧原子上的孤对电子和金属原子生成配位键：

$$m\ \begin{array}{c} \text{G} \\ | \\ \text{G—P=O} \\ | \\ \text{G} \end{array} + \text{MX}_n \rightleftharpoons (\begin{array}{c} \text{G} \\ | \\ \text{G—P=O} \rightarrow \\ | \\ \text{G} \end{array})_m \text{MX}_n$$

配位键 O→M 越强，则 $G_3P=O$ 的萃取能力越强。如果 G 是烷氧基，由于它有电负性大的氧原子，所以吸电子的能力强，这样使—P=O 键的氧原子的电子云密度减小，使它和金属原子生成配位键的能力减弱。反之，如果 G 是 R 基，它吸电子能力弱，于是—P=O 键的氧原子的配位能力增强，萃取能力也就强。所以中性磷氧萃取剂的萃取能力按下列次序增加：

$$(\text{RO})_3\text{P=O} < (\text{RO})_2\text{P=O} < \text{R}_2\text{P=O} < \text{R}_3\text{P=O}$$
$$\qquad\qquad\qquad | \qquad\qquad |$$
$$\qquad\qquad\qquad \text{R} \qquad\qquad \text{OR}$$

（2）中性磷氧萃取剂的基本反应　中性磷氧萃取剂 $G_3P=O$ 的萃取反应都是通过—P=O 键的氧原子与金属原子或氢原子配位或生成氢键

$$G_3P=O\rightarrow M, \quad G_3P=O\cdots H—O—H, \quad G_3P=O\rightarrow H^+\cdot X^-$$

现分别讨论如下：

① 与水分子的反应　中性磷氧萃取剂，例如 TBP，与水生成 1:1 的配合物，它是通过氢键缔合而形成的。

② 与酸的反应　中性磷氧萃取剂能萃取酸，通常生成 1:1 的配合物，当水相酸度增高时，还能生成 1:2、1:3 的配合物。

TBP 萃取酸的次序如下：

草酸≈醋酸＞$HClO_4$＞HNO_3＞H_3PO_4＞HCl＞H_2SO_4

这一顺序与阴离子水化能的增加次序大致相似，即 SO_4^{2-} 的水化能最大，表示水分子与 SO_4^{2-} 结合能力最强，所以 TBP 对 H_2SO_4 萃取能力最小。

③ 萃取金属硝酸盐的反应　中性磷氧萃取剂萃取金属硝酸盐的反应主要属于中性配合萃取机理，即通过磷氧键的氧与金属原子配位，形成中性配合物。

④ 萃取金属配阴离子的反应　中性磷氧萃取剂萃取金属卤配阴离子的反应比较复杂，除中性配合萃取机理外，镦盐萃取的机理更为重要。

（3）影响萃取率的各因素　以 TBP 萃取硝酸铀酰为例，讨论影响萃取率的因素。

① 硝酸浓度的影响　由图 7-6 可见，分配比 D 随酸度增加，开始时增加，当硝酸浓度为 5～6mol·L^{-1} 时，D 有最大值，然

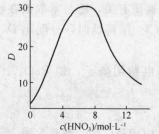

图 7-6　硝酸浓度对 D 的影响

后下降。开始 D 的增加，是由于酸度增加，NO_3^- 浓度增加，有利于铀的萃取。但随着硝酸浓度增加，硝酸本身的萃取也增加，成为铀萃取的竞争者，这时自由的 TBP 浓度下降，因此 D 也下降。

② 铀浓度的影响　水相中铀的浓度很低（$\leqslant 10^{-3}\,mol\cdot L^{-1}$），铀的分配比与铀浓度无关。但当铀浓度较高时，$D$ 随水相铀浓度的增加而降低。

③ TBP 浓度与稀释剂性质的影响　水相中硝酸浓度固定时，D 随 TBP 浓度增加而增加。

稀释剂不同时对 D 有很大影响。以苯、环己烷、四氯化碳为溶剂时，D 较大。如以氯仿、正辛醇为稀释剂，D 要小十几倍。

④ 温度的影响　温度升高，D 下降，表明 TBP 萃取铀的反应是一个放热反应。

⑤ 盐析剂的影响　TBP 萃取硝酸铀酰，常加入本身不被萃取的无机硝酸盐作为盐析剂，以提高铀的分配比。盐析剂浓度越大，D 越高。

各种硝酸盐盐析作用强弱大致按下列次序：$Al(NO_3)_3 > Fe(NO_3)_3 > Zn(NO_3)_2 > Cu(NO_3)_2 > Mg(NO_3)_2 > Ca(NO_3)_2 > LiNO_3 > NaNO_3 > NH_4NO_3 > KNO_3$。这次序表明：离子价数越高，盐析效应越大；价数相同离子，半径越小，盐析作用越大；对于二价离子，过渡金属离子（即具有 d^x 结构离子）比具有 d^0 结构离子的盐析作用强，如 $Cu^{2+} > Mg^{2+}$。

⑥ 阴离子的影响　除 NO_3^- 以外的其他阴离子，如 SO_4^{2-}、F^-、$C_2O_4^{2-}$ 等，由于它们能与 UO_2^{2+} 发生配合作用，形成不被 TBP 萃取的配合物，使 D 下降。与铀形成的配合物越稳定，其影响也越显著。它们的影响次序为：

$$Cl^- < C_2O_4^{2-} < F^- < SO_4^{2-} < PO_4^{3-}$$

7.3.4　萃取速率

多数液-液萃取过程通常进行得很快，例如，胺类、中性磷类和含氧萃取剂的萃取速率是很快的。这些萃取剂与水相经过激烈的振摇，1min 左右即建立分配平衡。但亦有些萃取体系，如螯合萃取剂对某些金属离子的萃取，速率较低。萃取的速率一般取决于反应速率及扩散速率。

根据生成金属螯合物反应的一般动力学方程式，可将整合萃取反应速率表示为：

$$v = \frac{d[M^{n+}]}{dt} = K\,[M^{n+}]_水\,[HA]_有\,[H^+]_水^{-1} \tag{7-32}$$

式中，K 为速率常数。式（7-32）是简化的表示式，它仅适用于金属离子量很少，而螯合剂是过量，并预先经过平衡，在萃取过程中浓度变化不大的情况。

萃取速率与水相中金属离子浓度、氢离子浓度和有机相中萃取剂的浓度有关。除此以外，不同稀释剂对萃取速率亦有明显影响。水相中不同配位体或其他阴离子的存在，可与萃取剂、金属离子之间存在着复杂的配合竞争，对萃取速率也会产生影响。

7.3.5　液-液萃取分离技术

7.3.5.1　萃取方式

常用的萃取方式有三种，即间歇萃取法、连续萃取法和逆流萃取法。分析化学中经常用前两种。对于某种试样中某些组分的萃取分离，应选用哪一种萃取操作较为合适，这要根据被萃取组分的分配系数和可能存在的干扰组分，以及它们之间的分离系数决定。

（1）间歇萃取法　间歇萃取法是最简单的，也是在分析化学中应用最广泛的萃取方法。

这种方法是将一定体积的欲萃取分离的试液，加入适量的萃取剂与一定体积的萃取溶剂，放置在分液漏斗中，塞好顶塞，不断振荡，直至达到平衡为止。静置，使水相和有机相分层后，轻轻转动分液漏斗下面的活塞，使水相层或有机相层流入另一容器中，这样，两相就彼此分离。

这种萃取方法比较简便，如被萃取组分的分配比相当大，与杂质离子的分离因子也很大，一次萃取就可以完全分离。如果被萃取离子的分配比较小，一次萃取不完全，则应进行两次或更多次萃取，即在水相中再次加入新鲜有机相，重复操作，然后把萃取后的有机相合并，以便测定。混入有机相中的杂质离子，可采用反萃取和洗涤等方法除去。

（2）连续萃取法　对于分配比相当小的体系，应用分批萃取法，难以达到定量分离的目的，这时可采用连续萃取法。所谓连续萃取法就是将萃取过的有机溶剂在蒸馏瓶中加热蒸馏出来，经冷凝管冷却后再滴入水相，萃取后又流进蒸馏瓶中。在整个萃取过程中，有机溶剂得到反复循环使用，而被萃取物质则连续地收集在蒸馏瓶中。图 7-7 是用于有机溶剂比水轻的连续萃取器，而图 7-8 是用于有机溶剂比水重的连续萃取器。

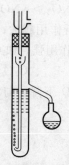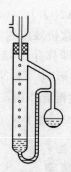

图 7-7　用于有机溶剂比水轻的连续萃取器　　图 7-8　用于有机溶剂比水重的连续萃取器

连续萃取法既具有多次萃取的高效率，又不增加劳动强度和有机溶剂的消耗，所以是很值得推广的萃取方法。但上述装置一般适于较易挥发的有机溶剂。如果所用溶剂不易挥发，则改用连续从储液瓶中加入新鲜萃取溶剂的办法，也可连续进行萃取操作。

在连续萃取过程中，萃取率的高低，除取决于两液相的黏度和对到达平衡有影响的其他因素（如分配比、两相的相对体积等）外，在很大程度上，还取决于两相接触面的面积和两相作用的时间。因此，在有些萃取器中常附有搅拌设备，或在加入溶剂的地方，增设细孔玻璃板等，使溶剂分散成细小液滴，进入萃取室中，与被萃取溶液充分接触。

（3）逆流萃取法　逆流萃取就是两种液相以相反方向互相流过而进行萃取的过程，这种方法已广泛应用于物质的分离或提纯中。逆流萃取分离法，特别适用于分配比或分离因子较小的物质之间的分离，适当增加萃取级数能得到更好的分离效果和较高的回收率。但在分离少量的、性质相近的难分离混合物时，需用级数很多的萃取器，在操作上显然很不方便。因此，目前多用萃取色谱分离技术代替多级逆流萃取，从而大大提高了分离效率。

7.3.5.2　萃取的操作技术

以下介绍歇萃取法的操作技术。

（1）分液漏斗的准备　常用的是 60～100mL 容积的锥形分液漏斗，要求颈部比较细长，以利于两相分离。

分液漏斗的活塞和顶塞应紧密，不能漏水漏气，使用前应先加水振荡，确定不漏水后方能使用。活塞应涂抹凡士林，使它转动灵活。

（2）振荡 手工操作时，每只手操作一份，用食指按住顶塞，大拇指和中指握住球部，剧烈地上下振荡。挥发性较大的萃取溶剂，在振荡时会产生大量的溶剂蒸气。如不注意排气，试液就可能冲出而使分析失败。分液漏斗的顶部和顶塞各有一个小孔，转动顶塞可将小孔打开或关闭。在振荡时应将小孔闭住。排气时，慢慢将小孔打开。

振荡所需时间，取决于达到萃取平衡的速度。一般 30s 到数分钟不等，应通过实验确定。分析大批试样时，可用振荡器代替手工操作。

（3）分层 萃取后应让溶液静置一下，待其分层，然后打开顶部小孔，转动活塞，将两相分开。注意不要让被测组分损失，也不要让干扰组分混入。

在两相交界处有时出现一层乳浊物，可能是：

① 一相在另一相中高度分散，形成乳浊现象；

② 反应中产生某种化合物，既难溶于有机相，也难溶于水相，以致在界面上出现沉淀；

③ 金属离子水解析出胶状沉淀。

由于形成乳浊现象的原因很多，应作具体分析，找出解决办法。例如，在岩矿分析中，用乙酸乙酯萃取磷钼蓝进行比色测定时，由于乙酸乙酯微滴分散在水相中，形成乳浊状，分层较慢，影响分析速度。如果加入少量乙醇，即可降低水与乙酸乙酯间的表面张力，使乙酸乙酯液滴迅速与水相分开。

此外，增加有机溶剂用量，加入大量电解质，或改变溶液的酸度，都可使乳浊现象消失。

（4）洗涤 在萃取时，除了被萃取物质进入有机相外，其他物质也可能进入有机相。杂质被萃取的程度决定于其分配比。如果杂质的分配比很小，被萃取的程度很小，则通常不必改变萃取条件，通过洗涤就可将其除去。

洗涤液一般相当于空白溶液，其基本组成与用有机溶剂萃取前的试液相同，但不含试样。将分出的有机相与洗涤液一起振荡时，由于杂质的分配比很小，杂质很容易转入水相中去。在洗涤时，被萃取物质也会损失一些，但在分配比较大的前提下，只要洗涤次数不太多（1~2 次），一般不至于影响分析结果。

萃取完毕后，应将有机溶剂废液集中保存，以便回收。在实验过程中，如需要蒸发除去有机溶剂，应在水浴或电热板上进行，避免使用明火，以防发生事故。

7.3.5.3 液-液萃取在岩矿分析中的应用

液-液萃取法在岩矿分析中应用十分广泛。它不仅可以用来萃取待测组分，也可萃除干扰组分。萃取过程常常将待测组分从体积较大的水相中，转移到体积较小的有机相中，所以可以预富集待测组分，大大提高测定的灵敏度。此外，液-液萃取可与很多仪器分析法直接配合使用。

7.4 离子交换分离法

离子交换分离法是现代分析化学中重要的化学分离技术之一。它是利用离子交换剂与溶液中的离子进行交换作用，使欲测组分与干扰组分分离的方法。

离子交换是自然界存在的一种普遍现象，从人类远古时代起，就有用沙滤器净化海水及饮用水的记载，但最早确认离子交换现象则是在 1850 年。到 20 世纪初，人工合成的无机离子交换剂问世，比较成功的例子是用人工泡沸石来软化水。在离子交换剂的发展史上，最重要的事件之一，是 1935 年首次合成了有机离子交换树脂，这为人们获得性质优良的离子交换剂开辟了新的途径。目前工业生产的离子交换树脂种类很多，离子交换技术已广泛地应用于大量干扰元素的除去、微量元素的分离和富集、纯化水及纯化化学试剂等工作中。

所谓离子交换就是指离子交换剂中可被交换的离子与试液中带相同电荷的离子间的交换作用。

7.4.1　离子交换剂的类型

离子交换剂 { 无机离子交换剂：海绿砂、泡沸石、磷酸锆、磷酸铵等
有机离子交换剂 { 碳质离子交换剂：磺化煤
离子交换树脂 { 阳离子交换树脂
阴离子交换树脂

离子交换树脂是一种高分子聚合物，具有三维空间的网状结构，这网状结构的树脂骨架十分稳定，对于酸、碱、某些有机溶剂和一般的弱氧化剂都不起作用，对热也比较稳定。在网状结构的骨架上有许多可以电离、可被交换的基团，如磺酸基（$—SO_3H$）、羧基（$—COOH$）、季铵碱（$\equiv NOH$）等。离子交换树脂的骨架，目前最常用的是苯乙烯-二乙烯苯的共聚物。它是通过苯乙烯和二乙烯苯的单体经聚合反应合成：

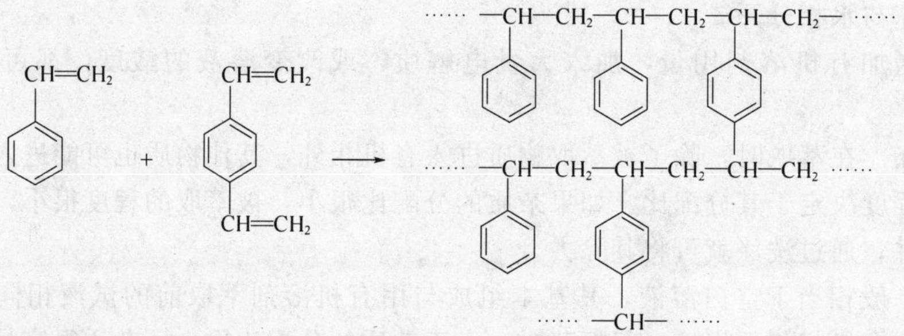

将所得到的聚合物用浓硫酸磺化，在聚合体内引入磺酸基团。这种树脂称为聚苯乙烯型强酸性阳离子交换树脂。

还有一类缩聚树脂的骨架是由苯酚、甲醛经缩合反应而制的：

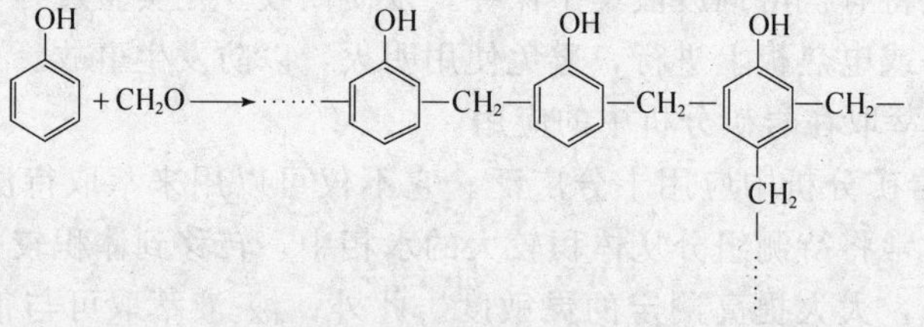

离子交换树脂的种类很多，根据树脂上可被交换的活性基团的不同，可以把树脂分为阳离子交换树脂、阴离子交换树脂和特殊交换树脂。

7.4.1.1　阳离子交换树脂

这类树脂的活性基团是酸性基团，如磺酸基（$—SO_3H$）、亚甲基磺酸基（$—CH_2SO_3H$）、磷酸基（$—PO_3H_2$）、羧基（$—COOH$）、酚基（$—OH$）等。按活性基团酸性强弱，又可分为强酸性阳离子交换树脂、弱酸性阳离子交换树脂和混合型阳离子交换树脂。

（1）强酸性阳离子交换树脂　这类树脂是以具有强酸性活性基团$—SO_3H$为其特征的。若以 R 代表网状骨架部分，则可写成$R—SO_3H$。聚苯乙烯型强酸性阳离子交换树脂就属于这一类。因为磺酸基是强酸性基团，因此在溶液中完全离解，在酸性、中性或碱性溶液中都

能与阳离子进行交换。

(2) 弱酸性阳离子交换树脂 这类树脂具有弱酸性的活性基团—COOH和—OH，这类树脂受外界酸度的影响较大，—COOH在 pH>4，—OH在 pH>9.5 时，才具有离子交换能力。这类树脂在岩矿分析中应用较少。

(3) 混合型阳离子交换树脂 这类阳离子交换树脂兼含有上述两种阳离子交换树脂的活性基团，如酚醛型磺酸基阳离子交换树脂就属于这一类离子交换树脂。它既含有磺酸基—SO$_3$H，又含有酚基—OH。

7.4.1.2 阴离子交换树脂

这类树脂的活性基团是碱性基团，如季铵基 [—N(CH$_3$)$_3$]、伯氨基（—NH$_2$）、仲氨基 [—NH(CH$_3$)]、叔氨基 [—N(CH$_3$)$_2$] 等，它们水化后，分别形成可以离解 OH$^-$ 的基团：—N(CH$_3$)$_3$OH、—NH$_3$OH、—NH$_2$CH$_3$OH、—NH(CH$_3$)$_2$OH。这些基团都具有碱性，都含有可电离的 OH$^-$，能与其他的阴离子进行交换。这类树脂按照活性基团的碱性强弱，可分为强碱性阴离子交换树脂和弱碱性阴离子交换树脂。

(1) 强碱性阴离子交换树脂 这类树脂的活性基团具有强碱性，如—N(CH$_3$)$_3$OH。活性基团在水溶液中电离出 OH$^-$，OH$^-$ 能与阴离子进行交换。这类树脂是浅黄色球状体，对酸、碱、氧化剂，某些有机溶剂都比较稳定。在酸性、中性和碱性溶液中都能进行交换，在岩矿分析中应用较广。

(2) 弱碱性阴离子交换树脂 这类树脂的活性基团具有弱碱性，如 —NH$_3$OH、—NH$_2$CH$_3$OH和—NH(CH$_3$)$_2$OH，活性基团上电离的 OH$^-$ 可以和其他阴离子进行交换。此类树脂对 OH$^-$ 的亲和力大，在碱性溶液中失去离子交换能力，岩矿分析中应用较少。

7.4.1.3 特殊离子交换树脂

除了上述的普通离子交换树脂外，还有具有选择性的螯合离子交换树脂，具有氧化还原性质的电子交换树脂，具有高速交换性能的巨孔离子交换树脂，薄壳离子交换树脂等。

(1) 螯合型离子交换树脂 这类树脂是在离子交换树脂中引入某些能与金属离子发生螯合反应的有机试剂（螯合剂）的特征基团而形成的，具有选择性交换能力的离子交换树脂。这种树脂，不仅保持着一般的离子交换树脂所具有的优点，而且具有螯合剂所具有的高选择性。例如螯合剂乙二醛-双（邻巯基缩苯胺）对 Au^{3+} 有较高的选择性，将次螯合剂引入离子交换树脂中，便形成具有对金有选择性的螯合树脂。该树脂具有这样的结构：

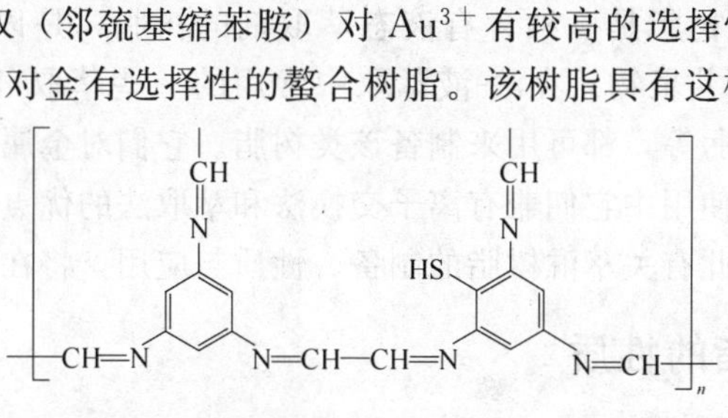

此树脂有很高的选择性，可用来富集海水中的金。这类树脂能有效地解决性质彼此相似的离子的分离和微量组分的富集问题，因而目前得到迅速发展。

(2) 大环聚醚及穴醚类树脂 大环聚醚类及穴醚类化合物，亦称冠醚类化合物。由于它们对碱金属、碱土金属等有特殊的选择性，在对其配合物的研究以及在金属离子分离中的应用已引人注目。在离子交换分离法中，不但有人将这类试剂作为有机淋洗剂用于分离金属离子和同位素，而且已经合成了许多含有大环聚醚基团的树脂。例如，用不同的大环聚醚类化合物与甲醛及苯酚等缩聚反应，可制备出含氧数为 4、5、6、7 和 8 的冠醚树脂。它们有如下结构式：

苯基 18-冠-6 树脂

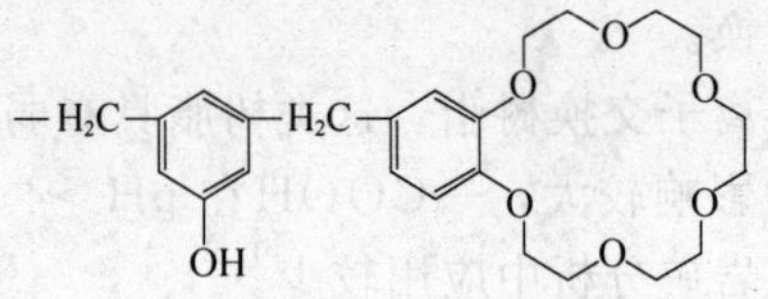

二苯基 18-冠-6 树脂

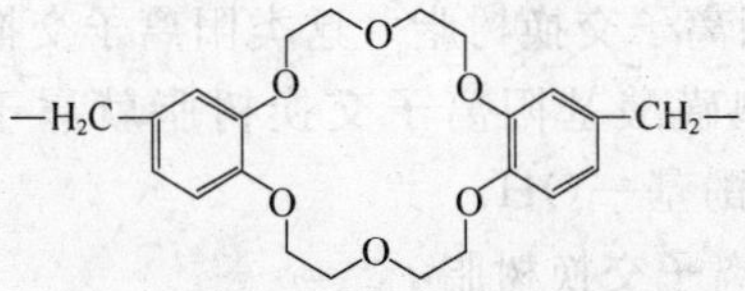

利用共聚反应也可制得相应的冠醚树脂，例如，由下列反应可得到苯基 18-冠-6 树脂。

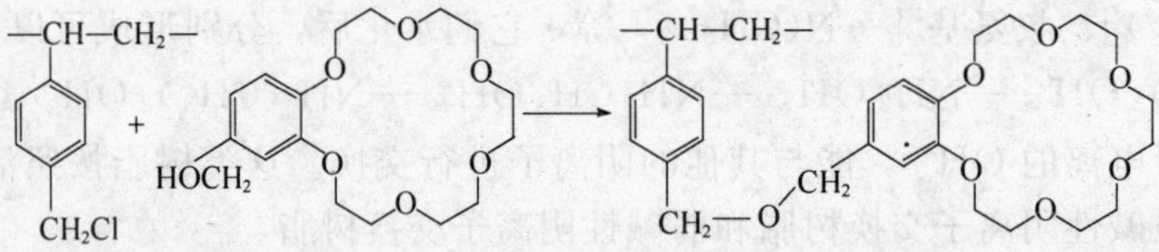

冠醚类树脂严格地讲并不是离子交换树脂，但它们所含有的冠醚结构能够与阳离子配位结合。它一方面表现出对阳离子选择性的吸附性能。另一方面，为了保持电中性，在吸附阳离子的同时也会吸附等量阴离子。目前冠醚树脂已用于分离 LiCl-NaCl-KCl,[85] $SrCl_2$-[152]$EuCl_2$-[231]$BaCl_2$, [90]$Y(NO_3)_2$-[90]$Sr(NO_3)_2$, $FeCl_2$-$FeCl_3$, NaCl-NaBr-NaI-NaSCN 等。

(3) 巨孔离子交换树脂　这类树脂颗粒内部有较大的交联网孔和比表面积，孔径一般在 20 nm 以上，可以吸附较大的离子或有机物，交换速率快。

(4) 电子交换树脂（氧化还原树脂）　它既不是阳离子交换树脂，又不是阴离子交换树脂，而是能使某些离子发生氧化还原反应的离子交换树脂，交换过程是电子的转移，因此也称为氧化还原树脂。例如聚乙烯氢醌树脂，该树脂的标准氧化还原电位 $E^{\ominus}=+0.23V$，不同离子通过该树脂时，根据其还原电位，可能被氧化，也可能被还原。这种树脂常用于除去水中的氧，能还原铁离子、铁氰酸根离子等。

还有离子交换膜，它是用膜状离子交换树脂代替常用的离子交换树脂，主要是在电化学中作选择性透过膜。

(5) 萃淋树脂　萃淋树脂是一种含有液态萃取剂的树脂，是以苯乙烯-二乙烯为骨架的大孔结构和有机萃取剂的共聚物。在液-液萃取中常用的一些萃取剂，如中性和酸性磷酸酯、脂肪胺、脂肪族和芳香族肟等，都可用来制备该类树脂。它们对金属离子的选择性主要由所含有的萃取剂决定。在实际使用中它们兼有离子交换法和萃取法的优点。从分离的机理来看，主要属于萃取分配色谱，因此有关萃淋树脂的制备、性质与应用，将在萃取色谱法中另做阐述。

7.4.2　离子交换树脂的性质

离子交换树脂的性质，主要由树脂上所带有的活性基团及构成网状骨架的有机化合物的性质决定。

7.4.2.1　外形
离子交换树脂一般为淡黄色、乳白色、黄色、褐色、黑色球状物。有的树脂在交换过程中会发生颜色变化。

7.4.2.2　粒度
树脂颗粒的大小，对离子交换性能有一定影响。一般来说，颗粒小，交换速率快。但颗粒太小时流经树脂的溶液流速减慢。树脂的粒度通常以筛的网目表示，如 60 目、100 目等。

7.4.2.3 交联度和溶胀性

从聚苯乙烯型磺酸基阳离子交换树脂的合成中，可以看到，苯乙烯聚合物只会制得长链的聚苯乙烯；用二乙烯苯和苯乙烯共聚合，才能得到具有网状结构的聚合物。这种分子与分子之间的相互联结称为"交联"，二乙烯苯是交联剂。离子交换树脂中，所含交联剂的质量分数称为交联度。通常，树脂的交联度用符号"X"表示，标有"X-4"、"X-8"和"X-10"的树脂，分别表示树脂的交联度为 4%、8% 和 10%。一般使用的离子交换树脂的交联度都比较大，如10%，这样的树脂在水中的溶解度很小。但是，交联度也不宜过大，过大时树脂中网状结构过于紧密，网间的空隙过小，会阻碍外界离子扩散到树脂的内部，降低离子交换反应的速率。

将干燥的树脂浸泡于水溶液中，水便渗透到树脂中，使树脂的体积膨胀，这种现象称为树脂的溶胀。一般强酸性和强碱性离子交换树脂的溶胀性大，交联度小的树脂溶胀性也大。

7.4.2.4 交换容量

交换反应是在树脂的活性基团上发生的，单位体积（或质量）的离子交换树脂中活性集团的多少，决定离子交换树脂交换能力的大小。一般称这种能力为树脂的交换容量。交换容量通常用每克干树脂或每毫升溶胀后的树脂能交换的离子（如 H^+）的物质的量来表示。例如，某氢型磺酸型阳离子交换树脂的交换容量为 5.2mmol（H^+）· g^{-1} 干树脂。若转化成钠型后，因 1g 氢型树脂将增重至 1.114g，由此可以算出钠型树脂的交换容量 4.7mmol（H^+）· g^{-1} 干树脂。为了避免由此造成的混乱，一般阳离子交换树脂的交换容量均指每克干燥的氢型树脂所交换的 H^+ 的物质的量（单位用 mmol）；而阴离子树脂则以每克干燥的氯型树脂所交换的 Cl^- 的物质的量（单位用 mmol）来表示。

交换容量的测定方法很多，常用的方法如下。

（1）柱法 阳离子交换树脂的交换容量的测定方法，是将交换柱中装入一定质量的 H^+ 型阳离子树脂，让一定且过量的氢氧化钠标准溶液流过交换柱，直至树脂上的 H^+ 完全交换下来，用盐酸标准溶液滴定流出液中过剩的氢氧化钠，根据盐酸标准溶液消耗的体积，计算该树脂的交换容量。阴离子交换树脂交换容量的测定方法，是将交换柱中装入一定质量的 Cl^- 型阴离子树脂，让硝酸钠溶液流过，直至所有 Cl^- 由树脂上淋洗下来，用 $AgNO_3$ 标准溶液滴定流出液中 Cl^-，根据消耗的 $AgNO_3$ 溶液的体积，计算该树脂的交换容量。

（2）平衡法 称取一定量的 H^+ 型阳离子交换树脂于干燥锥形瓶中，加入标准且过量的 NaOH 的标准溶液，将锥形瓶盖紧摇动，放置过夜。然后分取部分溶液，用 HCl 标准溶液滴定，计算出该树脂的交换容量。

7.4.2.5 有效 pH 范围

离子交换树脂所具有的酸性基团或碱性基团，在水溶液中离解程度不一，溶液中的酸度会影响它们的离解，从而影响交换作用。因此不同活性基团的树脂必须在一定的 pH 范围内进行离子交换工作，此 pH 范围就是树脂的有效 pH 范围（见表 7-6）。

表 7-6 树脂的有效 pH 范围

树脂	活性基团	有效 pH 范围
阳离子交换树脂	—SO_3H	>2
	—COOH	>6
	—OH	>10
阴离子交换树脂	—$N(CH_3)_3OH$	<12
	—NH_3OH	<4

7.4.2.6　稳定性

各种离子交换树脂在溶液中或空气中加热时，它们表现的稳定性不相同。一般阳离子交换树脂比阴离子交换树脂稳定，盐式的离子交换树脂比 H^+ 式、OH^- 式的离子交换树脂耐热得多。

在实际分析中使用离子交换树脂时，绝大多数情况是在室温下进行，只有在测定水分时才需将离子交换树脂在 105℃ 烘干。因此，热稳定性的问题不甚重要。但在将粗颗粒的离子交换树脂破碎为细颗粒的过程中，应尽可能防止温度过高，以免改变树脂的性能。因此最好不要用磨盘碎样机破碎。

温度升高对离子交换树脂的影响有两方面：一是交联度的损失；二是活性基团的损失。影响的程度决定于温度和加热的时间，也决定于离子交换树脂上可交换离子的种类和环境。

一般的离子交换树脂不被强碱性溶液和非氧化性的强酸溶液破坏。加热能促使 H^+ 型的阳离子交换树脂或 OH^- 型的阴离子交换树脂分解。一般的离子交换树脂有耐普通氧化剂的作用，但能被重铬酸钾溶液和高锰酸钾溶液等强氧化剂破坏，也能被热的浓度高于 $2.5\mathrm{mol \cdot L^{-1}}$ 的硝酸溶液破坏。酚醛树脂的稳定性比聚苯乙烯树脂差。过氧化氢溶液能缓慢地破坏树脂。

7.4.3　离子交换平衡及动力学

7.4.3.1　道南理论（Donnan Theory）

对于离子交换过程的解释有各种理论，目前一般公认的是道南理论。该理论把离子交换树脂看作是一种具有弹性的凝胶，它能吸收水分而溶胀。溶胀后的离子交换树脂的颗粒内部可以看作是一滴浓的电解质溶液，树脂颗粒和外部溶液之间的界面可以看作是一种半透膜，膜的一边是树脂相，另一边为外部溶液相。树脂内部活泼基团上离解出来的离子和外部溶液中的离子一样，可以通过半透膜来扩散；树脂网状结构骨架上的固定离子，以 R^- 表示（例如强酸性阳离子交换树脂上的磺酸根离子），当然它是不能扩散的。

如果将 H^+ 型阳离子交换树脂浸于 HCl 溶液中，则树脂上电离出来的 H^+ 可以扩散透过半透膜进入外部溶液，而外部溶液中 H^+ 和 Cl^- 也可以透过半透膜进入树脂相。当膜内外的 H^+ 和 Cl^- 扩散透过半透膜的速率相等时，离子交换过程达到了平衡状态，溶液中的 H^+ 和 Cl^- 的浓度不再改变。道南理论认为质量作用定律也适用于离子交换过程，于是可得到如下的关系式：

$$[H^+]_内\ [Cl^-]_内 = [H^+]_外\ [Cl^-]_外$$

式中，$[H^+]_内$ 与 $[Cl^-]_内$ 为树脂相中 H^+ 和 Cl^- 的浓度；$[H^+]_外$ 与 $[Cl^-]_外$ 为外部溶液中 H^+ 和 Cl^- 的浓度。由于膜两边的电荷必呈中性，所以：

$$[H^+]_外 = [Cl^-]_外，[H^+]_内 = [Cl^-]_内 + [R^-]$$

因此：

$$[Cl^-]_外^2 = [Cl^-]_内\ ([Cl^-]_内 + [R^-])$$

由于膜内有较多的固定离子 R^- 存在，因此：

$$[Cl^-]_外 \gg [Cl^-]_内，[H^+]_内 \gg [H^+]_外$$

这就是说，由于树脂相中固定离子的排斥作用，达到平衡时外部溶液中的 Cl^- 浓度大大超过树脂相中 Cl^- 的浓度；而树脂相中 H^+ 浓度大大超过外部溶液中 H^+ 的浓度。也就是说，阳离子可以进入阳离子交换树脂进行交换，而阴离子则不能。这就是阳离子交换树脂交换阳离子而不交换阴离子的理由。

7.4.3.2　离子交换亲和力

离子交换树脂对不同的离子有不同的亲和力。人们曾用不同的方法或理论去解释，均未获得令人满意的结果。因为离子交换的亲和力不仅决定于离子本身的性质和发生离子交换的环境，也与离子交换树脂的性质有关。到目前为止，一种解释离子交换亲和力比较令人满意的理论是离子水化理论。根据这一理论，假设水溶液中的离子是水化的，而且离子水化程度是直接正比于离子的电荷或价态，反比于离子的裸半径。因为离子交换是受库仑力支配的，因此，离子交换亲和力正比于离子所带的电荷，而反比于水合离子的半径。

表 7-7　部分阳离子的水化作用和离子半径的关系

离子	裸半径/nm	水化半径/nm	Z/r	水化作用强弱	离子	裸半径/nm	水化半径/nm	Z/r	水化作用强弱
Li^+	0.068	1.00	1.3		Cs^+	0.165	0.505	0.61	
Na^+	0.098	0.79	1.0	↑	Mg^{2+}	0.089	1.08	2.2	↑
K^+	0.133	0.53	0.75		Ca^{2+}	0.177	0.96	1.6	
NH_4^+	0.143	0.537	0.69		Sr^{2+}	0.134	0.96	1.6	
Rb^+	0.149	0.509	0.67		Ba^{2+}	0.149	0.88	1.4	

表 7-7 列出了部分阳离子的水化作用与离子半径间的关系。其中，r 代表离子裸半径，Z 代表离子所带的电荷数。

尽管用离子水化理论来解释离子交换亲和力的规律还不够完善，只是一些经验规律，但这些经验规律仍是十分有用的。

这些经验规律是：

① 在室温的低浓度水溶液中，离子交换亲和力随交换离子的电荷数增大而增大。例如，$Na^+ < Ca^{2+} < Al^{3+} < Th^{4+}$。

② 在室温的低浓度水溶液中，等价离子的离子交换亲和力随着水合离子半径的减小而增大。例如，$Li^+ < Na^+ < K^+ < Rb^+ < Cs^+$，$Mg^{2+} < Ca^{2+} < Sr^{2+} < Ba^{2+}$。

③ 树脂对 H^+ 和 OH^- 的亲和力，随离子交换树脂中活性基团的酸性或碱性的强弱，有很大的差别。

在强酸性阳离子交换树脂上，H^+ 的亲和力较小，一价阳离子的离子交换亲和力顺序一般为：

$$(CH_3)_4N^+ < Li^+ < H^+ < Na^+ < NH_4^+ < K^+ < Rb^+ < Cs^+$$

但在弱酸性阳离子交换树脂上，H^+ 比其他阳离子具有更大的亲和力。

在强碱性阴离子交换树脂上，OH^- 的亲和力较小，其亲和力顺序一般为：

$$F^- < OH^- < OAc^- < HCO_3^- < Cl^- < NO_2^- < CN^- < Br^- < CrO_4^{2-} < NO_3^- <$$
$$HSO_4^- < I^- < C_2O_4^{2-} < SO_4^{2-} < 柠檬酸根离子$$

但在弱碱性阴离子交换树脂上，OH^- 有最大的亲和力，其亲和力顺序一般为：

$$F^- < Cl^- < Br^- < I^- \approx OAc^- < MoO_4^{2-} < PO_4^{3-} < AsO_4^{3-} < NO_3^- < 酒石酸根离子$$
$$< 柠檬酸根离子 < CrO_4^{2-} < SO_4^{2-} < OH^-$$

在有配位剂存在时，离子交换的亲和力大小的顺序会改变。此外，离子交换树脂交联度的大小也会改变离子交换的选择性。

7.4.3.3　选择系数

当溶液中金属离子和离子交换树脂进行交换时，建立了下述平衡：

$$n\mathrm{H_r^+} + \mathrm{M_s^{n+}} \Longrightarrow \mathrm{M_r^{n+}} + n\mathrm{H_s^+}$$

离子交换反应平衡常数见式（7-33）。

$$K_{\mathrm{M-H}} = \frac{[\mathrm{M}^{n+}]_r \ [\mathrm{H}^+]_s^n}{[\mathrm{M}^{n+}]_s \ [\mathrm{H}^+]_r^n} \tag{7-33}$$

式中，$[\mathrm{M}^{n+}]_r$ 与 $[\mathrm{H}^+]_r$ 分别表示平衡时 M^{n+}、H^+ 在树脂相中的浓度；$[\mathrm{M}^{n+}]_s$ 与 $[\mathrm{H}^+]_s$ 分别表示平衡时 M^{n+}、H^+ 在溶液中浓度；$K_{\mathrm{M-H}}$ 称为离子交换反应平衡常数，又称为离子交换反应选择系数，它表示 H^+ 型树脂对金属离子的亲和力的大小。

同样，推广到对于带正电荷分别为 n_1 与 n_2 的两种离子 M_1 和 M_2 之间的交换反应，其选择系数见式（7-34）：

$$K_{\mathrm{M_1-M_2}} = \frac{[\mathrm{M}_2]_r^{n_1} \ [\mathrm{M}_1]_s^{n_2}}{[\mathrm{M}_1]_r^{n_2} \ [\mathrm{M}_2]_s^{n_1}} \tag{7-34}$$

7.4.3.4 分配比

由于选择系数受许多因素的影响，不易测定。在实际工作中，常用分配比（D）这个实验值来表示选择性。当树脂与溶液放在一起时，某一离子 M^{n+} 和树脂进行离子交换反应达到平衡后，M^{n+} 在两相中有一定的分配关系。M^{n+} 在树脂相和溶液相中的浓度之比称为该离子的分配比：

$$D = \frac{[\mathrm{M}^{n+}]_r}{[\mathrm{M}^{n+}]_s} = \frac{\text{每克干树脂中 } \mathrm{M}^{n+} \text{ 的物质的量}}{\text{每毫升溶液中 } \mathrm{M}^{n+} \text{ 的物质的量}}$$

D 相当于萃取分离的分配比。根据 D 值，可以选择适当的交换树脂和淋洗溶液，使某些组分定量地吸附在树脂上，另一组分基本不被吸附，从而达到分离的目的。分配比与离子交换树脂的种类及淋洗剂的种类和浓度等因素有关。

对于任何一个给定体系，如果已知选择系数，树脂的交换容量和溶液中离子的浓度，则可计算出 D，它们之间的关系如下：

$$n\mathrm{H_r^+} + \mathrm{M_s}^{n+} \Longrightarrow \mathrm{M_r}^{n+} + n\ \mathrm{H_s^+}$$

$$K_{\mathrm{M-H}} = \frac{[\mathrm{M}^{n+}]_r \ [\mathrm{H}^+]_s^n}{[\mathrm{H}^+]_r^n \ [\mathrm{M}^{n+}]_s} = D\frac{[\mathrm{H}^+]_s^n}{[\mathrm{H}^+]_r^n} \tag{7-35}$$

所以：

$$D = K_{\mathrm{M-H}}\frac{[\mathrm{H}^+]_r^n}{[\mathrm{H}^+]_s^n} \tag{7-36}$$

【例 7-2】 2g H^+ 型阳离子交换树脂，与含有 $0.001\mathrm{mol \cdot L^{-1}}$ $\mathrm{Ca^{2+}}$ 的 50mL $0.100\mathrm{mol \cdot L^{-1}}$ HCl 溶液一起振荡，计算平衡时残留在溶液中的 $\mathrm{Ca^{2+}}$ 的百分数。已知 $K_{\mathrm{Ca-H}} = \dfrac{[\mathrm{Ca^{2+}}]_r \ [\mathrm{H}^+]_s^2}{[\mathrm{H}^+]_r^2 \ [\mathrm{Ca^{2+}}]_s} = 3.2$，树脂交换容量为 $5\mathrm{mmol \cdot g^{-1}}$（$\mathrm{H}^+$）。

解 假设绝大部分 $\mathrm{Ca^{2+}}$ 都进入树脂，则

$[\mathrm{H}^+]_r = (2\times5 - 2\times50\times0.001)/2 = 4.95$（$\mathrm{mmol \cdot g^{-1}}$）

$[\mathrm{H}^+]_s = 0.1 + 2\times0.001 = 0.102$（$\mathrm{mmol \cdot mL^{-1}}$）

$$D = \frac{[\mathrm{Ca^{2+}}]_r}{[\mathrm{Ca^{2+}}]_s} = K_{\mathrm{Ca-H}}\left(\frac{[\mathrm{H}^+]_r}{[\mathrm{H}^+]_s}\right)^2$$

$$= 3.2\times\left(\frac{4.95}{0.102}\right)^2 = 7536$$

$$\frac{\text{溶液中的 } \mathrm{Ca^{2+}}}{\text{树脂中的 } \mathrm{Ca^{2+}}} = \frac{1}{7536}\times\frac{50}{2} = \frac{1}{301}$$

所以，平衡时残留在溶液中 Ca^{2+} 的百分数为 $\dfrac{1}{301+1}=\dfrac{1}{302}=0.33\%$。

计算结果表明，绝大部分 Ca^{2+} 都进入树脂的假设是合理的。

用式（7-36）可以由选择系数计算分配比，但是在交换体系中如有配位剂存在，变化因素很大，计算很复杂，只能提供近似数值。用实验测得的数据更符合实际情况。

7.4.3.5　分离因子

（1）树脂对不同离子 M_1 与 M_2 的分离因子　如果溶液中存在着两种金属离子 M_1 与 M_2，并假设它们带有相同的电荷，这两种离子和离子交换树脂进行交换反应，达到平衡后，它们之间的分离程度可用分离因子来表示。分离因子 S 等于 M_1、M_2 两种离子在该条件下分配比的比值 [见式（7-37）]：

$$S_{M_1-M_2}=\frac{D_{M_1}}{D_{M_2}}=\frac{\dfrac{[M_1]_r}{[M_1]_s}}{\dfrac{[M_2]_r}{[M_2]_s}}=\frac{[M_1]_r\ [M_2]_s}{[M_2]_r\ [M_1]_s} \tag{7-37}$$

两种离子性质相差越大，S 值就越大于或越小于 1，这两种离子越易分离；两种离子性质相差越小，S 值就越接近于 1，离子之间越难分离。例如 Cs^+ 与 Na^+ 虽然价态相同，但离子半径相差较大，用强酸性阳离子交换树脂分离时，$S_{Cs^+-Na^+}=1.43$。稀土元素由于离子半径相近，它们之间的分离因子很接近于 1，表 7-8 列出相邻稀土元素之间的分离因子。

表 7-8　相邻稀土元素之间的分离因子

La — Ce — Pr — Nd — Sm — Eu — Gd — Tb — Dy — Ho — Er — Tu — Yd — Lu
1.025　1.110　1.027　1.153　1.016　1.183　1.003　1.156　1.053　1.018　1.005　1.004　1.072

从表 7-8 可知，仅利用稀土元素之间的分离因子的差别，用离子交换法进行分离是比较困难的。如果加入适当的试剂，改变稀土离子的存在形式，扩大它们之间的差别，改变分离因子的大小，使分离因子远离 1，则能收到良好的分离效果。

（2）配位剂存在下的分离因子　如果溶液存在两种相同电荷的金属离子 M_1 和 M_2 以及某种配位剂 HL，假设 M_1 和 M_2 与 HL 可形成 M_1L 和 M_2L 的配合物。为了简化计算，假定水相中仅存在一种形式的配合物。那么，在配合剂 HL 存在时，这两种金属离子的分离因子可由以下计算导出。

$$M_1L_s+nH_r^+ \Longrightarrow H_nL_s+M_{1r}$$

$$M_2L_s+n\ H_r^+ \Longrightarrow H_nL_s+M_{2r}$$

$$D_{M_1}=\frac{[M_1]_r}{[M_1]_s+[M_1L]_s}$$

$$D_{M_2}=\frac{[M_2]_r}{[M_2]_s+[M_2L]_s}$$

设配位剂 HL 存在时，M_1 与 M_2 的分离因子为 $\alpha_{M_1-M_2}$，则可得到下式：

$$\alpha_{M_1-M_2}=\frac{D_{M_1}}{D_{M_2}}=\frac{[M_1]_r\ ([M_1]_s+[M_2L]_s)}{[M_2]_r\ ([M_1]_s+[M_1L]_s)} \tag{7-38}$$

$$M_{1s}+L_s \Longrightarrow M_1L_s,\ K_{f(M_1L)}=\frac{[M_1L]_s}{[M_1]_s[L]_s}$$

所以　　　　　　　　　　$[M_1L]_s=K_{f(M_1L)}[M_1]_s[L]_s \tag{7-39}$

同理
$$[M_2L]_s = K_{f(M_2L)}[M_2]_s[L]_s \tag{7-40}$$

式中，$K_{f(M_1L)}$、$K_{f(M_2L)}$ 为 M_1L、M_2L 的稳定常数。

将式（7-39）、式（7-40）代入式（7-38），得到分离因子

$$\alpha_{M_1-M_2} = \frac{[M_1]_r[M_2]_s(1+K_{f(M_2L)}[L]_s)}{[M_2]_r[M_1]_s(1+K_{f(M_1L)}[L]_s)}$$

$$= S_{M_1-M_2}\frac{1+K_{f(M_2L)}[L]_s}{1+K_{f(M_2L)}[L]_s}$$

当配合物 M_1L 与 M_2L 很稳定时，则 $K_{f(M_1L)} \gg 1$、$K_{f(M_2L)} \gg 1$，上式可简化为

$$\alpha_{M_1-M_2} = S_{M_1-M_2}\frac{K_{f(M_2L)}}{K_{f(M_2L)}} \tag{7-41}$$

即在强配位剂存在下，两元素之间的分离因子等于树脂对这两种元素的分离因子和这两种元素与配位剂形成配合物的稳定常数之比的乘积。

对于相邻的稀土元素，$S_{Z-(Z-1)}=1$（Z 表示稀土元素原子序数）；而选择合适的配位剂，即 $\alpha_{Z-(Z-1)} = S_{Z-(Z-1)}\dfrac{K_{f(Z+1)}}{K_{f(Z)}}$，可以提高稀土元素之间的分离因子，提高分离效果。

例如，求以 EDTA 为配位剂时 Pr—Nd 的分离因数。$S_{Pr-Nd}=1.027$，$K_{f(Pr,Y)}=10^{16.40}$，$K_{f(Nd,Y)}=10^{16.61}$

则：
$$\alpha_{Pr-Nd} = S_{Pr-Nd}\frac{K_{f(Nd,Y)}}{K_{f(Pr,Y)}} = 1.027 \times \frac{10^{16.61}}{10^{16.40}}$$

$$\alpha_{Pr-Nd} = 1.66$$

7.4.3.6　离子交换动力学

与液-液萃取反应相比较，离子交换反应发生在固液相之间，反应速率比较慢，故反应速率对于分离效率的影响较大。

离子交换树脂可看作是凝胶状的颗粒，当溶液中的离子 A 与树脂内的离子 B 发生交换反应时，整个反应过程将经历以下五个步骤。

① 离子 A 从外界溶液进入树脂的表面。在树脂颗粒周围总附着一层相对静止的液膜，离子 A 必须通过扩散才能穿过这层静止液膜而达到树脂表面，这一过程称为膜扩散（外扩散）过程。

② A 离子从树脂表面进入树脂内部，进而达到交换位置的过程。这一过程主要是通过离子在溶胀了的树脂颗粒内部的扩散运动而实现的。通常称为颗粒扩散（内扩散）过程。

③ 进入交换位置的外界离子 A 与树脂内离子 B 发生交换反应。这一步属于化学交换过程。

④ 通过交换反应所交换出的离子 B 从树脂颗粒内部扩散到树脂表面的过程。这一过程也属颗粒扩散（内扩散）过程。

⑤ 离子 B 从树脂颗粒表面，再扩散穿过树脂颗粒周围的液膜，进入外界溶液。这一过程也属膜扩散过程。

在上述五个步骤中，第①和第⑤步是两个方向相反的膜扩散过程。按照电中性原理，它们必定以相同的速率进行。同样理由，第②和第④步是两个方向相反的颗粒扩散过程，也必定是按同样速率进行。这样，离子交换过程可看作出膜扩散、颗粒扩散以及化学交换反应三部分组成。化学交换反应速率通常比扩散速率要快得多。因此离子交换的反应速率实际上主要由膜扩散过程和颗粒扩散过程决定。

影响离子交换速率的主要因素如下。

① 树脂颗粒大小　树脂颗粒越小，则交换速率越快。因为从膜扩散而言，树脂颗粒越小，其比表面积就越大，每单位质量的树脂可能有更多的离子通过膜扩散到达树脂表面，使

总的膜扩散过程加快。而从颗粒扩散过程而言，树脂颗粒越小，离子在树脂内所需扩散距离缩短，也使颗粒扩散过程加快。当然，树脂颗粒大小对于颗粒扩散过程的影响要比膜扩散过程更大。

② 树脂交联度　树脂交联度越大，则反应速率越慢。这主要是由于交联度增加时，树脂溶胀性差，使树脂内网孔减小。由此影响离子在树脂内的颗粒扩散速率。

③ 温度　升高温度将加快离子交换速率。因为这对于离子的颗粒扩散过程或膜扩散过程都是有利的。但两者比较起来，温度对颗粒扩散的影响更大。

④ 溶液的浓度　在比较稀的溶液中，交换反应速率的决定步骤可能为膜扩散过程。因此在较低的浓度范围内，随着溶液浓度的增加，膜扩散过程加快，将使整个反应速率增加。但是随着溶液浓度的进一步增加，则交换过程的速率将同时受到颗粒扩散和膜扩散过程的支配。当溶液浓度进一步增加时，则颗粒扩散过程将逐渐成为反应速率的决定步骤，从而将使交换速率趋于一极限值。

⑤ 其他因素　除上述各种因素外，溶液搅拌的速率和树脂的类型等因素也将影响离子交换速率。例如，搅拌速率越快，则越有利于提高交换速率。弱酸或弱碱性树脂，它们的溶胀性比较小，交换速率也比较慢。但大孔结构的树脂，虽然它们溶胀性并不很大，由于其骨架网孔大，因而交换速率仍很高。

还应指出，在非水介质中，特别是在非极性溶剂中，离子交换速率通常都是非常缓慢的。其原因之一是非极性溶剂中树脂溶胀性很小。另外，也可能因为在非极性溶剂中可交换离子仍被键合于树脂内官能团上，而未能自由扩散的缘故。

7.4.4　离子交换的操作技术

离子交换的操作技术，可分为静态交换和动态交换两种。静态交换是将离子交换树脂放于盛有试液的容器中，不断搅拌或放置一段时间到达平衡。动态离子交换法又常称为柱上离子交换分离法，这种方法在分析中应用较多。为此，以下主要讨论柱上离子交换分离技术中的有关问题。

7.4.4.1　树脂的选择与处理

（1）树脂类型的鉴别　在岩矿分析中应用最多的是强酸性阳离子交换树脂和强碱性阴离子交换树脂。

使用树脂时，若需要鉴别树脂类型，可参考如图 7-9 所示的鉴别方法。

（2）树脂型式　离子交换树脂上可交换的离子可以根据需要制备。例如，若用 HCl 处理过的阳离子交换树脂，可得到 H^+ 型的；用 NaCl 或 NH_4Cl 溶液处理过的树脂，可得到 Na^+ 型或 NH_4^+ 型的。阴离子交换树脂若用 NaOH 处理，可得到 OH^- 型的，若用 NaCl 溶液处理，可得到 Cl^- 型的。

由于在强酸性阳离子交换树脂上，对 H^+ 的亲和力很小，因此 H^+ 易和其他阳离子发生交换反应，所以一般都采用 H^+ 型强酸性阳离子交换树脂。但是，如果在交换过程中要严格控制酸度，则一般多采用 NH_4^+ 型强酸性阳离子交换树脂。阴离子交换树脂，通常采用 OH^- 或 Cl^- 型的强碱性阴离子交换树脂，由于这类树脂对 OH^- 或 Cl^- 的亲和力小，易为其他离子所交换。

（3）树脂的粒度　树脂的粒度一般用树脂在水中溶胀后能够通过的筛孔大小来表示。市售树脂大部分为 16～40 目，100～200 目，200～400 目。应用时根据不同的需要进行粒度的选择。颗粒小的树脂交换速率快，易于达到交换平衡，分离效果较好。因此岩矿分析中常采

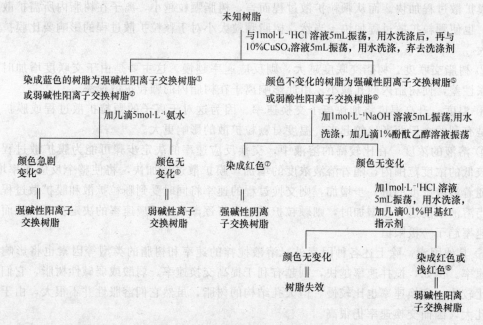

图 7-9　离子交换树脂的鉴别方法

①因吸着$[Cu(H_2O)_4]^{2+}$而呈现蓝色；②活性基中的氮原子与Cu^{2+}配位出现与$[Cu(NH_3)_4]^{2+}$相似的蓝色；

③由于树脂中的$[Cu(H_2O)_4]^{2+}$转变为$[Cu(NH_3)_4]^{2+}$；④因原来活性基中的氮原子与Cu^{2+}结合

而形成的产物颜色已相当深；⑤不吸着Cu^{2+}；⑥在较小的 pH 值下，不吸着Cu^{2+}；⑦强烈地吸着

酚酞的阴离子，并产生红色；⑧强烈地吸着甲基红的阴离子，并产生红色

用 80～100 目或 100～200 目的树脂，分离性质相似的元素或微量元素可采用 200 目以上的树脂。但树脂过细时会使淋洗液阻力过大，流速减慢。

（4）树脂的处理　市售的或使用后的树脂都含有杂质，使用前必须经过净化处理。首先将树脂（无论是阳离子交换树脂还是阴离子交换树脂）用 3～5mol·L^{-1} HCl 溶液浸泡 1～2d，然后用去离子水洗涤至洗出液呈中性。此时，阳离子交换树脂以 H$^+$型存在，阴离子交换树脂以 Cl$^-$型存在。若要其他型式的树脂，可用相应的溶液对树脂进行转型处理。

7.4.4.2　柱上离子交换分离法的装置及操作技术

如图 7-10 所示是最简单的离子交换柱，交换柱也可用滴定管代替。树脂在装柱前，应先用水浸泡溶胀。交换柱中先充以水，在柱下端铺一层玻璃丝，将柱下端旋塞稍打开一些，将已溶胀的树脂和水一道慢慢装入柱中，让树脂自动下沉构成树脂层。在装柱与交换洗脱过程的始终，切勿让上层树脂暴露在空气中，而应始终浸泡在试液或淋洗液中。图 7-10（a）的装置比图 7-10（b）稍复杂些，它的优点是流出口高于树脂层上部，上部溶液不会流干，能保证树脂始终浸没在液面下。如果树脂层中夹入空气泡，溶液则不能均匀经树脂层流过，而会产生"沟流现象"，使交换、淋洗不完全，影响分离效果。

玻璃丝或砂芯玻片
树脂层
玻璃丝或砂芯玻片
玻璃丝或砂芯玻片

玻璃丝或砂芯玻片
树脂层
玻璃丝或砂芯玻片

（a）　　　　（b）

图 7-10　离子交换柱

　　交换柱准备完毕后可开始交换。将待分离的溶液缓缓倾入交换柱，调节旋塞，使溶液按需要的流速流出交换柱。

　　交换完毕后，进行洗涤。洗涤的目的是把未发生交换作用的离子洗下。洗净后的交换柱可以进行洗脱，即将交换的离子从树脂上洗脱下来，在洗脱液中测定该组分。

　　例如，分离 Fe^{3+} 与 Al^{3+}，可在 $9 mol \cdot L^{-1}$ 的 HCl 溶液中进行。此时，铁以 $FeCl_4^-$ 存在，铝以 Al^{3+} 存在，如果采用阴离子交换树脂分离铁与铝，$FeCl_4^-$ 被树脂交换后吸留在树脂上。而 Al^{3+} 可被 $9 mol \cdot L^{-1}$ 的 HCl 溶液洗涤时洗涤下来。将 Al^{3+} 洗尽后，再用 $1 mol \cdot L^{-1}$ 的 HCl 溶液洗脱，此时 $FeCl_4^-$ 转变为阳离子 Fe^{3+} 而被洗脱。

7.4.4.3　柱上离子交换过程及交换条件的选择

　　用柱上操作的方法进行离子交换分离时，待交换的试液不断地流入到交换柱中，柱中的树脂层，从上至下、一层一层地依次被交换。若以"＋"表示未交换的树脂，以"。"表示已交换的树脂，当交换作用进行到某一时刻时，在柱中的树脂分布状况可用图 7-11（a）表示。在交换柱的上层一段树脂已全部被交换；下面一段树脂完全没有交换；中间一段部分已交换，部分未交换。中间这一段称为"交界层"。

　　如果此后继续使试液流入交换柱中，交换反应就继续向下进行，交界层中的树脂逐渐被全部交换，交界层下面的树脂也开始被交换。也就是说，交界层逐渐向下移动。如果以 c_0 表示试液中待交换离子的原始浓度，以 c 表示在树脂层某一高度时溶液中待交换离子的浓度，那么随着交界层的逐渐下移，图 7-11（b）中浓度比与高度间的关系曲线也不断向下移动，最后交界层的底部到达树脂层的底部。从交换作用开始直到这一点为止，流入交换柱的溶液中待交换的离子全部被交换了，在流出液中待交换离子的浓度等于零。假如待交换的溶液还继续加入交换柱中，交换作用还可以进行，但是交换作用不能进行完全，在流出液中开始出现未被交换的离子。因此交界层底部到达交换层底部的这一点称为"始漏点"或"穿漏点"。到达始漏点时，交换柱的交换容量称为"始漏量"，而柱中树脂的全部交换容量称为"总交换量"。由于到达始漏点时，交界层中尚有部分未被交换的树脂，所以始漏量总是小于总交换量。如果以 c 代表流出液中待交换离子的浓度，以 c/c_0 为纵坐标，流出液体积为横坐标作图，可得到如图 7-12 所示的曲线，此曲线称为始漏曲线。图 7-12 中 e 为始漏点。

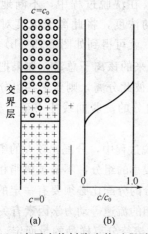

图 7-11　离子交换树脂交换过程示意图

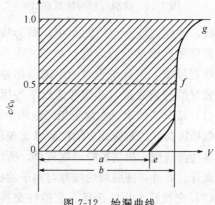

图 7-12　始漏曲线

　　一定量的树脂装人交换柱后，柱总交换量是个定值。而始漏量却受很多因素的影响。

　　在分离时，加入的试液中待交换离子的含量一定要小于始漏量，所以说，始漏量是柱交换中十分重要的参数。

下面简单讨论影响始漏量的各种因素。

① 被交换离子的种类　被交换离子与树脂的亲和力大，则容易交换，始漏曲线中 efg 这条曲线的斜率就较大，始漏量比较大。

② 树脂颗粒大小　树脂颗粒大，内扩散慢，不易达到交换平衡，始漏量就小。

③ 溶液的流速　流速大，不易达到交换平衡，始漏量小。

④ 温度　温度较高，可使交接作用进行较快，容易达到平衡、始漏量大。

⑤ 交换柱的形状　对于一定量的树脂，交换柱内径小些，交换柱中树脂层厚度大些，始漏量也大。

在选择工作条件时，希望用较少量的交换树脂，有较大的始漏量。

7.4.4.4　洗脱过程及洗脱条件的选择

使被交换到树脂上的离子重新回到液相的过程称为洗脱。洗脱是通过洗脱剂淋洗树脂而完成的。淋洗是离子交换分离的关键，洗脱剂可以是各种不同浓度的酸或碱，也可以是不同类型的配位剂（如柠檬酸、乳酸、水杨酸、氨三乙酸、乙二胺四乙酸盐等）。洗脱作用是使交换到树脂上的离子，根据树脂对它们的亲和力的不同，或与洗脱剂生成的配合物的稳定性不同，逐个从树脂上解吸下来。树脂对离子亲和力最小的离子，或与洗脱剂配合能力最强的离子，首先被洗脱下来，然后其他离子依次被洗脱下来，达到分离的目的。

洗脱过程中交换柱流出液中被洗脱离子浓度的变化，可以用洗脱曲线表示。洗脱曲线是以流出液体积为横坐标，流出液中被洗脱离子的浓度为纵坐标，而作的曲线。洗脱开始时，树脂层最上层的离子被洗脱下来，流到树脂层的下层，遇到未交换的树脂时，又被树脂交换上去，如图 7-13（a）所示。开始洗脱时，流出液中离子浓度较低，随着洗脱剂的不断加入，流出液中离子浓度逐渐增大，然后又逐渐减少，直至全部洗脱，流出液中无该离子。在洗脱过程中，不断地测定流出液中离子的浓度，将此离子浓度对流出液的体积作图，就可得到如图 7-13（b）所示的洗

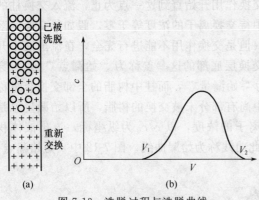

图 7-13　洗脱过程与洗脱曲线

脱曲线，洗脱曲线所包围的面积，即为从交换柱上淋洗下来的该离子总量。如果把它收集起来，即可测定该离子的含量。如果试液中有多个组分需要彼此分离，则要求各组分的洗脱曲线的峰宽较窄，而且洗脱峰的距离应相差较远，这样各组分的洗脱曲线才不至于相互重叠，要有较好的分离效果，必须考虑以下各因素。

（1）待分离的离子在树脂相与液相中的分配比　在洗脱过程中，分配比较大的组分，较易被树脂相吸留，洗脱曲线中的洗脱峰出现较迟；而分配比较小的组分，不易被树脂相吸留，容易被淋洗液洗脱，故洗脱峰出现较早。所以说，待分离组分的分配比必须要有一定的差别，才能分离开。此外，洗脱峰的峰宽与离子的扩散系数、流动相的流速等动力学因素有关。

（2）交换柱大小的选择　交换柱交换容量的大小，应按待分离样品的量而定。一般样品的含量不应超过柱容量的 1%。加入样品量过多，使分离效果变坏。

交换柱的长度对分离效果也有影响。柱的长度增加，可以提高分辨率，使相邻的洗脱峰之间的距离增大。但另一方面，洗脱峰的宽度也将随柱长的增加而加大，而且交换柱过长，

还会使流速减慢。此外，交换柱的直径过大，对一定量的树脂而言，会降低树脂柱的高度，不利于分离。

(3) 离子交换树脂的选择　离子交换树脂对于分离效果起决定性的作用，所以应根据待分离组分在树脂相与溶液相中分配比的大小选择适当的树脂。以下主要讨论树脂的粒度、交联度对分离效果的影响。

减小树脂的粒度，有利于提高分离时的分辨率。树脂交联度增加时，使树脂对不同离子的亲和力的差别变大，因而提高分离因子，有利于分离。但交联度太大，会降低柱效率。

(4) 洗脱剂的选择　正确选择适当的洗脱剂，是利用交换柱能否得到良好分离效果的关键之一。

洗脱剂的种类很多，常用的洗脱剂大致可分为三类：无机酸、碱、盐类化合物的水溶液，各种有机配位剂，无机酸或盐类的水溶液和有机溶剂的混合体系。

(5) 流速的影响　流速对分辨率的影响，有不同的方式。一般来说，随着流速降低，会使分辨率变好，但由于树脂内纵向扩散会影响分离的效果，因而在某些情况下，随流速增加分辨率也可能有所改善。

7.4.5　离子交换分离法的应用

岩矿分析中，离子交换分离法应用十分广泛，主要应用于水的纯化、干扰组分的分离和稀溶液的浓缩。选用选择性好的螯合树脂或萃淋树脂，能使性质十分相似的元素分离。

例如：测定铬铁矿中 Fe_2O_3、Al_2O_3 时，铬的存在干扰测定，可将试样分解后，将铬转变为 CrO_4^{2-} 形式，使 Fe^{3+}、Al^{3+} 与 CrO_4^{2-} 通过阴离子交换柱，此时铬被树脂交换，Fe^{3+}、Al^{3+} 不能交换而留在溶液中。又如，测定岩石矿物样品中的铍时，欲消除铁、铅、钛等元素干扰，可选择 Na^+ 型强酸性阳离子交换树脂进行交换分离。将溶液的 pH 调节至 3.5，加入 EDTA 和 H_2O_2，利用 Be^{2+} 不易与 EDTA 配位而 Fe^{3+}、Al^{3+}、Ti^{4+} 能形成稳定配合物的性质，Be^{2+} 被树脂吸附，而其他离子不被吸附，被吸附的 Be^{2+} 再用 $3\,mol \cdot L^{-1}$ 的盐酸洗脱，收集淋洗液即可测定 Be^{2+}。又如，用 717 型强碱性阴离子交换树脂分离铁、钛、钨、锆与铌、钽。在 30% HCl-20% H_2F_2 溶液中，这些离子形成氟配阴离子，将含有这些离子的试液通过交换柱，使其吸附在树脂上，然后用 15% HCl-10% H_2F_2 溶液淋洗铁、钛、钨、锆而与铌、钽分离，用 $2\,mol \cdot L^{-1}$ HCl-$1\,mol \cdot L^{-1}$ NH_4Cl-$0.07\,mol \cdot L^{-1}$ H_2F_2 淋洗铌，再后 $2\,mol \cdot L^{-1}$ NH_4Cl^{-1}-$1\,mol \cdot L^{-1}$ NH_4F 淋洗钽。

将分光光度法与离子交换分离相结合，可建立树脂相分光光度分离分析方法。该法具有快速、简便、选择性好的特点。例如，用 717 型强碱性阴离子交换树脂可将双硫腙-汞的有色配合物交换到树脂上，将吸附了双硫腙-汞的配合物的树脂移入 0.5cm 吸收池中，直接用分光光度计测定吸光度。该方法可测定水中的汞，在 $0.05 \sim 10\mu g/250mL$ 范围内线性关系良好。

7.4.6　无机离子交换剂

有机离子交换树脂以其独有的特点在分离中占有重要的地位。但是强烈的放射性辐射与高温，可使有机离子交换树脂分解、破坏，以致丧失交换能力。这样就使科学工作者对抗辐射耐高温的无机离子交换剂发生了兴趣。

无机离子交换剂的种类很多，可按结构和形态或组成来分类。按组成可大概分为六大类：水合金属氧化物、杂多酸盐、高价金属难溶性酸式盐、难溶性亚铁氰化物和高铁氰化物、天然无机材料和合成硅铝酸盐及其他类。现将研究与应用较多的几类作一简单介绍。

7.4.6.1　水合金属氧化物

有许多金属的水合氧化物，如 ZrO_2、SnO_2、ThO_2、Cr_2O_3、Al_2O_3、Bi_2O_3、Nb_2O_5、Ta_2O_5、MoO_3 和 WO_3 等，都发现有离子交换性能。这些水合氧化物是通过氧键而交联的。在酸性介质中，氢氧基团是部分电离的，此时氧化物就成为带正电荷的，官能团就像弱碱性阴离子交换剂一样，这时的交换容量随 pH 值减小而增大；在碱性介质中，这些氧化物带负电荷，官能团就像弱酸性阳离子交换剂一样，此时的交换容量随 pH 值增大而增大。对许多水合氧化物来说，阴离子交换和阳离子交换的 pH 范围是有重叠的，即在某一个 pH 值范围内，阳离子和阴离子都有一定的交换容量。但是，每一种水合氧化物都有一个阳离子的交换容量与阴离子的交换容量相等的 pH 值，这个 pH 值就称为这个水合氧化物的等电点。例如 ZrO_2、SnO_2 的等电点分别是 pH 6.7 和 4.8。

值得注意的是，因为多数的水合氧化物在酸或碱中溶解度太大，因此不适合于作离子交换剂，周期表中第 ⅣB 族的氧化物溶解度较小，如 ThO_2、TiO_2、ZrO_2 等可利用作为离子交换剂。ZrO_2 虽在强酸中可溶解，但在 pH > 2 时，溶解度很小。

7.4.6.2　杂多酸盐

较常用的杂多酸盐交换剂有磷钼酸铵、磷钨酸铵、砷钼酸铵、磷钼酸喹啉和硅钨酸铵等。这类离子交换剂有如下特性：

① 对碱金属及 Ag^+、Tl^+、Hg_2^{2+} 有较大的交换能力。其分配系数随碱金属元素离子裸半径增大而增大。

② 碱金属相邻两元素的分离因子比在强酸性阳离子交换树脂上的分离因子大 10 倍以上。

③ 对其他离子，在酸性溶液中几乎不被吸附，而在中性溶液中，则能被强烈吸附。

7.4.6.3　高价金属的难溶性酸式盐

高价金属锆、钛、铈、铝、锡（Ⅳ）、铋、铬及钽的磷酸盐、砷酸盐、锑酸盐、钒酸盐、硒酸盐、钼酸盐、钨酸盐、硅酸盐、铬酸盐、草酸盐、碳酸盐、硫化物等都可以作为无机离子交换剂。其中应用较多的是磷酸锆、砷酸锆、钨酸锆、磷酸钛。对磷酸锆的离子交换性能研究较多。许多研究表明，合成方法不同，可以得到不同结构的磷酸锆，制成后干燥的温度不一样，对离子的分配系数也不一样。磷酸锆对 Rb^+、Cs^+ 有很强的吸附能力，Tl^+ 也有类似情况，碱土金属离子在酸性溶液中也能强烈地吸附，但磷酸锆对稀土元素的吸附都很差，因此可以在上述元素存在下将稀土与之分离。

7.4.7　螯合树脂

作为特种树脂类型的螯合树脂，不仅保持着一般离子交换树脂所具有的优点，而且具备着选择性好的特点，因此专门进行介绍。

所谓螯合离子交换树脂是将具有选择性的有机试剂的特征基团或具有选择性的有机试剂引入交联聚合物的骨架上，成为具有选择性交换能力的离子交换树脂。它能选择性地与金属离子形成螯合物，所以称为螯合离子交换树脂，简称螯合树脂。

根据树脂和螯合剂结合的方式不同，可把螯合树脂分为合成螯合树脂（简称螯合树脂）和负载螯合树脂（或者称为螯合形成树脂）。

7.4.7.1　合成螯合树脂

它是通过加聚或缩聚反应将分析官能团引入树脂的母体骨架上，或者是利用固体聚苯乙烯，通过氯甲基化或硝化、还原和重氮化等步骤将含有分析官能团的有机试剂引入高聚物母体的骨架上。例如，含有 8-羟基喹啉树脂、乙二醛-双-［邻巯基缩苯胺］螯合树脂等就是通过加聚或缩聚反应合成的螯合树脂。

下列类型的树脂，如（Ⅰ）含氨羧基团；（Ⅱ）含偶氮胂-Ⅰ树脂；（Ⅲ）聚苯乙烯-azo-PAR 树脂；（Ⅳ）含 2-羟基乙硫醇基团树脂等，是在固体聚苯乙烯上引入分析官能团的螯合树脂。

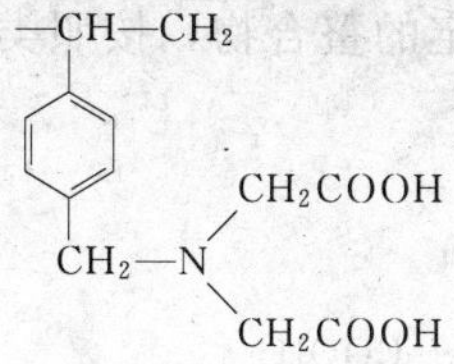

合成螯合树脂的优点是选择性好，稳定性好，分析官能团与母体结合牢固，树脂使用寿命长。缺点是不易合成，作为商品出售的螯合树脂种类不是很多。

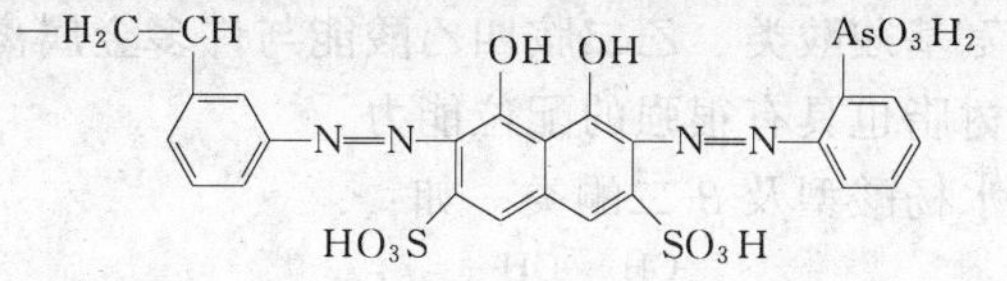

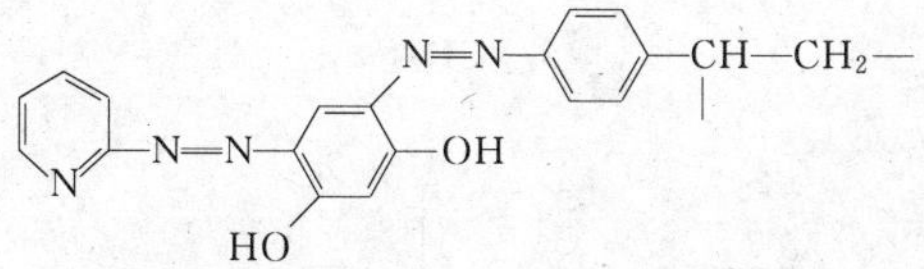

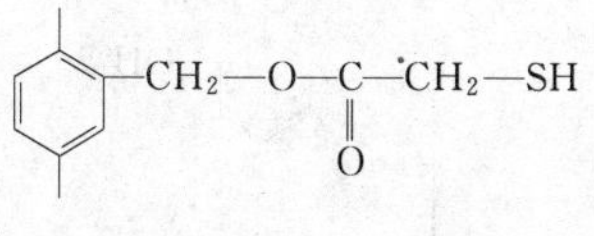

7.4.7.2 负载螯合树脂

负载螯合树脂既具有选择性好的特点，又具有制备方法简单等优点，因此引起了人们关注，应用范围较广。树脂对螯合剂的吸附机理有如下两种。

（1）阴离子交换 水溶性螯合剂分子上的磺酸根、羧酸根等阴离子基团与强碱性阴离子交换基团之间发生交换。交换反应可以发生在螯合物形成之前，也可发生在螯合物形成之后。因此在操作程序中有"先吸着、后螯合"与"先螯合、后吸着"的区别。这两种方式用于富集痕量重金属离子时，吸附条件和效果一样。第一种方式还可以用于高含量基体中微量元素的富集分离，适用于稳定性较好、有合适洗脱剂洗脱吸附在树脂上的金属离子的负载树脂。采用这种方法，负载树脂可反复使用。第二种方式适合于水样中痕量元素的富集，某些螯合物反应条件苛刻，或者反应速率很慢，可采用这种先形成螯合物再吸附富集的方式。

例如，8-羟基喹啉-5-磺酸可与阴离子交换树脂发生交换，制成 8-羟基喹啉-5-磺酸的螯合形式树脂：

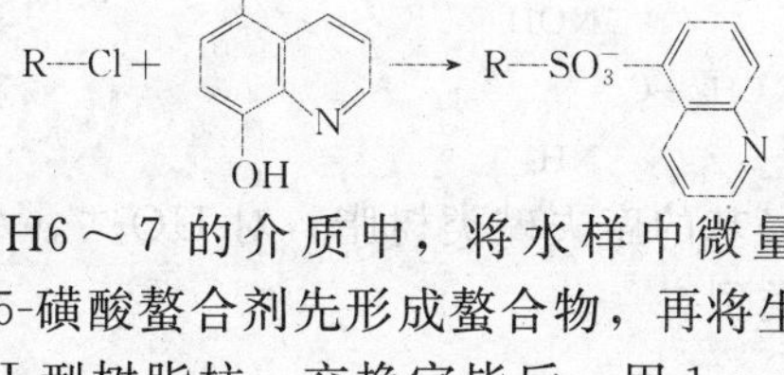

另有资料报道，可在 pH6～7 的介质中，将水样中微量离子 Zn^{2+}、Cu^{2+}、Cd^{2+}、Mn^{2+}、Fe^{3+} 与 8-羟基喹啉-5-磺酸螯合剂先形成螯合物，再将生成的螯合物溶液以一定的流速通过浸胀的大孔强碱季铵Ⅰ型树脂柱。交换完毕后，用 $1\ mol\cdot L^{-1}\ HNO_3$ 洗脱，洗脱液供原子吸收法测定金属离子的含量。

（2）吸附作用 将交联聚合物浸泡在含有螯合剂的溶液中，交联聚合物溶胀后，将螯合剂吸附在其中。如含有二硫腙、PAN 等有机螯合剂的凝胶树脂属于这种类型。

7.4.7.3 螯合树脂的类型

螯合树脂的选择性主要取决于分析官能团的选择性。按照树脂上结合的有机螯合剂的种类来看，螯合树脂的种类繁多，现做一简要介绍。

（1）冠醚类螯合树脂 冠醚大体上可分为单环冠醚、穴醚或多环冠醚、杂环冠醚和线型醚等。

（2）偶氮类　带芳香环的螯合物，经硝化、还原、重氮化后，可与许多配合剂偶合成为螯合树脂。如变色酸类、茜素类、双硫腙、乙二醛双缩（2-羟基苯胺）、水杨酸类、亚硝基萘酚等。

（3）氨基羧酸类　乙二胺四乙酸能与许多金属离子生成稳定的螯合物，按照类似结构制备的螯合树脂也具有很强的配位能力。

（4）水杨酸型及 β-二酮类　如：

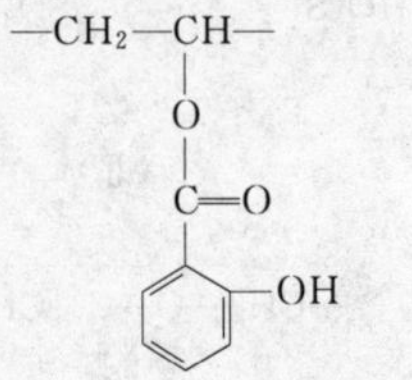

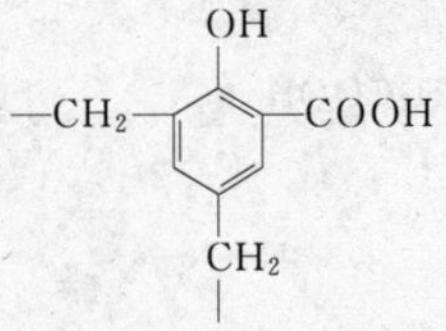

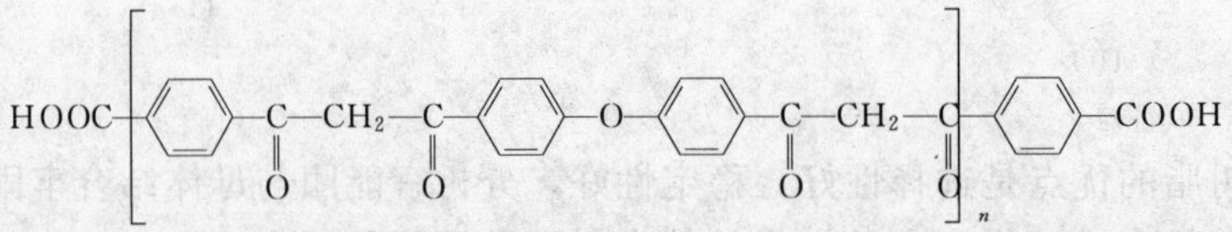

（5）膦酸类　膦酸及亚膦酸类树脂对 UO_2^{2+}、Fe^{3+}、Pb^{2+} 等离子的配合能力很强，其结构如下：

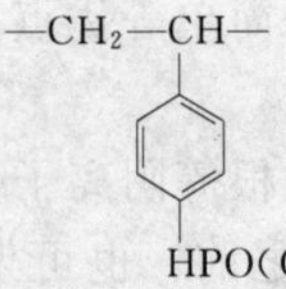

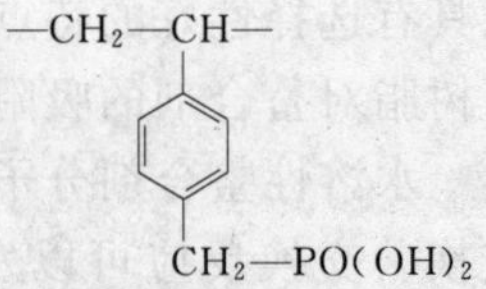

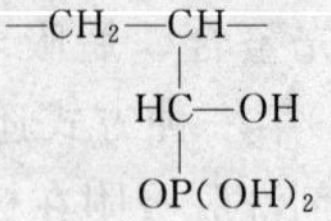

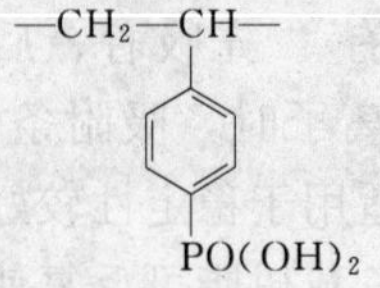

（6）肟类　肟能与 Ni^{2+}、Co^{2+}、Fe^{3+} 等配位，联双肟的配合性更强，而当肟基邻近存在胺、酮、酚、酯基等时，此性能更加突出。这类树脂有以下结构：

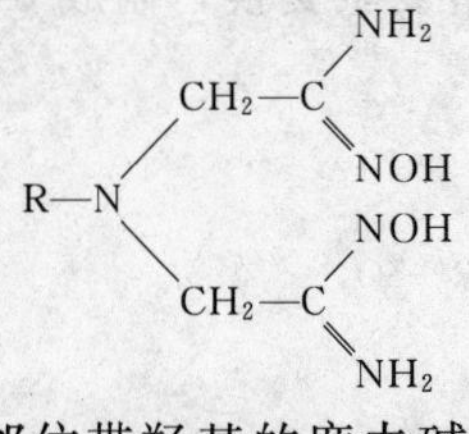

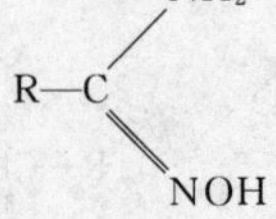

（7）席夫碱类　邻位带羟基的席夫碱类树脂，对 UO_2^{2+}、Au^{3+} 等金属离子有特殊的配合能力，其结构有以下几种类型：

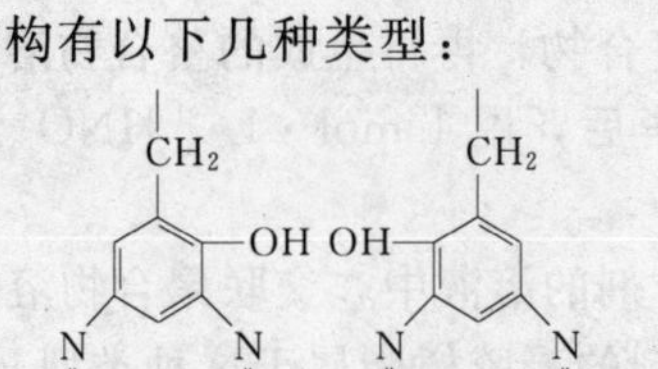

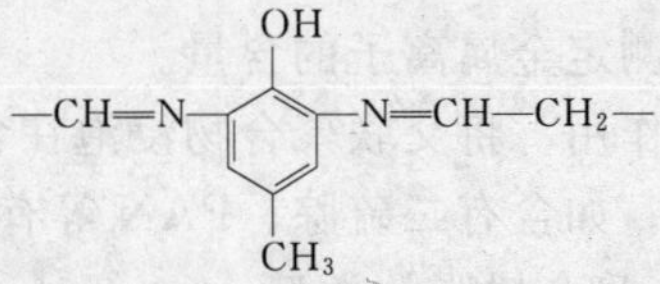

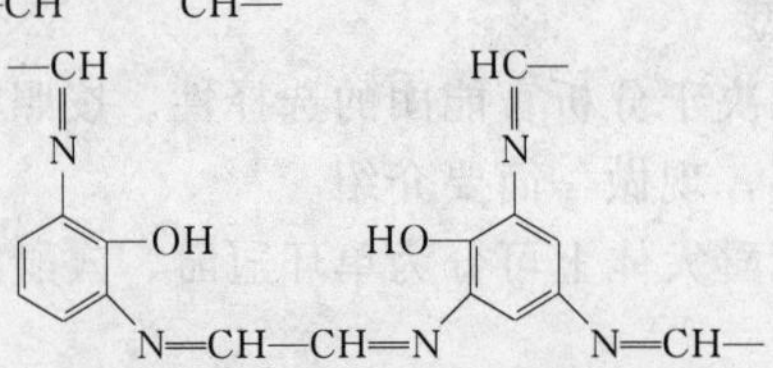

（8）氨基硫代甲酸盐　该树脂的选择性与铜试剂相似。

（9）疏基胺类　此树脂与很多贵金属有特殊的选择性，其结构举例如下：

（10）疏基树脂　与金、银、汞等金属离子配合性强。

（11）硫脲型　有以下结构：

此外，还有 8-羟基喹啉类、胍类、硝基氨基苯酚、连苯三酚、噻唑、吡咯、多胺、多醚、酰胺类等很多类型，其结构与对应的配合剂相同或者有一些改变，其选择性与对应配合剂相似。

7.4.7.4　螯合树脂的应用

螯合树脂的种类繁多，应用范围很广，螯合树脂对溶液中微量的金属离子能选择性吸附，有效地分离与富集不同的金属离子，因此在岩矿样品和水样中有广泛应用。在离子交换比色法中螯合树脂也有很多应用实例。即利用螯合树脂与被测金属反应后产生的特征颜色，直接将树脂相进行分光光度法测定。

表 7-9 列举了离子交换树脂、螯合树脂及负载螯合树脂的应用实例。

表 7-9　离子交换树脂、螯合树脂及负载螯合树脂的应用实例

树脂类型	分离元素	应用
一般树脂		
大孔离子交换树脂（阳、阴）	U^{6+}（阴-D235），Th^{4+}（阳-D033）	水中 $ng \cdot g^{-1}$ 级 U、Th 的富集
阳离子交换树脂	Gd，Sm，Dy，Eu/Zr	锆铌合金中 $pg \cdot g^{-1}$ 级稀土富集
阴离子交换树脂	Gd，Sm，Dy，Eu/UF_6，U_3O_8	核纯铀中 $ng \cdot g^{-1}$ 级稀土富集
	La/Ce/Pr/Nd/Pm/Sm/Eu/Gd	单稀土分离
阳离子交换树脂（YSG-SO_3Na 型）	Am/Cm/Pm	锕系元素分离
大孔阴离子交换树脂（D296 型）	Cd，Cu，Fe，Mn，Ni	地面水中重金属富集
阳离子交换树脂（721 型）	Cr(Ⅵ)	电镀厂废水、地表水中 Cr(Ⅵ) 富集
阳离子交换树脂（717 型）	Cr(Ⅵ)	自来水、河水、井水
阳离子交换树脂（季铵型）	MoO_4^{2-}，$Mo_7O_{24}^{6-}$，$Mo_8O_{26}^{4-}$	钼的吸附机理研究
阳离子交换树脂（强酸 1×8）	Fe/Cd/Ga	矿石
阴离子交换树脂（Amborlite）	SiO_3^{2-}	钨、氧化钨中痕量硅
阴离子交换树脂（717 型）	I^-	岩矿
螯合树脂		
聚乙烯苄胺二硫代甲酸钠	重金属的富集	合成及螯合性能研究
氨基（β-羟基）甲酸酯及亚磺酸酯	Au^{3+}	吸附性能研究

续表

树脂类型	分离元素	应用
NK8310（南开大学）	Au^{3+}	铜精矿
双-硫脲苯乙烯基苯	贵金属/常见元素及稀土等	阳极泥、矿样、钢材
α-氨基吡啶交联聚苯乙烯（AP）	Au^{3+}	湖水、模拟海水
大孔膦酸树脂	In^{3+}/Cu^{2+}, Zn^{2+}, Cd^{2+}, Ni^{2+}	吸附性能研究
PAR 螯合树脂	Ga^{3+}/Cu^{2+}, Zn^{2+}, Cd^{2+}, Ni^{2+}	吸附性能研究
	UO_2^{2+}	铀矿废水
EDTA 型大孔螯合树脂（D401）	Mo/W	钨中微量钼
负载螯合树脂		
三氯偶氮胂	Th^{4+}	高纯 Y_2O_3、La_2O_3、纯铀、水
偶氮氯膦 I	UO_2^{2+}	铀矿、废水
偶氮氯膦 III	RE（15 个元素富集）	地质、矿石
偶氮胂 III	特性研究及 RE^-	矿样
PAN-S	Cu^{2+}, Zn^{2+}, Cd^{2+}, Ni^{2+}.	

7.5　纸色谱和薄层色谱分离法

7.5.1　色谱分析概述

　　色谱法旧称为色层法或层析法，是一种物理化学分离和分析方法。这种分离方法是基于物质溶解度、蒸气压、吸附能力、立体化学或离子交换等物理化学性质微小差异，使其在流动相和固定相之间的分配系数不同，而当两相做相对运动时，组分在两相间进行连续多次分配，从而达到分离的目的。色谱分析是现代分析化学中发展最快、应用最广的领域之一。

　　色谱法有许多类型，其主要分类方法如下。

　　7.5.1.1　按两相的物理状态分类

　　用气体作流动相的称为气相色谱，用液体作流动相的称为液相色谱；而固定相可以是液体或固体，这样可组合成以下四种主要色谱类型：

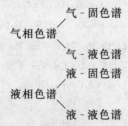

　　7.5.1.2　按固定相的形态分类

　　（1）柱色谱　固定相装在色谱柱内称为柱色谱。

　　（2）平板色谱　固定相呈平板状，它包括纸色谱和薄层色谱。用滤纸作固定相或者作固定相载体的色谱，称为纸色谱。固定相以均匀薄层涂铺在玻璃板上或塑料板上，或将固定相直接制成薄板状，称为薄层色谱。

　　7.5.1.3　按分离过程物理化学原理分类

　　（1）吸附色谱　用固体吸附剂作色谱固定相，样品各组分在吸附剂上吸附能力大小不同，因而吸附平衡常数不同，以此可将各组分分离。

（2）分配色谱　用液体作固定相，利用试样组分在固定相中溶解、吸收或吸着能力不同，因而在两相间分配系数不同，以此可将组分分离。

（3）离子交换色谱　用离子交换剂作固定相，分离离子型化合物的色谱方法。

（4）凝胶色谱　用化学惰性的多孔性物质作固定相，试样组分按分子量大小进行分离。

（5）螯合色谱　利用待分离组分与螯合剂在色谱柱前或柱内形成螯合物的稳定性不同或与流动相、固定相作用力不同，因而分配系数不同，使组分分离，一般用于分离金属离子。若固定相为具有配合物或螯合物生成能力的有机液体或有机溶液，而流动相为水溶液，则称为萃取色谱。

（6）亲和色谱　以共价键将具有生物活性的配位体（如酶、辅酶、抗体、激素等）结合到不溶性固体支持物或基质上作固定相，利用蛋白质或大分子与配位体之间特异的亲和力进行分离的液相色谱方法。它主要用于蛋白质和各种生物活性物质的分离、纯化。

色谱分析内容另设专门课程介绍，这里介绍的是平板色谱：纸色谱和薄层色谱。它们的特点是设备简单、便宜，操作方便，分离效率高，灵敏度也高，所以适用范围较广。

7.5.2　纸色谱法

纸色谱法是在滤纸上进行的色谱方法。它的分离原理一般认为是分配色谱，滤纸作为惰性载体，滤纸纤维素中吸附的水分为固定相。由于吸附水有部分是以氢键缔合形式与纤维素的羟基结合在一起的，在一般条件下难以脱去，因而纸色谱不但可用与水不相混溶的有机溶剂作流动相，也可以用与水混溶的溶剂作流动相。实际上纸色谱的分离原理往往是比较复杂的，除了分配作用外还可能包括溶质分子和纤维素之间的吸附作用，以及溶质分子和纤维素上某些基团之间的离子交换作用。

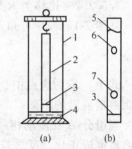

图 7-14　纸色谱分离法
1—色谱筒；2—纸条；3—原点；
4—展开剂；5—前沿；6，7—显斑

纸色谱的操作是取色谱用的滤纸，在接近纸条的一端点上欲分离的试液，然后将滤纸悬挂于色谱筒内，如图 7-14（a）所示。并让纸条下端浸入流动相中，纸色谱中的流动相称为展开剂。由于滤纸的毛细管作用，展开剂在纸上渗透展开，试液中各组分在两相中不断地进行无数次重复抽提、溶解的过程，这个过程称为展开。展开进行一定时间，可以有效地把各组分分离开。如果试液中各组分是有色的，则在滤纸上可以看到各组分的色斑；如无色，则可用其他方法使之显色，而后判断其位置，如图 7-14（b）所示。

7.5.2.1　比移值 R_f 与溶剂的选择

在纸色谱中，待分离组分随着流动相不断向前移动，由于它们在两相中的分配系数不同，所以移动的距离亦不同。通常用比移值 R_f 表示各组分移动的相对距离。比移值定义为：

$$R_f = \frac{\text{组分斑点中心移动的距离（cm）}}{\text{展开剂前沿移动的距离（cm）}}$$

进行纸色谱分离时，如组分在水相中溶解度大，则展开时移动距离小，则 R_f 值小；若组分在水相中溶解度小，则 R_f 值大。因此为了对多种组分同时进行有效的分离，应选择对各种组分有不同溶解度的溶剂作为展开剂。

根据"相似相溶"的原理，一般有机物能溶于有机溶剂中，其溶解度却有差别。大部分无机盐难溶于有机溶剂中，因此，如何增加无机物在有机溶剂中的溶解度在无机纸色谱中是十分重要的问题。在无机纸色谱中，常常加入配位剂，使之与无机离子生成配合物，这种配合物在有机溶剂中有较大的溶解度。如在分离 Fe^{2+}、Cu^{2+}、Co^{2+} 时，用丁醇－丙酮－浓盐酸体系作展开剂，由于浓盐酸与这些无机离子可形成配合物，因此在上述展开剂中展开时能有明显的分离效果。为此在纸色谱中掌握无机化合物在有机溶剂中的溶解性能很有必要。例如：

① 碱金属的氯化物在甲醇中有相当的溶解度，氯化钙则可溶于乙醇中。

② 某些硝酸盐如 $UO_2(NO_3) \cdot 3H_2O$ 可与丙酮、乙醚等形成加合物。

③ 贵金属离子及铁的氯化物可溶于含盐酸的醚、酮、醇类中。

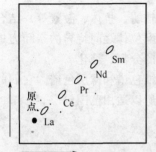

图 7-15　双向色谱图

④ 一些金属的硫代硫酸盐在有过量硫代硫酸盐存在时，可溶于醇、醚、酯类溶剂中。

⑤ 8-羟基喹啉、乙酰丙酮、吡啶、2,4,6-三甲基吡啶等能和许多金属离子生成配合物，所以在无机离子分离时，常选用丙酮、丁醇、乙醚等溶剂作为展开剂。

如单向展开分离效果不够好时，可采用双向色谱，即将试液点在方形滤纸的一角，先沿着一个方向展开，然后转 90°角沿另一方向再展开，展开溶剂可以是相同的，也可以不同。图 7-15 是用磷酸三丁酯、甲基异丁酮和乙酸乙酯作展开剂分离稀土元素的双向色谱图。

7.5.2.2　比移值 R_f 与分配系数 K_D 的关系

从图 7-16（a）可知，组分 A 的比移值 R_f 为

$$R_f = \frac{X}{X + Y} \tag{7-42}$$

式中，X 为斑点中心到原点距离；Y 为斑点中心到溶剂前沿的距离。故 $X + Y$ 表示原点到溶剂前沿的距离。

当组分 A 在流动相（有机相）中溶解度大时，X 值则大，即 X 值与组分 A 在流动相中的溶解度成正比。反之若 A 在固定相中溶解度大时，则 X 值小。组分 A 在这两相中溶解度的比值即为分配系数 K_D（设 A 在两相中以相同形式存在）。

$$K_D = \frac{c_{A, 有}}{c_{A, 水}}$$

R_f 与 K_D 之间的关系可用式（7-43）表示

$$R_f = \frac{X}{X + Y} = \frac{1}{1 + Y/X} = \frac{1}{1 + \alpha/K_D} \tag{7-43}$$

式中，α 是与滤纸相关的比例常数。

式（7-43）整理后，可得到式（7-44）：

$$\frac{1}{R_f} = 1 + \frac{\alpha}{K_D} \tag{7-44}$$

为了测量滤纸常数 α，可用某物质的分配系数 K_D 和纸色谱法中求出的 R_f 值代入式（7-44）中求出。

7.5.2.3　比移值的作用及影响比移值的因素

（1）比移值 R_f 的作用

① 根据 R_f 值，可判断各物质的分离效果。例

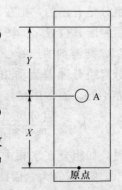
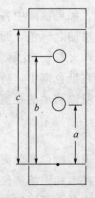

(a) 比移值 R_f 的计算　　(b) 从 R_f 值计算纸条的长度

图 7-16　比移值的计算

如，分离 K^+、Rb^+、Cs^+ 可用盐酸饱和的苯酚作流动相，其值 R_f 分别是 K^+ 0.19，Rb^+ 0.26，Cs^+ 0.48；若用苯酚-甲醇-盐酸（质量：体积：体积＝70：10：20）作流动相，则 R_f 值分别是 K^+ 0.00，Rb^+ 0.19，Cs^+ 0.46。由 R_f 值可知，后一个体系分离效果比前一个体系好。

② 根据 R_f 值，可选择适当的滤纸长度。

【例 7-3】 某体系中，A 与 B 物质纸色谱中的 R_f 值分别是 $R_f(A) = 0.04$，$R_f(B) = 0.50$。展开后若两斑点直径均为 1cm，要求斑点最小距离为 1cm（即两斑点中心的距离为 2cm），问应取多长的滤纸 [参阅图 7-16（b）]。

解 设前沿移动 c cm，A 斑点移动 a cm，B 斑点移动 b cm，据题意则有：

$$R_f(A) = \frac{a}{c} = 0.40$$

$$R_f(B) = \frac{b}{c} = 0.50$$

要求两斑点中心相距 2cm，则 $b-a=2$。所以，$c=20$cm。即要达到题目分离要求，前沿至少上升 20cm，通常原点距滤纸下沿 4～5cm，前沿距滤纸上沿 2～3cm。因此滤纸长度为 26～28cm。

（2）影响比移值的因素

① 温度：由于 R_f 值与分配系数 K_D 有关，而 K_D 是随温度而改变的，因此温度将同样影响 R_f 值。

② 滤纸的种类以及展开方式（上行或下行或环形展开）等对 R_f 都有一定影响。

③ 其他影响：纯物质的 R_f 值与样品中混合物中单组分的 R_f 值常存在一定偏差。这主要是由于共存物质相互影响。再则试样中的组分在溶液中的状态和性质对 R_f 也有一定影响。在分离无机物时常采用含有无机酸的展开剂，此时展开剂的酸度高低对 R_f 值也有影响。

7.5.2.4 显色和测定

对于有色物质，展开后即可直接观察到各斑点的颜色；对于无色的物质，应用物理的或化学的方法使之显色。常用的化学方法是用喷雾器将适当的化学试剂喷在纸上，使其产生有色斑点。常用的物理方法是用紫外灯照射斑点，观察荧光斑点。显斑后的滤纸，称为色谱图。根据斑点的颜色和 R_f 值可以进行定性鉴定；借此斑点大小和颜色深浅还可以进行半定量分析。将斑点剪下，溶解或灰化后再溶解，然后再进行定量分析可测定各组分的含量。

7.5.2.5 纸色谱法应用举例

纸色谱分离法设备简单、操作方便、试样需用量少，可以分离微量物质，因此广泛应用于有机化合物的分离和检出，但也可用于无机物质的分离和检出，现将无机物质的纸色谱法分离举例列于表 7-10。

表 7-10 纸色谱法应用举例

固定相	流动相	分离情况（R_f）
水	丁酮-甲基异丁酮-硝酸-水	可分离铀(≈1)、钍(0.5)、钪(0.16)及稀土(0.0)
水	正戊醇-甲基异丁酮-硝酸-丁酮	可分离稀土(0.03)、铬(0.17)、锆(0.04)、钍(0.54)及铀(0.92)
水	丁酮-甲醇(2：3)	可分离 K^+、Na^+、NH_4^+、Li^+ 的氯化物

续表

固定相	流动相	分离情况（R_f）
水	浓盐酸-甲醇-正丁醇-甲基戊酮 （55∶35∶5∶5）	可分离 K^+、Cs^+、Rb^+
水	甲基异丁酮-丁酮-氢氟酸-水 （40∶40∶5∶15）	可分离铌、钽
水	甲基异丁酮-氢氟酸-硝酸（88∶8∶4）	可分离铌、钽
水	$4.6mol \cdot L^{-1} HNO_3$ 含 $0.1\% \sim 0.3\%$ 的 H_2O_2	可分离铌、钽
水 （滤纸用 NH_4Cl 溶液处理）	磷酸三丁酯-正丁醇-二甲苯	可分离锆、铪
磷酸三丁酯	硝酸及硝酸盐溶液	可分离锆、铪

7.5.3 薄层色谱法

薄层色谱法旧称为薄层层析法，是在 20 世纪 50 年代以后，在纸色谱和柱色谱的基础上发展起来的一种色谱分离法。此方法是将吸附剂均匀地铺在平滑的玻璃板（或聚酯片等）上，待干后在薄板的一端，离薄板边缘一定距离处点上试液，然后把薄板放到流动相（展开剂）中，由于薄层的毛细管作用，展开剂沿着薄层渐渐上升。由于试样中各组分在固定相和流动相之间的分配系数不同，因而随着流动相的移动各组分彼此相互分离。

与纸色谱和柱色谱法比较，薄层色谱有以下特点：装置简单、操作方便、展开速度快、分离效率高、灵敏度高；展开后可选用各种方法显色，甚至可以喷强腐蚀性的溶剂；薄层色谱可进行定性鉴定，也可进行定量测定。

7.5.3.1 吸附剂

选择合适的吸附剂和展开剂是薄层色谱分离能否获得成功的关键。当然，吸附剂和展开剂的选择必须结合试样中各个组分的性质加以考虑，这和柱色谱相似。

薄层色谱用的吸附剂有硅胶、氧化铝、纤维素、聚酰胺、淀粉等。最常用的是氧化铝和硅胶，它们吸附能力强，可分离的试样种类多，薄层色谱用的吸附剂比柱色谱的粒度更细些。

（1）氧化铝 铺薄层时，若不加黏合剂，直接用干粉铺层，这样的薄板称"干板"或"软板"。也可以加煅石膏作黏合剂，这种混有煅石膏的氧化铝称氧化铝 G。用氧化铝 G 加水调成糊状铺层，活化后的薄板称为"硬板"。

干法铺层的氧化铝用 150～200 目，湿法铺层以 250～300 目较合适。吸附剂颗粒粗细对分离效果和展开速度均有影响。

市售薄层色谱用的氧化铝有：含煅石膏的 Al_2O_3-G，含荧光剂的 Al_2O_3-GF$_{245}$ 等，可以直接用来铺板。

（2）硅胶 硅胶的力学性能较差，必须加入黏合剂铺成硬板使用。常用的黏合剂有煅石膏、聚乙烯醇、淀粉等。薄层色谱用硅胶的粒度在 250～300 目。

硅胶 H，不含黏合剂，用时需另加黏合剂。硅胶 G 则是由硅胶和煅石膏混合制成的，硅胶 GF$_{245}$ 是在硅胶中既混合有煅石膏又含荧光指示剂，在 254nm 紫外灯照射下呈黄绿色荧光。

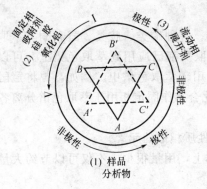

图 7-17 薄层色谱条件选择图

硅胶薄层既可用于吸附色谱，又可用于分配色谱。主要区别在于制板时活化程度不同，前者活化程度较高，后者则低得多。

7.5.3.2 展开剂

对于吸附色谱，主要根据极性的不同来选择流动相作展开剂。选择展开剂时除了考虑被分离组分的极性外，还应考虑吸附剂的活性。为了正确处理展开剂、被分离组分的极性和吸附剂的活性这三者的关系，曾经有人设计了薄层色谱条件选择图，见图 7-17。

图 7-17 中，有一个圆盘，上面有三种刻度：

① 代表样品中分析组分的极性；

② 代表吸附剂的活度（Ⅰ 级最强、Ⅴ 级最弱）；

③ 代表展开剂的极性。

圆盘中心有一个可转动的正三角形。在图 7-17 实线三角形所指示的位置是：A 指向中等极性的被分析物组分，B 指向中级活度的吸附剂。这时展开剂则由 C 指示的位置决定，即可选用中等极性的展开剂。

图 7-17 中虚线三角形所示的位置，则表示非极性的分析物的组分，活度为 Ⅰ ～ Ⅱ 级的吸附剂，应选用非极性的展开剂。图 7-17 仅说明选择展开剂的最简单、最基本的原则，可供选择时参考。

7.5.3.3 检出与测定方法

检出方法同纸色谱，选择合适的显色剂喷雾显色。显色后的薄板可用淋洗或溶出的方法将样品从薄层上取下，然后用定量分析方法测定。也可以直接测量斑点面积进行定量测定，近年来发展了薄层扫描技术，用薄层扫描仪直接扫描以进行定量测定。

7.6 萃取色谱法

7.6.1 萃取色谱法概要

7.6.1.1 萃取色谱法的特点

早期的液-液分配色谱分离法是将水吸附在惰性支持体（如硅胶、滤纸）上作为固定相，以有机溶剂流过支持体作为流动相，被分离的物质经过在两相中的多次的分配和解脱而获得分离。自 20 世纪 50 年代以来，随着液-液萃取和离子交换色谱分离法的日益发展，各种选择性良好的萃取剂不断涌现，色谱分离的理论和技术也有很大的发展，这些都促使人们试图将液-液萃取中的高选择性和色谱分离的高效性结合起来，于是诞生了一种新的色谱分离技术——反相分配色谱法，亦称萃取色谱法。

反相分配色谱法，与正相分配色谱法相反。在这种方法中，固定相是一种涂渍或键合在一个多孔疏水性支持体上的萃取剂，流动相是合适的酸、碱或盐的水溶液。方法提出后，用于有机物分离获得了很大的成功，20 世纪 50 年代末，方法广泛地用于无机物的分离。几十年来萃取色谱法研究发展很快，在无机物和放射性核素的分离中获得广泛的应用，主要是它具有以下特点：

① 萃取色谱以有机萃取剂为固定相，水溶液为流动相，比较容易选择合适的水相组分，

以便使萃取分离的最佳条件有效地用于萃取色谱中。

② 在萃取色谱中，可用作固定相的萃取剂种类繁多。各种磷类、胺类、醚和酮类萃取剂，各种螯合萃取剂，甚至具有协同萃取作用的混合萃取剂都已应用到萃取色谱上。可以说，如果在液-液萃取中出现了新的萃取剂，不久它就会用于萃取色谱中。例如，曾将冠醚类大环化合物用于萃取分离碱金属离子，不久，以这类化合物作固定相用于萃取色谱分离各种碱金属，获得了良好的效果。

③ 萃取色谱分离效率高、方法简便，能有效地分离性质相似的元素。

④ 与液-液萃取相比，因萃取剂被固定在惰性支持体上，用量很少，不仅可以节约大量的萃取剂和萃取溶剂，而且还提高了工作效率。

但是，萃取色谱法也有不足之处。首先，此法的固定相对金属的吸附量较低，远不及有机萃取剂或离子交换树脂。其次，虽然一般的萃取色谱柱可以多次反复使用，但吸附在支持体上的萃取剂总有少量的被流动相带走，从而影响了色谱柱的寿命。此外，一些性能良好的色谱固定相制备手续比较麻烦。但是该方法选择性好，分离效果高的优点使之在痕量物质的分离中占有重要的位置。

7.6.1.2　萃取色谱和液-液萃取之间的关系

根据 Martin 和 Synge 提出的液相分配色谱理论，由吸附了一定量萃取剂的支持体装成的色谱柱，可以看作一系列盛有一定量有机相的小萃取器。在混合组分分离的过程中，被分离物从柱顶逐渐随流动相（水相）向下移动，它们不断地在有机相与流动相之间进行萃取和反萃取。液-液萃取中分配比小的组分，在柱上滞留的时间短，将先被淋洗液带出；而分配比大的组分，滞留在柱上的时间长，将在以后随淋洗液流出。分配比相差较大的组分，分离效果较好；分配比相差较小的组分，分离效果差。

7.6.1.3　萃取色谱法的实验技术

萃取色谱按照操作方式不同，分为柱色谱、纸色谱和薄层色谱，纸色谱与薄层色谱已另外介绍，以下介绍应用最广的柱色谱的实验技术。

（1）支持体的选择　用作支持体的物质有硅胶、硅烷化硅胶和硅藻土、玻璃粉、聚四氟乙烯、聚三氟氯乙烯、聚乙烯、聚氯乙烯、聚氯乙烯-醋酸乙烯共聚物和其他树脂类，如苯乙烯-二苯乙烯树脂、萃淋树脂以及纤维粉。近年，泡沫塑料和橡胶以及玻璃纤维滤纸也被用作支持体。

作为性质优良的固定相的支持体，一般应满足下列要求：

① 支持体能保留较多的固定相，而且在淋洗中不易使固定相流失。能满足上述要求的支持体主要是一些经硅烷化处理的无机吸附剂。例如，具有多孔结构和比表面积大的憎水性的硅藻土、硅胶和玻璃粉。它们不仅能保留较多的萃取剂，而且制成的色谱粉在使用过程中能保持细小而稳定的颗粒，适宜于柱色谱中使用。

② 支持体要具有良好的化学惰性。它们既不能被有机萃取剂所溶解，又不能被流动相所侵蚀。目前常用的一些含氟高分子聚合物，对很多无机试剂具有良好的化学稳定性。某些无机吸附剂，如硅藻土、硅胶、氧化铝等都具有良好的化学稳定性，由于它们表面上存在不少羟基等活性基团，使支持体本身具有一定的吸附离子或交换离子的能力，影响分离效果。因此，这类无机吸附剂需要经过硅烷化处理成憎水性的，才能成为优良的支持体。

③ 支持体要具有良好的物理稳定性。

④ 支持体要价格低廉，使用方便。

（2）固定相的选择 在无机萃取色谱中，几乎各种有机萃取剂都可作为固定相，因此可根据待分离对象按液-液萃取的原则选择可使用的萃取剂范围。此外，用于萃取色谱的固定相还应具有下列条件：

① 作为固定相的萃取剂能牢固地被支持体吸附。通常选用的固定相都是具有高沸点的有机萃取剂，如 TBP、HDEHP 和长碳链脂肪胺等。若用某些固体螯合剂作为固定相，则选择合适的有机溶剂十分重要。至于一些低沸点易挥发的有机萃取剂，如分子量小的醚、酮和醇类，一般很少使用。

② 作为固定相的萃取剂，必须在流动相中的溶解度很小，否则色谱柱的使用寿命不长。

③ 作为固定相的萃取剂，要有良好的化学稳定性和耐辐照（如分离放射性物质时）性质。

（3）色谱柱的制备 色谱柱的制备包括色谱柱高度和柱径的选择以及装柱方法。前者的要求基本上与离子交换色谱柱相同，按被分离物质的化学性质及组分的含量而定。萃取色谱柱装柱方法常用的有两种：一种是先将作为固定相的萃取剂吸附在支持体上，制成色谱粉，然后再用干法或湿法装柱；另一种是先将支持体粉末装柱，然后再将含有萃取剂的有机溶剂流过柱子，使固定相吸在支持体上即可。前一种方法应用较为广泛。

（4）流动相的选择 萃取色谱中流动相的选择，主要取决于所用的萃取剂以及被分离的对象的化学性质。参考各种金属离子在不同萃取剂和水相中的分配比，可对水相条件进行选择。但是，由于萃取色谱中吸附在支持体内的固定相性质不可能与液-液萃取中有机相完全类同，而且在萃取色谱分离过程中还要考虑动力学因素。因此，在不少情况下仍需通过实验来选择流动相，以获得最佳的分离条件。

7.6.1.4 萃取色谱法的应用

萃取色谱法包括的种类很多，应用也很广，表 7-11 列举了近几年来在地质样品中的部分例子。

7.6.2 改性硅胶在痕量元素分离与富集中的应用

硅胶是萃取色谱中常用的支持体之一。经硅烷化处理和改性（吸附萃取剂的处理过程）处理后，具有其独到的特点，如机械强度大，不易破碎，表面的物理化学性质易于控制，稳定性好，可以再生，制备方法简单，吸附固定相的量较大等。因此在痕量元素的分离工作中有很大的意义，本节专门对之进行介绍。

表 7-11 萃取色谱分离及应用

萃取剂	载体	分离元素	应用
磷类：TBP	树脂	Au$(ng \cdot g^{-1}$级$)$	地质样
	泡沫塑料	Au$(ng \cdot g^{-1}$级$)$	矿石
	聚四氟乙烯	Au$(>0.1g \cdot t^{-1})$	金矿
	硅胶	Mo/W、Ti、V、Ge、Fe、Cr	合金钢、矿物
	树脂	Re/Mo	钼精矿焙烧气
	聚三氟氯乙烯	Ti$(23ng \cdot g^{-1})$	岩石、土壤、水样
	聚四氟乙烯	Tl/Fe、Cu、Zn、Pb、Mn、As、Sb、Cd、Mg 等	矿石
	树脂	Th	铀矿废水、地表水
	聚氨酯泡沫塑料	U	矿样

续表

萃取剂	载体	分离元素	应用
磷酸三辛酯	聚三氟氯乙烯	Gd、Sm、Eu、Dy/U	铀化合物
P350(甲基膦酸 二甲庚酯)	大孔树脂	Tl	岩石、矿石
	大孔树脂	Ga/In/Tl(ng·g^{-1})	岩石、矿物
	硅球	Au	矿石
	泡沫塑料	Au(静态富集)	矿石
P507	硅球	La/Ce/Pr/Nd	球铁、矿石
	树脂	La/Ce、Ho/Er、Gd/Tb、Dy	在线检测装置
	树脂	ΣCl, ΣY	岩矿
	树脂	Yb(5pg·g^{-1},静态富集)	水
	树脂	RE(14 个元素)	高纯氧化镨
P204	树脂	U/Th/RE	
二(2-乙基己基)磷酸酯	硅球	Au	矿样
P215	硅球	La-Nd/Nd-Gd/Gd-Ho Er-Lu	
	硅球	RE(13 个元素)	高纯氧化铕
	硅球	RE(14 个元素)	高纯氧化镥
胺类: 　　N-1923 　　N-234 　　N-263	大孔树脂 硅球 泡沫塑料	Th Rh/Ir U(静态富集)	矿石 水
亚砜类: PTSO(二-对甲苯基亚砜) DOSO(二正辛基亚砜)	硅球 聚氨酯泡塑	Au Au、Pb	矿石 矿石
β-二酮类: PMBP	树脂 泡沫塑料	RE/Sc/Th U(静态富集)	岩石 水
双硫胺	聚氨酯泡塑 聚四氟乙烯	Ag Hg/大量元素	 矿石

7.6.2.1　改性硅胶的制备

（1）硅烷化处理　经硅烷化处理后的硅胶表面去除了亲水性的活性基团（—OH），而憎水性的多孔表面更易吸附作为固定相的有机萃取剂。用于硅烷化处理的有机硅化合物有：二甲基二氯硅烷（DMCS）和三甲基氯硅烷（TMCS）。现以 DMCS 处理硅胶表面为例说明硅烷化过程。硅胶表面的羟基与 DMCS 发生化学反应为：

硅烷化常用的方法有：

① 每 100g 粉状支持体加 1～5g DMCS（100%），边加边搅拌，然后在 120℃干燥 2h。此法简单，但支持体表面硅烷化可能不很均匀。

② 将支持体浸泡在含 0.5%～5% DMCS 的己烷或乙醚溶液中，然后把过量的溶液倾倒除去，80℃左右干燥 20～24h。

③ 将一定粒度的支持体经酸洗和水洗后，在 120℃加热干燥，然后放入盛有 DMCS 的真空干燥器内，使支持体暴露在 DMCS 气氛中，经过 3～4d 后，取出支持体，用氯仿和甲醇洗涤多次，并在 130℃干燥数小时备用。

（2）改性硅胶的处理　改性硅胶的制备一般有两种方法。

方法 1：将一定量的螯合剂溶于适当的有机溶剂（常用乙醇或丙酮）中，加入预处理过的硅胶，振荡，放置过夜，过滤，烘干，用水洗至溶液无色，烘干后放入真空干燥箱内干燥，聚乙烯瓶中保存。

方法 2：用带有氨基官能团的硅烷处理硅胶，生成氨基硅胶，再经过适当化学反应，将螯合基团键合在硅胶上，制备成带有一定官能团的改性硅胶。

7.6.2.2　改性硅胶的性质

（1）稳定性　大多数改性硅胶在 pH 0～7 的水溶液中是稳定的，即在该 pH 范围内，试剂的洗脱率小于 5%。当 pH＞11 时，硅胶的骨架水解。大多数改性硅胶在空气中是稳定的，可在室温下保存。

（2）萃取剂的吸收量　用方法 1 制得的改性硅胶的吸附量与试剂在有机溶剂中的溶解度成正比，即对同一种螯合剂来说，用溶解性好的有机溶剂溶解，能得到试剂吸附量较大的改性硅胶。例如，PAN，5-Br-PADAP 在丙酮中溶解度比在乙醇中大，故用丙酮作溶剂，制得的改性硅胶对这些试剂的吸附量较大。

（3）金属离子的吸附行为　改性硅胶吸附金属离子的能力与金属螯合物的稳定性有关，而螯合物的稳定性与溶液 pH 有关。故欲使改性硅胶对金属离子有较大的吸附量，必须注意选择最佳 pH 值。

金属离子在改性硅胶上的吸附达到平衡需要一定时间，随着时间增长，吸附量也随之增大。一定时间后，吸附量达到最大值。但对不同离子的吸附达到平衡的时间不同。利用吸附速率的差异，也可以分离不同离子。

（4）洗脱剂的选择　常用的洗脱液有 HCl、HNO_3、$HClO_4$、HAc、$Na_2S_2O_3$、KCN、硫脲等，还有用酸与有机溶剂、无机酸与配合剂混合液等。洗脱方式有两种：一是只洗下金属离子。根据金属离子在改性硅胶上的吸附量随 pH 而变化的性质，选择合适酸度的洗脱液分离金属离子。另外，可以选择配合剂来分离金属离子。例如，PAR 改性硅胶可吸附 Cu^{2+}、Ni^{2+}，只调节洗脱液的 pH，很难使 Cu^{2+}、Ni^{2+} 分离。用 0.2 mol·L^{-1} 硫脲（含 0.005 mol·L^{-1} HCl）洗脱时，因 Cu^{2+} 可与硫脲配合而被洗脱，Ni^{2+} 不被洗脱，然后用 0.05 mol·L^{-1} $HClO_4$ 洗脱 Ni^{2+}。二是洗下螯合剂与金属离子。有的金属与改性硅胶上的螯合剂形成极稳定的螯合物，用酸或配合剂均不能洗脱金属离子。这时可选用能溶解金属螯合剂的有机溶剂或有机溶剂与酸的混合洗脱液来洗脱。例如 Co^{2+} 被 5-Br-PADAP 改性硅胶吸附后，很难被洗脱，可选用丙酮与盐酸的混合液将金属的螯合物洗脱下来。

7.6.2.3　改性硅胶的应用

用改性硅胶来富集、分离金属离子，设备简单，柱富集系数可达 200 倍以上，测定样品中痕量金属离子能获得满意的效果。表 7-12 列出了改性硅胶应用举例。

表 7-12　改性硅胶应用举例

螯合剂（或官能团）	吸附量（每克硅胶）	富集、分离元素	吸附、洗脱条件	应用	测定方法
氨丙基[2]乙二胺丙基[2]	$0.4\sim0.7$ mmol	Pd、Ir、Pt、Fe、Co、Ni、Cu	pH1.65 上柱，$3mol \cdot L^{-1}$ HCl 洗脱	铂族元素与 Fe、Co、Ni、Cu 分离；测铂铝催化剂，金铂合金、金铂钯合金中的钯	分光光度法
2-[（5-溴-2-吡啶）偶氮]-5-二乙氨基酚[1]	$43.2\mu mol$	Cu、Ni	pH5.5 上柱，$0.2mol \cdot L^{-1}$ 硫脲（含 0.01mol HCl）洗脱 Cu，$0.2mol \cdot L^{-1} HClO_4$ 洗脱 Ni	人工水样中 Cu、Ni 分离	分光光度法
P-二甲氨基亚苄基绕单宁[1]	(26 ± 4) μmol	Ag、Cu、Pd	pH2 上柱，$0.013mol \cdot L^{-1}$ 硫脲（含 $0.1mol \cdot L^{-1} HCl$）洗脱	海水	测 Pd 分光光度法，测 Ag 用 γ 射线光谱法
铬黑 T[1]	23 或 46 μmol	Mg、Cd、Ba、Al、Pb、Cu、Ag、Zn、Hg、Cr、Mn、Fe、Co、Ni	Co、Ni、Cu、Fe 在 pH＞1 上柱，其他在 pH＞3 上柱	水样，碱金属及铵盐分析试剂	测 Ba 用发射光谱法，测 Al，Cr 用分光光度法，测 Pb、Cd、Zn 用阳极溶出伏安法，其余用原子吸收法
8-羟基喹啉[2]	$61\mu mol$	Mn、Co、Ni、Cu、Zn、Cd、Pb、Cr	pH8.0 上柱，$1mol \cdot L^{-1}$ HCl-$0.1mol \cdot L^{-1} HNO_3$ 混合液洗脱	海水	ICP-MS
8-羟基喹啉[3]		Cu、Mn、Zn、Cd、Co、Ni、Fe、Pb	pH8.9 上柱，甲醇洗脱	海水	AAS
3-（1-咪唑基）丙基[2]	1.1mmol	Cu、Ni、Fe、Zn、Cd	$0.1mol \cdot L^{-1} HCl$（含乙醇洗脱）	工业乙醇中 Cu、Ni、Fe、Zn、Cd 的富集与测定	AAS
1-亚硝基-2-萘酚[1]	20mg	Co（Ⅱ）	pH3.5 上柱，冰醋酸或丙酮-HCl(9∶1)洗脱	天然水	AAS
4-（2-吡啶偶氮）间苯二酚[1]	$17.4\mu mol$	Cu、Ni	pH4.5 上柱 $0.25mol \cdot L^{-1}$ 硫脲（$0.005mol \cdot L^{-1} HCl$）洗脱 Cu，$0.05mol \cdot L^{-1} HClO_4$ 洗脱 Ni	合成水样	分光光度法
磺酸基[2]	0.20mmol	Zr、Ti	$0.1\sim0.3mol \cdot L^{-1} HCl$ 上柱，$5mol \cdot L^{-1} HCl$ 洗脱	Zr 与大量 Ti 分离	分光光度法
1-（2-噻唑偶氮）2-萘酚[1]	$10.1\mu mol$	分离 Cu、Co	pH5.0 上柱，$0.1mol \cdot L^{-1}$ HCl 洗脱 Cu，丙酮-6mol $\cdot L^{-1} HCl$(5∶1)混合液洗脱 Co	合成水样	分光光度法

① 按方法 1 制备改性硅胶。

② 按方法 2 制备改性硅胶。

③ 金属离子先与螯合剂配位后，再过柱。

7.6.3　萃淋树脂在分离中的应用

萃淋树脂也叫浸渍树脂，是 20 世纪 70 年代发展起来的一类以多孔惰性聚合物为基体，经浸渍、吸附负载萃取剂后构成的活性聚合物。萃取剂以范德瓦尔斯力吸附的形式，通过浸渍的方法包藏负载于多孔树脂的内部。它兼有离子交换和溶剂萃取两种分离方法的优点，也有人把萃淋树脂归属到离子交换树脂之类。但从分离的机理来看，归属于反相分配萃取色谱更为恰当。

萃淋树脂的制备方法比较简单，几乎所有的萃取剂和多孔性材料都可使用，制备方法可表示如下：

$$单体 + 交联剂 \xrightarrow[稀释剂]{卤代烷等} 萃淋树脂$$
（聚合反应）

例如，p-507 萃淋树脂可采用如下方法合成：称取苯乙烯 58.3g 和二乙烯苯（含量 48%）41.7g，加入 1g 过氧化苯甲酰，待过氧化苯甲酰溶解后，再加入 40g 纯化过的 p-507，混合均匀，配制成油相。将上述油相加入到 80mL 含有明胶 12g、碳酸钙 0.4g 及适量的表面活性剂的水相中，搅拌分散，升温至 78℃，恒温 6h，然后冷却至 40～60℃，用蒸馏水反复洗涤产品，直至上层清液清澈为止。最后过滤，风干即可。

萃淋树脂的性能主要取决于萃取剂，也与树脂母体有关。装填在树脂内部的萃取剂对于金属离子的配位作用基本不变。

与其他类型支持体制成的萃取色谱粉比较，萃淋树脂具有以下优点：

① 萃取剂能比较牢固地与载体结合，不易洗脱下来，因而使用寿命较长；

② 萃淋树脂上的萃取剂吸附量较大；

③ 与硅胶、硅藻土等不定形多孔物质的支持体比较，萃淋树脂可制成珠体，有较大的比表面，因而柱性能较好。

萃淋树脂可应用于：锕系、镧系元素及各种金属的富集、分离、回收、检测；放射性物质的分离、回收和检测；天然产物、海洋等资源的开发；废水处理、物资的回收等。

萃淋树脂应用很广，限于篇幅，只举个别实例说明。例如，用苯乙烯-二乙烯苯树脂为骨架与磷酸三丁酯聚合而成的 TBP 萃淋树脂可以有效地分离铀、钍。若用 $5\,mol \cdot L^{-1}$ HNO_3 介质为上柱液，用 $6\,mol \cdot L^{-1}$ HCl 淋洗，可除去钍、锆、稀土干扰元素，而铀定量地吸附在柱上。然后用水可将铀洗脱下来。经此分离与富集处理后，用 5-Br-PADAP-磺基水杨酸-CTMAB 使铀（Ⅵ）显色，可测定矿石中 1.0×10^{-6}～$5.0 \times 10^{-4}\,g$ 铀。萃淋树脂柱可反复使用 15 次。又如，TBP 萃淋树脂用于矿石中微量金的富集与分离。选用 1 mol $\cdot L^{-1}$ HCl 溶液将含金的矿石试液上柱，然后用 $1\,mol \cdot L^{-1}$ HCl 洗至无杂质离子（Fe^{3+} 洗净为止），接着用 0.2% Na_2HPO_4 洗至中性，再用 $0.4\,mol \cdot L^{-1}\,Na_2SO_3$ 溶液洗脱金，洗脱液供测定用，用水洗柱至中性，用 1 mol $\cdot L^{-1}$ HCl 平衡后，柱子可重复再用。又如，1-苯基-3-甲基-4-苯甲酰基吡唑酮-5（简称 PMBP）β-二酮类优良的萃取剂，PMBP-溶剂萃取法已用于 50 种以上元素的分离和分析。将苯乙烯-二乙烯苯为骨架与 PMBP 的共聚物，即为 PMBP-萃淋树脂。该树脂用于稀土的分离有很好的效果，用 pH5.5 作上柱液酸度，用少量水洗涤，然后用 0.1 mol $\cdot L^{-1}$ HCl 作稀土元素的洗脱液，能将稀土与基体钙分离。以取样 1g 计算，7 种稀土元素的光谱法测定下限在 0.0025～0.1$\mu g \cdot g^{-1}$ 之间，回收率为 84%～115%。

7.7 挥发分离法

挥发是物质从液态或固态转变到气态的过程。挥发作为一种化学分离方法可以有汽化、蒸馏、升华等多种形式。汽化是把欲分离组分变成气体从溶液中释放出来。蒸馏是将欲分离组分变成气体先富集在蒸气相，然后在冷却时，挥发的组分又变成馏出液而分离的方法。升华是易挥发性的固态组分变成气体而与其他物质分离的方法。岩矿试样中利用挥发进行分离的例子很多，常用的氢化物挥发分离就是一例。挥发分离法也可以与测定方法直接联合使用。例如，测定石英砂中 SiO_2 的含量时，可直接用氢氟酸-硫酸处理试样，使硅以 SiF_4 形式逸出，根据处理前后试样的质量差，可测定 SiO_2 的含量。

7.7.1 汽化法

被分离的物质以低沸点的单质或化合物存在，是获得汽化挥发的必要条件。无机化合物的挥发性一般随它们的键的共价程度增加而增加，某些配合物也有挥发性。因此常常借助于化学反应得到易挥发的物质。

利用低沸点的氢化物分离是目前化学分析与仪器分析中常用的挥发分离手段。元素周期表中ⅣA族的 Ge、Sn、Pb；ⅤA族的 As、Sb、Bi 和ⅥA族的 Se、Te、Po 都能形成对应的氢化物。其中，Sn、Sb、Te、Se 等的氢化物沸点很低，在 0℃左右或 0℃以下。因此，常温下这些氢化物很容易挥发。获得气态氢化物的方法主要有两种：一种是利用锌与酸作用得到初生态氢与元素反应；另一种是用 $NaBH_4$ 将 H^+ 还原成 $H \cdot$，$H \cdot$ 与待测物生成氢化物。

一些低沸点的卤化物也是挥发分离中常常利用的挥发形式。例如，铬能以 CrO_2Cl_2 的形式挥发逸出，一些氯化物的挥发温度列于表 7-13 中。

表 7-13 一些氯化物的挥发温度

化合物	温度/℃	化合物	温度/℃	化合物	温度/℃
$GeCl_4$	86	$MoCl_5$	268	$SnCl_2$	600
$SnCl_4$	117	WCl_5	276	$ThCl_4$	900
$AsCl_3$	122	$HgCl_2$	302	$ScCl_3$	967
$TiCl_4$	136	$FeCl_3$	317	$MnCl_2$	1190
VCl_4	164	$HfCl_4$	317	$YbCl_3$	1200
$SbCl_5$	172	$ZrCl_4$	331	$CeCl_3$	1400
$AlCl_3$	180	WCl_6	337	$MgCl_2$	1400
$SbCl_3$	219	$TeCl_4$	394	KCl	1420
$TaCl_5$	234	$BiCl_3$	441	$NaCl$	1440
$NbCl_5$	243	$BeCl_2$	488	$CaCl_2$	1500

7.7.2 蒸馏法

能够进行蒸馏分离的化合物种类较多，其中最重要的无机化合物是氧化物与卤化物。

能形成易挥发的高价氧化物的元素是：Ru、Os、Ir、Tc、Re。

与卤素形成挥发性卤化物的元素有以下几类。

氟化物：B、Si

氯化物：Ge、As、Sn、Hg

溴化物：As、Se、Sn、Sb、Bi、Hg

在岩矿分析中用蒸馏分离的例子很多。例如，蒸馏法对锇、钌的分离是十分有效的。试样用过氧化钠熔解后，在硫酸介质中加入铋酸钠或高锰酸钾等氧化物蒸馏，钌与锇被氧化成 OsO_4 和 RuO_4 与其他组分分离，与水蒸气一起挥发出来，选择不同的吸收剂分别吸收锇与钌。用燃烧法测岩石样中的硫时，将试样在高温下通氧加强热，使硫形成 SO_2 从试样中逸出，用淀粉溶液吸收，然后用碘量法测定吸收液中的 H_2SO_3。

7.7.3 升华法

某些无机物在适当的温度下可以升华，即由固态转变为气态。例如汞或汞的化合物与铁粉混合灼烧时，汞成为汞蒸气与其他物质分离，冷却后可用于测定。

又如将锡石与碘化铵混合加热时，锡可转变成 SnI_4 升华而与其他元素分离。

7.7.4 有机质的灰化

除去无机物中的有机物最简单的方法是灰化或氧化。碳和氢被氧化为 CO_2（或 CO）和 H_2O，有机氮主要以游离氮的形式逸出。由于所有产物都是气体，因此可以认为灰化是以挥发作用为基础的分离方法。

灰化有两种基本技术，即干法灰化和湿法消解。

最简单的干法灰化是在空气中使样品中有机部分燃烧。有时加入各种氧化剂克服难以灼烧的困难；有时加入特殊的添加剂用于防止灰化时某些组分的损失。

湿法消解是用液体氧化剂使有机物质氧化挥发。重要的氧化剂有浓硝酸、浓硫酸、高氯酸和过氧化氢，有时这些氧化剂可以联合使用。

7.7.5 气体扩散-流动注射分析法

流动注射分析中采用气体扩散法可测定微量试液中痕量的溶解气体。气体扩散法可用来测定室温下挥发的气体，如 CO_2、SO_2、HCl、HF、HCN、CH_3COOH（在酸性溶液中）以及 NH_3 和低级胺（在碱性溶液中）。利用气化分离方法大大提高了流动注射分析的选择性，这是很有前途的痕量分析和微量分离技术。

7.8 泡沫浮选分离法

泡沫浮选分离法在选矿方面已获得广泛应用。在分析中，作为痕量元素分离与预富集的一种有效手段也日益被人们重视。

所谓泡沫浮选分离就是在溶液中通入气体，产生气泡，使溶液中存在的某些物质（可能是离子、分子、胶体、固体颗粒）吸附或吸着在气泡界面，被上升着的气泡带到液面而达到分离的方法。

分析化学中常用的泡沫分离法有离子浮选、沉淀浮选和萃取浮选法三类。

图 7-18 为浮选装置，(a) 用于离子浮选；(b) 和 (c) 用于沉淀浮选。一般通过多孔板

送入氮气或空气等气体，从而使其产生气泡。随着气泡上升，待测组分包含于液面上形成的泡沫层中而被分离。

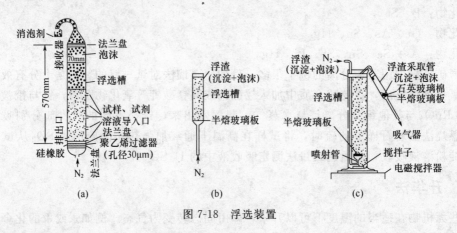

图 7-18　浮选装置

7.8.1　离子浮选法

试液中的待分离组分以离子或配离子形式存在，加入与待分离的离子带有相反电荷的表面活性剂，两者形成离子对化合物。通入气体后，该离子对化合物隔于气泡界面上，被气泡带至液面，从而达到分离之目的。

例如，在 $0.01 \sim 3.0 \, mol \cdot L^{-1}$ HCl 和 $0.01 \, mol \cdot L^{-1}$ NaCl 溶液中，Au(Ⅲ) 以 $AuCl_4^-$ 存在，可用阳离子表面活性剂氯化十六烷基三甲铵浮选金而与 Hg(Ⅱ)、Cd^{2+}、Zn^{2+} 分离。又如，在 $1 \sim 5 \, mol \cdot L^{-1}$ HCl 介质中，用 $1.28 \times 10^{-3} \, mol \cdot L^{-1}$ 氯化十六烷基吡啶浮选，对于 $10^{-4} \sim 10^{-5} \, mol \cdot L^{-1}$ 的 Sb(Ⅲ) 浮选率可达 97%。

7.8.2　沉淀浮选法

沉淀浮选法是在溶液中加入某种沉淀剂，使欲分离的组分形成胶体沉淀，然后加入与胶体粒子相反电荷的表面活性剂，组成沉淀-表面活性剂-惰性气体体系，气泡上吸附的待分离组分与表面活性剂一同到达溶液的表面而与母液分离。例如，在 pH1.6 时，以带正电的氢氧化钛作捕集剂，吸附海水中微量的 $UO_2(CO_3)_3^{4-}$，用阴离子表面活性剂十二烷基磺酸钠浮选可以富集海水中的铀。

也可不用表面活性剂，借沉淀作用进行浮选。如在 pH1～2 时，加入 1,2-环己二酮二肟的乙醇溶液并通入氮气，可使 Pd(Ⅱ) 与银、金、铁、钴、镍、铂等分离。

影响泡沫浮选分离效率和选择性的因素较多，就无机物的浮选来说，其影响因素主要有：溶液的酸度、表面活性剂的种类和浓度、离子强度、配合剂的使用、气体流速和气通量等。

7.8.3　萃取浮选法

萃取浮选与溶剂萃取颇为相似，不同的是，萃取浮选时金属离子与某些有机配位剂形成既疏水又疏有机溶剂的物质，可以浮升至有机溶剂液面形成第三相，或者附着于分液漏斗内壁。弃去水相与有机相，可将浮选物溶于极性较强的有机溶剂中达到分离的目的。例如，在 $0.5 mol \cdot L^{-1}$ HNO₃ 介质中，硅与钼酸盐形成硅钼酸，与罗丹明 B 缔合生成多元配合物，可用异丙醚浮选分离，继而用乙醇溶解浮选物，可直接用分光光度法测定微量硅的含量。

浮选法能将大量试液中极微量的组分选择性地分离和浓缩，具有装置简单、分离效果好等优点，方法用于贵金属分离、废水分离等方面已得到较多的研究与应用。将此分离法与测定方法结合，可设计出选择性好、灵敏度高的方法。

7.9　巯基棉分离法及活性炭分离法

7.9.1　巯基棉分离法

巯基棉是近20年来发展起来的一种新型固体吸附富集剂。它可以定量吸附水溶液中多种重金属离子，具有富集倍数大、吸附效率高、吸附速率快、选择性好、解脱性能好等优点，而且制备手续简单、成本低。因而在痕量元素的分离和富集方面的应用得到迅速发展，也是近年来岩矿分析中常用的分离手段之一。

7.9.1.1　巯基棉的制备

巯基棉是将巯基联结在棉花纤维的大分子链上，制备的巯基棉吸附性能的好坏，取决于棉花纤维上巯基数量的多少。经实验表明，下述的制备方法效果较好。取硫代乙醇酸20mL、乙酸14mL，混匀，加入浓硫酸2滴。混匀并冷至室温后。加入脱脂棉4g浸湿，并于室温下放置24h，然后用水洗至中性。挤干残存水，再放入37～38℃烘箱中烘干，放入棕色磨口瓶内保存备用。

7.9.1.2　巯基棉的性质

(1) 还原作用　因巯基属于还原性基团，所以易被氧化而破坏，在溶液中存在着强氧化剂时，巯基棉的吸附量明显降低。

(2) 光解作用　由于巯基的还原作用，导致巯基棉在空气中或紫外线照射下易被氧化，而降低吸附量。因此，巯基棉应避光、密闭、在较低的温度下保存。

(3) 水解作用　当试液流过巯基棉时，它会向溶液中释放少量的巯基，其水解速率与溶液的pH值、温度有关。碱性溶液中水解最快，温度升高水解速率加快。这种水解作用，会直接影响巯基棉对金属离子的吸附。因为水解所产生的巯基，可以在溶液中与金属离子发生作用，使金属离子不易被纤维上的巯基吸附。为了减少水解对吸附的影响，一般使用巯基棉时用柱分离法。

7.9.1.3　巯基棉的吸附与解脱作用

巯基棉对各种痕量元素的结合能力有明显的差异，其结合能力强弱顺序基本符合软硬酸碱的原则。下面列举16种金属离子在巯基棉上的吸附强弱顺序：

$$Pt(\text{IV}) \approx Pd(\text{II}) > Au(\text{III}) \approx Se(\text{IV}) > Te(\text{IV}) > As(\text{III}) > Hg(\text{II}) \approx Ag(\text{I}) >$$
$$Sb(\text{III}) > Bi(\text{III}) > Sn(\text{II}) > CH_3Hg^+ > In(\text{III}) \approx Pb(\text{II}) > Cd(\text{II}) > Zn(\text{II})$$

当溶液中存在多种元素时，巯基棉优先吸附与之结合能力较强的元素，而且已被巯基棉吸附了的元素还可以被结合能力更强的元素所置换。这正是用巯基棉分离痕量元素的理论基础。

巯基棉对痕量元素的结合能力除与元素的种类有关外，还与元素存在的状态及价态有密切的关系。因此巯基棉可以对不同价态、形态的痕量元素进行分离和预富集。

巯基棉对金属离子的吸附能力还直接与溶液的酸度有关，因为酸度既影响金属离子在溶液中的存在形式，也影响巯基与金属离子结合的能力大小。溶液酸度对巯基棉吸附作用的影响见表7-14。

表 7-14 溶液酸度对巯基棉吸附作用的影响

元素	定量吸附酸度	完全不吸附酸度	推荐的吸附酸度
Ag(Ⅰ)	$3mol \cdot L^{-1} HNO_3$-pH8	$>6mol \cdot L^{-1} HNO_3$	$0.1 \sim 0.001 \, mol \cdot L^{-1} HNO_3$
Au(Ⅲ)	$12 \, mol \cdot L^{-1} HCl$-pH8		$1 \sim 0.001 \, mol \cdot L^{-1} HCl$
As(Ⅲ)	$8 \sim 0.5 \, mol \cdot L^{-1} HCl$	$>10 \, mol \cdot L^{-1} HCl$	$1 \sim 0.5 mol \cdot L^{-1} HCl$
Bi(Ⅲ)	$0.3 \sim 0.1 \, mol \cdot L^{-1} HCl$	$>1 mol \cdot L^{-1} HCl$	$0.3 \sim 0.1 mol \cdot L^{-1} HCl$
Co(Ⅱ)	pH7~9	pH<5	pH8~9
Cd(Ⅱ)	pH4.5~8	pH<2.5	pH5~6
Cu(Ⅱ)	pH2.5~8	$>0.3 \, mol \cdot L^{-1} HCl$	pH3~4
Hg(Ⅱ)	$3 mol \cdot L^{-1} HCl$-pH8	$>6 mol \cdot L^{-1} HCl$	$0.5 \sim 0.001 mol \cdot L^{-1} HCl$
$CH_3 Hg^+$	pH2~8	$>0.5 mol \cdot L^{-1} HCl$	pH3~4
In(Ⅲ)	pH3.5~8	pH<2	pH4~5
Ni(Ⅱ)	pH7~9	pH<5	pH8~9
Pb(Ⅱ)	pH3.5~8	pH<2	pH4.5~5.5
Pd(Ⅱ)	$12 mol \cdot L^{-1} HCl$-pH5		$1 \sim 0.01 mol \cdot L^{-1} HCl$
Pt(Ⅳ)	$12 mol \cdot L^{-1} \sim 0.5 mol \cdot L^{-1} HCl$ (加 $0.05 mol \cdot L^{-1} SnCl_2$)		$2 \sim 0.05 \, mol \cdot L^{-1} HCl$ (加 $0.05 mol \cdot L^{-1} SnCl_2$)
Se(Ⅳ)	$12 mol \cdot L^{-1} HCl$-pH3		$1 \sim 0.1 \, mol \cdot L^{-1} HCl$
Sn(Ⅱ)	pH1~8	$>1 mol \cdot L^{-1} HCl$	pH1.5~2
Sb(Ⅲ)	$1 mol \cdot L^{-1} HCl$-pH8	$>4 mol \cdot L^{-1} HCl$	$0.5 \sim 0.001 mol \cdot L^{-1} HCl$
Te(Ⅳ)	$10 mol \cdot L^{-1} HCl$-pH8		$1 \sim 0.1 \, mol \cdot L^{-1} HCl$
W(Ⅵ)	pH2~7		pH2~7
Zn(Ⅱ)	pH5~8	pH<3	pH5.5~7

注：此表摘自张贵珠，史慧明。痕量分析，1986（1）。

被巯基棉吸附的元素，一般需洗脱下来，再进行测量。在洗脱过程中，可选用不同性质的洗脱液使某些元素得到进一步的分离。表 7-15 列举了痕量元素的洗脱条件。

从表 7-15 可知，对吸附能力较弱的 Zn、Pb、In、Cu、Sn、Bi、Sb 等，只需在室温下用不同浓度的盐酸，即可定量洗脱。而对吸附能力很强的 Pt、Pd、Au、Se、Te 等，必须用浓盐酸、硝酸，并需加热才能定量洗脱。

表 7-15 部分痕量元素的洗脱条件

元素	定量洗脱的最低酸度	元素	定量洗脱的最低酸度
Ag(Ⅰ)	$2 mol \cdot L^{-1} HCl$	In(Ⅲ)	$0.05 mol \cdot L^{-1} HCl$
Au(Ⅲ)	HCl、HNO_3 混酸加热	Ni(Ⅱ)	$0.01 mol \cdot L^{-1} HCl$
As(Ⅲ)	热的浓 HCl	Pb(Ⅱ)	$0.03 mol \cdot L^{-1} HCl$
Bi(Ⅲ)	$2 mol \cdot L^{-1} HCl$	Pd(Ⅱ)	HCl、HNO_3 混酸加热
Co(Ⅱ)	$0.01 \, mol \cdot L^{-1} HCl$	Pt(Ⅳ)	HCl、HNO_3、0.2g NaCl 沸水加热
Cu(Ⅱ)	$2 \, mol \cdot L^{-1} HCl$	Sb(Ⅲ)	$5 mol \cdot L^{-1} HCl$

续表

元素	定量洗脱的最低酸度	元素	定量洗脱的最低酸度
Cd(Ⅱ)	0.02 mol·L⁻¹HCl	Sn(Ⅱ)	2 mol·L⁻¹HCl
Hg(Ⅱ)	NaCl 饱和的 5mol·L⁻¹HCl	Se(Ⅳ)	HCl、HNO₃混酸加热
Te(Ⅳ)	浓 HCl 加热	Zn(Ⅱ)	0.01 mol·L⁻¹HCl

注：此表摘自张贵珠，史慧明。痕量分析，1986 (1)。

7.9.1.4　巯基棉分离法的实际应用

近年来，巯基棉分离法在国内外得到广泛的应用。实践证明，这是一种有效的痕量元素的分离方法。

(1) 贵金属的分离　金、银、铂、钯等贵金属元素的巯基棉分离方法是研究的重要课题之一。在分离贵金属中已取得了满意的效果。例如，用巯基棉富集化探样品中痕量银，并以 $2mL\ 2mol\cdot L^{-1}$ 的 HBr 溶液洗脱，直接利用 ICP-AES 方法测定，方法选择性好。用巯基棉富集地质样品中的痕量金，用石墨炉原子吸收光谱法测定，对 $0.01\sim0.0005g\cdot t^{-1}$ 范围的金，回收率为 90%～115%。又如，在 $4mol\cdot L^{-1}$ HCl 介质中，可用巯基棉定量吸附金、钯而与铑分离。

(2) 性质相近的元素的分离　对于性质相近的元素，如钨和钼、铜与锌、锑与铋、砷与锑等都可用巯基棉进行有效的分离。例如，在 pH2～7 的条件下，让含大量钼及微量钨的混合液通过巯基棉，钨可定量吸附，而钼不被吸附，用脉冲极谱催化法测定钨的检出限可达 $0.001ng\cdot g^{-1}$，回收率在 90% 以上。

砷与锑性质极为相似，在岩石样品中往往共存，利用巯基棉吸附砷、锑后，选择合适的洗脱液，可将砷、锑很好地分离。又如，在 $0.1\sim0.3mol\cdot L^{-1}$ HCl 介质中，用巯基棉可吸附 Bi、Sb，使它们与 Cu 分离，然后用 $2mol\cdot L^{-1}$ 和 $6mol\cdot L^{-1}$ HCl 溶液分别洗脱 Bi 和 Sb，使 Bi、Sb 分离。

(3) 不同形态、价态元素的分离与富集　巯基棉对无机汞、有机汞吸附能力截然不同，甲基汞只能在 $0.01mol\cdot L^{-1}$ HCl 酸度以下被定量吸附，而 Hg^{2+} 在 $0.01\sim3mol\cdot L^{-1}$ HCl 中可被定量吸附。因此可采用控制酸度的方法，使甲基汞与 Hg^{2+} 分离。

巯基棉纤维对不同价态的离子表现出不同的吸附能力，对元素的低价态可吸附的酸度范围宽，吸附力强；而对元素的高价态可吸附的酸度范围窄，吸附力较弱或者不吸附。根据吸附力的差异，可将不同价态的离子分离。例如，在 $1mol\cdot L^{-1}$ HCl 介质中，砷（Ⅲ）能被巯基棉吸附，从而与砷（Ⅴ）分离。被吸附的砷（Ⅲ）可用热浓 HCl 洗脱。

7.9.1.5　其他类型纤维在分离中的应用

巯基棉分离法问世以来，发展迅速，应用广泛。随之又研究出单宁棉、黄原酸酯棉（简称 CCX）、二硫代氨基甲酸酯纤维等固体吸附剂纤维，用于元素的分离与富集，呈现出令人鼓舞的前景。尤其是黄原酸酯棉，像巯基棉一样，制备简单快速，成本低，分离效果好，使用方便。

(1) 黄原酸酯棉的制备　棉花纤维能与氢氧化钠和二硫化碳作用：

$$[C_6H_{10}O_5]_n\cdot C_6H_9O_4OH + NaOH \longrightarrow [C_6H_{10}O_5]_n\cdot C_6H_9O_4O\ Na + H_2O$$
　　　　　（棉花纤维）　　　　　　　　　　　　（碱纤维）

$$[C_6H_{10}O_5]_n\cdot C_6H_9O_4ONa + CS_2 \longrightarrow [C_6H_{10}O_5]_n\cdot C_6H_9O_4O\ CSS\ Na$$
　　　　　　　　　　　　　（黄原酸酯棉）

根据以上反应，可将脱脂棉处理后制成黄原酸酯棉。将脱脂棉撕碎，常温下浸在 $5mol \cdot L^{-1}$ NaOH 溶液中制成碱纤维。10min 后取出，抽滤，然后将碱纤维撕碎，放入 CS_2 中，搅匀，盖上表皿，放置约 10min。待纤维呈浅黄色时，取出，先用蒸馏水洗至中性以除去游离的 CS_2 和 NaOH，再用无水乙醇洗涤，阴干，保存在干燥器中备用。

（2）黄原酸酯棉的性质及应用　黄原酸酯棉与黄原酸钠类似，容易与重金属离子发生配位作用，因而能吸附重金属离子，采用不同性质的洗脱剂可将吸附的金属离子解脱下来。例如，Au^{3+} 与黄原酸酯棉作用时，Au^{3+} 先被黄原酸酯棉还原为 Au^+，Au^+ 与黄原酸酯棉作用，牢固地吸附在纤维上。当用强酸或氧化剂洗脱时，金又溶解进入溶液之中。又如，使用黄原酸酯棉可以有效地富集溶液中痕量的 Cd^{2+}。先用 HCl 调节试液的酸度，使 pH 控制在 3.5 左右，用黄原酸酯棉吸附 Cd^{2+}，再用 $0.6mol \cdot L^{-1}$ HCl 溶液洗涤同时被吸附的杂质元素，然后用 $HNO_3 + HClO_4$ 消化，加热近干，用少量水溶解，使 Cd^{2+} 转移至溶液中。经过以上富集过程后，可用镉试剂分光光度法测定天然水中痕量镉的含量。

7.9.2　活性炭分离富集法

活性炭是吸附色谱中常用的吸附剂之一。目前利用活性炭在富集中作为痕量元素的载体，仍然受到人们重视。

炭经过高温处理，增加了表面积，并除去了在孔隙中的树胶一类物质后成为活性炭。它的组分是碳，作为多种痕量元素的载体，不会引起新的基体效应，这是它十分独特的优点。吸附有痕量元素的活性炭滤纸可作固体试样靶用于中子活化分析、X 射线荧光光谱分析，或粒子激发 X 射线发射光谱分析等。也可以用酸来破坏痕量物质以及碳的活性表面，使痕量元素解吸后转入到溶液中。还可以直接将吸附了痕量组分的活性炭灼烧，使碳挥发而将痕量元素富集。

活性炭是一种具有很大内表面的多孔性物质，因此它具有极高的吸附能力。活性炭表面是一极其复杂的体系，它的吸附机理还有待进一步探讨。利用红外光谱以及化学反应已证明了活性炭表面的反应行为近似于某些含氧芳香族化合物。另一方面，电子自旋共振谱以及核磁共振谱的结果表明，在活性炭中存在具有 π 性质的自由未成对电子。这些电子可能作为给予体参加化学作用。对活性炭颗粒上双电层的结构及其组成的研究，定性解释了电解质对吸附过程的影响，也解释了离子交换反应以及中性有机分子的竞争吸附。

活性炭对于难溶化合物和胶体的吸附机理比较容易解释，即活性炭起了高效的微孔滤层作用。但是活性炭对有些可溶性的配合物也可以吸附，这如何解释呢？据了解，大部分能被活性炭吸附的可溶性配合物，其螯合剂分子都具有一个或几个苯环结构。这种吸附可能是由于金属配合物和活性炭结构中的 π 电子的相互作用而引起的。含硫螯合物同样也可被富集，这里硫的极化性有可能在与活性炭的结合中起了作用。离子交换反应可能导致从水溶液中吸附离子化合物。

与液-液萃取相比，活性炭作为痕量元素的固体载体有其优点，此外，这种富集法成本低、操作简便，容易掌握，对痕量元素可获得高的回收率。活性炭在应用中的缺点是市售活性炭杂质多，提高了空白值，不利于降低检测限。

在酸性溶液中，甚至在稀王水溶液中，金能被活性炭强烈吸附，利用此方法可以富集地质试样中微量的金。

利用活性炭对氢氧化物的吸附，可以使水中痕量的 Cd、Cu、Ag、Bi、Co、In、Mg、Mn、Ni 等物质富集起来，用原子吸收法可测出纯水中的痕量杂质元素。

8-羟基喹啉负载活性炭可用于富集天然水中无机汞及有机汞。

用二苯基硫脲负载活性炭可富集痕量银。活性炭应用实例很多，只举以上几例说明。

7.10 分离富集新技术简介

7.10.1 固相萃取法

固相萃取（solid phase extraction，SPE）是一种用固体吸附剂将液体样品中的目标物吸附，然后再用洗脱剂洗脱从而得到所需目标物的分离方法。SPE 是一个柱色谱分离过程，分离机理、固定相和溶剂的选择等方面与高效液相色谱（HPLC）有许多相似之处。但是，SPE 柱的填料粒径（$>40\mu m$）要比 HPLC 填料（$3\sim10\mu m$）大。由于短的柱床和大的填料粒径，其柱效就很低，一般只能获得 10～50 块塔板。

SPE 技术主要应用有：

① 从试样中除去对以后分析有干扰的物质；

② 富集痕量组分，提高分析灵敏度；

③ 变换试样溶剂，使之与分析方法相匹配；

④ 原位衍生；

⑤ 试样脱盐；

⑥ 便于试样的储存和运送，其中主要的作用是富集和净化。

固相萃取的原理基本上与液相色谱分离过程相仿，是一种吸附剂萃取，主要适用于液体样品的处理。当试样通过装有合适的固定相时，被测组分由于与固定相作用力较强被吸附留在柱上，并因吸附作用力的不同而彼此分离，样品基质及其他成分与固定相作用力较弱而随液相流出萃取柱。被萃取的组分，用少量的选择性溶剂洗脱。因此，它不仅用于"清洗"样品除去干扰成分，而且可以使组分分级，达到浓缩或纯化的作用。

固相萃取与其他分析技术的联用也正在得到迅速的发展。说明 SPE 不仅可作为单纯样品的制备技术（离线分析），也可作为其他分析仪器的进样技术（在线分析）。其中以与原子光谱分析（含 ICP-MS）、色谱分析（包括 GC/LC-MS）的在线联用为较成熟的在线分析方式。

7.10.2 液膜萃取法

液膜萃取（liquid membrane extraction，LME）分离法是利用液体形成的薄膜进行物质分离的方法。液膜就是悬浮在液体中的很薄的一层乳液微粒。乳液通常由溶剂（水或有机溶剂）、表面活性剂（作乳化剂）和添加剂制成。溶剂是构成膜的基体，表面活性剂含有亲水基和疏水基，可定向排列以固定油水分界面而稳定膜形。通常膜的内相试剂与液膜是互不相溶的，而膜的内相（分散相）与外相（连续相）是互溶的，将乳液分散在第三相（连续相）就形成了液膜。

液膜分离是 20 世纪 60 年代中期诞生的一种新型的膜分离技术。其发展经历了三个阶段：

① 带支撑体液膜；

② 乳化液膜；

③ 含流动载体乳化液膜。

目前液膜已可替代固膜分离气体,用液膜法去除载人宇宙飞船密封仓中 CO_2 的技术已成功地应用于宇宙空间技术中。液膜法可分离那些物理、化学性质相似而难以用常规蒸馏、萃取方法分离的有机烃类混合物。特别是利用液膜的"离子泵"效应,可浓缩 Na^+、K^+、Cu^{2+}、Zn^{2+}、Al^{3+}、Hg^{2+}、Fe^{2+}、Co^{2+}、Ni^{2+}、U^{6+} 等金属阳离子和 Cl^-、SO_4^{2-}、NO_3^-、PO_4^{3-} 等阴离子。其应用前景十分广阔。

与固体膜分离方法相比较,液膜分离法的特点有:

① 传质速率快;

② 选择性高;

③ 分离效率高;

④ 浓缩倍率高;

⑤ 操作更为简单。

液膜萃取法是一种新发展起来的分离富集技术。各方面的工作仍有待进一步发展。液膜萃取既可用于环境样品中无机离子的萃取,也可萃取环境样品中的有机污染物。

7.10.3　浊点萃取法

浊点萃取 (cloud point extration,CPE) 是近年来出现的一种液-液萃取新技术,该法以中性表面活性剂胶束水溶液的溶解性和浊点现象为基础,通过改变试验参数引发相分离,从而达到将疏水性物质与亲水性物质分离的目的。浊点萃取技术最早由 Watanabe 等提出,用于金属螯合物的分离,后来 Bordier 等又将其应用于生物学领域,用于生物大分子的分离纯化。

同经典的液-液萃取技术相比,浊点萃取技术具有如下优点:

① 应用范围广,萃取效率高,富集因子较大;

② 不使用有毒、有害的有机溶剂,适应了绿色分析技术发展的需要,而且所需的表面活性剂的量仅为毫克级,从而可以把对环境产生污染的有机物质控制在最低限度;

③ 操作简单方便,易于与仪器分析方法联用。

浊点萃取金属离子的方法非常简单,首先将含有金属离子的体系用缓冲溶液调至适当的 pH 值,然后加入适量的配合剂和表面活性剂,将溶液加热到浊点温度以上进行相分离,必要时可离心以加速相分离,分离出的表面活性剂相可以直接测定或用适当的溶剂稀释后进行测定。考察浊点萃取过程常用的参数有:表面活性剂的浊点 (CP)、萃取率 (E)、浓缩因子 (CF)、相体积比 (H) 和分配系数 (D) 等。

浊点萃取应用于痕量元素形态分析时,先测定可被萃取的元素形态 (形成金属配合物的元素氧化态或还原态,元素的配合态等) 含量,然后测定元素的总量,采用差减法计算未被直接测定的另一形态的金属离子的含量;或通过控制溶液的 pH 值和加入不同的螯合剂的方法,使元素的不同形态分别生成可被萃取的螯合物,连续萃取分离后分别进行测定。该方法已用于铬、铁、锡、锑的价态分析以及铜和铁的结合态的分析。

浊点萃取技术作为一种新兴的分离及样品前处理方法,无论是在理论基础还是实际应用方面都有大量的工作需要继续深入研究。该法的机理目前还不十分清楚,仍然需要研究一种理论来描述和预测这种通过胶束和目标分析物间的相互作用力进行分离的体系。优化分离条件,设计选择性更强的浊点萃取体系,利用流动注射技术实现 CPE 操作的自动化,以及将 CPE 技术应用于其他元素的形态分析等方面的研究都有待于深入开展。

7.10.4　超临界流体萃取法

超临界流体萃取 (supercritical fluid extraction,SFE) 是用超临界流体作为萃取溶剂有选择性地溶解液体或固体混合物中溶质进行萃取的一种萃取分离新技术。1986 年开始应用于环境分析，1988 年国际上就推出了第一台商品化的超临界流体萃取仪器。随后便以其环保、高效等显著优势轻松超越传统溶剂萃取技术，迅速在食品、医药、石油化工、化学反应工程、材料科学、生物技术、地质环境等诸多领域中得到广泛应用。

（1）超临界流体的性质　超临界流体是处在高于其临界点的温度和压力条件下的流体，用它作为萃取剂时，常表现出十几倍、甚至几十倍于通常条件下流体的萃取能力和良好的选择性。除此以外，它所具有的某些传递性质，也使之成为理想的萃取溶剂。表 7-16 和表 7-17分别列出了不同流体状态时的物理性质和一些超临界流体的性质。

表 7-16　不同流体状态时的物理性质

流体状态		密度/$g \cdot mL^{-1}$	扩散系数/$cm^2 \cdot s^{-1}$	黏度/$g \cdot cm^{-1} \cdot s^{-1}$
气体(1atm[①],15~30℃)		$(0.6~2) \times 10^{-3}$	0.1~0.4	$(1~3) \times 10^{-4}$
液体		0.6~1.6	$(0.2~2) \times 10^{-5}$	$(0.2~3) \times 10^{-2}$
超临界流体	$p = p_c, T = T_c$	0.2~0.5	0.7×10^{-3}	$(1~3) \times 10^{-4}$
	$p = 4p_c, T = T_c$	0.4~0.9	0.2×10^{-3}	$(3~9) \times 10^{-4}$

①1atm=101325Pa。

表 7-17　一些超临界流体的性质

流体	超临界温度 /℃	超临界压力 /$\times 10^6$ Pa	超临界点的密度 /$g \cdot cm^{-1}$	在 4×10^7 Pa 下的密度 /$g \cdot cm^{-1}$
CO_2	31.1	72.9	0.47	0.96
N_2O	36.5	71.7	0.45	0.94
NH_3	132.5	112.5	0.24	0.40
$n\text{-}C_4H_{10}$	152.0	37.5	0.23	0.50

（2）超临界流体必须具备的条件

① 萃取剂需具有化学稳定性，对设备没有腐蚀性；

② 临界温度不能太低或太高，最好在室温附近或操作温度附近；

③ 操作温度应低于被萃取溶质的分解温度或变质温度；

④ 临界压力不能太高，可节约压缩动力费；

⑤ 选择性要好，容易得到高纯度制品；

⑥ 溶解度要高，可以减少溶剂的循环量；

⑦ 萃取溶剂要容易获取，价格要便宜。

二氧化碳是超临界流体技术中最常用的溶剂，其主要优点有：①相对较低的临界压力和温度；②无毒、惰性、价廉；③后处理简单；④价格便宜，纯度高，容易获得。

但是，由于 CO_2 是非极性的流体，是非极性物质（如烷烃等）的理想溶剂，中等极性物质（如多环芳烃、碳水化合物、脂、醚等）的较好溶剂。但对更大极性物质则没有足够的溶解性。对于极性较大的化合物，一般可采用极性较大的流体（如 NH_3、N_2O 等），但是 SF-NH_3 化学活性较高，易腐蚀泵封口，而 N_2O 有毒且易爆，安全性差。因此，最常用的办法是对 CO_2 流体进行改性（加入少量有机改性剂，如甲醇等）或对组分进行衍生化，降低其极性。

（3）超临界流体萃取的操作方式　超临界流体萃取的操作方式可分为动态法、静态法、循环法三种。

① 动态萃取　它简单、方便、快速，特别适合于萃取那些在超临界流体萃取剂中溶解度很大的物质，而且样品基体又很容易被超临界流体溶剂（SFs）渗透的场合，该法 SFs 用量大；

② 静态萃取　适合萃取与基体较难分离和在流体中溶解度不大的溶质，也适合于样品基体较为致密、SFs 不易渗透的样品；

③ 循环萃取　即静态与动态法的结合，该法比静态法效率高，而且可以克服动态法的缺点，适用于那些动态法萃取效率不高的样品。

（4）超临界流体萃取的特点

① 超临界流体具有比较低的黏度和较高的扩散系数，可以比液体更容易穿过多孔性基体，提高了萃取速率；

② 温度和压力的改变可以调整超临界流体的溶解能力，因此，超临界流体的溶解力很容易控制并具有选择性；

③ 超临界流体提取的分析物可以通过压力的调节来进行分离，后处理过程简单；

④ 大多数超临界流体相对惰性、纯净、无毒且价格便宜；

⑤ 超临界流体萃取易与其他分析方法在线联用，实现自动化。

（5）超临界流体萃取法的应用　超临界流体萃取由于高效、快速、后处理简单等特点，除在医药、食品、香料化妆品、化工、能源等工业生产中得到广泛应用外，近年来在土壤、沉积物、生物样品、空气、水等样品中有机氯、酚类、烃类、农药和杀虫剂以及汞等无机离子的分离分析方面也得到了实际的应用，具有良好的应用前景。

（6）超临界流体萃取的发展前景

① 研究和使用不同 SFs 和各种改性剂以扩大应用面；

② 研究联用技术的接口；

③ 发展微型 SFE 系统；

④ 与其他样品制备方法联用，以便更好地净化或浓缩分析样品。

7.10.5　加速溶剂萃取法

加速溶剂萃取（accelerated solvent extraction，ASE）就是通过改变萃取条件，以提高萃取效率和加快萃取速率的新型高效的萃取方法。通常改变萃取条件是提高萃取剂的温度和压力。其突出的优点是有机溶剂用量少、快速、回收率高，以自动化方式进行萃取。目前该法已被美国国家环境保护局（EPA）选定为推荐的标准方法（标准方法编号 3545）。我国有关加速溶剂萃取的报道也逐年增加。

（1）加速溶剂萃取仪　加速溶剂萃取系统由 HPLC 泵、气路、不锈钢萃取池、萃取池加热炉、萃取收集瓶等构成，如图 7-19 所示。所选择的 HPLC 泵是一种压力控制泵，萃取池采用 316 型不锈钢制造，用压缩的气体将萃取的样品吹入收集瓶内，萃取时有机溶剂的选择与索氏萃取法相同。萃取温度一般控制在 150～200℃ 之间，压力通常为 3.3～19.8MPa，在上述条件下进行静态萃取，全程约需 15min。

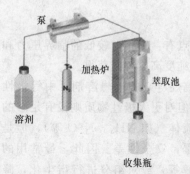

图 7-19　加速溶剂萃取工作流程图

（2）加速溶剂萃取的特点　与索氏提取、超声、微波、超临界和经典的分液漏斗振摇等公认的成熟方法相比，加速溶剂萃取的突出优点如下：

① 有机溶剂用量少，10g 样品仅需 5mL 溶剂；

② 快速，完成一次萃取全过程的时间一般仅需 15min；

③ 基体影响小，对不同基体可用相同的萃取条件；

④ 萃取效率高，选择性好，已进入美国 EPA 标准方法，标准方法编号 3545；

⑤ 方法发展方便，已成熟的用溶剂萃取的方法都可用于加速溶剂萃取法；

⑥ 使用方便、安全性好，自动化程度高。

（3）加速溶剂萃取的应用　尽管加速溶剂萃取是近年才发展的新技术，但由于其突出的优点，已受到分析化学界的极大关注。加速溶剂萃取已在环境、药物、食品和聚合物工业等领域得到广泛应用。特别是环境分析中，已广泛用于土壤、污泥、沉积物、大气颗粒物、粉尘、动植物组织、蔬菜和水果等样品中有机物等的萃取。

7.10.6　微波萃取法

微波萃取（microwave aided extraction，MAE）利用微波能来提高萃取率的一种最新发展起来的新技术。其原理是在微波场中，吸收微波能力的差异使得基体物质的某些区域或萃取体系中的某些组分被选择性加热，从而使得被萃取物质从基体或体系中分离，进入到介电常数较小、微波吸收能力相对差的萃取剂中；微波萃取具有设备简单、适用范围广、萃取效率高、重现性好、试剂用量少、环境污染小、可同时处理多个样品等优点。

影响微波萃取效率的主要因素包括萃取溶剂、萃取温度、萃取时间等。

（1）萃取溶剂　微波加热的吸收体需要微波吸能物质，极性物质是微波吸能物质，如乙醇、甲醇、丙酮或水等。因非极性溶剂不吸收微波能，所以不能用 100％的非极性溶剂作微波萃取剂。一般可在非极性溶剂中加入一定比例的极性溶剂来使用，如丙酮-环己烷（1∶1或 3∶2）。有时样品可含有一定的水分，或将干燥的样品用水湿润后再加入溶剂进行微波辐射，都能取得好的结果。研究结果表明，萃取溶剂的电导率和介电常数大时，在微波萃取中显著提高萃取温度。

（2）萃取温度　由于制样杯置于密封罐中，内部压力可达 1MPa 以上，因此，溶剂沸点比常压下的溶剂沸点提高许多。如在密封容器中丙酮的沸点提高到 164℃，丙酮-环己烷（1∶1）的共沸点提高到 158℃，这远高于常压下的沸点。这样用微波萃取可以达到常压下使用同样溶剂所达不到的萃取温度，既可提高萃取效率又不至于分解待测萃取物。对有机氯农药微波萃取试验表明，萃取温度在 120℃时可获得最好的回收率。

（3）萃取时间　微波萃取时间与被测样品量、溶剂体积和加热功率有关。一般情况下，萃取时间在 10～15min 内。有控温附件的微波制样设备可自动调节加热功率大小，以保证所需的萃取温度，在萃取过程中，一般加热 1～2min 即可达到要求的萃取温度。

微波萃取主要适合于固体或半固体样品，样品制备整个过程包括粉碎、与溶剂混合、微波辐射、分离萃取液等步骤。所需的主要设备是带有控温附件的微波炉和为聚四氟乙烯材料制成的样品杯。其操作步骤与微波消解类似。

微波萃取技术已应用于土壤、沉积物中多环芳烃、农药残留、有机金属化合物，植物中有效成分、有害物质、霉菌毒素，矿物中金属离子以及血清中的药物，生物样品中农药残留的萃取测定。

7.10.7　超声波萃取法

超声萃取（ultrasound extraction，UE）技术是由溶剂萃取技术与超声波技术相结合提高溶剂萃取效率的一种新型分离技术。超声波萃取主要通过压电换能器产生的快速机械振动波来减少目标萃取物与样品基体之间的作用力，从而实现固-液萃取分离。超声波萃取的特点是对溶剂和目标萃取物的性质（如极性）要求不高，因此可供选择的萃取溶剂种类多、目标萃取物范围广。此外，超声波的振动均匀化使样品介质内各点受到的作用力一致，整个样品萃取更均匀。目前，实验室广泛使用的超声波萃取仪是将超声波换能器产生的超声波通过介质（通常是水）传递并作用于样品，这是一种间接的作用方式，声振强度较低，因此大大降低了超声波萃取的效率，同时工作期间有一定的噪声。超声波萃取技术现已广泛应用于岩石、土壤、植物等样品中有机物及金属离子的萃取。

思考题

1. 分离方法在定量分析中有什么重要性？分离时常量和微量组分的回收率要求如何？
2. 在氢氧化物沉淀分离时，常用的有哪些方法？举例说明。
3. 某矿样溶液含 Fe^{3+}、Al^{3+}、Ca^{2+}、Mg^{2+}、Mn^{2+}、Cr^{3+}、Cu^{2+} 和 Zn^{2+} 等离子，加入 NH_4Cl 和氨水后，那些离子以什么形式存在于溶液中？那些离子以什么形式存在于沉淀中？分离是否完全？
4. 用氢氧化物沉淀分离时，常有共沉淀现象，有什么办法可以减少沉淀对其他组分的吸附？
5. 共沉淀富集痕量组分时，对沉淀剂有什么要求？有机共沉淀剂较无机共沉淀剂有何优点？
6. 何谓分配系数、分配比？萃取率与哪些因素有关？采取什么措施可以提高萃取率？
7. 为什么在进行螯合萃取时，溶液酸度的控制显得很重要？
8. 离子交换树脂分几类，各有什么特点？什么是离子交换树脂的交联度、交换容量？
9. 几种色谱分离方法（纸色谱、薄层色谱）的固定相和分离机理有何不同？
10. 如何进行薄层色谱的定量测定？

参考文献

[1] Minczewski J, Chwastowska J, Dybczynski R. Translation Editor: Mary R. Masson, First published in 1982 by Ellis horwood Limited, Separation and Preconcentration Methods in Inorganic Trace Analysis, 1982.
[2] 王应臻，梁树权. 分析化学中的分离方法. 北京：科学出版社，1985.
[3] 罗焕光. 分离技术导论. 武汉：武汉大学出版社，1990.
[4] 周宛平. 化学分离法. 北京：北京大学出版社，2008.
[5] 徐光宪. 萃取化学原理. 上海：上海科学技术出版社，1984.
[6] 王英锋，周天泽. 无机色谱分析. 分析试验室，1999，18（5）：91-108.
[7] 张懿. 岩石矿物分析. 北京：地质出版社，1986.
[8] 谷学新，邹洪，朱若华. 分析化学中的分离技术. 分析试验室，2001，20（3）：96-108.

第8章 硅酸盐岩石分析

8.1 概述

8.1.1 硅酸盐在自然界的存在

地球的外壳，主要由硅酸盐岩石组成。按质量计，地壳组成的85％以上都是硅酸盐。

硅酸盐类的矿物在自然界分布非常广泛，它们是火成岩、沉积岩、变质岩的主要组成部分。硅酸盐中由于硅氧四面体以不同的方式结合，形成了种类繁多的硅酸盐类矿物，已知的硅酸盐类矿物不下800种，约占已知矿物种类的1/3。

按二氧化硅的含量不同，硅酸盐岩石可分为酸性岩、中性岩、基性岩和超基性岩。

8.1.1.1 酸性岩

酸性岩中 SiO_2 的含量大于65％，为硅酸过饱和岩石。其中含有过量的以石英形式或以无定形存在的二氧化硅。主要岩石有花岗岩、流纹岩、石英斑岩等。对含 SiO_2 大于78％的富含石英的硅酸高度饱和的岩石，如细晶花岗岩、石英岩等，有人主张另划一类为超酸性岩。

8.1.1.2 中性岩

中性岩中二氧化硅全部结合成硅酸盐形式。SiO_2 含量为52％～65％。主要岩石有闪长岩、闪长斑岩、安山岩等。

8.1.1.3 基性岩

基性岩中二氧化硅含量不饱和，SiO_2 含量为45％～52％。主要岩石有辉长岩、辉绿岩、玄武岩等。

8.1.1.4 超基性岩

超基性岩中二氧化硅含量很不饱和，SiO_2 含量低于45％。主要岩石有橄榄岩、辉岩、角闪岩等。

按 SiO_2 含量划分，黏土和黄土也属硅酸盐岩石范畴。在以上几类岩石中，除 SiO_2 含量以外，其他金属氧化物含量也有明显的变化。在酸性岩中，Al_2O_3 的含量为10％～16％，钾、钠氧化物的含量为7％～8％，铁含量不高，碱土金属含量较低，铬、镍、锰通常不存在。中性岩中含有较高的铝和碱金属，碱土金属的含量亦较高。在基性和超基性岩中，钙和镁含量较高，并含有镍、铬和亚铁。钒常存在于基性或超基性岩石中，锶、钡则常存在于中性或酸性岩石中。

8.1.2 硅酸盐岩石的成分

硅酸盐岩石和矿物的种类很多，其化学组成也各不相同，周期表中的大部分天然元素几乎都可能存在于其中。组成硅酸盐矿物和岩石的成分中最主要的元素是氧、硅、铝、铁、钙、镁、钠、钾，其次是锰、钛、硼、锆、锂、氢、氟等。各组分的含量变动很大，如表8-1所示。

1962年我国黎彤、饶纪龙分析了数百个硅酸盐岩石（岩浆岩）试样，它们的平均化学组成为（以质量分数表示）：

SiO_2	60.76%	Al_2O_3	14.82%	Fe_2O_3	2.63%
FeO	4.11%	MgO	3.70%	CaO	4.54%
Na_2O	3.49%	K_2O	2.98%	H_2O^+	1.05%
TiO_2	1.00%	P_2O_5	0.35%	MnO	0.14%
CO_2	0.43%				

表 8-1　硅酸盐岩石和硅酸盐矿物中基本成分和浓度范围

成分	浓度/%	成分	浓度/%
SiO_2	30~80	H_2O	0~10
Al_2O_3	0~30	TiO_2	0~5
Fe_2O_3	0~10	P_2O_5	0~1.5
FeO	0~10	MnO	0~1
MgO	0~50	CO_2	0~2
CaO	0~20	F	0~3
Na_2O	0~15	S	0~1
K_2O	0~15		

注：本表摘自 S. Abbey. Reviews in Analytical Chemistry，1977，3，83。

8.1.3　硅酸盐分析项目

在地质工作中，经常要求进行岩石组分的全分析，其主要目的是了解岩石内部组分的含量变化，元素在地壳内的迁移情况和变化规律，岩浆的来源，阐明岩石的成因等问题。

在岩石中含量（以氧化物表示）超过 1% 的成分称作"主成分"，含量在 0.01%～1.00% 之间成分称作"次要成分"，低于 0.01% 的成分称作"痕量元素"。通常的岩石全分析包括主成分和次要成分分析。

岩石的全分析项目一般为：SiO_2、Al_2O_3、Fe_2O_3、FeO、MgO、CaO、Na_2O、K_2O、H_2O^+、H_2O^-、TiO_2、P_2O_5、MnO、CO_2。

有时还要求测定 SO_3、Cl、F、SrO、BaO，或者还要求测定痕量元素如 B、V、Cr、Ni、Co 等。

8.2　硅酸盐岩石试样的分解

8.2.1　氢氟酸分解

氢氟酸与二氧化硅作用生成挥发性的化合物四氟化硅或氟硅酸，所以氢氟酸是分解硅酸盐试样十分有效的试剂，大多数硅酸盐岩石矿物试样均能被氢氟酸分解。氟化物存在对某些元素测定有干扰，故在试样分解后，应将氟除去。为此，常将氢氟酸与其他无机酸混合使用，特别是高沸点的无机酸，加热蒸发时可以除去氢氟酸。

氢氟酸-硝酸分解样品，可促使样品中硫化物、有机物、亚铁和其他还原物质氧化。

氢氟酸-硫酸分解样品，溶样温度较高，试样易分解完全。硫酸蒸发冒烟温度高，可以彻底除尽氢氟酸。但是，如果试样中碱土金属和铅的含量较高时，因硫酸存在，会与这些金属离子形成难溶的硫酸盐，给以后的分析带来麻烦。铝与铁的硫酸盐，在冒烟的温度过高时，也会脱水，形成难溶解的物质。

氢氟酸-高氯酸分解样品，试样分解较完全。由于溶液蒸发冒烟温度较硫酸冒烟的温度低，残渣不易跳溅损失。金属的高氯酸盐大多易溶于水，但钾、铷、铯的高氯酸盐水溶性较小，所以在测钾、铷、铯时，不应使用高氯酸，使用氢氟酸-高氯酸溶样时要注意安全，一般先加硝酸，氧化试样中的还原性物质，再加高氯酸，使用高氯酸溶样的通风管道需注意定期用水冲洗。

此外，使用氢氟酸-硫酸或氢氟酸-高氯酸分解硅酸盐试样时，由于硫酸或高氯酸存在，可使钛、锆、铌、钽等转化为硫酸盐或高氯酸盐，以防止这些元素生成氟化物部分挥发损失。

用氢氟酸分解试样，可在铂坩埚或聚四氟乙烯塑料坩埚中进行，也可用聚四氟乙烯塑料容器进行高压封闭溶样或用聚碳酸酯塑料容器进行低压溶样，此时硅不会形成易挥发的物质而保留在溶液中。

8.2.2　无水碳酸钠熔融分解

无水碳酸钠与硅酸盐共熔时发生复分解反应，生成易溶性的硅酸钠、铝酸钠、铬酸钠、锰酸钠、磷酸钠等盐类，经盐酸酸化后，得到硅酸和金属氯化物。

熔样时，熔剂的用量取决于岩石的性质，如为酸性岩，熔剂用量为试样的 5～6 倍，如为基性岩石，则需增加熔剂用量。熔样前先将试样与熔剂仔细混匀，并在表面覆盖一层熔剂，然后逐渐升温，一般在 950～1000℃熔融 30～40min。分解时使用铂坩埚。使用铂坩埚时，一定要遵守铂器皿使用规则。含重金属的试样不能直接在铂坩埚中熔融，以免损坏坩埚。遇此情况，先用王水处理试样，分解重金属并洗净王水后，将其不溶残渣进行熔融。

8.2.3　氢氧化钠（钾）熔融分解

氢氧化钠、氢氧化钾分解硅酸盐岩石试样能力较强，石英也能与之迅速作用，生成可溶性硅酸盐。氢氧化钠、氢氧化钾熔点均较低，可在较低温度（500～600℃）下分解试样。但由于分解温度较低，有些难分解的样品分解不完全，为了提高分解能力，有时加入少量过氧化钠共熔。通常用镍、铁、银或石墨坩埚在 600℃左右熔融 15min。试样与熔剂的比例为 1∶8～1∶10。若用银坩埚熔样，会引入少量 Ag^+，重量法测 SiO_2 时，$AgCl$ 会沾污沉淀，可采用较浓的盐酸洗涤沉淀，使银形成银氯配离子而除去。

8.2.4　过氧化钠熔融分解

过氧化钠是一种强氧化性的碱性熔剂，分解硅酸盐岩石样能力极强，许多较难被酸或其他熔剂分解的硅酸盐矿物，如锡石、铬铁矿等，都能被过氧化钠分解，用过氧化钠熔融分解样品时，能将一些元素的低价化合物氧化为高价状态。如铬被氧化为六价，硫化物、砷化物被氧化为硫酸盐、砷酸盐。

试样与熔剂以 1∶6～1∶8 的质量比在铁、镍、刚玉坩埚中进行熔样。熔样温度 650～700℃，熔融 10～15min。熔样时对坩埚侵蚀严重，因此常采用过氧化钠与碳酸钠或氢氧化钠混合物熔融分解，或采用过氧化钠低温烧结分解法，以减轻对坩埚的侵蚀。烧结温度控制在540℃以下时，铂坩埚损耗较小。

过氧化钠虽然有很强的氧化能力和分解效力，但因它强烈侵蚀坩埚带入大量杂质给分析造成不便，又因过氧化钠本身纯度不高，所以在全分析中不常使用。

8.2.5 偏硼酸锂等含锂硼酸盐熔融分解

锂盐熔剂分解试样最大的优点是可以在制备液中测定钾和钠。

偏硼酸锂为非氧化性酸性熔剂，熔融分解时，可在铂坩埚中进行，900～1000℃熔融15min。偏硼酸锂熔融的缺点是熔融后熔块不易提取。

锂盐熔剂只含有原子序数低的元素，所以，试样熔融分解后的熔块，可以直接进行 X 射线荧光分析。把熔块研成粉末，可直接进行发射光谱分析。

8.2.6 焦硫酸钾熔融分解

焦硫酸钾为酸性熔剂，不能直接用来分解硅酸盐岩石试样，而多是用来熔融氢氟酸处理后或碳酸钠熔融后的残渣以及灼烧后的二三氧化物[❶]沉淀。熔融反应在瓷坩埚中进行。

8.3 硅酸盐分析系统

硅酸盐岩石分析中，需要测定的项目比较多，在多年的分析工作中，人们设计了不同的分析系统，努力做到同一份称样中，通过试样分解、分离、掩蔽等手续，测定多种组分。

已有的分析系统很多，以下介绍经典分析系统、碱熔系统和酸溶系统。

经典分析系统基本是在重量法的基础上设计的，分析过程对干扰物质进行了完善的分离，尽管分离和测定方法操作费时，分离效果不尽完善，但有的方法仍是至今还在使用和易于掌握且有成效的分析分离手段。目前的所谓经典分析系统已在原有的基础上进行了改进，增加了重量法以外的其他化学分析法。图 8-1 列举出经典系统分析流程。

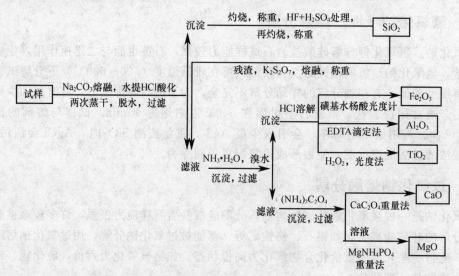

图 8-1　经典系统分析流程

---

❶　二三氧化物主要为铁和铝，其次是钛、磷、锆、钒以及稀土元素的氧化物。

　　试样用无水碳酸钠在铂坩埚中熔融分解，熔块用水提取，盐酸酸化，两次盐酸蒸干，脱水，灼烧，称重，再用氢氟酸-硫酸处理，使硅形成 SiF_4 逸去，根据损失的量确定 SiO_2 的含量。残渣用 $K_2S_2O_7$ 熔融处理，水提取后，合并于滤液中。

　　将上述滤液用氨水沉淀，使 Ca^{2+}、Mg^{2+} 与铁、铝、钛等氢氧化物分离。用盐酸溶解沉淀，分别用磺基水杨酸光度法测定铁，用双氧水光度法测定钛，用 EDTA-KF 置换返滴定法测定铝。较早期的经典方法用重量法测定氨水沉淀后的二三氧化物总量，然后测定铁与钛，用二三氧化物与铁、钛的差减法得到铝的结果。

　　在分离二三氧化物后的滤液中加入草酸铵，使钙以草酸钙沉淀，灼烧成氧化钙后，用重量法测定氧化钙。在分离草酸钙的滤液中，用磷酸氢二铵沉淀镁，灼烧成焦磷酸镁的形式，用重量法测定。

　　碱熔分析系统又分为碳酸钠熔融快速分析系统（见图 8-2）和氢氧化钠（钾）熔融或过氧化钠烧结快速分析系统（见图 8-3）。酸溶分析系统见图 8-4。

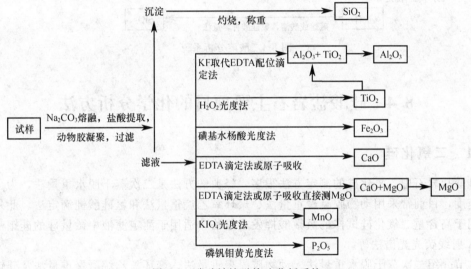

图 8-2　碳酸钠熔融快速分析系统

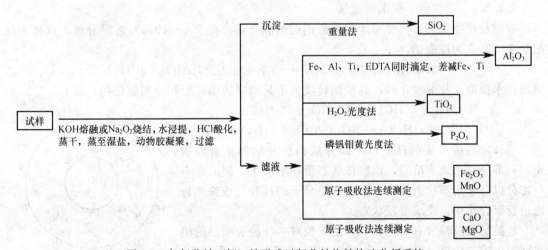

图 8-3　氢氧化钠（钾）熔融或过氧化钠烧结快速分析系统

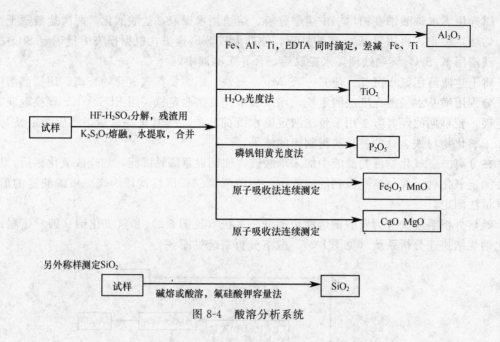

图 8-4 酸溶分析系统

8.4 硅酸盐岩石主要项目的化学分析方法

8.4.1 二氧化硅

硅酸盐岩石中二氧化硅的测定方法很多，经典的方法是二次蒸干脱水重量法，为了提高分析速度，目前常采用动物胶凝聚重量法、聚环氧乙烷重量法和氟硅酸钾滴定法。此外，还有适用于高含量二氧化硅试样的氢氟酸挥发重量法，适用于测定滤液中微量硅的硅钼蓝光度法和 X 射线荧光光谱法等。

本节介绍二次蒸干脱水重量法、动物胶凝聚重量法、聚环氧乙烷凝聚重量法及硅钼蓝分光光度法。

8.4.1.1 二次蒸干脱水重量法

硅酸盐矿物和岩石试样与无水碳酸钠熔剂混合后，在 950~1000℃熔融分解。试样中硅酸盐全部转变为硅酸钠：

$$KAlSi_3O_8 + 3\ Na_2CO_3 == 3\ Na_2SiO_3 + KAlO_2 + 3CO_2$$

熔块用水提取，盐酸酸化后，硅酸钠转变为不易离解的偏硅酸和金属氯化物：

$$Na_2SiO_3 + 2\ HCl == H_2SiO_3 + 2\ NaCl$$

$$KAlO_2 + 4\ HCl == KCl + AlCl_3 + 2H_2O$$

溶解以后所形成的硅酸，一部分成白色片状的水凝胶析出；一部分则形成水溶胶，以胶体状态留在溶液里；同时也有一部分以分子溶解状态存在，但这些单分子的硅胶，或快或慢地进行聚合作用，变成溶胶状态。

硅酸溶胶胶粒带有负电荷，是由于胶粒本身的表面层的电离而产生的。胶核（SiO_2）$_m$ 表面的 SiO_2 分子与水分子作用，生成 H_2SiO_3 分子离解生成 SiO_3^{2-}，而这些 SiO_3^{2-} 又吸附在胶

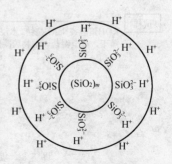

图 8-5 硅酸胶团的结构

粒的表面，使胶粒带负电荷（见图 8-5）。设解离的 H_2SiO_3 为 n 个分子，则会产生 n 个 SiO_3^{2-} 和 $2n$ 个 H^+，其中有 $2(n-x)$ 个 H^+ 处于吸附层内与胶核构成胶体粒子，其余 $2x$ 个 H^+ 则分布在扩散层中，其结构示意如图 8-6 所示。

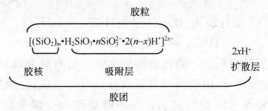

图 8-6　硅酸胶团结构示意图

　　硅酸溶胶胶粒均带有负电荷，同性电荷相互排斥，降低了胶粒互相碰撞结合成较大颗粒的可能性。同时，硅酸溶胶是亲水性胶体，在胶体微粒周围形成紧密的水化外壳，也阻碍着微粒互相结合成较大的颗粒。因此硅酸可以形成较稳定的胶体溶液。

　　破坏水化外壳和加入强电解质或带有相反电荷的胶体，都可以促使硅酸胶体微粒凝聚。一次蒸干脱水只能沉淀二氧化硅 $97\%\sim99\%$，因此需将分离硅酸后的滤液进行第二次蒸干脱水。

　　蒸干脱水必须在酸性介质中进行，以免生成难溶的盐类或金属氧化物。通常使用盐酸介质。

　　蒸干脱水应在 $105\sim110℃$，时间以 1h 为宜。温度太低或时间过短，硅酸脱水不完全；温度太高或时间过长，硅胶易被许多杂质沾污，另一方面会形成可溶性的硅酸镁，在以后用盐酸洗涤沉淀时，又复溶解。这些因素都将影响二氧化硅的测定结果。

　　硅酸沉淀具有较强烈的吸附能力，脱水后析出的硅酸总夹带有铁、铝、钛等杂质，用热的稀盐酸溶液洗涤沉淀，可将大部分杂质洗涤除去。然后，再用热水洗涤沉淀中存在的氯离子。

　　洗涤沉淀的过程中，会有极少量硅酸沉淀复溶，因此洗涤操作要迅速，洗涤液用量不要过大。

　　洗涤结束后，将硅酸沉淀连同滤纸一起放入铂坩埚内，低温灰化。由于二氧化硅粉末在干燥状态时很轻，在灰化时应防止滤纸突然燃烧，以免二氧化硅微粒随气流逸出坩埚。同时，灰化时氧气供应要充分，温度不宜升得过快，否则会有部分滤纸炭化，以后虽然经强烈灼烧，也难以除去，致使二氧化硅结果偏高。

　　灰化后，升温至 $1000\sim1100℃$ 灼烧沉淀达到恒重。

　　二次盐酸蒸干脱水法得到的硅酸盐沉淀，经过滤、洗涤、灰化、灼烧后，仍会有少量杂质存在。杂质主要是铁、铝和钛的氧化物。因此，灼烧过的二氧化硅沉淀还需要用硫酸和氢氟酸处理，加热使硅在氢氟酸作用下转变为四氟化硅而挥发逸出。

　　用氢氟酸处理二氧化硅时，加入硫酸有以下作用：

　　① 防止生成的四氟化硅水解；

　　② 使钛、锆、铌、钽等转变为硫酸盐，而不致因形成沸点较低的氟化物而挥发逸出；

　　③ 使 F^- 在酸性介质中形成氟化氢挥发除去。

　　氢氟酸、硫酸处理后的残渣经灼烧至恒重，减轻的重量则是纯二氧化硅的重量。残渣用焦硫酸钾熔融，用水提取，将溶液合并于二氧化硅的滤液中。

　　在分离硅酸时，尚有极少量可溶性硅酸进入滤液。因此，在精密分析时，可用分光光度法测定滤液中二氧化硅的含量，与重量法测得的二氧化硅合并。

当试液中含氟高于 0.3% 时，对盐酸脱水蒸干法测定二氧化硅有影响，可在试样分解后的提取液中加入硼酸，使氟结合成 HBF_4，在以后蒸发溶液时，氟以 BF_3 形式逸去，不影响测定。

$$2H_2F_2 + H_3BO_3 \!=\!=\!= HBF_4 + 3H_2O$$

$$2HBF_4 \!=\!=\!= H_2F_2\uparrow + 2BF_3\uparrow$$

但溶液中过剩的硼会影响测定，因在硅酸脱水时，会有部分硼成硼酸状态混入硅酸沉淀中，灼烧时生成三氧化二硼。当用硫酸和氢氟酸处理时，三氧化二硼生成 BF_3 形式逸出，致使二氧化硅结果偏高。故需在沉淀灼烧后，用甲醇处理，使硼全部生成易挥发的硼酸甲酯逸去。

$$H_3BO_3 + 3CH_3OH \!=\!=\!= B(OCH_3)_3 + 3H_2O$$

8.4.1.2　动物胶凝聚重量法

二次蒸干脱水法是经典的测定二氧化硅的方法，虽然测得的结果准确，但二次蒸干脱水费时较长。若用动物胶作凝聚剂使硅酸沉淀，则只需将硅酸溶液一次蒸发至湿盐状，因而可以缩短分析时间。

动物胶是一种富含氨基酸的蛋白质，其结构可表示为：

$$R\!\!<^{NH_2}_{COOH}$$

在水中能形成胶体溶液。当溶液的 pH>4.7 时，胶粒上的羧基离解而带负电荷；当溶液中 pH<4.7，胶粒上的氨基能与 H^+ 结合而带正电荷。

$$R\!\!<^{NH_2}_{COOH} \ +H^+ \rightleftharpoons R\!\!<^{NH_3^+}_{COOH} \qquad (pH<4.7)$$

$$R\!\!<^{NH_2}_{COOH} \ -H^+ \rightleftharpoons R\!\!<^{NH_2}_{COO^-} \qquad (pH>4.7)$$

当溶液 pH=4.7 时，动物胶胶粒电荷为零，即体系处于等电态。

在较强的酸性溶液中，硅酸胶粒带负电荷，动物胶胶粒带正电荷，正负电荷相互吸引发生凝聚作用。此外，由于动物胶是一种亲水性很强的胶体，它能夺取硅酸胶粒周围的水分，破坏硅酸胶粒的水化外壳，促进硅酸凝聚。

硅酸凝聚的完全程度与凝聚时的酸度、温度及动物胶浓度有密切的关系。硅酸在浓的酸性溶液中，是一种聚合能力很强的胶体。动物胶也只有在 pH<4.7 的酸性溶液中才带有正电荷，因此凝聚必须在较浓的酸性溶液中进行。实验表明，凝聚时盐酸的浓度 $c(HCl)$ 不应小于 $8mol \cdot L^{-1}$。凝聚温度以 $60\sim70℃$ 为宜。因为温度过高时，动物胶在较强的盐酸溶液中会部分分解，而使凝聚能力减弱；温度过低时，动物胶夺取硅酸胶粒周围水分的能力减弱，硅胶颗粒碰撞的机会减少，从而使凝聚作用减缓。而且，温度过低时凝聚的硅酸会吸附较多的杂质而影响分析结果。凝聚时溶液中动物胶的浓度以 $2.5\sim3.5mg \cdot mL^{-1}$ 较为适宜。硅酸的浓度越大，越易于凝聚。因此，加入动物凝胶之前，先把溶液蒸至湿盐状。加入动物胶后应充分搅拌，以使动物胶与硅酸凝聚作用加快。

硅酸凝聚后，加水溶解可溶性盐类时，加水量不宜过多，放置时间也不宜过长。因为凝聚的硅酸可能复溶。

动物胶水溶液不能长久放置，否则容易变成胶冻状或腐败变质，失去使硅酸凝聚的能力。一般应在临使用前配制。

动物胶凝聚法简便快速，但凝聚并不完全，二氧化硅的测定结果通常较两次盐酸脱水法略为偏低，对质量要求较严的分析，应回收滤液中可溶性的硅酸。

8.4.1.3　聚环氧乙烷凝聚重量法

除前面叙述的动物胶为凝聚剂的方法以外，目前还有以环氧乙烷和以十六烷基三甲基溴化铵为凝聚剂的测定二氧化硅的方法。

用聚环氧乙烷为凝聚剂的重量法是快速而准确的方法。含硅酸溶液不需蒸发至近干。溶液体积在 $10\sim15mL$ 时，加入凝聚剂聚环氧乙烷，搅拌并放置 $3\sim5min$ 即可过滤、洗涤、灼烧、称量二氧化硅的沉淀。二氧化硅回收率近 100%。凝聚时所需酸度范围较宽，可在 $3\sim8mol\cdot L^{-1}HCl$ 溶液中进行。滤液可用于铁、铝、钛、锰、钙、镁、磷等的测定。聚环氧乙烷的存在对测定无干扰。如需回收滤液中残留的硅酸，也不必破坏聚环氧乙烷，可直接用硅钼蓝光度法进行测定。

8.4.1.4　硅钼蓝分光光度法

硅酸在酸性溶液中与钼酸铵生成黄色的可溶性的硅钼杂多酸 $H_8[Si(Mo_2O_7)_6]$，又称硅钼黄，可借以进行硅的比色测定，简称为硅钼黄光度法。

$$H_4SiO_4 + 12 H_2MoO_4 \rightleftharpoons H_8[Si(Mo_2O_7)_6] + 10 H_2O$$

但硅钼黄不够稳定，灵敏度也不够高。通常用还原剂将硅钼杂多酸还原为蓝色的硅钼杂多酸（简称硅钼蓝），再进行比色测定，这就是硅钼蓝光度法。

(1) 显色条件的选择　硅酸在酸性溶液中能逐渐聚合，以双分子聚合物、三分子聚合物等多种聚合状态存在。高聚合状态的硅酸不能与钼酸盐形成黄色硅钼杂多酸，仅单硅酸能与钼酸盐生成黄色硅钼杂多酸。因此，防止硅酸聚合是光度法测定二氧化硅的主要关键。

硅酸的聚合程度与溶液的酸度、温度、硅酸浓度及煮沸和放置时间有关。溶液的酸度越大，硅酸的浓度越高，加热煮沸和放置时间越长，则硅酸的聚合现象越严重。

硅酸的浓度是对聚合程度影响最大的因素。因此，硅钼蓝光度法测定硅，多用于重量法测定二氧化硅后滤液中残留二氧化硅的回收测定。如用于岩石中硅量的测定，则应减少取样量。

碱熔分解试样后，可采用返酸化的方法防止硅酸聚合，即将试样碱熔后的水浸取液倒入 (1+1) 或较稀的盐酸溶液中，使溶液 pH 在 $0.5\sim2$ 之间，而不要用浓酸去酸化含硅的碱溶液，以避免溶液酸化过程中硅酸凝聚。

为了避免硅酸聚合成高聚合状态，也可以加入氟化物解聚。在酸性溶液中，氟化物可以使聚合硅酸变成氟硅配离子而解聚，然后再加入铝盐和钼酸铵，铝离子与氟离子形成配离子，硅充分转变成硅钼杂多酸。

黄色硅钼杂多酸有 α-硅钼酸和 β-硅钼酸两种形态，它们的吸光度差别较大，它们被还原成硅钼蓝后，吸光度差别也大。β-硅钼酸及其被还原成硅钼蓝后的灵敏度，都比 α-硅钼酸高得多。α-硅钼酸和 β-硅钼酸在溶液中的存在量，与溶液的酸度、温度和放置时间有关。在酸度较高的溶液中（pH1.0～1.8），硅酸与钼酸盐主要生成 β-硅钼酸；在酸度较低的溶液中（pH3.8～4.8）主要生成 α-硅钼酸；在 pH1.8～3.8 的溶液中则两种形态的硅钼酸都存在。在酸度较高的溶液中，β-硅钼酸可以迅速生成，但在室温下，会缓慢地、不可逆地转变成较稳定的 α-硅钼酸。一般情况下，需 25～30h 才能完全转变。升高温度可以加快转化速率，在 $100℃$，只需 $30min$ 即可转化完全。转化速率随溶液酸度的降低增加，在 $pH3\sim4$ 的情况下，$30\sim60min$ 即可全部转化为 α-硅钼酸。

有资料介绍，在溶液中加入甲醇、乙醇、丙醇、丙酮等有机溶剂，可以提高 β-硅钼酸的稳定性。丙酮还能增加它的吸光度，从而改变硅钼蓝光度法测定硅的显色效果。

在丙酮或乙醇存在的情况下，生成硅钼黄的酸度以 $c(\frac{1}{2}H_2SO_4)=0.05\sim0.2mol\cdot L^{-1}$ 为宜。用来还原硅钼黄为硅钼蓝的还原剂有：氯化亚锡、硫酸亚铁铵、抗坏血酸等等。

用抗坏血酸做还原剂时，还原时以酸度 $c(\frac{1}{2}H_2SO_4)=0.36\sim7.2mol\cdot L^{-1}$ 为宜。酸度过低时，部分钼酸盐被还原。硅钼蓝对酸度的适应性很强，加大酸度至 $8\sim9mol\cdot L^{-1}$ 或稀释到 $0.1\sim0.2mol\cdot L^{-1}$，都不会引起颜色的减褪。硅钼黄显色温度以室温 $20℃$ 左右为宜；低于 $15℃$ 时，需放置 $20\sim30min$；$15\sim25℃$ 时需放置 $5\sim10min$；高于 $25℃$ 时放置 $3\sim5min$ 即可。室温过低时，也可以在显色剂中加入沸水以提高温度。温度对硅钼蓝显色无影响，但温度低时反应较慢，一般加入还原剂后，放置 $5min$ 可进行比色。

（2）干扰元素及其消除 PO_4^{3-} 和 AsO_4^{3-} 与钼酸铵作用形成同样的黄色杂多酸，还原后也同样生成蓝色杂多酸。Fe^{3+} 存在时能与钼酸作用生成钼酸铁沉淀。增大还原时的酸度能消除磷和砷的干扰。还原酸度控制在 $4.5\ mol\cdot L^{-1}$，$40\ \mu g\ P_2O_5$ 或小于 $5mg$ 的 $As(V)$ 不干扰测定，大于 $5mg$ 的 $As(V)$ 则有影响。加入草酸能溶解钼酸铁沉淀。草酸根易使磷钼黄分解为 $[MoO_3(C_2O_4)^{2-}]$，一般在 $10\ s$ 左右就可分解完全。而硅钼黄比较稳定，一般在 $2min$ 后才被分解。利用这一差异，可消除磷的干扰。故在加入草酸并摇动 $0.5\sim1min$ 后，立即加入还原剂将硅钼黄还原。大于 $4mg$ 的 WO_4^{2-}，使结果偏低。

如有钛和锡存在，则由于生成硅钼黄时溶液酸度很低，会水解产生沉淀，带下部分硅胶而使结果偏低。用银坩埚熔矿时，还会带下一些银，微量银不影响测定，银量稍高时，胶态银会还原游离的钼酸而影响测定。可在加入钼酸铵后，滴加少量高锰酸钾溶液至呈微红色，以消除其干扰。氟量高时会腐蚀玻璃容器而使结果偏高，可加入硫酸铝消除其干扰。大量 Cl^- 使硅钼蓝颜色加深，大量 NO_3^- 使硅钼蓝颜色深度降低。

8.4.2 三氧化二铝

硅酸盐分析中，三氧化二铝的测定方法较多，主要有重量分析法、EDTA 配位滴定法和分光光度法。下面介绍氟化物置换 EDTA 配位滴定法与分光光度法。

8.4.2.1 氟化物置换 EDTA 配位滴定法

Al^{3+} 与 EDTA 能形成十分稳定的无色配合物，但反应在室温下进行很慢，只有在沸腾时才能较快地反应。在酸度不高时，Al^{3+} 容易水解，形成一系列多核羟基配合物：

$$[Al(H_2O)_6]^{3+} \underset{-OH^-}{\overset{+OH^-}{\rightleftharpoons}} [Al(H_2O)_6(OH)]^{2+} \underset{-OH^-}{\overset{+OH^-}{\rightleftharpoons}} [Al_2(H_2O)_6(OH)_3]^{3+} \underset{-OH^-}{\overset{+OH^-}{\rightleftharpoons}}$$

$$[Al_3(H_2O)_6(OH)_6]^{3+}$$

这些多核羟基配合物与 EDTA 反应缓慢，而且与 EDTA 形成的配合物组成比不定，无法定量测定，所以必须提高酸度以避免 Al^{3+} 的多核羟基配合物的形成。但是，加大酸度不利于 Al^{3+} 与 EDTA 的配位反应。此外，Al^{3+} 对二甲酚橙、铬黑 T 等指示剂有封闭作用，用 EDTA 直接滴定时，缺乏适当的指示剂。由于上述原因，EDTA 配位滴定法测 Al^{3+} 时。不能用直接滴定法，常用返滴定法，即在含 Al^{3+} 的试液中，加入过量的 EDTA，将溶液煮沸，使 EDTA 与 Al^{3+} 充分反应，然后用其他金属盐返滴定过量的 EDTA。因为 Fe^{3+}、

Ti^{4+} 等离子干扰铝的测定，如不预先分离，所测得的结果是多元素的含量。因此采用氟化物置换法提高方法的选择性，即在试液中，加入过量的 EDTA 与 Al^{3+}、Fe^{3+}、Ti^{4+} 等配位，用其他金属盐返滴定过量的 EDTA 后，再加入氟化物以置换 Al-EDTA 配合物中的 EDTA，然后再用金属盐溶液滴定置换后释放出来的 EDTA，从而测得铝的含量。此法选择性较高，但 Ti^{4+} 与 Al^{3+} 有相同的反应，故测定结果为铝、钛合量。此结果减去钛的含量得到铝的含量。

(1) 酸度对 EDTA 与铝的配合反应的影响 Al^{3+} 与 EDTA 反应时，酸度过高，EDTA 配位能力减弱；酸度过低，虽然 EDTA 配位能力增强，但 Al^{3+} 会发生水解。

无论酸效应或水解效应，都会影响 Al^{3+} 与 EDTA 的配合，因此，Al^{3+} 与 EDTA 进行配合反应时，必须控制适当的酸度。根据计算，在 pH3~4 时，配合百分数最高。但为了返滴定剂中金属离子与指示剂滴定时的需要，在返滴定中，可将溶液 pH 值范围扩大至 pH=6。

(2) 返滴定剂的选择 用作返滴定剂的金属盐，其金属离子与 EDTA 配合物的稳定性应小于 Al^{3+} 与 EDTA 配合物的稳定性，但不能小于配位滴定的最低要求。Al^{3+}-EDTA 的稳定常数为 $10^{16.3}$，Co^{2+}-EDTA 的稳定常数为 $10^{16.31}$，Zn^{2+}-EDTA 的稳定常数为 $10^{16.50}$，Cd^{2+}-EDTA 的稳定常数为 $10^{16.46}$，它们的稳定性虽较 Al^{3+}-EDTA 稍高，但由于 Al^{3+}-EDTA 的配合物的惰性较强，不易为它们所取代，故可用作返滴定剂。特别是锌盐，是目前最常用的返滴定剂。铅盐也常用作返滴定剂，滴定终点较锌盐敏锐，但在用氟化物置换滴定法测定铝时，在加入氟化物后，Pb^{2+} 会生成硫酸铅沉淀，影响滴定的进行，用 PAN 或 PAR 作指示剂时，用铜盐作返滴定剂，终点也较为敏锐。

(3) 指示剂的选择 用作返滴定剂的金属盐不同，使用的指示剂也不同。

1-(2-吡啶偶氮)-2-萘酚（PAN）和 4-(2-吡啶偶氮)-间苯二酚（PAR）对铜的滴定有敏锐的颜色变化，在用铜盐作返滴定剂时，它们常被用作指示剂。PAN 与铜生成的红色配合物的水溶性较差，滴定时变色反应缓慢，一般可在滴定时加热或加入乙醇，以提高此配合物的溶解度，加快变色过程。PAR 分子中有亲水基团羟基，亲水性能较强，与金属离子生成的配合物易溶于水，用它作为指示剂进行滴定时，溶液可不加热。

以 PAN 作指示剂，用铜盐返滴定测定铝时，Cu^{2+} 与过量的 EDTA 产生的 CuY^{2-} 呈绿色，对滴定终点时生成的 Cu-PAN（红色）的观察有影响，影响的大小取决于 EDTA 过量的多少。如 EDTA 过量多，生成的 CuY^{2-} 也多，终点将成为蓝紫色，甚至为蓝色；EDTA 过量少时，生成的 CuY^{2-} 少，终点为紫红色。所以 EDTA 溶液的浓度及加入量应适当，不能过量太多或太少。由于试样中铝的含量高低不一，因此滴定终点的颜色不要强求一致。应以颜色发生突然变化时为终点。

二甲酚橙对锌、铅的滴定有敏锐的颜色变化。所以在用锌盐或铅盐作返滴定剂时，常用它作指示剂。铝对二甲酚橙有封闭作用，采用返滴定法或氟化物置换滴定法，可以消除铝的封闭作用。在测定时，如果在加入二甲酚橙后，溶液立即呈现红色，可能有两个原因，一是溶液酸度过低，pH>6.3，二甲酚橙本身显红色，此时应重新调节溶液酸度；二是溶液酸度适当（pH<6.3），但 EDTA 加入量不足，Al^{3+} 与二甲酚橙形成红色配合物，由于此配合物比较稳定，有时再补加 EDTA 溶液，红色亦难以消退。

(4) 干扰元素及其消除

① Cu^{2+}、Pb^{2+}、Zn^{2+}、Co^{2+}、Ni^{2+}、Ca^{2+}、Fe^{3+}、Cr^{3+} 等均能与 EDTA 形成较稳定的配合物，干扰铝的测定。但在加入氟化物后，由于这些离子的氟配合物稳定常数较小，不能置换出 EDTA 来，而 Al^{3+} 的氟配合物的稳定常数较大，能定量地置换出 EDTA，因而

可不受这些元素的干扰。如果采用返滴定法测定铝，则必须预先将这些元素分离除去。除去的方法一般是：试样经碱熔后，用水浸取，铝以偏铝酸盐形式进入溶液，铁、钛、锰、铜、镍、银等沉淀成氢氧化物而分离。

② Ti^{4+}、Zr^{4+}、Sn^{4+}、Th^{4+} 等也能与 EDTA 形成稳定的配合物，加入氟化物后，由于它们的氟配合物的稳定常数较大，也能释出等量的 EDTA，因此，在用返滴定法或氟化物置换滴定法测定铝时，都必须予以消除。在一般硅酸盐岩石中锡、钛、锆含量均不高，只有钛的影响须加考虑。

通常先滴定铝、钛合量，再另取溶液测定钛含量，然后相减得铝含量。

钛量较高时，可采用铝、钛连续滴定的方法，即在含铝、钛的溶液中，先加入过量的 EDTA，然后调节 pH 为 4.2，用铜盐返滴定过量的 EDTA，测得铝、钛合量。在滴定后的溶液中加入苦杏仁酸，煮沸使之与钛配位，置换出相应的 EDTA，再用铜盐返滴定求出钛量，与铝、钛合量相减，求出铝含量。

为了消除钛的干扰，还可以采用掩蔽钛的方法。目前用来掩蔽钛的试剂有苯甲酰苯胺（钽试剂）、磷酸盐、乳酸、酒石酸等。根据资料介绍，乳酸在酸性溶液中为一良好的配合剂，掩蔽钛的能力很强。但溶液酸度对乳酸掩蔽钛的能力有一定的影响，溶液 pH 值增大时，钛-乳酸配合物的稳定性受水解反应的影响而降低，使乳酸掩蔽钛的能力逐渐减弱，以致消失。

③ 锰在用返滴定法和氟化物置换滴定法测定铝时均有干扰。在 pH4~6 的弱酸性溶液中，锰与 EDTA 形成不稳定的配合物，在用金属盐返滴定过量的 EDTA 时，发生置换反应，终点不稳定。例如：以二甲酚橙为指示剂，用锌盐滴定 EDTA，到达滴定终点时生成 Zn-二甲酚橙红色配合物，但由于 Mn-EDTA 的存在，逐渐置换形成 Zn-EDTA，而置换生成的 Mn-二甲酚橙为无色，所以终点很快消失，使终点不稳定。因此，当锰量大于 0.5mg 时必须预先分离。可用苯甲酸铵、六亚甲基四胺或氨水沉淀铝，使铝与锰分离；亦可用氢氧化钠熔融或用氢氧化钠溶液使铁、锰沉淀而与铝酸根分离。大量锰还可以用硝酸-氯酸钾沉淀除去。

④ PO_4^{3-} 存在时，在 pH5.4~6.0 的溶液中，Al^{3+} 会形成 $AlPO_4$ 沉淀，使测定结果偏低。提高滴定酸度，在 pH4.3 的溶液中以铋盐返滴定，可以消除 PO_4^{3-} 的影响。

⑤ 与 EDTA 形成有色配合物的离子，如 CuY^{2-} 蓝色，NiY^{2-} 蓝色，CoY^{2-} 红色，CrY^- 紫色。这些离子含量低时无干扰，含量高时影响终点的观察。

8.4.2.2 分光光度法

铝与三苯甲烷类的酸性染料生成有色配合物，这些配合物广泛用于铝的分光光度法测定。

如铝试剂在 pH4.4 的乙酸盐缓冲溶液与 Al^{3+} 生成红色的配合物，借此进行比色，铁的干扰可用抗坏血酸还原消除。

又如铬天菁 S（缩写名为 CAS）在 pH4.7 的乙酸盐缓冲溶液中与 Al^{3+} 生成紫红色配合物，最大吸收波长为 587nm，借此进行分光光度法测定。在有表面活性物质存在下，CAS

与 Al^{3+} 可形成灵敏度更高的胶束增溶配合物。

8.4.3 三氧化二铁

目前常用的测铁方法有滴定法、分光光度法和原子吸收分光光度法。下面简单介绍重铬酸钾氧化还原滴定法，EDTA 配位滴定法，磺基水杨酸分光光度法和原子吸收分光光度法。

8.4.3.1 重铬酸钾氧化还原滴定法

在盐酸介质中，用氯化亚锡将铁还原成 Fe^{2+}，过量的 Sn^{2+} 用氯化汞氧化，以二苯胺磺酸钠为指示剂，用标准重铬酸钾溶液滴定。此方法简便、准确，但使用了剧毒的汞盐。近年来，为了保护环境，在重铬酸钾法的基础上改进为无汞盐测定法。即在盐酸介质中，以钨酸钠为还原指示剂，用三氯化钛还原铁为 Fe^{2+}，加硫酸铜催化氧化过量的三氯化钛，用重铬酸钾标准溶液滴定。

8.4.3.2 EDTA 配位滴定法

Fe^{3+} 与 EDTA 可形成稳定的配合物（$pK=25.1$），而 Fe^{2+} 与 EDTA 的配合物不够稳（$pK=14.3$），所以，事先将 Fe^{2+} 氧化为 Fe^{3+}，然后，在 pH1～1.5 的酸性介质中，以二苯胺磺酸钠作指示剂，用 EDTA 标准溶液滴定。滴定到达终点时，溶液由红紫色变为黄色。

8.4.3.3 磺基水杨酸分光光度法

铁的分光光度测定方法较多，目前常用的是以磺基水杨酸为显色剂的光度法。在 pH＝8～11 的氨性溶液中，Fe^{3+} 与磺基水杨酸生成稳定的黄色配合物，最大吸收波长是 420nm，且颜色强度与铁的含量成正比，可借以进行铁的光度法测定。

Fe^{3+} 在不同的 pH 下可以与磺基水杨酸形成不同组成和颜色的几种配合物。在 pH＝1.8～2.5 的溶液中，可以形成红紫色的 $[Fe(SSA)]^+$（SSA 为磺基水杨酸缩写）；在 pH＝4～8 的溶液中，可以形成褐色的 $[Fe(SSA)_2]^-$；在 pH＝8～11.5 的氨性溶液中，可以形成黄色的 $[Fe(SSA)_3]^{3-}$；若 pH>12，则不能形成配合物，而生成氢氧化铁沉淀。

磺基水杨酸光度法适合于含铁 0.05%～5% 的试样中铁的测定。

铜、镍、钴、铬、铀和某些铂族元素，在中性或氨性溶液中与磺基水杨酸生成有色配合物而影响测定。铜、钴、镍可用氨水分离。

锰在氨性溶液中易被空气中的氧氧化生成棕红色沉淀而影响测定。锰量不高时，可在氨水中和前加入盐酸羟胺还原，以消除其影响。大量钛生成的黄色，可加过量氨水消除。

在强氨性溶液中，磷酸盐、氟化物、氯化物、硫酸盐、硝酸盐等均不干扰测定。铝、钙、镁、稀土、钍和铍与磺基水杨酸生成可溶性无色配合物，消耗试剂，使铁显色不充分。因此，应加大磺基水杨酸的用量。一般在加入显色剂并调节溶液 pH8～11 之后，如溶液不出现浑浊（即无氢氧化物沉淀），就可以认为加入的显色剂量已足够。

光度法测定铁用的显色剂还有邻菲罗啉、2,2′-联吡啶、钛铁试剂、硫氰酸钾等。邻菲罗啉和 2,2′-联吡啶与 Fe^{2+} 形成有色配合物，所以显色时必须先将试液中的 Fe^{3+} 还原成 Fe^{2+}；用钛铁试剂显色，可进行钛、铁连续测定；用硫氰酸盐显色，当用异戊醇或乙醚萃取比色时，也可以得到较好的灵敏度。但这些方法均不如磺基水杨酸法简便、快速、干扰元素少。

8.4.3.4 原子吸收分光光度法

铁为多谱线元素，在波长 208.41～511.04nm 之间，主要吸收线就有 30 多条。其中强吸收线 248.33nm 线为分析时通常用的谱线。

铁是高熔点、低溅射金属，为了使铁空心阴极灯具有适当的发射强度，选用较高的灯电流。由于铁是多谱线元素，可用较小的通带，减少邻近谱线对测定的干扰。

铁的化合物在低温火焰中仅有一小部分原子化，为了得到足够的灵敏度，采用温度较高的火焰，通常采用空气-乙炔火焰。因为铁的氧化物比较稳定，所以选用富燃火焰效果较好。

在硅酸盐岩石中，一般共存元素对铁的测定不干扰，硅酸虽有干扰，但可选用分离硅酸后的滤液进行铁的测定，或者用氢氟酸溶样，使硅大部分挥发逸去。磷酸、硫酸浓度大于3%时使测定结果偏低。

8.4.4 二氧化钛

钛的测定方法较多，有配位滴定法、光度法和极谱法等。硅酸盐岩石中钛的测定，常采用分光光度法。

已有很多试剂被推荐用于钛的光度法测定，如过氧化氢、二安替比林类试剂、钛铁试剂、PAR、PAN以及三苯甲烷类染料等等。

过氧化氢法灵敏度较低、选择性不高，但方法简单快速，硅酸盐岩石试样中含钛量较高时，可用此法测定二氧化钛的含量。二安替比林甲烷法灵敏度较高，摩尔吸光系数比过氧化氢法大20多倍，方法十分简便，重现性好，是目前常用的方法。钛铁试剂法灵敏度与二安替比林甲烷法相同，虽干扰元素较多，但可用于钛、铁的连续测定，或者用双波长分光光度法同时测定钛与铁。

8.4.4.1 过氧化氢光度法

在硫酸介质中，钛与过氧化氢生成过钛酸黄色配合物，其最大吸收波长在420nm处。在实际工作中可以在400～450nm波长范围内进行测定。在50mL溶液中含有0～1000μg二氧化钛时，其颜色强度与浓度成正比，可用于钛的光度测定。

（1）显色条件 钛与过氧化氢的反应可以在硫酸、硝酸、高氯酸或盐酸溶液中进行。在盐酸溶液中，当Cl^-浓度很大时，钛以阴离子$TiCl_6^{2-}$状态存在，与过氧化氢作用时也形成黄色配阳离子，因此不宜在盐酸介质中显色。通常在5%～10%的硫酸溶液中进行显色。酸度太小时，TiO^{2+}盐易水解生成难溶性偏钛酸：

$$TiOSO_4 + 2 H_2O \Longrightarrow TiO(OH)_2 \downarrow + H_2SO_4$$

上述反应会影响钛与过氧化氢的结合，使测定结果偏低。酸度过大时，又会促使过氧化氢分解，降低颜色强度。

钛与过氧化氢的配合物不很稳定，其离解常数为10^{-4}。如果过氧化氢的量不足，或由于过氧化氢分解而降低了浓度，则会使配合物显著地离解而颜色变浅。因此，在被测定溶液中应保证有足够量的过氧化氢存在。但过氧化氢存在量也不宜太多，否则，由于其分解而放出的氧气分散成细小的气泡，附着于比色池壁上，妨碍比色的进行。通常在50mL溶液中有3%过氧化氢2～3mL即可。

温度低时（10℃以下），显色产物稳定时间较长，但显色很慢；温度高（30℃以上）时，显色快，但显色产物稳定时间较短。通常在20～25℃进行显色，3min后颜色即达最大强度，稳定时间可达24h。

（2）干扰元素及其消除 钼、钒、铬和铌在酸性溶液中能与过氧化氢生成有色配合物，影响测定。含量高时，可用氢氧化钾溶液沉淀钛（铁），而钼、钒、铬和大部分铌留在滤液中而与之分离。

铜、镍、钴和铁等有色离子含量高时有干扰。用氨水沉淀钛、铁，使铜、镍、钴均成配离子，过滤分离。Fe^{3+}在硫酸溶液中略带颜色，加入磷酸可使Fe^{3+}生成无色$[Fe(HPO_4)_2]^-$以消除其影响，(1+1) 的磷酸 4mL 可掩蔽 70mg 的铁。

F^- 在酸性溶液中能与钛生成稳定的配合物：

$$TiO^{2+} + 6 F^- + 2 H^+ \Longrightarrow TiF_6^{2-} + H_2O$$

上述反应会影响钛与过氧化氢的反应，干扰测定。可用硫酸蒸发冒烟除去氟化物。

PO_4^{3-} 能与钛生成配离子，减弱过氧化氢-钛配合物的颜色强度。因此，为了掩蔽铁的干扰而加入磷酸时，应控制用量。一般溶液中磷酸浓度以 $0.3mol \cdot L^{-1}$ 为宜，铁含量高时，可适当增加磷酸浓度。在标准系列中也必须加入等量的磷酸，以抵消其影响。

碱金属的硫酸盐，特别是硫酸钾大量存在时，会降低钛与过氧化氢配合物的颜色强度，可增大硫酸浓度至 $6.8mol \cdot L^{-1}$，并在标准系列中加入同样的盐类，以消除其影响。

8.4.4.2 钛铁试剂光度法

在酸性介质中，铁与钛铁试剂形成黄色配合物，其最大吸收波长为 410nm，摩尔吸光系数为 $1.5 \times 10^4 L \cdot mol^{-1} \cdot cm^{-1}$。50mL 溶液中含二氧化钛 $0 \sim 200\mu g$ 时，符合比耳定律，可以进行光度测定。

在加入试剂后 $30 \sim 40min$ 即可显色完全，并能稳定 4h 以上。

显色时酸度应严格控制在 pH4.7～4.9 范围内，一般以刚果红试纸为指示剂，用（1+1）氨水中和至黄色，再如入 pH4.7 的乙酸-乙酸钠缓冲溶液，然后加入钛铁试剂进行显色。Fe^{3+} 与钛铁试剂作用生成蓝紫色配合物将干扰测定。如果在测定前出现蓝紫色，可加入少许硫代硫酸钠或抗坏血酸，使 Fe^{3+} 还原为 Fe^{2+}，紫色即消褪。但硫代硫酸钠的用量不能过多，并应避免强烈摇动，以防硫代硫酸钠分解而使溶液变浑。显色后，比色管应加塞，以免 Fe^{2+} 氧化。

铜、钒、钼、铬、钨等与钛铁试剂形成有色配合物，含量高时干扰测定。但在硅酸盐岩石中，这些元素一般含量甚微，可不考虑。铝、钙等能与钛铁试剂生成无色配合物，消耗试剂，使钛显色不完全，可增加钛铁试剂的用量，以消除这些元素的影响。

本方法灵敏度较过氧化氢法为高，适用于 0.5% 以下的二氧化钛的测定。

钛铁试剂还可用于钛、铁连续测定，在 pH4.7～4.9 的缓冲溶液中，Fe^{3+} 与钛铁试剂形成蓝紫色配合物，于波长 565nm 处有最大吸收峰。比色测定铁后的溶液中，加入硫代硫酸钠或抗坏血酸，使 Fe^{3+} 还原成 Fe^{2+}，溶液中蓝紫色消失而呈现钛配合物的黄色，可进行钛的比色测定。在 50mL 溶液中含 $0 \sim 500\mu g$ 三氧化二铁、二氧化钛时，用铁钛试剂显色后，其颜色强度与浓度成比例关系。生成的配合物都很稳定，在 20h 以内，颜色强度无明显变化，本方法灵敏度高，可测至 $1\mu g$ 二氧化钛和 $5\mu g$ 三氧化二铁。

8.4.4.3 二安替比林甲烷光度法

在 $c(H_2SO_4)$ 为 $0.25 \sim 2mol \cdot L^{-1}$ 的硫酸或 $c(HCl)$ 为 $0.5 \sim 4 mol \cdot L^{-1}$ 的盐酸介质中，二安替比林甲烷与钛生成黄色配合物，摩尔吸光系数为 $1.47 \times 10^4 L \cdot mol^{-1} \cdot cm^{-1}$，可借此进行钛的光度法测定。

此法选择性较好，铬（Ⅵ）、钒（Ⅴ）、铈（Ⅳ）离子本身有颜色干扰钛的测定，可用抗坏血酸还原消除。当这些元素含量较高时，则应另取一份不加显色剂但其他条件完全与测定溶液相同的溶液作参比，以消除其影响。抗坏血酸还能有效地还原铁（Ⅲ），消除铁的干扰。在此条件下，10mg 的铁（Ⅲ）、铅、钙、镁和铝离子，5mg 的锰（Ⅱ）、镍、铜和锌，3mg 的银，1mg 的钴、砷（Ⅴ）、钨（Ⅵ）、钼（Ⅵ）、钒（Ⅴ）、铌、钽和镧，0.5mg 的铀（Ⅵ）和锆，0.25mg 锡（Ⅵ）均不干扰测定。

酒石酸、柠檬酸和少量硝酸对测定均无影响，但草酸使钛的显色物颜色减弱，可加入铜（Ⅱ）离子催化以消除其影响。F^- 和 H_2O_2 干扰测定，高氯酸与试剂生成沉淀，不应存在。

二安替比林甲烷可按下法合成：称取安替比林于烧杯中，加入少量水及 $1\sim2mL$（$1+8$）盐酸溶解，并按每克安替比林加 $3\sim4mL$ 甲醛（约 40%），在水浴上加热 $30\sim40h$，然后将此温热的溶液用氨水中和至有氨味。此时即析出二安替比林甲烷，冷却，过滤，用水洗涤，烘干后即可使用，必要时可用乙醇重结晶一次。有关反应方程式如下：

安替比林　　　甲醛　　　　　　二安替比林甲烷

本测定方法简便、条件易于控制、适用范围较广，可用于各种岩石、矿物中低含量钛的测定。

8.4.5 氧化亚铁

硅酸盐中铁（Ⅲ）通常与铝伴生，铁（Ⅱ）则通常与镁伴生。氧化亚铁的测定能帮助确定硅酸盐的类型和了解岩石的氧化程度。

如何避免在样品粉碎和分解过程中亚铁的氧化是测定亚铁的关键。

试样中若含硫化物及有机物质，则会导致亚铁的结果偏高。

8.4.5.1 直接测定法

试样用氢氟酸-硫酸快速分解，剩余的 F^- 用饱和硼酸溶液消除。然后用重铬酸钾滴定溶液中的 Fe^{2+}。为了防止分解过程中亚铁被氧化，一般先加入近沸的硫酸，再加入氢氟酸，然后迅速加热至沸。大量混合酸气的存在能阻止空气进入而防止亚铁被氧化。

8.4.5.2 间接测定法

试样在氢氟酸中浸泡而逐步分解。为了避免分解过程中亚铁被空气氧化，应先加入一定量的偏钒酸铵。试样分解时产生的亚铁离子立即被五价钒氧化。再用硫酸亚铁铵滴定剩余的偏钒酸铵，以此计算亚铁的含量。

分解试样在铂坩埚或塑料坩埚中进行，注入氢氟酸前先加入偏钒酸铵，并盖上盖子。试样分解完后，将坩埚内溶液倒入饱和硼酸溶液中，加入一定量硫酸，立即进行滴定。

8.4.5.3 含硫化物试样中亚铁的测定

试样中含有硫化物时，加酸分解时会产生硫化氢，将部分 Fe^{3+} 还原为 Fe^{2+}，使测定结果偏离。因此在用硫酸-氢氟酸分解试样时，加入氯化高汞消除硫化物的干扰。硫化氢与氯化高汞以及硫酸生成 $HgS \cdot HgSO_4$ 白色沉淀，在滴定亚铁时此化合物不消耗重铬酸钾。

此方法适用于含硫 4% 以下的试样。

8.4.6 氧化钙、氧化镁

氧化钙、氧化镁的测定方法较多，有重量法、滴定法、分光光度法以及原子吸收法等。

8.4.6.1 重量法

在经典分析系统中，用草酸盐重量法测定氧化钙，焦磷酸镁重量法测定氧化镁。

在分离二三氧化物和二氧化硅后的滤液中，Ca^{2+} 与草酸铵或草酸形成草酸钙沉淀，然后将草酸钙灼烧成氧化钙，进行重量法测定。

草酸钙在冷水中溶解度很小，但在热水中溶解度显著增高。如果溶液中含有过量的 $C_2O_4^{2-}$，则草酸钙溶解度大大降低。在热的溶液或在用乙酸酸化的溶液中进行沉淀，则得到晶粒较大的沉淀，易于过滤和洗涤。

如果试样中含有锶和钡时，锶也会形成草酸盐与钙一起沉淀。分离锶和钙的方法是基于硝酸锶不溶于浓硝酸或无水丙酮中，而硝酸钙在此情况下是可溶解的。

镁与草酸根结合形成可溶性的配合物，降低了溶液中草酸根的浓度，使草酸钙溶解度增高。加入过量的草酸铵，可以改善这种情况。

草酸镁在一定情况下与草酸钙形成共沉淀，从而影响测定，可将钙在含有铵盐的酸性溶液中析出，然后用氢氧化铵慢慢中和。当钙含量低时，沉淀不易析出，可将沉淀放置一定时间，使沉淀颗粒逐渐变大而析出。但是，当镁的含量很高时，放置时间不宜太长，否则镁很可能共沉淀。通过两次沉淀可使钙完全与镁分离。

从分离草酸钙的滤液中，加入磷酸氢二铵溶液，在有过量氢氧化铵存在下，镁以磷酸铵镁 $MgNH_4PO_4 \cdot 6H_2O$ 形式沉淀，此沉淀在 1100℃灼烧后形成焦磷酸镁。

除磷酸铵镁沉淀外，$Mg(H_2PO_4)_2$、$MgHPO_4$、$Mg_3(PO_4)_2$ 及 $(NH_4)_3PO_4$ 可能产生共沉淀。减少共沉淀的方法是将镁进行两次沉淀，同时严格控制铵盐以及磷酸氢二铵的用量。

第一次沉淀磷酸铵镁时，沉淀会夹杂溶液中的其他物质，如碱金属及锰离子等。进行两次沉淀可将这些杂质分离，但锰完全与镁一同沉淀。如果在沉淀前分离二三氧化物时，未将锰一同分离除去，则应该用光度法测定焦磷酸镁中锰的含量，然后校正镁的结果。

沉淀灰化时要特别注意，必须在低温下尽可能把碳质烧掉。如果灰化作用过快，还原作用将使少量磷游离出来，这会损坏铂坩埚。因此灼烧沉淀最好在光滑的瓷坩埚中进行。

灼烧温度不能低于 1000℃，否则得不到纯的焦磷酸镁。

8.4.6.2 EDTA 配位滴定法

对于氧化钙、氧化镁含量较高的样品，常用此方法进行测定。

EDTA 与 Ca^{2+}、Mg^{2+} 在一定的 pH 下能形成稳定的配合物（Mg-EDTA $pK = 8.69$，Ca-EDTA $pK = 10.69$），选择适当的条件，可以用 EDTA 滴定钙、镁。此法操作较重量法简单，但分析质量存在一定问题，如干扰元素对钙和镁的影响问题、钙与镁之间的相互干扰问题、滴定终点的准确辨认问题等，因此分析中要特别注意。采用化学方法分离干扰元素，能得到满意的结果，但钙与镁的分离方法手续复杂，未显示出 EDTA 滴定方法简单快速的优点。

(1) 不经分离的钙、镁直接测定法　用 EDTA 配位滴定法测定钙、镁时，铁、铝、钛、锰、钡、镍、钴、铜、铅、锌、铬等均干扰测定。当干扰元素含量较低时可用掩蔽法消除影响。最常用的掩蔽剂是三乙醇胺与氰化钾。三乙醇胺可掩蔽铁、铝、钛和锰，氰化钾可掩蔽银、汞、铜、镉、锌、钴、镍等有色金属离子。二巯基丙醇或 L-半胱氨酸也能掩蔽有色金属离子，但效果不及氰化钾。氰化钾有剧毒，使用时要特别小心，一定不能在酸性溶液中加入氰化钾，以免产生氰化氢。废液需经硫酸亚铁铵处理。氰化钾不能掩蔽铅，需用铜试剂掩蔽。钛含量高（超过 2mg）时不被三乙醇胺掩蔽，可加入苦杏仁酸掩蔽钛。

在 pH＝12 滴定钙时，氢氧化镁会形成沉淀，沉淀吸附 Ca^{2+}，使钙的测定结果偏低。同时，大量的氢氧化镁沉淀也会吸附指示剂，使终点不明显。为了解决镁对测定钙的干扰，可采取以下措施。

① 加入保护物质以阻止氢氧化镁沉淀　在大量镁存在下滴定钙时，可在滴定前加入糊

精、蔗糖、甘油或聚乙烯醇等作氢氧化镁胶体化隐蔽剂，以防止氢氧化镁凝聚。其中以糊精隐蔽法较为优越，可使 30mg 以下的氢氧化镁保持胶体溶液状态而不析出沉淀。这一方法能减少氢氧化镁对钙的吸附，但不能完全消除。

② 在氢氧化镁沉淀前用配位剂降低钙离子浓度。有两种方式：一是加入过量的 EDTA 然后调节 pH 为 12.5～13。用钙标准溶液滴定过剩的 EDTA。二是加入一定量的 EDTA 配位大部分的钙（约 95%），然后调节 pH 为 12.5～13，加入适当的指示剂，再用 EDTA 滴至终点。

③ 应用 EGTA 一种方法是应用以下反应：

$$Ca^{2+} + Ba\text{-}EGTA + SO_4^{2-} \Longrightarrow Ca\text{-}EGTA + BaSO_4$$

钙、钡、镁的 EGTA 配合物稳定常数的对数值分别为 11.0、8.4 和 5.2。在以上反应中，镁不能从 Ba-EGTA 中取代钡，故可在钙和镁的溶液中加入多于钙的 Ba-EGTA 配合物和硫酸钠。反应结果生成 Ca-EGTA 和硫酸钡沉淀（不需过滤），溶液中的镁就可用 EDTA 按常法滴定。据资料介绍，此法允许有 150 倍的钙存在时滴定镁。

另一种方法是利用钙、镁与 EGTA 的配合物稳定常数相差较大，用较灵敏的指示剂进行钙的滴定。例如以钙黄绿素作指示剂，用 EGTA 滴定钙，然后用 EDTA 直接滴定镁。

配位滴定法测定钙、镁的指示剂很多，目前常用作滴定钙的指示剂有：钙黄绿素、钙试剂、钙指示剂、酸性铬蓝 K 等；常用作滴定镁的指示剂有：铬黑 T、酸性铬蓝 K 等。

钙黄绿素是一种常用的荧光黄指示剂。在 pH>12 时，指示剂本身无荧光，但与 Ca^{2+}、Sr^{2+}、Ba^{2+}、Al^{3+} 等配位即呈现黄绿色荧光。它对 Ca^{2+} 特别灵敏，可检出 $0.08\mu g$ 的 Ca^{2+}，因此，可用作滴定钙的指示剂，终点的现象是黄绿色荧光突然消失，溶液呈浅橙红色。但有时由于在合成或储存时分解产生荧光黄，会使滴定终点仍有残余荧光。遇此情况，可用中性荧光物质如吖啶加以遮盖，或进行提纯后再用。也可在滴定时加入少许百里酚酞或酚酞溶液，使终点的残余荧光为游离的百里酚酞或酚酞的紫红色所遮盖，使终点明显。钙黄绿素也能与钾、钠产生微弱的荧光，而钠的这种作用又较钾为强，因此应避免引入钠盐，通常用氢氧化钾调节酸度。

酸性铬蓝 K 在酸性溶液中呈玫瑰红色，在碱性溶液中呈蓝色。它在碱性溶液中能与 Ca^{2+}、Mg^{2+} 形成玫瑰色的配合物，较常用于钙、镁配合滴定指示剂。为了使终点变化敏锐，常加入萘酚绿 B（本身为绿色）作为衬色剂。酸性铬蓝 K 与萘酚绿 B 用量的比例，须根据试剂质量而定，应在使用前进行试验。

不经分离的钙、镁直接测定法是不分离干扰元素、采用掩蔽方法消除干扰元素的影响，然后进行钙、镁的滴定。即分取两份二氧化硅的滤液，加入三乙醇胺，将其中一份溶液调至 pH 为 12.5～13，必要时滴加氰化钾溶液、选用适当指示剂，用 EDTA 滴定钙；另一份溶液调至 pH=10，以酸性铬蓝 K 与萘酚绿 B 为指示剂，用 EDTA 滴定钙、镁合量，减去钙量即为镁量。

(2) 分离干扰元素后的钙、镁连续滴定法 对成分比较复杂、干扰元素含量较高的样品，用掩蔽法无法消除干扰，或者无法辨认终点，则必须预先分离干扰元素。

大量铁（每 100mL 中含量超过 50mg）存在时，由于过多的胶态氢氧化铁生成，用三乙醇胺掩蔽铁，溶液呈棕色，影响终点的观察，而且铁的三乙醇胺配合物能破坏铬黑 T，因此铁量大时必须预先分离，除一般使用的氨水沉淀法及六亚甲基四胺沉淀法外，也可在 pH=5.5～6.5 的醋酸盐溶液中使铁、铝水解成碱式醋酸盐沉淀而分离。

Mn^{2+} 的三乙醇胺配合物易为空气氧化成 Mn^{3+} 的深绿色配合物，亦能分解铬黑 T，故锰量大时也必须预先分离除去。一般加入铜试剂使锰生成紫色难溶性化合物而沉淀，若锰量过高时沉淀不完全，可在硝酸溶液中，用氯酸钾使锰沉淀而分离除去。

在 pH≥12 的溶液中，二氧化硅含量大于 5mg 时，钙与硅酸生成硅酸钙沉淀，影响测定。一般在分离硅酸后的溶液中测定钙、镁，无此干扰。锶、钡存在时有干扰，可在滴定前加入硫酸钾使生成硫酸盐沉淀以消除干扰。

用配合滴定法测定钙、镁，目前比较广泛采用六亚甲基四胺-铜试剂小体积沉淀分离的方法消除干扰元素。在六亚甲基四胺溶液中（pH＝6.0～6.5），铝、钛、锡、铬、锆、钍等能沉淀成氢氧化物沉淀；铜试剂则能和汞、银、铜、钴、镍、铅、锌、镉、锑等形成配合物沉淀；Fe^{3+} 先生成氢氧化物，然后转化为铁的铜试剂配合物沉淀。

在六亚甲基四胺溶液中，有大量铁、铝存在时，磷、钒、钼亦可沉淀完全。Mn^{2+} 在六亚甲基四胺-铜试剂溶液中被空气中的氧氧化成 Mn^{3+} 与铜试剂生成紫红色沉淀，但锰含量高时沉淀不完全。

六亚甲基四胺-铜试剂小体积沉淀分离法中析出的沉淀，结构紧密、含水较少、颗粒粗大，因此表面积较小，可以减少沉淀对钙、镁的吸附，故只需沉淀一次即能分离完全。

分离了干扰元素后，可采用连续滴定法测定钙、镁。即首先调节溶液 pH 至 12，以酸性铬蓝 K-萘酚绿 B 为指示剂，用 EDTA 滴定钙，然后将滴定钙后的溶液调节至 pH＝10，再用 EDTA 滴定镁。

8.4.6.3 原子吸收分光光度法

原子吸收分光光度法测定钙、镁，最大优点是可以简便地解决钙、镁互相之间的影响和其他元素的干扰问题。

用原子吸收分光光度法测定钙、镁，若喷雾时溶液中有一些阳离子和阴离子存在，钙、镁会生成难挥发的化合物，使固体粒子的蒸发和自由电子的浓度减少而影响测定。铝、钛、铁、锆、铪、钍、铬、钒、铀以及硅酸盐、磷酸盐、硫酸盐和其他一些阴离子，都有这种抑制作用。镁和铝在水溶液中生成尖晶石（$MgAl_2O_4$）粒子，已为 X 射线衍射分析所证实。对这种干扰的消除，最好的方法是在溶液中加入释放剂和有机化合物。锶、镧的化合物常作为释放剂，8-羟基喹啉或 EDTA 可作为保护剂。在单独使用有机化合物时，不能完全消除干扰。将有机化合物和释放剂一起使用则消除干扰的效果良好。

（1）钙的测定方法 用氢氟酸、盐酸或高氯酸分解试样或分取分离 SiO_2 的滤液，在 $0.12mol \cdot L^{-1}$ HCl 溶液中，加入氯化锶消除干扰，用空气-乙炔火焰进行测定。试液中 $200\mu g \cdot g^{-1}$ 镁、钠、钾、铝、锂、锰、钡，$500\mu g \cdot g^{-1}$ 铁，$100\mu g \cdot g^{-1}$ 铍、钴、铅、镉，$50\mu g \cdot g^{-1}$ 铜、锌、铬、镍、铋、钒、铷、铯、钛，$10mg \cdot g^{-1}$ 锆、钨、钼、锡、金，$200\mu g \cdot g^{-1}$ NH_4^+、SO_4^{2-}、F^-、CO_3^{2-}、BO_3^{3-}、NO_3^-、NO_2^-、Br^-、I^-，$50\mu g \cdot g^{-1}$ SO_3^{2-}、PO_4^{2-} 等，对测定无干扰。盐酸浓度 $0.24mol \cdot L^{-1}$，高氯酸浓度 $0.7mol \cdot L^{-1}$，氯化锶浓度 $100g \cdot L^{-1}$ 对测定结果无影响。在原子吸收分光光度计上，于 422.7nm 波长处测量钙的吸光度。

（2）镁的测定方法 分离 SiO_2 后的滤液，或用氢氟酸、盐酸、高氯酸分解试样，在 $0.12mol \cdot L^{-1}$ HCl 溶液中，以空气-乙炔火焰进行测定。于 285.5nm 波长处测定镁的吸光度。

8.4.7 氧化锰

硅酸盐岩石中，锰的含量一般很低，通常采用分光光度法进行测定。在酸性溶液中，将 Mn^{2+} 氧化成高锰酸是一灵敏的特效反应，借高锰酸的紫红色测定锰的含量。原子吸收分光光度法测定锰简便快速，也是目前测定低含量锰的主要方法。

8.4.7.1 分光光度法

根据分光光度法中采用的氧化剂的不同，可分以下三种方法。

（1）过硫酸铵-银盐法　在酸性溶液中，以硝酸银为催化剂，用过硫酸铵将 Mn^{2+} 氧化成紫红色的高锰酸，借以进行比色测定：

$$2Mn^{2+} + 5S_2O_8^{2-} + 8H_2O \xrightarrow{AgNO_3} 2MnO_4^- + 10SO_4^{2-} + 16H^+$$

反应进行较快，一般煮沸 2～3min 即可完成，这是其优点。但在显色后，过剩的过硫酸铵分解放出的过氧化氢，可对高锰酸起还原作用，而使颜色消褪加快，这是其缺点。

（2）高碘酸钾法　在酸性溶液中，用高碘酸将 Mn^{2+} 氧化成紫红色的高锰酸，借以进行比色测定：

$$2Mn^{2+} + 5IO_4^- + 3H_2O = 2MnO_4^- + 5IO_3^- + 6H^+$$

反应进行较慢，一般要将溶液煮沸并保温 20min，才能氧化完全，锰量低时更难氧化，这是其缺点。但一经显色后，在过量的高碘酸钾存在下，将溶液放置暗处，最少可稳定 1d 以上。

（3）混合氧化剂法　称取 1g 高碘酸钾，加入 100mL $\varphi(H_2SO_4\text{-}H_3PO_4) = 12.5\%$ 硫磷混合酸，微热使之溶解，迅速冷却，再加入 0.5g 过硫酸铵及 1.5mL $20g \cdot L^{-1}$ 硝酸银溶液，搅拌均匀制成混合氧化剂。采用此混合氧化剂显色，可兼具过硫酸铵-银盐法和高碘酸钾法的优点：使 Mn^{2+} 较快地氧化成高锰酸，并使颜色保持稳定。

用过硫酸铵或高碘酸钾氧化 Mn^{2+} 的反应，须在硫酸和磷酸溶液中进行。锰含量较高时，硫酸酸度最好为 5%～10%（体积分数）；对低含量锰，则以 5%～6%（体积分数）为宜。酸度过大时显色不完全，酸度太小则发色很慢。在热溶液中发色较快，一般可在沸水浴上加热或煮沸，使发色完全。采用过硫酸铵作氧化剂时，加热煮沸还可以破坏过剩的过硫酸铵，以避免比色时由于过硫酸铵的继续分解而产生小气泡影响测定。但煮沸时间不宜过久，煮沸过久会引起部分高锰酸的分解，使结果偏低。

显色前加入磷酸，可以通过配离子 $[Fe(HPO_4)_2]^-$ 的形成，消除 Fe^{3+} 的颜色干扰，并防止锰的碘酸盐或过碘酸盐及二氧化锰等沉淀的产生，从而保证 Mn^{2+} 顺利地氧化为高锰酸。但磷酸中常含有还原性物质，以致在加入磷酸并进行显色后，常常一经冷却，高锰酸的紫红色即逐渐消褪。为了除去磷酸中的还原性物质，可预先在磷酸中加入过氧化氢，并加热以氧化之，过剩的过氧化氢煮沸除去；也可加入硝酸，并加热至磷酸开始冒白烟、冷却后使用。

硫化物、亚硝酸盐、溴化物、碘化物、氯化物、草酸盐、有机物（如动物胶）以及其他还原性物质均有干扰。可用硝酸或硝酸混合酸加热蒸发除去。

$$2MnO_4^- + 16H^+ + 10Cl^- = 2Mn^{2+} + 5Cl_2 + 8H_2O$$

$$4MnO_4^- + 12H^+ + 5C = 4Mn^{2+} + 5CO_2 + 6H_2O$$

Fe^{2+}、As^{3+}、Sn^{2+} 等离子具有还原性，因此它们能将高价锰还原为低价。但当过硫酸铵或高碘酸钾氧化 Mn^{2+} 时，它们也能被氧化而失去还原性，因而不影响测定。但若含量过高，则由于它们消耗氧化剂量大，应预先除去。

砷酸盐、硼酸盐、过氯酸盐、焦磷酸盐及氟离子均不影响测定。

Cu^{2+}、Co^{2+}、Ni^{2+} 由于离子本身具有颜色而干扰测定，可在铁离子存在下，用氨水和过硫酸铵使锰形成水合二氧化锰沉淀而与之分离。

低价的铬、铈、钒在酸性溶液中，均可被氧化成橙色或黄色的高价状态而妨碍比色，但用光度计在波长 510～550nm 处测量时，它们的吸光度均极低，对测定影响甚微。

铋（Ⅲ）和锡（Ⅳ）易水解而干扰测定，但在硅酸盐岩石中，它们一般不存在，可不予考虑。Pb^{2+} 含量高时，生成硫酸盐沉淀，影响比色，须预先使其沉淀成硫酸铅过滤除去。

本方法可测定 0.005%～1% 的锰。

如果在分离二氧化硅后的滤液中测定锰，则可先在盐酸存在的条件下，用过氧化氢光度法测定钛，然后在溶液中加浓硝酸，加热蒸发至冒烟以除去盐酸并破坏有机物，用过硫酸铵或高碘酸钾显色以测定锰。

如果单独取样用氢氟酸-硫酸分解，则可先用过硫酸铵法或高碘酸钾测定锰，然后在测定锰的溶液中加过氧化氢将锰还原成低价，并与钛生成黄色配合物，借以进行光度法测定。

以上两种方法均为钛、锰的连续测定方法。

8.4.7.2　原子吸收分光光度法

取分离二氧化硅后的滤液，或将试样经氢氟酸、硝酸和高氯酸分解，在 $0.12mol \cdot L^{-1}$ 的盐酸介质中，于原子吸收分光光度计上，用空气-乙炔火焰进行测定。

溶液中 $6000\mu g \cdot mL^{-1}$ 的铁离子，$4000\mu g \cdot mL^{-1}$ 的铝、锌离子，$3000\mu g \cdot mL^{-1}$ 的镁、钠离子，$2000\mu g \cdot mL^{-1}$ 的钾、锶离子，$1000\mu g \cdot mL^{-1}$ 的镍、锑（Ⅴ），$500\mu g \cdot mL^{-1}$ 铬、钒（Ⅴ）、钴离子，$200\mu g \cdot mL^{-1}$ 的钼（Ⅵ）、汞、钙、砷（Ⅴ）对测定均无干扰。5%（体积分数）以内的盐酸、硝酸，10%（体积分数）以内的硫酸不影响测定。

该方法可用于铁和锰的连续测定。

8.4.8　五氧化二磷

硅酸盐岩石中，磷的含量一般很低，通常采用使磷生成磷钼杂多酸配合物的磷钒钼黄分光光度法或磷钼蓝分光光度法。磷钒钼黄法颜色稳定、重现性好，常见的干扰元素经一定处理后可不影响测定。此方法较广泛地应用于矿石中磷的测定。磷钼蓝法对还原条件要求较严格，显色物不够稳定，砷、硅严重干扰测定，但方法灵敏度高，多用于低含量磷的测定。

近年来用原子吸收分光光度法间接测定磷已有研究和使用，将磷钒钼黄杂多酸配合物用异戊醇萃取以分离过量的钼，有机相喷入空气-乙炔火焰中，用吸收线 331.3nm 测定钼的吸光度，再换算出磷的量。方法简便快速、灵敏度高。对磷含量高的试样，可以改变空气-乙炔流量比或用钼的次灵敏吸收线进行测定。因此这方法测定的范围较宽。

8.4.8.1　磷钒钼黄分光光度法

在硝酸溶液中，磷酸盐与钒酸铵、钼酸铵作用生成可溶性的黄色磷钒钼杂多酸，其颜色强度与磷的浓度成正比，借此可进行磷的比色测定。

$$2 H_3PO_4 + 22 (NH_4)_2MoO_4 + 2 NH_4VO_3 + 46 HNO_3 \Longrightarrow$$
$$P_2O_5 \cdot V_2O_5 \cdot 22 MoO_3 \cdot nH_2O + 46 NH_4NO_3 + (26-n)H_2O$$

黄色磷钒钼杂多酸的最大吸收波长为 315nm，通常选择在 420nm 处进行测量。

显色时，硝酸浓度 $\varphi(HNO_3)$ 为 4%～10%（体积分数）为宜，酸度太低时，硅、砷会生成黄色硅钼酸、砷钼酸，干扰磷的测定；酸度大于 10% 时，磷显色缓慢，通常选择 8% 的硝酸介质较为适宜。用分离二氧化硅的滤液测磷，需要将溶液转化为硝酸溶液。单独取样测定时，可用氢氟酸-高氯酸分解试样。

温度对显色速度有影响，温度低时显色缓慢，并且颜色强度也极不一致，一般以 20～30℃ 较为适宜。如果室温低时，可将溶液置水浴上热至 20～30℃ 显色。显色 15min 后即可比色，但有铋、钍、砷及氟化物存在时，它们会使发色速度减慢，故一般放置半小时后再行比色。

硅酸的影响与溶液的酸度、温度和放置时间有关。酸度低、温度高或放置时间长均会增加硅酸的影响。

少量铁在硝酸溶液中颜色不显著，但在盐酸溶液中形成三氯化铁的黄色干扰测定，故溶液中有盐酸存在时，必须反复用硝酸蒸干以驱逐盐酸。大量的 Fe^{3+} 能产生明显的黄色，使磷的结果偏高。Fe^{2+} 虽近于无色，但它能还原显色剂中的钒和钼。因此铁量高时，宜用碱熔样、水浸取、过滤，使磷成可溶性磷酸盐转入溶液，铁成氢氧化铁沉淀而分离。但是，如果试样中钙、镁含量较高，则部分 PO_4^{3-} 将进入沉淀而使结果偏低。可用 EDTA 配合物掩蔽法消除钙、镁的影响。铁的干扰可用正戊醇萃取分离法消除。

大量砷的存在使发色缓慢，可在盐酸溶液中加入溴化物，加热使砷挥发除去。F^- 也会延缓发色，可在酸性溶液中低温蒸干除去。

Cu^{2+}、Co^{2+}、Ni^{2+} 等有色离子量高时影响比色，可用 Fe^{3+} 或 Be^{2+} 作载体，用氨水沉淀，使 Cu^{2+}、Co^{2+}、Ni^{2+} 形成可溶性的氨配离子而进入滤液与磷分离。Cr^{3+} 的影响，可在硫酸溶液中，用过硫酸铵和银盐氧化成铬酸，再用铁或铍作载体用氨水沉淀分离。

Cl^- 和 SO_4^{2-} 能减弱颜色强度，因此需驱除 Cl^-，并避免使用硫酸。

磷钒钼黄光度法适用于各种含量磷的测定。微量磷可用正戊醇、异戊醇和乙酸乙酯等将黄色配合物萃取至有机相中进行比色。萃取光度法也适用于大量铁及有色离子存在的试样中磷的测定。

8.4.8.2　磷钼蓝光度法

在酸性溶液中，磷酸与钼酸生成黄色的磷钼杂多酸，还原后生成可溶性的蓝色配合物磷钼蓝，可借以进行比色测定。

常用的还原剂有抗坏血酸、硫酸肼、二氯化锡、硫酸亚铁等。

$$H_3PO_4 + 12H_2MoO_4 \Longrightarrow H_7[P(Mo_2O_7)_6] + 10H_2O$$

$$H_7[P(Mo_2O_7)_6] + 4Fe(SO_4) + 2H_2SO_4 \Longrightarrow$$

$$H_7\begin{bmatrix} Mo_2O_5 \\ P \\ (Mo_2O_7)_5 \end{bmatrix} + 2Fe_2(SO_4)_3 + 2H_2O$$

在用磷钼蓝光度法测定磷时，显色酸度必须严格控制。酸度过低时，钼酸本身也能被还原而产生蓝色；酸度过高时，磷钼蓝会被分解破坏。酸度最好控制在 $c(HCl)$ 为 $0.3\sim0.7\,mol\cdot L^{-1}$ 的范围内，盐酸浓度大于 $0.8\,mol\cdot L^{-1}$ 时磷钼蓝大部分被破坏，至 $1.2\,mol\cdot L^{-1}$ 时，磷钼蓝即不能生成；盐酸酸度小于 $0.3\,mol\cdot L^{-1}$ 时，游离的钼酸会被还原而显蓝色。通常在 $0.7\,mol\cdot L^{-1}$ 的酸度下进行显色。

钼酸铵显色剂的加入量应力求准确，太少时发色慢，过多时可能有部分游离的钼酸被还原，使磷的测定结果偏离。

温度对显色速度有很大影响。煮沸可以便溶液很快发色完全，长时间煮沸会破坏还原剂。一般煮沸 $1\sim3\,min$ 即可。

硅酸、砷酸能与钼酸形成类似的杂多酸，还原后也能生成蓝色的配合物干扰测定。硅酸盐岩石系统分析中分离二氧化硅后的滤液中残留的硅酸量很小。如单独取样用氢氟酸-过氯酸处理，则大量硅挥发除去。少量硅的干扰可加入酒石酸，使生成稳定的配合物而消除。加入酒石酸还可以阻止游离钼酸还原而产生干扰。砷酸在硅酸盐岩石中一般不存在，可不予考虑。如果有砷存在，可加入碘化钾将 As(Ⅴ) 还原为 As(Ⅲ)，As(Ⅲ) 无干扰。

铝、锰、钙、镁及少量的铁（15mg 以下）对测定无干扰。钛量在 1mg 以上时，会使测定结果偏低。

为了消除干扰，可采用正戊醇、异戊醇萃取光度法。为了省去显色时的加热手续，可采用铋盐或锑盐室温下催化磷的显色。

8.4.9 氧化钾、氧化钠

硅酸盐分析中，经典的测定钾钠的方法是重量法，由子分析手续繁杂，准确度较差，且试剂昂贵，因此此法已被淘汰。容量法有四苯硼化钠-汞-EDTA 法、钴亚硝酸的-EDTA 法、四苯硼化钠-季铵盐法等，但这些方法应用很不广泛。目前通常用灵敏度高、快速简便的火焰光度法和原子吸收分光光度法。原子吸收分光光度法的干扰因素少，但准确度略低于火焰光度法。

8.4.9.1 火焰光度法

钾、钠原子被火焰的热能激发，发出具有一定波长的辐射线。钾的火焰为紫色，波长为 766nm；钠的火焰为黄色，波长 589nm，可分别用 765～770nm（钾）和 588～590nm（钠）的滤光片将钾、钠的辐射线分离出来后，投射于光电池或光电管上产生光电流。其光电流的大小，取决于钾、钠在火焰中激发所发生的辐射线强度，而辐射线强度与钾、钠的含量有关。借检流计测量光电流的大小，与标准曲线进行比较，即可求出钾、钠的含量。

干扰元素的影响程度与滤光片质量有关，在使用性能良好的干涉滤光片时，$500\mu g \cdot g^{-1}$ 的氧化铝、氧化铁、氧化钙、氧化镁对钾、钠的测定均无影响；当干涉滤光片性能较差时，$100\mu g \cdot g^{-1}$ 以上的氧化钙的存在，使测定钠时辐射强度急剧增加，加入 $34g \cdot L^{-1}$ 硫酸铝溶液 10mL，抑制钙的辐射以消除干扰（铝的存在能抑制钙的辐射强度，这一现象有两种解释：一种是认为由于钙的辐射能大部分为铝所吸收而引起的；另一种是认为形成了高沸点的铝酸钙，$CaAl_2O_4$ 沸点 1600℃，$Ca_3Al_2O_6$ 沸点 1535℃）。铁、钙等含量较高时，可在用草酸或碳酸铵分离钙、用尿素分离铁后，再用火焰光度法测定钾、钠。

Cl^-、SO_4^{2-}、HCO_3^-、CO_3^{2-}、NO_3^-、$C_2O_4^{2-}$ 等对钾、钠测定均无影响。PO_4^{3-} 对钠的测定无影响，对钾的测定有影响，可于标准溶液中加入相应的磷酸盐以抵消其影响。

由于自吸现象，使钾、钠相互影响。但当钾、钠含量不太悬殊时，其相互影响不大，可忽略不计。在精确分析中或试样中钾、钠含量较为悬殊时，则应按试样中钾、钠的比例配制相应的标准溶液，绘制标准曲线进行比较。标准曲线的斜率随钾、钠浓度增高而减小，这一现象是由于自吸的影响，使曲线呈弓形，精密度较差。因此，当钾、钠含量过高时，宜将溶液稀释后再进行测量，以减小误差。当样品中钾、钠含量较低时，也应相应地采用较低浓度的标准溶液作读数的标准点，以提高测定结果的精密度。

盐酸、硫酸浓度高时，会造成测定结果偏低，当 $c(H^+)$ 为 0.4 $mol \cdot L^{-1}$ 以下时，对测定钾、钠影响均不大。在硝酸溶液中测定时，分析结果的重现性较好。高氯酸使火焰不稳定，测定钾、钠的结果高低不一。铵盐含量高时，冷却后结晶于喷嘴口，妨碍测定的进行。

用氢氟酸-硫酸熔矿后，应注意赶尽 F^-，以免留于溶液中侵蚀玻璃，使结果偏高。基于同一原因，制备成溶液后，宜尽快进行火焰光度法测定。在系统分析中用氢氟酸-硫酸溶矿制备的溶液中，可以同时测定锰、钾、钠、磷，较为方便，与取二氧化硅滤液测定锰和磷比较，可省去赶盐酸等操作。

8.4.9.2 原子吸收分光光度法

用原子吸收分光光度法测定钾、钠，干扰元素少，所有在火焰光度法中可能产生的辐射干扰，在原子吸收法中几乎全部消除。原子吸收法的灵敏度略低于火焰光度法，但已足以达到分析的要求。原子吸收法较火焰光度法有较好的精密度。加入过量易电离的元素铯等，作为消电离剂，可以消除因电离而引起的干扰。有资料介绍，选择钾的次灵敏线 404.4nm、钠的次灵敏线 330.2nm，提高取样量，可得到良好的分析质量。

8.4.10 吸附水、化合水

根据水分与矿物、岩石的结合状态，一般可将水分分为吸附水和化合水。

吸附水以 H_2O^- 表示，亦称湿存水或湿度水。吸附水不属于岩石或矿物的组成，它通常存在于岩矿样品的表面或孔隙中，其存在量的多少与矿石的性质、试样颗粒的粒度及空气湿度有关。样品中吸附水的含量以其在 105～110℃温度中烘至恒重时失去的重量计算。

吸附水并非矿物的内在固有成分，因而在计算试样的总和时，该组分不列入计算之列，其他项目的测定结果，均以烘干过的样品为基体（干基）计算结果。

化合水以 H_2O^+ 表示，它包括结构水和结晶水。结构水以化合状态的氢或氢氧基存在于矿物的晶格中，结合非常牢固，在加热到一定温度时，才开始分解而放出水。例如绿帘石。

$$2 Ca_2(Al，Fe)_3(SiO_4)_3(OH) \Longleftrightarrow$$
$$4 CaO + 3 Al_2O_3(3Fe_2O_3) + 6 SiO_2 + H_2O$$

岩石中的结构水，因组成岩石的矿物不同，常需在不同温度范围内进行测定。

结晶水与矿物的结合稳定性较差，它是以 H_2O 分子状态存在于矿物的晶格中，如石膏 $CaSO_4 \cdot 2H_2O$、光卤石 $KCl \cdot MgCl \cdot 6H_2O$ 等。这类试样加热到较低的温度（低于 300℃）时结晶水便可除去。

测定化合水时，如试样中含有在高温下才能分解出水分或分解出其他挥发性物质（氟、氯、硫）的矿物，则在灼烧前必须加入能降低排水温度、并能与其他挥发性物质化合的特种熔剂，如氧化铅、铬酸铅、钨酸钠等。使用前将这些熔剂进行灼烧、干燥处理，密封保存。

测定化合水的方法有：化合水双球管灼烧重量法和直接吸收重量法。前者的优点是简便快速，但玻璃管受熔点限制，有些造岩矿物的化合水在 800～900℃不能全部释放，此时应该用直接吸收重量法测定。

8.4.10.1 化合水管灼烧法

化合水管是由硬质玻璃制成的双球管，长 150～200mm，内径 6～8mm，末端具有放置试样的玻璃球，管子中间有一个或两个供积水用的玻璃球，如图 8-7 所示 A 管。测定前先将化合水管 105～110℃烘干，使管内水分完全排除。用干的细颈漏斗（如图 8-7 所示 B 管），将试样倒入干的称量过的化合水管的末端球部，抽出细颈漏斗，将化合水管再称重，两次称量之差为所取试样重量。

在化合水管开口的一段套上有胶管的毛细管（如图 8-7 所示 C 管），以防止加热时水分的损失或空气中水分的渗入。用浸过冷水的布条缠住玻璃管中间的玻璃球，用喷灯缓慢加热装有试样的玻璃球，并使化合水管保持水平状态，同时不断转动管子使试样受热均匀，并不时向湿布滴加冷水，以防止蒸汽来不及从冷凝水管口溢出。当发现玻管中部有水滴凝结时，用强热灼烧 15min，将装有试样的玻璃球熔化，并拉掉弃去。冷至室温，将湿布及毛细管取去，用干布擦干带水分的玻璃外壁，称重，然后在 105～110℃烘干、冷却、称重。两次重量之差即为化合水量。

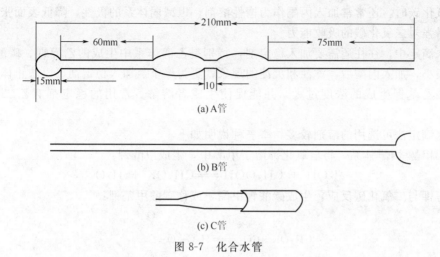

图 8-7　化合水管

8.4.10.2　直接吸收法

将试样放在 1100℃的管式炉中加热，使水分排出，用无水氯化钙或无水高氯酸镁吸收水分，称重以测定水分。无水氯化钙中经常含有氧化钙，而氧化钙能吸收二氧化碳，所以无水氯化钙事先要用二氧化碳饱和。

为了防止其他挥发性组分同时被吸收剂吸收，在试样与吸收装置之间装有灼烧过的氧化铅（PbO_2 和 Pb_3O_4 的混合物）和铬酸铅。

8.4.10.3　改进重量法

改进重量法原理与直接吸收法相同，不同的是排出的水分不用氯化钙吸收，而是将水分冷凝于 U 形双球管中，称重后再将它烘干，再称重。两次重量之差即为水分重量。本法装置较直接吸收法简单，准确度相近。

8.4.11　二氧化碳

硅酸盐岩石中二氧化碳含量很低，但仍是经常要求测定的项目之一。测定的方法有直接吸收重量法、气体体积测量法和非水滴定法。目前常采用重量法和非水滴定法。

试样若用酸分解，测定逸出的二氧化碳为试样中碳酸盐的碳；试样于高温管式炉中灼烧，测定逸出的二氧化碳为试样中的全碳。

8.4.11.1　非水滴定法

根据酸碱质子理论，一种物质在某种溶液中所表现出来的酸（或碱）的强度、即在该溶剂中的离解度，不仅与酸碱的本质有关，也与溶剂的性质有关。有些弱酸（或弱碱）在水溶液中无法进行酸碱滴定，但如果选择合适的非水溶剂，可使其酸度（或碱度）增大顺利地进行滴定。

二氧化碳是一弱酸酐，在水中形成的碳酸是一种弱酸，但如果把它溶于适当的有机溶剂中，使其给出质子的倾向增加，就可以进行酸碱滴定了。一般把能使物质给出质子的倾向增强的溶剂称为碱性溶剂。弱酸性的二氧化碳溶于碱性溶剂（如乙醇胺、三乙醇胺、二甲基甲酰胺、二乙烯三胺等有机胺）中，有较大的给出质子的倾向，此时，有机胺是质子的接受体。

甲醇、乙醇属于两性溶剂，即它们给出和接受质子的能力相当。因这类溶剂介电常数比水小得多，所以可使二氧化碳在这些溶剂中的溶解度增大。即对二氧化碳的吸收率增加。在测定二氧化碳时，还常常加入丙酮作为惰性溶剂，以减弱体系的极性，降低表面张力，分散气泡，增强对二氧化碳的吸收能力。

非水滴定中，往往还需要加入稳定剂，特别是乙醇体系中生成的乙醇钾、碳酸乙基钾，溶解度很小，加入丙酮后，浑浊和沉淀的现象就更为严重。加入稳定剂可以防止体系中乙醇钾或碳酸乙基钾生成的浓度过大，并能促使生成者溶解。常用的稳定剂有乙二醇、丙三醇等。

非水滴定法可选用的溶剂较多，举三种说明如下。

（1）甲醇-丙酮体系　将氢氧化钾溶于甲醇中，生成甲醇钾：

$$KOH + CH_3OOH \Longrightarrow CH_3OK + H_2O$$

甲醇钾与二氧化碳反应，生成碳酸钾甲酯，或称碳酸甲基钾：

$$CH_3OK + CO_2 \Longrightarrow H_3C-O-\overset{\displaystyle O}{\underset{\displaystyle O-K}{C}}$$

还有一种解释，是二氧化碳与甲醇充分接触时生成微酸性的配合物。

用百里酚酞-百里酚蓝混合指示剂判断终点。

此法的特点是溶液十分稳定，长期放置也不浑浊，终点十分敏锐，滴定液兼作吸收液，使用方便。缺点是甲醇蒸气有毒，须密闭使用，全部废气应导出室外。甲醇、丙酮均易燃，所以注意不要靠近热源。

（2）乙醇-乙醇胺体系　氢氧化钾溶于乙醇，生成乙醇钾：

$$C_2H_5OH + KOH \Longrightarrow C_2H_5OK + H_2O$$

吸收液进行吸收时，有机胺与二氧化碳作用。

$$R-NH_2 + CO_2 \Longrightarrow RNH-\overset{\displaystyle O}{C}-O-H$$

式中，R代表有机胺分子中除与二氧化碳直接反应的氨基以外的部分。

滴定时乙醇钾与氨基甲酸衍生物作用，生成碳酸乙基钾，有机胺被释放：

$$C_2H_5OK + RNH-\overset{\displaystyle O}{C}-O-H \Longrightarrow C_2H_5-O-\overset{\displaystyle O}{\underset{\displaystyle O-K}{C}} + RNH_2$$

乙醇体系中加入有机胺，增强了二氧化碳的酸性，有利于二氧化碳的吸收，但因有机胺的碱性，在体系中具有一定的缓冲作用，因而影响了终点的敏锐性。为了使终点敏锐，常采用百里酚酞、甲基红混合指示剂，终点由黄到绿，再由绿到蓝紫，有明显的突变。

乙醇体系无毒。由于有机胺引入，增强了对二氧化碳的吸收能力，这是该法的优点。

（3）乙醇-二乙烯三胺体系　乙醇-二乙烯三胺是吸收二氧化碳的一种比较理想的吸收液，它本身无色，对二氧化碳吸收量较大，能定量吸收二氧化碳。用乙醇钾滴定时，终点变色明显。

化学反应如下：

$$NH_2C_2H_4NHC_2H_4NH_2 + CO_2 \Longrightarrow NH_2C_2H_4NHC_2H_4NHCOOH$$

$$KOH + C_2H_5OH \Longrightarrow C_2H_5OK + H_2O$$

$$NH_2C_2H_4NHC_2H_4NHCOOH + C_2H_5OK \Longrightarrow NH_2C_2H_4NHC_2H_4NHCOOK + C_2H_5OH$$

非水滴定容量法测定二氧化碳仪器装置如图8-8所示。

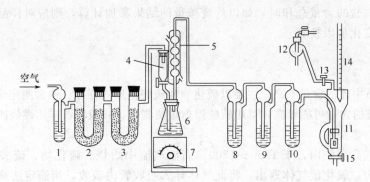

图 8-8　非水滴定容量法测定二氧化碳仪器装置

1—硫酸（除去空气中水分）；2—碱石灰（除去空气中二氧化碳）；3—烧碱石棉（除去空气中二氧化碳）；
4—加酸器；5—球形冷凝管；6—锥形瓶；7—电炉；8—5%三氯化铝溶液（除去逸出的氟化氢）；
9—5%硫酸铜溶液（除去逸出的硫化氢）；10—浓硫酸（除去逸出的水分）；11—二氧化碳吸收器
（也可用普通洗气瓶）；12—抽气水泵；13—三通玻璃活塞；14—碱式滴定管；15—活塞

8.4.11.2　重量法

试样用稀盐酸、磷酸或硫酸分解后，释出的二氧化碳被已称重的 U 形管中的吸收剂吸收，然后根据吸收管增加的重量测定试样中二氧化碳的含量。用碱石灰作二氧化碳的吸收剂。反应如下：

$$2\,NaOH + CO_2 \rightleftharpoons Na_2CO_3 + H_2O$$
$$Ca(OH)_2 + CO_2 \rightleftharpoons CaCO_3 + H_2O$$

重量法测定二氧化碳实验装置见图 8-9。

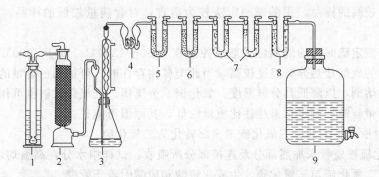

图 8-9　重量法测定二氧化碳仪器装置

1—硫酸洗气瓶（用来吸收空气中的蒸汽）；2—碱石灰洗气瓶（用来吸收空气中的二氧化碳）；3—锥形瓶（分解试样用）；
4—钾球管（内装硫酸，用来干燥逸出的二氧化碳）；5—U 形管（装入无水硫酸铜，用以吸收硫化氢及氟化氢）；
6—U 形管（装入变色硅胶或无水氯化钙，用来吸收水分）；7—U 形管（用来吸收二氧化碳）；8—U 形管
（一半装入碱石灰，另一半装入氯化钙）；9—吸气水瓶

8.4.12　灼烧减量

将样品在 1000℃ 灼烧 40min 后，冷却称重，再灼烧至恒重，灼烧前后样品重量之差为灼烧减量。

灼烧减量实际上是水分、挥发组分（主要是 CO_2，还包括 F、S、有机物质等），FeO 氧化后增重的综合结果。从灼烧减量提供的信息，可判断是否需要增测挥发性组分和水分。

在计算硅酸盐的含量总和时，如以灼烧减量的结果参加计算，则应对样品中各项组分在灼烧后的成分变化加以换算。

8.4.13　硫

硅酸盐岩石中硫的含量不高，主要以硫化物和硫酸盐形式存在，通常测定全硫的含量。在矿化岩石中，硫的含量可能较高，可用硫酸钡重量法测定，一般岩石样用燃烧碘量法测定硫。

8.4.13.1　燃烧法

试样在管式高温炉内，于 1250~1300℃ 高温气流中灼烧。硫化物、硫酸盐及可能存在的硫全部转化为二氧化硫气体逸出，将此气体导入吸收管内吸收，用滴定法测定。若用过氧化氢溶液为吸收液，则二氧化硫被氧化成硫酸，可用氢氧化钠酸碱滴定法测定；若用水作为吸收液，则二氧化硫转变为亚硫酸，可用碘量法测定。

$$2\,CuS + 3\,O_2 = 2\,CuO + 2\,SO_2 \uparrow$$
$$4\,FeS_2 + 11\,O_2 = 2\,Fe_2O_3 + 8\,SO_2 \uparrow$$
$$Fe_2(SO_4)_3 = Fe_2O_3 + 3\,SO_3 \uparrow$$
$$2\,SO_3 \xrightarrow{>1000℃} 2\,SO_2 + O_2 \uparrow$$

酸碱滴定法：

$$SO_2 + H_2O = H_2SO_3$$
$$H_2SO_3 + H_2O_2 = H_2SO_4 + H_2O$$
$$H_2SO_4 + 2\,NaOH = Na_2SO_4 + 2H_2O$$

碘量法：

$$H_2SO_3 + I_2 + H_2O = H_2SO_4 + 2HI$$

对含硫量较高的样品，用酸碱滴定法较为适宜；对含硫量较低的样品，用碘量法较为适宜。

用燃烧法测定硫时，灼烧温度一般应控制在 1250~1300℃。低于 1000℃ 时，分解速率较慢。钙、锶的硫酸盐热分解温度较高，当此类矿物存在时，可加入一定量的二氧化硅或三氧化二铁作助熔剂，以降低其分解温度。氧化铜、金属锡、五氧化二钒也可作助熔剂。用燃烧法测定高含量硫时，测定结果往往比重量法低，其原因可能是：

① 燃烧时所产生的部分三氧化硫未全部转化为二氧化硫。

② 二氧化硫被瓷管未加热部分及连接部分所吸收。试样中水分在高温灼烧逸出后冷凝，也会吸收部分二氧化硫与三氧化硫，生成亚硫酸和硫酸附着于管壁。

③ 极少量的二氧化硫未被吸收液吸收。

④ 滴定过程中，亚硫酸有部分可能氧化。

因此用燃烧法测定硫时，一般采用含硫量与试样相近的标准试样进行标定，以减小误差。燃烧法测硫装置如图 8-10 所示。

8.4.13.2　重量法

通常用无水碳酸钠作熔剂分解样品，同时加入少许硝酸钾，使试样中硫全部氧化成硫酸盐，然后用水提取，在盐酸介质中加入 $BaCl_2$，使 $BaSO_4$ 沉淀，由 $BaSO_4$ 重量计算硫的含量。

8.4.14　氟

硅酸盐岩石中氟的含量变化很大，在酸性岩中含量较高，尤其是高钠含量的岩石。一般在硅酸盐岩石富含云母或角闪石时，都含有氟。氟在岩石中是以氟化物的形态存在的，而在

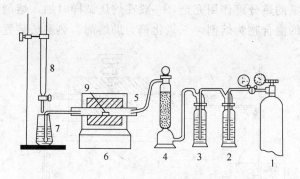

图 8-10　燃烧法测定硫的装置

1—氧气钢筒（如用空气时，可连空气压缩机）；2—5％硫酸铜溶液洗气瓶（用以除去硫化氢）；3—5％高锰酸钾溶液
洗气瓶（用以除去还原性气体）（燃烧时如通入氧气，2，3 两洗气瓶中装浓硫酸）；4—无水氯化钙干燥塔；
5—橡皮塞；6—燃烧管炉；7—吸收用高型烧杯；8—滴定管；9—瓷舟

硅酸盐岩石全分析中所有组分均以氧化物表示，所以在计算总和时，必须扣除与氟含量相当的那部分氧的量。

测定氟的方法有滴定法、光度法、离子选择性电极法等方法。氟离子选择性电极法简单、快速，在实际分析中应用最广。

8.4.14.1　氟的分离方法

比较成熟的氟的分离方法有蒸馏法和热解法。

蒸馏法是将试样分解后，在硫酸或高氯酸溶液中加入石英粉，在 $135\sim145℃$ 蒸馏，使氟以氟硅酸形式与其他元素分离。

$$2\,F^- +2\,H^+ \Longrightarrow H_2F_2$$

$$4\,HF+SiO_2 \Longrightarrow SiF_4+2\,H_2O$$

$$3\,SiF_4+3\,H_2O \Longrightarrow 2H_2SiF_6 + H_2SiO_3$$

用蒸馏法分离氟，费时较长，胶态硅酸、铝、锆的存在，会阻滞或妨碍氟的挥发。蒸馏法装置如图 8-11 所示。

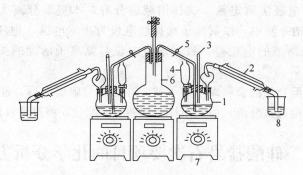

图 8-11　蒸馏法装置

1—三口烧瓶（内装试样熔融分解后的浸出液及石英粉）；2—冷凝管；3—温度计（200℃）；4—分液漏斗（内装硫酸）；
5—十字夹；6—烧瓶（内装蒸馏水，发生蒸汽用）；7—电炉；8—吸收液烧杯（内装蒸馏水 10mL、100g·L^{-1}
氢氧化钠溶液 0.5mL、酚酞指示剂 2 滴）

热解法是将试样置于管式高温炉内，在高温灼烧的情况下，通入蒸汽，使氟化物发生热解，以氟化氢的形式逸出与其他组分分离的方法。方法简便、快速，胶态硅酸、铝、锆存在不干扰测定。为了使氟的热分解作用完全，一般在灼烧试样时加入熔剂和助熔剂。常用三氧化二铋和五氧化二钒的混合物为熔剂，三氧化钨为助熔剂。热解法装置如图 8-12 所示。

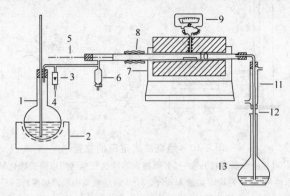

图 8-12　热解法装置

1—加热烧瓶；2—加热器；3—活塞；4—通入空气管；5—推瓷舟金属丝；6—缓冲装置；7—管式电炉；8—保温石棉；
9—高温计；10—瓷舟；11—冷凝管；12—导管；13—量瓶（内装蒸馏水，用以吸收热解产生的氟化氢气体）

8.4.14.2　氟的测定方法

（1）分光光度法　氟的光度法有两种类型：一是利用 F^- 与某些金属离子的配合作用，使金属离子与显色剂形成的有色配合物受到破坏，通过褪色作用间接测定 F^- 的含量；二是利用 F^- 的生色作用，直接用光度法测定。

茜素红-锆分光光度法：茜素红在微酸性溶液中，能与锆生成红色配合物，在很稀的锆盐溶液中，形成透明的胶状溶液，F^- 与红色的茜素红-锆配合物作用时，可夺取配合物中的锆，形成更稳定的无色氟锆配离子，使茜素红-锆的红色随氟量的增加而成比例地减弱，以此进行氟的分光光度法测定。

茜素配位剂光度法：茜素配位剂在 pH＝4.3 的醋酸-醋酸钠缓冲溶液中，在有 F^- 存在时，能与镧、铈、镨、钕、钐、铕等稀土元素生成蓝色的异配体三元配合物，可以此进行氟的分光光度法测定。

（2）离子选择性电极法测定氟　试样用碱熔分解，水提取分离大部分金属离子，在 pH 为 6.5 的柠檬酸钠介质中，以氟离子选择性电极为指示电极，饱和甘汞电极为参比电极，在离子计上测量溶液的电位差。根据响应电位与氟离子活度的关系，可测定出氟的含量。

能与氟生成稳定配合物的金属离子有干扰。在熔融分解提取后，硅酸盐岩石中的 Al^{3+} 仍存在于溶液中，不能与氟分离，因此用柠檬酸钠与铝配位，将氟释放出来。

8.5　硅酸盐岩石次要项目的化学分析方法

硅酸盐岩石中遇到的元素很多，除 8.4 节介绍的主要项目分析方法以外，本节对次要成分的常用分析方法作一简要介绍。

8.5.1　氯

硅酸盐岩石中氯的含量很低，一般不高于 0.3%，测定多用光度法、比浊法和离子选择性电极法。

8.5.1.1　硫氰酸汞间接光度法

在硝酸溶液中，Cl^- 能置换硫氰酸汞中的 CNS^-，加入 Fe^{3+}，使 Fe^{3+} 与游离出来的 CNS^- 发生显色反应，生成红色的硫氰酸铁配合物，用分光光度计测定，借此间接测出 Cl^- 的含量。

8.5.1.2　氯化银比浊法

在稀硝酸溶液中，加入硝酸银，Ag^+ 与 Cl^- 生成乳白色胶状悬浊液，可进行比浊法测定。

8.5.1.3　离子选择性电极法

测定 Cl^- 的选择性电极有多种类型，目前常用的是氯化银混以少量硫化银的压片电极，也有用银－氯化银极化膜电极的。银－氯化银极化膜电极使用寿命较短，但制作比较简便。

8.5.2　锂、铷

锂常用的测定方法是火焰光度法和光焰原子吸收分光光度法。测定铷常用的方法是火焰原子吸收分光光度法。

8.5.2.1　火焰光度法测锂

锂的存在量甚微，常用火焰光度法测定。通常选用 670.8nm 谱线。锶在 670.8nm 附近产生分子带，故有强烈干扰，可加铝盐抑制。钙的分子带对锂的测定也有影响，可采用硫酸介质控制钙的溶解量。

8.5.2.2　火焰原子吸收分光光度法测定锂、铷

试样用硫酸、氢氟酸加热分解，蒸干，制备成 2%（体积分数）的硫酸溶液，以钾盐为电离缓冲剂，于原子吸收分光光度计上，在空气-乙炔火焰中原子化，用直接测定法分别测定锂 670.8nm 的原子吸收和铷 780.0nm 的原子吸收。

锂的测定范围是 $5\sim250\mu g \cdot g^{-1}$；铷的测定范围是 $10\sim500\mu g \cdot g^{-1}$。

8.5.3　锶、钡

锶、钡在硅酸盐岩石中多呈硫酸盐形式存在，含量不高。

8.5.3.1　重量法测定钡

用氢氟酸-硫酸分解样品，把硅除去后，加水过滤除去可溶性硫酸盐。将残渣用碳酸钠熔融，水浸取，过滤。钡以碳酸钡形式留在滤纸上，用稀盐酸将沉淀溶解，加入硫酸沉淀钡，用重量法测定钡的含量。

8.5.3.2　火焰原子吸收分光光度法测定锶

试样用氢氧化钠、碳酸钠熔融分解，滤出碳酸锶沉淀，制成 $0.3mol \cdot L^{-1}$ 硝酸溶液，以镧盐为释放剂，于原子吸收分光光度计上，在富燃的空气-乙炔火焰中原子化，用直接测定法测量锶 460.7nm 的原子吸收。

8.5.4　钴、铬、镍、钒

钴、铬、镍、钒多存在于超基性岩中。试样用 $NaOH + Na_2O_2$ 熔融，水提取，钴和镍留在沉淀里，铬和钒存在于溶液中。

8.5.4.1　极谱法同时测定钴和镍

试样用碱熔后，滤出沉淀物，用盐酸将沉淀物溶解，制备成试液。在 pH8～9 的氢氧化

铵-氯化铵缓冲溶液中，以磺基水杨酸配合铁、铝、钛等元素，加入少量丁二肟，钴、镍产生灵敏的吸附催化电流，借此进行微量钴与镍的测定。镍和钴的峰电位分别约为－1.03V和－1.18V（对饱和甘汞电极）。该方法简便、灵敏，钴镍之比在12∶1～1∶50范围内互不干扰。

也可用 HCl-HNO₃-HF 分解试样，用 H₂SO₄ 或 HClO₄ 冒烟后，用盐酸浸取，制备试液。

8.5.4.2　4-[(5-氯-2-吡啶)-偶氮]-1,3-二氨基苯（简称 5-Cl-PADAP）光度法测定钴

在 pH 为 5 的乙酸盐介质中，钴与 5-Cl-PADAP 形成 1∶2 的红色配合物，加入盐酸后，转变为酒红色配合物，在波长 570nm 处，测量吸光度。

铜、镍、铁也与 5-Cl-PADAP 生成有色配合物，在沸水浴中加热时，铜、镍的配合物均被破坏，而钴的配合物有较大的惰性，不被破坏。铁的干扰可用磷酸消除。

8.5.4.3　α-呋喃二肟光度法测定镍

在 pH9～10 氨性介质中，镍与 α-呋喃二肟（又名 α-联糠肟）生成橙红色配合物，用苯萃取后呈黄色，于 440nm 波长处测量有机相吸光度。

铁、铝、钛、铜、锰等干扰测定，可加酒石酸钾钠、盐酸羟胺和硫代硫酸钠掩蔽消除其影响。

8.5.4.4　间接极谱法测定钒

试样用碱熔分解，水提取，钒进入溶液与铁、钛、钴、镍等分离。

钒（Ⅴ）在微酸性的苯羟乙酸-氯酸钾溶液中，在加热情况下，能使苯羟乙酸分解成苯甲醛，本身被还原而生成钒（Ⅳ），溶液中的氯酸钾又可使钒（Ⅳ）氧化成钒（Ⅴ），在整个过程中，钒不被消耗，仅起催化作用。在一定的条件下，生成物苯甲醛的扩散电流与钒浓度（0.10～10.0μg 钒/25mL）成正比。从而间接测定钒的含量。

8.5.4.5　催化极谱法测定钒

在 0.1 mol·L⁻¹乙酸-0.2 mol·L⁻¹乙酸钠缓冲液（pH 为 5），有 0.12g·L⁻¹铜铁试剂存在时，钒产生灵敏的吸附催化电流，峰电位约为－0.77V（对饱和甘汞电极）。钒的含量与峰高呈线性关系。

8.5.4.6　2-[(5-溴-2-吡啶)-偶氮]-5-二乙氨基苯酚（简称 5-Br-PADAP）分光光度法测钒

在 pH1.0～2.5 磷酸介质中，钒-过氧化氢-5-Br-PADAP 形成混配三元配合物，在590nm 处配合物有最大吸收峰。用分光光度法可测定钒的含量。

8.5.4.7　二苯碳酰二肼分光光度法测铬

在酸性介质中，铬（Ⅵ）与二苯碳酰二肼反应，生成可溶性的红紫色产物，于 530nm 附近波长处有最大吸收，可进行光度法测定。

钒对本法有干扰，当钒量少时，可在显色后放置 30min 消除影响；当钒量较高时（大于铬 10 倍以上），须沉淀分离。

8.5.5　铜

8.5.5.1　铜试剂萃取分光光度法测定铜

在 pH 为 9 的溶液中，在掩蔽剂柠檬酸存在下，加入铜试剂（二乙基氨二硫代甲酸钠）与铅的苯溶液进行萃取，溶液中的 Cu²⁺ 取代铜试剂与铅的配合物中的铅，生成黄棕色配合物，测量有机相的吸光度。在此条件下，其他金属离子几乎均不干扰测定。

8.5.5.2 火焰原子吸收法测定铜

试样经盐酸、硝酸分解数分钟后，再加入氢氟酸、高氯酸继续分解矿样，驱逐氟化氢后，制备成盐酸溶液，于原子吸收分光光度计上测定。

8.5.5.3 极谱法测定铜

在 $3 \, mol \cdot L^{-1} NH_3 \cdot H_2O$-1 $mol \cdot L^{-1} NH_4Cl$ 溶液中，铜能得到两个还原波。通常采用第二个波为定量测定的依据。此底液可以同时测定锌和镉。

8.6 硅酸盐岩石全分析结果的表示方法和总量的计算

8.6.1 分析结果的表示方法

岩石全分析报告中各主要成分均以氧化物表示分析结果。岩石全分析项目较多，按一定的顺序报出结果，有利于每种组分的计算、对比。有文献提出的以下顺序，我们认为值得推广，即：SiO_2、Al_2O_3、Fe_2O_3、FeO、MgO、CaO、Na_2O、K_2O、H_2O^+、H_2O^-、CO_2。以上项目均以质量分数表示结果。

次成分元素的排列顺序差异较大，未作统一，也以百分含量表示结果。

痕量元素一般以元素的含量（以 $\mu g \cdot g^{-1}$ 为单位）报告结果。

全分析结果各组分质量分数的总和应不低于 99.30%，不高于 101.20%。对分析质量要求高的试样，总和应不低于 99.50%，不高于 100.75%。如果分析结果缺少某些组分或有不能合理加和的组分结果，则不受此限制。

8.6.2 全分析结果总量的计算

8.6.2.1 硫的氧相当量的校正

岩石中的硫主要以硫代物和硫酸盐形式存在，因此在计算全分析总和时必须考虑硫的存在状态。

如果试样中全硫量与样品中黄铁矿（FeS_2）中的硫量相等，即试样中硫全部以 FeS_2 形式存在，则以 $w(FeS_2)$ /% 形式表示结果，黄铁矿中的硫与铁不需另报结果。但黄铁矿中的铁量，应从全铁的测定结果中减去。

如果试样中的硫以黄铁矿和硫酸盐两种形式存在，则黄铁矿中的硫量以 $w(S)$ /% 表示，黄铁矿中的 Fe 以 $w(Fe)$ /% 表示，硫酸盐中的硫以 $w(SO_3)$ /% 表示，这三者都可以计入总和。如果黄铁矿中的硫以 $w(S)$ /% 表示，而黄铁矿中的铁以 $w(Fe_2O_3)$ /% 的形式报出结果。那么计算总和时，应将额外加入的那部分氧的量减去。由于 2 个 FeS_2 相当于 1 个 Fe_2O_3，所以，这部分氧的量等于：

$$w(S) \frac{3M(O)}{4M(S)} = w(S) \times 0.3743$$

式中，$M(O)$、$M(S)$ 表示 O 与 S 的摩尔质量。

如果试样中的硫主要组成形式是磁黄铁矿（Fe_7S_8），而硫的结果以 $w(S)$ /% 报出，磁黄铁矿中的铁以 $w(Fe_2O_3)$/% 形式表示，那么计算总和时，应将 Fe_2O_3 中额外加入的氧减去，因为 2 个 Fe_7S_8 相当于 7 个 Fe_2O_3，所以，这部分氧的量等于：

$$w(S) \frac{21M(O)}{16M(S)} = w(S) \times 0.6549$$

若磁黄铁矿中的铁以 $w(\text{FeO})/\%$ 形式报出结果，那么计算总和时，应将 FeO 中额外加入的氧减去，这部分氧的量等于：

$$w(\text{S})\frac{7M(\text{O})}{8M(\text{S})}=w(\text{S})\times0.4366$$

8.6.2.2　氟、氯与氧相当的量的校正

岩石中氟、氯均以负一价离子与金属离子结合成氟化物和氯化物，但在报出结果时，金属离子都以氧化物的形式表示，而氟、氯又另以元素形式报出结果。这样，在金属氧化物中有一部分氧便是额外加入的，在计算全分析总量时必须予以校正，即总量中减去。

与氟相当的那部分氧的量等于：

$$w(\text{F})\frac{M(\text{O})}{2M(\text{F})}=w(\text{F})\times0.4211$$

与氯相当的那部分氧的量等于：

$$w(\text{Cl})\frac{M(\text{O})}{2M(\text{Cl})}=w(\text{Cl})\times0.2256$$

式中，$M(\text{F})$、$M(\text{Cl})$ 分别为 F、Cl 原子的摩尔质量。

8.6.2.3　灼减量的校正

对于试样组成比较单纯的硅酸盐岩石，测定灼烧减量，可以省略水分、CO_2 等挥发性项目的测定，可以计入总和。

如果试样中硫化物、萤石、易氧化还原的金属氧化物（如 FeO、MnO_2 等）含量较高，或碳酸盐和硫化物共存时，测定灼烧减量没有意义。因为此时灼烧减量是多个反应的总效果，有氧化亚铁在高温灼烧时被氧化成三氧化二铁增加的量，有二氧化锰被碳质还原为低价锰的氧化物失去的量。硫化物和碳酸盐共存时，高温灼烧，会发生下列反应：

$$4\,\text{FeS}_2+11\,\text{O}_2\xrightarrow{>500℃}2\text{Fe}_2\text{O}_3+8\,\text{SO}_2$$
$$\text{CaCO}_3\xrightarrow{>876℃}\text{CaO}+\text{CO}_2$$
$$\text{CaO}+\text{SO}_2+\frac{1}{2}\text{O}_2=\text{CaSO}_4$$

如果试样中只含有黄铁矿而无碳酸盐时，可以测定灼烧减量，同时可以省略水分、CO_2 等项目的测定，但烧失量中应减去硫量，并加上与硫相当的氧的量。因为黄铁矿灼烧时，在失去 4 个硫原子的同时引入了 3 个氧原子。在全分析中硫的结果已单独报出，因此在减去硫量的同时，应加入相应的氧的量。即

$$w(\text{灼烧减量})=w(\text{测得的灼烧减量})-w(\text{S})+w(\text{S})\frac{3M(\text{O})}{4M(\text{S})}$$

8.6.2.4　全分析总和计算实例

岩石的组成不同，全分析测定项目也不相同，下面讨论几种类型的岩石全分析的测定项目及总和计算方法。

（1）硅酸盐岩石

总量 $= w(\text{SiO}_2)+w(\text{Al}_2\text{O}_3)+w(\text{Fe}_2\text{O}_3)+w(\text{FeO})+w(\text{MgO})+w(\text{CaO})+w(\text{Na}_2\text{O})+w(\text{K}_2\text{O})+w(\text{TiO}_2)+w(\text{MnO})+w(\text{P}_2\text{O}_5)+w(\text{灼烧减量})$

如果需要测定硫酸盐硫——SO_3、BaO、F 和 Cl 四项，则将此四组分计入总量，并减去氟和氯相当的氧的量。

如果需要测定 H_2O^+、CO_2、C 的含量，则灼烧减量无需测定，应将此三组分的含量计

入总量。

（2）含萤石的岩石　如果 SiO_2 与 CaF_2 两项之和已达 95％以上，则有些组分如 K_2O、Na_2O 等的测定，可根据光谱半定量全分析的结果，予以删减。

总量 $= w(SiO_2) + w(CaF_2) + w(CaO) + w(MgO) + w(Fe_2O_3) + w(FeO)$
$+ w(Al_2O_3) + w(TiO_2) + w(P_2O_5)$

有时也可能需要测定 K_2O、Na_2O、SO_3、MnO、CO_2 等组分，测定结果计入总量。

（3）不含磁黄铁矿、含黄铁矿的岩石

总量 $= [w(SiO_2) + w(Fe_2O_3) + w(酸溶性 FeO) + w(FeS_2) + w(Al_2O_3)$
$+ w(MnO) + w(TiO_2) + w(CaO) + w(MgO) + w(F)]$
$- [w(F) \times 0.4211 + w(测得的灼烧减量) - w(S) + w(S) \times 0.3743]$

（4）含磁黄铁矿、黄铁矿而不含其他硫化物矿物的岩石　总量计算基本同上，但总量中应减去 Fe_7S_8 中的硫相当于氧的量，即减去

$$[w(S) - w(FeS_2)] \frac{2M(S)}{M(FeS_2)} \times \frac{7M(O)}{8M(S)}$$

8.7 多元素分析方法

由于地质样品种类繁多，成分和结构复杂，含量高低不一，要求分析的项目多种多样，所以其分析方法随着分析仪器的进步和分析对象的拓宽也在逐步变化。近年来，各种类型的大型分析仪器设备在地质实验室的不断普及，地质实验测试技术已经从传统的单元素化学分析方法转变为以大型分析仪器为主的多元素同时分析。目前，在地质分析实验室已基本形成了常量及次量元素以 X 射线荧光光谱，微量和痕量元素以电弧原子发射光谱法和电感耦合等离子体发射光谱，痕量及超痕量元素以电感耦合等离子体质谱为主的三大多元素分析体系。表 8-2 中分别列出了常规地质分析中所采用的不同体系的多元素分析实例。

表 8-2　常规地质分析中所采用的不同体系的多元素分析实例

分析方法	含量范围	应用实例
X 射线荧光光谱法	常量和次量	① XRF 测定多目标地球化学调查样品中 Al、Ba、Br、Ca、Cl 等 21 种元素
		② 粉末压片 XRF 法测定化探样品和岩石样品中 Si、Al、Fe、Ca、Mg 等 31 个主、次、微量元素
		③ 熔融法 XRF 测定化探样品和岩石样品中 Si、Al、Fe、Ca、Mg 等 10 个主、次量元素
电弧原子发射光谱法	微量	垂直-电弧原子发射光谱法测定化探样品和岩石样品中 Ag、Pb、Sn、Cu、Zn、Bi 等 20 多种元素
电感耦合等离子体发射光谱法	微量和痕量	① 复合酸溶分解 ICP-OES 测定岩石、土壤、水系沉积物中 Ba、Be、Ca、Co、Cr 等 20 多个元素
		② 偏硼酸锂熔融 ICP-OES 直接测定化探样品和岩石样品中包括 Si 在内的 SiO_2、Al_2O_3、CaO、MgO、K_2O、Na_2O、TiO_2、MnO、P_2O_5 及次要成分 Zr、Sr、Ba 等主量元素
		③ 盐酸、硝酸、氢氟酸和高氯酸分解，ICP-OES 直接测定黄铁矿、闪锌矿、钴镍多金属矿等样中 Al、Fe、Cu、Pb、Zn 等 18 个元素

续表

分析方法	含量范围	应用实例
电感耦合等离子体质谱法	痕量及超痕量	① 封闭压力酸溶 ICP-MS 直接测定土壤、岩石和沉积物中 Li、Be、Sc、Ti、V、Mn 等 44 个元素
		② 过氧化钠或偏硼酸锂熔融 ICP-MS 测定土壤、岩石和沉积物中 Mn、Co、Y、Zr、Nb 等 22 个元素
		③ 敞开混合酸溶 ICP-MS 直接测定化探样品中 Ba、Be、Bi、Cd、Ce 等 21 个元素
		④ 封闭酸溶或微波消解 ICP-MS 测定环境地球化学样品（包括土壤、沉积物、矿山废弃物、动植物等样品）中痕量超痕量元素

思考题

1. 硅酸盐岩石矿物中主要元素有哪些？岩石组分的全分析通常测定哪些项目？

2. 硅酸盐试样的分解中，酸分解法和熔融法常用的溶（熔）剂有哪些？各有何特点？

3. 通过查阅有关资料，对硅酸盐样品中二氧化硅的测定方法进行综述并简述其基本原理。

4. 硅酸盐试样中的水分有哪些存在形式？

5. 氢氟酸在分解样品时有哪些特性？适用于哪些样品的分解？

6. 碱熔法常用于硅酸盐样品的分解，碱熔后用水浸取样品，主要成分中的离子哪些在沉淀中？哪些在溶液中？

7. 试述碘量法测定硫酸盐和硫化物中硫的基本原理，$BaSO_4$ 重量法测定的原理和条件是什么？

8. $K_2Cr_2O_7$ 法测定铁矿石中全铁时：

（1）在用 $K_2Cr_2O_7$ 标准滴定溶液滴定前，为什么要加 H_3PO_4？加 H_3PO_4 后，为什么立即滴定？

（2）在无汞测铁法中，为何要用 $SnCl_2$ 和 $TiCl_3$ 联合还原 Fe^{3+}？可否单独使用其中一种？为什么？

9. 硅砂、砂岩是生产玻璃的主要原料，其主要成分是 SiO_2，杂质为 Fe_2O_3、Al_2O_3、CaO、MgO、K_2O、Na_2O。请设计其系统分析方法（可以流程简图表示）。

参考文献

[1] 张毅. 岩石矿物分析，北京，地质出版社，1986.

[2] 中国地质大学（北京）大化学分析室. 硅酸盐岩石和矿物分析. 北京：地质出版社，1990.

[3]《岩石矿物分析》编写组. 岩石矿物分析：第一分册. 第 4 版. 北京：地质出版社，2011.

[4] WESLEY M, JOHNSON, JOHN A. MAXWELL, Rock and mineral Analysis, 1981.

[5] 波长色散 X 射线荧光光谱仪检定规程（JJG 810—93）. 北京：中国计量出版社，1993.

[6] 凌进中. 硅酸盐岩石分析 50 年. 岩矿测试，2002, 21（2）：129-142.

[7] 邝安宏. 试论岩石矿物分析的基本流程. 中国石油和化工标准与质量，2013，(4)：102.

[8] 徐书荣，王毅民，潘静等. 关注地质分析文献了解分析技术发展. 2010，29（8）：1239-1252.

[9] 地球化学标准参考样研究组. 地球化学标准参考样的研制与分析方法 GSD1-8. 北京：地质出版社，1986.

[10] 地质矿产部科学技术司实验管理处. 岩石和矿石分析规程: 第一分册 (DZG 93-03). 西安: 陕西科学技术出版社, 1993: 273.

[11] 地质矿产实验室测试质量管理规范 (DZ/T 0130—2006). 北京: 中国标准出版社, 2006.

[12] 丁宝卿. 采用天然标准是提高 AES 粉末法准确度的有效途径——同时测定地质样品中银等 8 个痕量元素. 光谱学与光谱分析, 1996, 16 (2): 79-82.

[13] 硅酸盐岩石化学分析方法: X 射线荧光光谱仪测定主、次元素量 (CB/T 14506.29—93) 北京: 中国标准出版社, 1993.

[14] 硅酸盐岩石化学分析方法 (CB/T 14506.1~14506.28—93). 北京: 中国标准出版社, 1993.

[15] 韩松, 董金泉, 高正耀. 中子活化分析花岗岩中造岩矿物的稀土和微量元素特征. 核技术, 2005, 28 (6): 445-448.

[16] 何红蓼, 李冰, 韩丽荣等. 封闭压力酸溶 ICP-MS 法分析地质样品中 47 个元素的评价. 分析试验室, 2002, 21 (5): 8-12.

[17] 姜怀坤, 徐卫东. 前处理-微堆中子活化分析测定地学样品中的稀土元素. 核技术, 1998, 21 (4): 242-246.

[18] 金秉慧. 岩石分析与经典法. 岩矿测试, 2002, 21 (1): 37-41.

[19] 靳新拂, 朱和平. 岩石样品中 43 种元素的高分辨等离子质谱测定. 分析化学, 2000, 28 (5): 563-567.

[20] 李冰, 马新荣, 杨红霞等. 封闭酸溶-电感耦合等离子体原子发射光谱法同时测定地质样品中硼硫砷. 岩矿测试, 2003, 22 (4): 241-247.

[21] 李克志. 岩石中有机碳和石墨碳的测定. 地质实验室, 1989, 5 (1): 21-22.

[22] 李林渊, 张捷. 岩石矿物中全碳、碳及碳酸盐碳的电导法测定. 地质实验室, 1989, 5 (2): 77.

[23] 李雅琪. 黄土高原土壤中微量元素的中子活化分析. 光谱实验室, 2000, 17 (3): 350.

[24] 刘耀华. 微型核反应堆中子活化分析测定地质样品中的卤族元素. 地质实验室, 1996, 12 (6): 324.

[25] 苏幼盎, 王毅民. 多种类型地质样品中主要和次要元素的 X 射线荧光光谱测定. 岩矿测试, 1986, 5 (2): 112.

[26] 王倍. 气相色谱法测定硅酸盐岩石中二氧化碳和化合水. 地质实验室, 1998, 14 (2): 84.

[27] 王营, 何红蓼, 李冰. 碱熔沉淀-等离子体质谱法地质样品的多元素. 岩矿测试, 2003, 22 (2): 86-92.

[28] 王玉琦, 孙景信, 潘晓芳. 仪器中子活化法测定单矿物标准样品中主量和痕量元素. 岩矿测试, 1988, 7 (4): 281

[29] 武汉地质学院, 长春地质学院, 成都地质学院合编. 岩石矿物分析教程. 北京: 地质出版社, 1980.

[30] 徐卫东, 刘耀华. 微型核反应堆超热中子活化分析方法的建立与应用. 分析测试技术论文集. 中国地质调查局, 2000.

[31] 岩石和矿石分析规程 (DZG 93-04), 稀有金属矿中稀有元素分析规程, 火焰原子吸收分光光度法测定锂、铷日和铯量. 西安: 陕西科学技术出版社, 1993: 324.

[32] 杨翼华. 分光光度法测定硅酸盐中亚铁. 岩矿测试, 1987, 6 (4): 323.

[33] 殷宁万, 阙松娇, 靳朝玉等. 化探样品的等离子体直读光谱分析. 岩石矿物及测试, 1984, 3 (1): 65.

[34] 袁玄晖, 阙松娇, 伍新宇等. 等离子体直读光谱法同时测定岩石中 15 个稀土元素. 岩矿测试, 1983, 2 (2): 127.

[35] 张卫华, 曹传儒. 微型核反应堆中子活化分析测定水系沉积物中多个元素. 岩矿测试, 1991, 10 (2): 107.

[36] 张卫华, 李刚. 微型堆中子活化分析测定地质样品中的稀土元素. 核技术, 1990, 13 (6): 445.

[37] 钟展环, 方容, 余小林. 离子色谱在岩石矿物、环境地质研究中的应用. 岩矿测试, 1990, 9 (1): 14.

[38] 朱玉伦, 邵济馨. 分光光度法中过量显色剂隐色的研究 I. 镀试剂 III 测定岩石矿物中微量硼的新方法. 分析化学, 1986, 14 (6): 41.

[39] 邹城城, 查美雄, 王鹤岭等. ICP 测定地质样品中的痕量稀土元素. 岩石矿物及测试, 1984, 3 (2): 149.

[40] 刘江斌, 赵峰, 余宇等. 岩矿测试, 2010, 29 (1): 74.

[41] 杜淑兰. 吉林地质, 2010, 29 (4): 106.

[42] 乔鹏, 葛良全, 张庆贤等. 核电子学与探测技术, 2011, 31 (11): 1295.

[43] 金绍祥. 理化检验: 化学分册, 2009, 45 (11): 1265.

[44] 王云玲, 卢兵, 卢安民. 化学工程师, 2010, (1): 40.

[45] 卢军红, 曹春雷. 岩矿测试, 2009, 28 (5): 499.

[46] 吴建华. 甘肃科技, 2010, 26 (1): 60.

［47］徐红梅，童绍先，杜白．云南地质，2012，31（1）：131．

［48］闫红岭，李振，刘军等．黄金，2011，32（8）：61．

［49］赵玲，冯永明，李胜生等．岩矿测试，2010，29（4）：355．

［50］杨秀丽，吕晓惠，陈小迪等．现代科学仪器，2012，（5）：94．

［51］李国榕，王亚平，孙元方等．岩矿测试，2010，29（3）：255．

［52］张保科，温宏利，王蕾等．岩矿测试，2011，30（6）：737．

［53］王君玉，吴葆存，李志伟等．岩矿测试，2011，30（4）：440．

［54］陈雪，刘烨，陈占生．黄金，2010，31（10）：60．

［55］高静，陈述．矿冶工程，2011，31（6）：92．

［56］李冰，周剑雄，詹秀春．无机多元素现代仪器分析技术．地质学报，2012，85（11）：1878-1916．

［57］尹明．我国地质分析测试技术发展现状及趋势．岩矿测试，2009，28（1）：37-52．

附　录

附录中符号注解（按出现顺序）

TU——硫脲

TGA——巯基乙酸

DDTC——二乙基氨磺酸盐

BHEDTC——双（2-羟乙基）二硫代氨基甲酸盐

cit——柠檬酸

TSC——氨基硫脲

BAL——2,3-二巯基丙醇

Ac-——醋酸根

tart——酒石酸

SSA——磺基水杨酸

EDTA——乙二胺四乙酸

TEA——三乙醇胺

AA——乙酰丙酮

HQS——5-磺基-8-羟基喹啉

CATA——环己烷二胺四乙酸

EGTA——乙二醇双（2-氨基乙基醚）四乙酸

DHG——N,N-二羧乙基甘氨酸

MPA——巯基丙酸

DMSA——二巯基丁二酸

MSA——二巯基丁二酸

Dz——双硫腙

PDTA——1,2-丙二胺四乙酸

VC——维生素 C

DTCA——氨基二硫代乙酸

NTA——氨三乙酸

DMPA——二羟甲基丙酸

BCMDTC——双（2-羟乙基）-胺磺酸盐

Tetren——四乙五胺

1,10-phen——1,10-邻二氮菲

DTCPA——β-氨基二硫代丙酸

en——乙二胺

tren——三乙四胺

penten——五乙六胺

ADA—— N-(2-乙酰胺基)-2-亚氨基二乙酸

HEDTA——羟乙二胺四乙酸

TSC——氨基硫脲

HSA——羟基丁二酸

CMMSA——羟甲基巯基丁二酸

DTPA——二乙基三胺五乙酸

附录 1 阳离子的掩蔽剂

被掩蔽的阳离子	掩蔽剂
Ag(Ⅰ)	CN^-、I^-、Br^-、Cl^-、SCN^-、$S_2O_3^{2-}$、NH_3、TU、TGA、DDTC、BHEDTC、cit、TSC、BAL
Al(Ⅲ)	F^-、BF_4^-、Ac^-、甲酸盐、cit、tart、$C_2O_4^{2-}$、丙二酸盐、葡萄糖酸盐、水杨酸盐、SSA、钛铁试剂、EDTA、TEA、AA、BAL、OH^-、甘油、HQSA、甘露醇
As(Ⅲ,Ⅴ)	S^{2-}、BAL、二巯基丙磺酸钠、cit、tart、$NH_2OH \cdot HCl$、OH^-
Au(Ⅰ)	CN^-、I^-、Br^-、Cl^-、SCN^-、$S_2O_3^{2-}$、NH_3、TU、BHEDTC、TGA、DDTC、TSC、cit、BAL、用 SO_2 还原
Ba(Ⅱ)	CDTA、EDTA、EGTA、cit、tart、DHG、F^-、SO_4^{2-}、PO_4^{3-}
Be(Ⅱ)	cit、tart、EDTA、钛铁试剂、SSA、AA、F^-
Bi(Ⅲ)	I^-、SCN^-、$S_2O_3^{2-}$、Cl^-、F^-、OH^-、DDTC、TGA、二巯基丙磺酸钠、BAL、BHEDTC、MPA、DMSA、MSA、半胱氨酸、Dz、TU、cit、tart、$C_2O_4^{2-}$、钛铁试剂、SSA、NTA、EDTA、PDTA、TEA、DHG、VC、DTCA、三磷酸盐
Ca(Ⅱ)	NTA、EDTA、EGTA、DHG、cit、tart、F^-、BF_4^-、多磷酸盐
Cd(Ⅱ)	I^-、CN^-、$S_2O_3^{2-}$、SCN^-、DDTC、BHEDTC、BAL、二巯基丙磺酸钠、半胱氨酸、MPA、DMSA、DMPA、BCMDTC、Dz、TGA、cit、tart、丙二酸盐、氨基乙酸、DHG、NTA、EDTA、Pb-EGTA、NH_3、Tetren、1,10-phen、DTCA、DTCCPA
Ce(Ⅳ)	F^-、PO_4^{3-}、$P_2O_7^{4-}$、cit、tart、DHG、NTA、EDTA、钛铁试剂、还原剂
Co(Ⅱ)	CN^-、SCN^-、$S_2O_3^{2-}$、F^-、NO_2^-、cit、tart、丙二酸盐、钛铁试剂、氨基乙酸、DHG、TEA、EDTA、TGA、DDTC、BHEDTC、DMPA、DMSA、MPA、BAL、NH_3、en、tren、Tetren、penten、1,10-phen、丁二酮肟、H_2O_2、三磷酸盐、二巯基丙磺酸钠
Cr(Ⅲ)	甲酸盐、Ac^-、cit、tart、钛铁试剂、SSA、DHG、NTA、EDTA、TEA、F^-、PO_4^{3-}、$P_2O_7^{4-}$、三磷酸盐、SO_4^{2-}、$NaOH+H_2O_2$、氧化至 CrO_4^-、以维生素 C 还原
Cu(Ⅱ)	NH_3、en、tren、Tetren、penten、1,10-phen、cit、tart、钛铁试剂、氨基乙酸、DHG、吡啶羧酸、ADA、NTA、EDTA、HEDTA、S^{2-}、TGA、DDTC、DMSA、DMPA、MPA、BCMDTC、BAL、TSC、CN^-、二氨基硫脲、半胱氨酸、TU、$S_2O_3^{2-}$、$SCN^- + SO_3^{2-}$、I^- 维生素 C + KI、N_2H_4、$NH_2OH \cdot HCl$、$Co(CN)_6^{3-}$、NO_2^-
Fe(Ⅱ,Ⅲ)	cit、tart、$C_2O_4^{2-}$、丙二酸盐、NTA、EDTA、TEA、甘油、AA、钛铁试剂、SSA、DHG、OH^-、F^-、PO_4^{3-}、$P_2O_7^{4-}$、S^{2-}、三硫代碳酸盐、$S_2O_3^{2-}$、BAL、DMSA、二巯基丙磺酸钠、MSA、MPA、BHEDTC、TGA、HAS、CN^-、以维生素 C 还原、SO_3^{2-}、$NH_2OH \cdot HCl$、$SnCl_2$、氨基磺酸、TU、1,10-phen、2,2-联吡啶
Ga(Ⅲ)	cit、tart、$C_2O_4^{2-}$、SSA、EDTA、OH^-、Cl^-、二巯基丙磺酸钠
Ge(Ⅳ)	$C_2O_4^{2-}$、tart、F^-
Hf(Ⅳ)	$C_2O_4^{2-}$、cit、tart、NTA、EDTA、CATA、SSA、TEA、DHG、PO_4^{3-}、$P_2O_7^{4-}$、F^-、SO_4^{2-}、H_2O_2
Hg(Ⅱ)	CN^-、Cl^-、I^-、SCN^-、$S_2O_3^{2-}$、SO_3^{2-}、cit、tart、NTA、EDTA、TEA、DHG、乙黄原酸钾、半胱氨酸、TGA、BAL、二巯基丙磺酸钠、TU、DDTC、BHEDTC、CMMSA、MPA、DTCA、DMSA、TSC、tren、penten、以维生素 C 还原
In(Ⅱ)	tart、EDTA、TEA、F^-、Cl^-、SCN^-、TGA、二巯基丙磺酸钠、TU
Ir(Ⅳ)	CN^-、SCN^-、cit、tart、TU

续表

被掩蔽的阳离子	掩蔽剂
La(Ⅲ)	cit、tart、EDTA、钛铁试剂、F⁻
Mg(Ⅱ)	cit、tart、$C_2O_4^{2-}$、钛铁试剂、乙二醇、NTA、EDTA、CDTA、TEA、DHG、OH^-、F^-、BF_4^-、PO_4^{3-}、$P_2O_7^{4-}$、六偏磷酸盐
Mn(Ⅱ)	cit、tart、$C_2O_4^{2-}$、钛铁试剂、SSA、NTA、EDTA、CDTA、TEA、DHG、$TEA+CN^-$、F^-、$P_2O_7^{4-}$、三磷酸盐、CN^-、BAL、氧化至 MnO_4^-、以 $NH_2OH \cdot HCl$ 或 N_2H_4 还原至 Mn^{4+}
Mo(Ⅵ)	cit、tart、$C_2O_4^{2-}$、钛铁试剂、AA、NTA、EDTA、CDTA、DHG、F^-、H_2O_2、三磷酸盐、SCN^-、甘露醇、氧化至 MoO_4^{2-}、维生素 C、$NH_2OH \cdot HCl$
Nb(Ⅴ)	cit、tart、$C_2O_4^{2-}$、钛铁试剂、F^-、OH^-、H_2O_2
Nd(Ⅲ)	EDTA
NH_4^+	HCHO
Ni(Ⅱ)	cit、tart、丙二酸盐、NTA、EDTA、SSA、DHG、氨基乙酸、吡啶羧酸、ADA、F^-、CN^-、SCN^-、$DDTC^-$、BCMDTC、BHEDTC、乙基黄原酸钾、TGA、DMSA、DMPA、NH_3、tren、penten、1,10-phen、丁二酮肟、三磷酸盐
Os(Ⅳ)	CN^-、SCN^-、TU
Pa(Ⅳ)	H_2O_2
Pb(Ⅱ)	Ac^-、cit、tart、钛铁试剂、NTA、EDTA、TEA、DHG、OH^-、F^-、Cl^-、I^-、SO_4^{2-}、$S_2O_3^{2-}$、DTCA、TGA、BAL、乙基黄原酸钾、二巯基丙磺酸钠、DMSA、DMPA、MPA、DDTC、BCMDTC、BHEDTC、PO_4^{3-}、三磷酸盐、氯化四苯肿
Pd(Ⅱ)	CN^-、SCN^-、I^-、NO_2^-、$S_2O_3^{2-}$、cit、tart、NTA、EDTA、TEA、DHG、HAA、NH_3、TU
Pt(Ⅱ)	CN^-、SCN^-、I^-、NO_2^-、$S_2O_3^{2-}$、cit、tart、EDTA、TEA、DHG、AA、TU、NH_3
RE(Ⅲ)	cit、tart、$C_2O_4^{2-}$、EDTA、CDTA、F^-
Rh(Ⅲ)	cit、tart、TU
Ru(Ⅲ)	CN^-、TU
Sn(Ⅱ,Ⅳ)	cit、tart、$C_2O_4^{2-}$、EDTA、TEA、F^-、Cl^-、I^-、OH^-、PO_4^{3-}、TGA、BAL、二巯基丙磺酸钠、以溴水氧化
Sr(Ⅱ)	cit、tart、NTA、EDTA、DHG、F^-、SO_4^{2-}、PO_4^{3-}
Ta(Ⅴ)	cit、tart、$C_2O_4^{2-}$、CDTA、F^-、OH^-、H_2O_2
Te(Ⅳ)	cit、tart、F^-、I^-、S^{2-}、SO_3^{2-}、还原剂
Th(Ⅳ)	Ac^-、cit、tart、SSA、TEA、DHG、NTA、EDTA、CDTA、DTPA、F^-、SO_4^{2-}、4-磺基苯肿酸、钛铁试剂、AA
Ti(Ⅳ)	cit、tart、葡萄糖酸盐、SSA、TEA、DHG、NTA、$EDTA+H_2O_2$、CDTA、钛铁试剂、甘露醇、维生素 C、7-碘-8-羟基喹啉-5-磺酸、OH^-、SO_4^{2-}、F^-、H_2O_2、PO_4^{3-}、三磷酸盐
Ti(Ⅰ,Ⅲ)	cit、tart、$C_2O_4^{2-}$、TEA、DHG、NTA、EDTA、TGA、Cl^-、CN^-、$NH_2OH \cdot HCl$、BHEDTC、二巯基丙磺酸钠
U(Ⅵ)	$(NH_4)_2CO_3$、cit、tart、$C_2O_4^{2-}$、AA、SSA、EDTA、F^-、H_2O_2、PO_4^{3-}
V(Ⅴ)	tart、$C_2O_4^{2-}$、TEA、钛铁试剂、甘露醇、EDTA、CN^-、H_2O_2、氧化至 VO_4^-、以维生素 C 或 $NH_2OH \cdot HCl$ 还原

被掩蔽的阳离子	掩蔽剂
W(Ⅵ)	cit、tart、$C_2O_4^{2-}$、钛铁试剂、甘露醇、EDTA、CDTA、F^-、PO_4^{3-}、SCN^-、H_2O_2、三磷酸盐、氧化至 WO_4^{2-}、以 $NH_2OH \cdot HCl$ 还原
Y(Ⅲ)	DTA、F^-、
Zn(Ⅱ)	cit、tart、乙二醇、丙三醇、NTA、DHG、EDTA、CDTA、NH_3、tren、CN^-、penten、1,10-phen、氨基乙酸、OH^-、SCN^-、$Fe(CN)_6^{4-}$、BAL、TGA、二巯基丙磺酸钠、Dz、PAN、三磷酸盐、甘油
Zr(Ⅳ)	cit、tart、$C_2O_4^{2-}$、苹果酸盐、水杨酸盐、SSA、连苯三酚、钛铁试剂、TEA、DHG、NTA、EDTA、CDTA、F^-、CO_3^{2-}、SO_4^{2-} + H_2O_2、PO_4^{3-}、$P_2O_7^{4-}$、OH^-、半胱酸氨-偶氮胂、醌茜素磺酸

附录 2　阴离子和电中性分子的掩蔽剂

被掩蔽的阴离子和电中性分子	掩蔽剂
H_3PO_3	F^-、tart 和其他羟基酸、多元醇、果糖
Br^-	Hg^{2+}、Ag^+
Br_2	酚、SSA
BrO_3^-	以 N_2H_4、SO_3^{2-}、$S_2O_3^{2-}$、AsO_2^- 还原
柠檬酸盐	Ca^{2+}
CrO_4^{2-} $Cr_2O_7^{2-}$	以 $NH_2OH \cdot HCl$、N_2H_4、SO_3^{2-}、$S_2O_3^{2-}$、AsO_2^- 或维生素 C 还原
Cl^-	Hg^{2+}、Sb^{3+}
Cl_2	SO_3^{2-}
ClO^-	NH_3
ClO_3^-	以 $S_2O_3^{2-}$ 还原
ClO_4^-	以 SO_3^{2-}、$NH_2OH \cdot HCl$ 还原
CN^-	Hg^{2+}、$HCHO$、$CH_3CH(OH)_2$、过渡金属离子
EDTA	Cu^{2+}、$H_2O_2 +$ 热（钼酸作催化剂）
F^-	H_3BO_3、Al^{3+}、Be^{2+}、Zn^{4+}、Th^{4+}、Ti^{4+}、Fe^{3+}
$Fe(CN)_6^{3-}$	$NH_2OH \cdot HCl$、N_2H_4、$S_2O_3^{2-}$、AsO_2^-、维生素 C
锗酸	丙三醇、甘露醇、葡萄糖及其他多元醇
I^-	Hg^{2+}、Ag^+
I_2	$S_2O_3^{2-}$
IO_3^-	SO_3^{2-}、$S_2O_3^{2-}$、N_2H_4
IO_4^-	SO_3^{2-}、$S_2O_3^{2-}$、N_2H_4、AsO_2^-、维生素 C、MoO_4^{2-}
MnO_4^-	以 $NH_2OH \cdot HCl$、维生素 C、N_2H_4、SO_3^{2-}、$S_2O_3^{2-}$、AsO_2^- 或 $H_2C_2O_4$ 还原
MoO_4^{2-}	cit、$C_2O_4^{2-}$、F^-、H_2O_2、$SCN^- +$ Sn
NO_2^-	脲素、对氨基苯磺酸、Co^{2+}、氨基磺酸
$C_2O_4^{2-}$	MoO_4^{2-}、MnO_4^-、Ca^{2+}
PO_4^{3-}	tart、Fe^{2+}、Al^{3+}
S	CN^-、S^{2-}、SO_3^{2-}
SO_3^{2-}	Hg^{2+}、$KMnO_4 + H_2SO_4$、$HCHO$
$S_2O_3^{2-}$	$MnO_4 + H_2O_2 + H_2SO_3$
SO_4^{2-}	$Cr^{3+} +$ 热、Ba^{2+}、Th^{4+}
SCN^-	Ag^+
Se 及其阴离子	S^{2-}、SO_3^{2-}、四氨基联苯
酒石酸盐	$Cu^{2+} + H_2O_2$
Te	I^-
WO_4^{2-}	cit、tart
VO_3^-	tart

附录3　常用解蔽剂

掩蔽剂	离子	解蔽剂
NH_3	Ag^+	Br^-、H^+、I^-
CO_3^{2-}	Cu^{2+}	H^+
Cl^-（浓）	Ag^+	水
CN^-	Ag^+	H^+
	Cd^{2+}	H^+、$HCHO(OH^-)$
	Cu^{2+}	H^+、HgO
	Fe^{2+}	HgO、Hg^{2+}
	Hg^{2+}	Pb^{2+}
	Ni^{2+}	$HCHO$、HgO、H^+、Ag^+、Hg^{2+}、Pb^{2+}、卤化银
	Pd^{2+}	HgO、H^+
	Zn^{2+}	$CCl_3CHO \cdot H_2O$、H^+、$HCHO$
EDTA	Al^{3+}	F^-
	Ba^{2+}	H^+
	Co^{2+}	Ca^{2+}
	Mg^{2+}	F^-
	Th^{4+}	SO_4^{2-}
	Ti^{4+}	Mg^{2+}
	Zn^{2+}	CN^-
	各种离子	$MnO_4^- + H^+$
乙二胺	Ag^+	SiO_2（非晶形）
F^-	Al^{3+}	OH^-、Be^{2+}
	Fe^{3+}	OH^-